◎

# 第三版序

本版在内容上和以前各版有很少的差别:只有第六章大部分是重新写的.

但叙述的次序,此次略有变更.除了对这个教程的讲授顺序附加了一系列的补充说明外,并把那些对于初级学生不必要的材料,作了更明显的划分.我希望这样可以大大地减轻初学者学习这一科目的负担.

H·穆斯赫利什维利

1945年冬季,第比里斯

俄罗斯数学精品译丛

"十二五"国家重点图书

# 解析几何学教程（上）

# Analytic Geometry Tutorial (I)

●［俄罗斯］穆斯赫利什维利 著

●《解析几何学教程》编译组 译

大家書系

HITP

哈爾濱工業大學出版社

HARBIN INSTITUTE OF TECHNOLOGY PRESS

## 内 容 简 介

本书系根据苏联国立技术理论书籍出版社（Государственное издательство технико-теоретической литературы）出版的，穆斯赫利什维利（Н. И. Мусхелишвили）著《解析几何学教程》（Курсаналитической геометрии）1947 年第三版增订本译出. 原书经苏联高等教育部审定为综合大学数理系教科书.

本书的内容和性质是为使初学者明了将分析应用于几何学是有明确的普遍方法，并发展学生在这一领域内的技能，同时使学生习惯于矢量运算及行列式论和一次、二次方式论的实际应用.

本书适合于大学师生及数学爱好者参考阅读.

**图书在版编目（CIP）数据**

解析几何学教程. 上/（俄罗斯）穆斯赫利什维利著；《解析几何学教程》编译组译. —哈尔滨：哈尔滨工业大学出版社，2016. 1（2023. 3 重印）

ISBN 978 - 7 - 5603 - 5485 - 9

Ⅰ. ①解…　Ⅱ. ①穆…②解…　Ⅲ. ①解析几何-教材　Ⅳ. ①O182

中国版本图书馆 CIP 数据核字（2015）第 280411 号

策划编辑　刘培杰　张永芹
责任编辑　张永芹　刘家琳
封面设计　孙茵艾
出版发行　哈尔滨工业大学出版社
社　　址　哈尔滨市南岗区复华四道街 10 号　邮编 150006
传　　真　0451 - 86414749
网　　址　http://hitpress. hit. edu. cn
印　　刷　哈尔滨久利印刷有限公司
开　　本　787mm×1092mm　1/16　印张 21.5　字数 405 千字
版　　次　2016 年 1 月第 1 版　2023 年 3 月第 2 次印刷
书　　号　ISBN 978 - 7 - 5603 - 5485 - 9
定　　价　38.00 元

◎ 几点说明

## 写给大学生和教师们

1°关于叙述的性质和内容的选择,我认为有加以说明的必要.依我的意见,在数学、物理系等讲授解析几何的基本目的是:使初学者认识到将分析应用于几何,有明确的普遍方法,并发展学生在这领域内所必须巩固的技能.如果不是为了这个主要目的,那么,叙述本教程中较小范围的几何事实,便要比现在所占篇幅少得多.

此外,解析几何一课更应服务于两个附带的但十分重要的目的:使学生尽可能早些习惯于矢量运算,以及行列式论和一次、二次方式论的实际应用.教学计划中的任何其他科目未必能够更好地达到这些目的.

我已慎重地考虑到所有这些要求,并设法不使教程负担过重.

2°在写作供初级学生使用的任何数学教本时,必须对于逻辑的次序和实际教学上所要求的次序加以选择;更恰当地说,要在二者之间作适当的折中.我不愿牺牲一些逻辑上的次序.因此,教材是依照学生在第二次阅读或进一步复习时所应采用的顺序而编排的.在初次阅读和讲授时,我建议作一些重新布置.

3°在初次阅读本书时,有些节可以(而且最好)暂时省略,留待以后初读,这将分别在各处注脚里声明.其中较主要的如下:

本教程结构的基础在于根据著名的分类观念,把几何性质分为度量性质、仿射性质和投影性质.但只有当初学者认识了一定的具体材料和获得某些必需的技能之后,他们才容易掌握这一观念.因此,在本书开端,分类的观念只以模糊的形式出现,直到第三章的后部(§78)才把它交代清楚.我以为分类观念的认识似乎应当推到更后一些.为了照顾到这一点,我建议采取下面的次序来学习这个教程.

开头顺着第一章到第五章进行,删去第三章一大部分(即只保留这章§64至§66),并删去第六章全章,直接进到第七章,在那里讲授圆锥截线的基本性质.

以后便要初读第三章所删去的部分,再进到第六章.以后各章(由第八章开始)可按原编排的顺序进行讲授①.

4°我这样编排教材,为的是使读者只需一旦掌握了关于投影坐标和投影变换的最普通的概念,便可理解文意.而要掌握这些概念,又只需浏览第六章第三段§176至§179便够用了.

5°至于书中所举的"习题",要知道它们决不能用来代替专门的习题汇编的,这些习题仅是为了解释一些当时遇到的或有时随后跟着的个别命题和公式.大部分习题非常简单,并未要求读者用任何创造性的才能去演算.

6°书尾"附录"是关于一次和二次方式理论的初步知识,这对于明了书中的基本内容是必须的.初学者可在个别地方碰到引证参考时,去逐渐理解附录中的资料.

---

① 跟着在第七章学完二次曲线的基本性质之后,我们也可以马上进到第十二章的第一段,去讨论个别二次曲面的形状.

# 引言

◎

解析几何本身的目的,就是利用计算或数学分析来做几何图形性质的研究.

正如我们下面所见到的,问题在于可以用各种方法,把一方面的几何图形和另一方面的数建立密切的联系,使得每个几何图形或它的任何性质,对应于确定的一组数字或数字间若干确定的关系.

人们可以创造很多方法去实现所述的联系,但从数学以及将数学应用到自然科学这一观点来看,其中只有少数几种值得注意.这些少数方法中最重要的是笛卡儿①首先有系统地所应用的方法,故可说笛氏就是解析几何的创始人.

目前我们只要知道几何的形式和数的形式之间所存在的联系,能够用某种方法实现出来,也只要知道每一几何问题如此便可化为分析问题,这样便已足够了.

由这一点,已可想到解析几何应该起多么重要的作用:有了它才有可能使几何学利用大部分集中于数学分析上,特别是代数上的丰富的成果.不但如此,有些分析上的问题,一经化为几何图

① 笛卡儿(René Descartes,1596—1650,或依照他的时代所通用的拉丁文译名 Cartesius),是法国著名的数学家和哲学家.

形的讨论,解答起来往往更加方便.这样一来,几何便成为分析的重要助手.例如许多代数问题都因有了几何的讨论才获得非常明确的解答.

习惯上“解析几何”这个名词所指的只是这科目中用到初等代数[①]的那部分.本书的标题也是依照这个意义命名的.

矢量的概念,在解析几何里是最有效的辅助工具(正如它在许多其他数学分支中一样).因此,本教程一开始便要叙述关于矢量的那些最必要的概念和命题.

---

① 这科目其他部分的名称为:微分几何,曲面论,等等.

◎ 目录

# 第一章　矢量.平行投影

## Ⅰ.线段,轴,矢量

**§1.线段**　在初等几何里,我们已经知道:所谓线段是直线的一部分,它的两端以两个点为界限.

线段的主要特性为它的长.我们简略地提一下这个名词的意义.我们选取任意一个固定的线段作为长的单位,用它来测量一个已知的线段.已知线段的长是一个数字,表示所给线段里边含有单位线段的个数.自然,可能发生这样的情形,所给的线段不是单位线段的整数倍,那么它的长便不是整数,而是分数,也许是一个无理数.实际上遇到无理数的情况要比有理数更为普遍.



这些都是在初等数学里熟知的事.主要的我们仅须记住,所给线段的长是指用单位线段来测量时所得到的那个正数.

**§2.轴**　在解析几何里,除直线概念外,还有和它很相近的轴的概念起着重要的作用.

任意取一直线 $AB$,如有一点在这直线上作连续不断的运动,此点可以就两个相反的方向画出直线 $AB$:一个是由 $A$ 到 $B$ 的方向;或者,相反地,是由 $B$ 到 $A$ 的方向.在这两个方向里任意选定一个,把叫它作正向,相反的那个,便叫作负向.

有了一定正向的直线叫作轴.通常仍用直线表示轴,加一箭头表示它的正向.例如图1,轴 $\Delta$ 的正向,是由 $A$ 到 $B$.

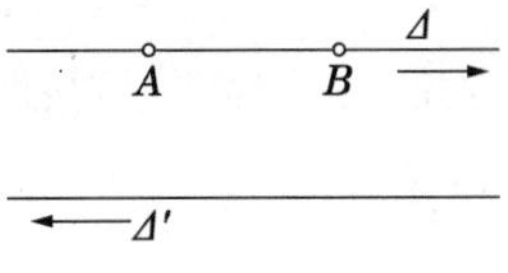


图1

两条轴叫作同方向的,如果它们不只是互相平行并且还有相同的正向;如果两条轴只是平行而正向不同,便说它们是反向的.例如图1,$\Delta$ 和 $\Delta'$ 是反向的两轴.

**§3.矢量**　具有确定正向的线段叫作矢量.

在图上,人们用线段来表示矢量,附加箭头以标志正向.

矢量的两个端点,一个叫作起点,另一个叫作终点;矢量的正向是由起点到终点. 矢量的起点又叫作它的作用点.

起点为 $A$,终点为 $B$ 的矢量,我们将用记号代表它,写作

$$\overrightarrow{AB}$$

放在第一位置的字母代表起点,字母上面的箭头表明这是矢量,而不是单纯线段. 有时我们只用一个字母表示矢量,用粗体字排印①,例如 $\boldsymbol{P}$.

矢量 $\overrightarrow{AB}$ 或 $\boldsymbol{P}$ 的长,我们将采用记号

$$|\overrightarrow{AB}| \text{ 或 } |\boldsymbol{P}|$$

矢量的长,通常叫作它的绝对值,也叫作模.

矢量的概念在数学、物理学和力学的许多领域里都起了很大的作用. 许多物理的量可能利用矢量来表示,而且这种表示常常促使很多公式和结果普遍化和简单化. 也就是说除了一个确定的数值②外,还有一个确定的方向的一切物理量,均可用矢量来表示. 矢量的长(数字)和它的数值相等,矢量的方向和它的方向相符.



可用矢量来表示的物理量(因此便叫那个量作矢量)的例子有:力、速度(某点的)、加速度等都是. 有时这种物理的量和矢量完全没有分别. 例如力(或速度)便可说是矢量③.

和矢量对立的是数量. 数量没有方向,只需知道它的数值(用一定的单位去测量得来的结果)和正负号,便可把它完全决定下来. 例如线段的长、面积、体积、质量等都是数量.

以后我们提到数量这个名词,所指的就是说明这个只有大小、没有方向的数(正的或负的).

**§4. 矢量的相等** 如果两个矢量 $\boldsymbol{P}$ 和 $\boldsymbol{Q}$ 具有相同的长和相同的正向④,便说它们相等. 这个关系可写成下面的形式

$$\boldsymbol{P} = \boldsymbol{Q} \tag{1}$$

我们必须时常记着:两个矢量的长相等,矢量本身未必相等. 为了着重指出

---

① 用笔记时,我们建议用字母加上箭头的写法来表示矢量. 例如 $\vec{P}_0$,但采用另种记号,也无不可.

② 这些数值是用一定的单位(任意选定的)去测量一个给定的量所得到的结果.

③ 上面所述矢量的定义,认为矢量是附加有方向的线段,从某些观点看来,未免太狭义. 人们可以下一个比较一般的抽象的定义,根据这个定义,那么附加有方向的线段将不是矢量,仅是代表矢量的形式之一.

④ 此后提到矢量或轴的方向,所指的总是它们的正向.

这个事实,我们有时把等式(1) 叫作矢性等式①.

若两个矢量 $\boldsymbol{P}$ 和 $\boldsymbol{Q}$ 有相同的长,但有相反的正向,便说它们是相反的矢量. 这种关系可写成

$$\boldsymbol{P}=-\boldsymbol{Q}$$

例如在图 2 里,矢量 $\boldsymbol{P}$ 和 $\boldsymbol{Q}$ 长度相等,但矢量 $\boldsymbol{P}$ 和 $\boldsymbol{Q}_1$ 相反.

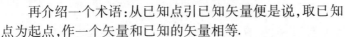

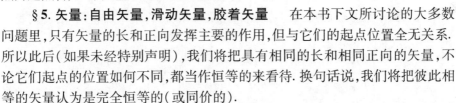

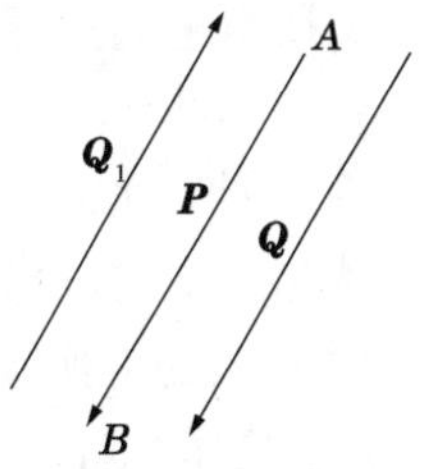

图 2

如果一个矢量的长等于0,便说那个矢量等于$\mathbf{0}$. 这样的矢量没有一定的方向,也可说它和任何方向平行.

再介绍一个术语:从已知点引已知矢量便是说,取已知点为起点,作一个矢量和已知的矢量相等.

**§5. 矢量:自由矢量,滑动矢量,胶着矢量**　在本书下文所讨论的大多数问题里,只有矢量的长和正向发挥主要的作用,但与它们的起点位置全无关系. 所以此后(如果未经特别声明),我们将把具有相同的长和相同正向的矢量,不论它们起点的位置如何不同,都当作恒等的来看待. 换句话说,我们将把彼此相等的矢量认为是完全恒等的(或同价的).



但我们必须声明,在纯粹和应用数学里尚有很多问题,在讨论时矢量起点的位置仍是相当重要. 为区别这些矢量我们把刚才所说的矢量(即说它们起点的位置不起任何作用的) 叫作自由矢量.

在数学、力学、物理学里,不自由的矢量可分为滑动矢量和胶着矢量.

滑动矢量　这些矢量不仅是要相等,而且要在同一直线上,方才算作全等(同价). 滑动矢量的例子,如施于刚体的力. 事实上,由力学可知,两个相等且在同一直线上的力,对于刚体产生相同的力学作用. 在这种意义上才算是同价的矢量.

胶着矢量　这些矢量不仅是要相等,而且要有相同的起点,方才算作全等. 胶着矢量的例子:施于非刚体内(例如弹性体内) 某一点的力.

## Ⅱ. 矢量的和. 数量乘矢量的乘积

**§6. 加法和乘法的运算**　下文(在本节和在本章第五节) 论到一些最简单的运算,和通常数字的加法、乘法相当. 这些运算的讨论属于矢量理论的一个部门,叫作矢性代数. 我们只以列举最基本的概念为限.

① 有时也把它叫作几何的等式.

这些运算或另一种运算的引进要看它们是否适合实际应用来决定. 我们仍叫下文所引进的运算作"加法" 和"乘法",因为它们具有通常数字加法和乘法的某些基本性质.

现在列举通常数字加法和乘法的一些性质. 这些性质在下文所引进的运算里依然是正确的(个别情形将在后面加以证明).

1° 加法的交换律:有穷多项相加的总和与相加的次序无关.

2° 加法的结合律:把各项任意结合,分组相加,它们的总和不变.

例如

$$(a+b)+c=a+(b+c)=a+b+c$$

3° 分配律:这个性质可以说明如下:

用某个因子乘多项的总和,只需用它遍乘各项,再将结果加起来. 用公式表示如

$$\begin{cases}(a_1+a_2+\cdots+a_n)b=a_1b+a_2b+\cdots+a_nb\\ b(a_1+a_2+\cdots+a_n)=ba_1+ba_2+\cdots+ba_n\end{cases} \tag{1}$$



和上面所述的性质相反,下一个等式所表达的性质

$$ab=ba$$

(即乘法的交换律),和另一个等式所表达的性质

$$(a\cdot b)\cdot c=a\cdot(b\cdot c)$$

(即乘法的结合律),对于下文所引进的某些运算不再通用.

**注1** 如果已知加法和乘法的运算,具有性质2°(即结合律),并有等式

$$(a_1+a_2)b=a_1b+a_2b, b(a_1+a_2)=ba_1+ba_2 \tag{1a}$$

所代表的性质(即两项的分配律),那么便可由此推得普遍的公式(1). 我们举例说明如何可由公式(1a) 的第一式推出公式(1) 的第一式. 设已知

$$(a_1+a_2)b=a_1b+a_2b \tag{2}$$

即公式(1) 的第一式,当 $n=2$ 时有效,现在要证明它对于一切的 $n$ 都有效,只需暂先假定它在 $n-1$ 项时有效,证明它在推广到 $n$ 项后仍然有效(即"由 $n$ 推到 $n+1$" 的证法,或叫作数学归纳法). 上面提到的公式在 $n-1$ 项时可表式如下

$$(a_1+a_2+\cdots+a_{n-1})b=a_1b+a_2b+\cdots+a_{n-1}b \tag{1b}$$

根据假定,作为正确.

由2° 得

$$a_1+a_2+\cdots+a_n=\alpha+a_n$$

这里暂用记号 $\alpha=a_1+\cdots+a_{n-1}$. 应用式(2) 得

$$(a_1 + a_2 + \cdots + a_{n-1} + a_n)b = (\alpha + a_n)b = \alpha b + a_n b$$
$$= (a_1 + \cdots + a_{n-1})b + a_n b$$

由此并根据(1b),便可推得所求的公式

$$(a_1 + \cdots + a_n)b = a_1 b + a_2 b + \cdots + a_n b$$

用同样方法我们并可证明公式(1) 里的第二式.

**注 2**　直接由性质 1° ~ 3°,很容易证明和乘和的通常法则,即“多项式相乘的法则”:先用第一和的每项乘第二和的每项,再将乘得的结果相加. 实际上,设乘积为

$$(a_1 + a_2 + \cdots + a_n)(b_1 + b_2 + \cdots + b_n)$$

暂设 $b_1 + \cdots + b_n = b$,然后应用公式(1) 的第一式,得

$$(a_1 + a_2 + \cdots + a_n)(b_1 + b_2 + \cdots + b_n)$$
$$= (a_1 + \cdots + a_n)b$$
$$= a_1 b + a_2 b + \cdots + a_n b$$

在这个和的每一项,把 $b$ 的数值 $b_1 + \cdots + b_n$ 代入,再应用公式(1) 的第二式,便得所求的结果.



**§7. 矢量的和**　设在空间已知若干个占有任意位置的矢量

$$\boldsymbol{P}_1, \boldsymbol{P}_2, \boldsymbol{P}_3, \cdots, \boldsymbol{P}_{n-1}, \boldsymbol{P}_n$$

(图 3(a);为使图形简单,只取四个矢量,即在这里 $n = 4$).

在空间选定任意一点 $O$,在 $O$ 上引矢量 $\boldsymbol{P}_1$(图 3(b));然后在 $\boldsymbol{P}_1$ 的终点上引矢量 $\boldsymbol{P}_2$;再在 $\boldsymbol{P}_2$ 的终点上引矢量 $\boldsymbol{P}_3$. 如此我们得到一条由矢量组成的折线. 这些矢量等于相应的矢量

$$\boldsymbol{P}_1, \boldsymbol{P}_2, \boldsymbol{P}_3, \cdots, \boldsymbol{P}_{n-1}, \boldsymbol{P}_n$$

而它们的位置前后相衔接,前面一个矢量的终点和后面一个矢量的起点叠合.

这条(通常开口的) 折线叫作已知矢量系的多边形.

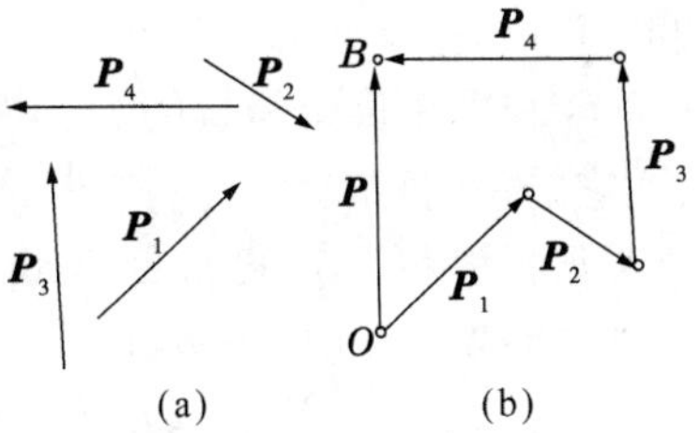


图 3

矢量 $\boldsymbol{P} = \overrightarrow{OB}$,用第一个矢量的起点 $O$ 做起点,用最后一个矢量的终点 $B$ 做终点. 它是这个多边形的封口矢量.

这个封口矢量或和它相等的矢量叫作已知矢量的和,它可写成下式

$$\overrightarrow{OB} = \boldsymbol{P}_1 + \boldsymbol{P}_2 + \boldsymbol{P}_3 + \cdots + \boldsymbol{P}_{n-1} + \boldsymbol{P}_n \tag{1}$$

有时为了着重说明这是矢量的和,不是它们的长的总和,我们也叫(1) 作

矢和.

由矢量的和的构成法,各项都是顺着一定次序相加,但很容易见到这个结果是与次序无关的,即矢量加法依定义具有交换律的性质.

实际上,可先证明这个和

$$\boldsymbol{P}_1+\boldsymbol{P}_2+\boldsymbol{P}_3+\boldsymbol{P}_4+\cdots+\boldsymbol{P}_{n-1}+\boldsymbol{P}_n \tag{2}$$

不因两个相邻项的互调而改变. 例如把 $\boldsymbol{P}_2$ 和 $\boldsymbol{P}_3$ 两项对调,即做成和式

$$\boldsymbol{P}_1+\boldsymbol{P}_3+\boldsymbol{P}_2+\boldsymbol{P}_4+\cdots+\boldsymbol{P}_n \tag{3}$$

由图 4 先按次序(2) 构成给定的矢量的多边形,然后(用间断线条改变图形画成) 换为将 $\boldsymbol{P}_2$ 和 $\boldsymbol{P}_3$ 两项对调后所得的多边形. 显然矢量 $\boldsymbol{P}_4$ 的起点仍旧保持原位置,因而它与在它后面的各矢量都不改变位置,故矢和 $\overrightarrow{OB}$ 照旧不变.

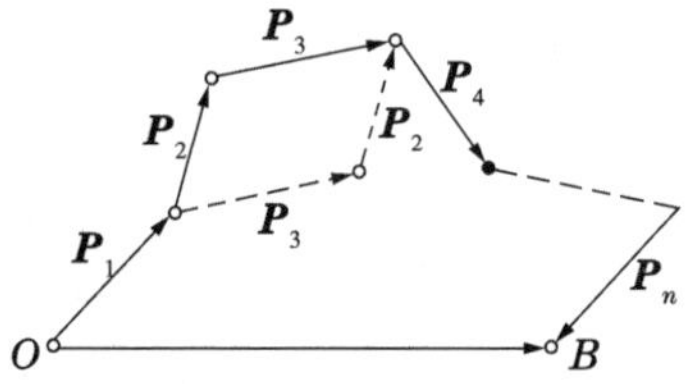


图 4

现在容易证明这个和不因各项的任何排列而变动. 实际上,无论各项如何排列,都可作为互换两个相邻的项继续举行若干次的结果,因此我们的命题得以证明.



矢量的和也具有结合律的性质,即可结合各项任意分为若干组来相加. 留待读者自行证明.

## 习　题

1. 矢量 $\boldsymbol{P}_1,\boldsymbol{P}_2,\cdots,\boldsymbol{P}_n$ 有相同的正向,求作矢和,并证明在这种情形下,矢和的长等于各个矢量的长的和. 再证在除此情形之外,矢和的长恒小于各项的长的和.

2. 求作两个反向矢量的和,并证明这个矢和的长等于两矢长之差的绝对值,而它的正向和较大一项(就长来说) 的正向一致.

3. 如果矢和等于 $\mathbf{0}$,那么,矢量的多边形有什么特殊的鉴别?

**§8. 特例**　如果项数等于 2,那么,和的组成可按照次序

$$\boldsymbol{P}_1+\boldsymbol{P}_2$$

又可按照次序

$$\boldsymbol{P}_2+\boldsymbol{P}_1$$

由前面的证明,或由图5 可以直接看出,所得的结果是同一个矢量

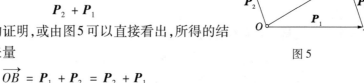

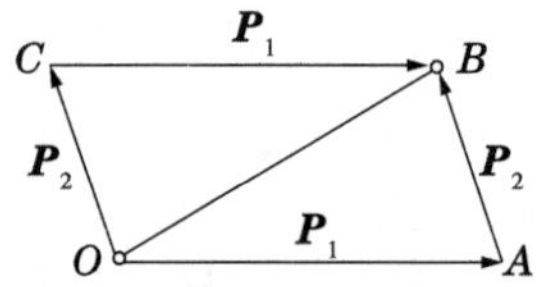


图 5

$$\overrightarrow{OB}=\boldsymbol{P}_1+\boldsymbol{P}_2=\boldsymbol{P}_2+\boldsymbol{P}_1$$

图 5 说明两个矢量的和是把矢量 $\boldsymbol{P}_1$ 和 $\boldsymbol{P}_2$ 安放在同一起点上所凑成的那个平行四边形的对角线. 这个对角线具有由这个公共的起点到达对顶的那个方向. 这就是所谓矢量的平行四边形定律.

照前节所述,凡矢量的和显然可用下面方式来构成:先用平行四边形定律,把任意两项相加;再用这定律,把所得的结果和后面一项相加;如此类推下去. 故前节所述的矢量加法也可用矢量平行四边形定律的名称.

现在讨论三项 $\boldsymbol{P}_1,\boldsymbol{P}_2,\boldsymbol{P}_3$ 的情形,这可能有六种[①]次序:$(\boldsymbol{P}_1,\boldsymbol{P}_2,\boldsymbol{P}_3)$,$(\boldsymbol{P}_1,\boldsymbol{P}_3,\boldsymbol{P}_2)$,$(\boldsymbol{P}_2,\boldsymbol{P}_1,\boldsymbol{P}_3)$,$(\boldsymbol{P}_2,\boldsymbol{P}_3,\boldsymbol{P}_1)$,$(\boldsymbol{P}_3,\boldsymbol{P}_1,\boldsymbol{P}_2)$,$(\boldsymbol{P}_3,\boldsymbol{P}_2,\boldsymbol{P}_1)$.(图 6)

依每个次序相加,正如我们所预料的一样,都得到同一的和 $\overrightarrow{OB}$.

看图便知这三个矢量的和可用平行六面体的对角线来表示. 这个六面体是由有公共起点的三个矢量构成,而由这个公共起点到它的对顶点决定对角线的正向.

读者可复验这个特例,它们的和可以用平行四边形定律求得. 例如先把矢量 $\boldsymbol{P}_1$ 和 $\boldsymbol{P}_2$ 依这定律相加,再将所得的结果和矢量 $\boldsymbol{P}_3$ 相加.

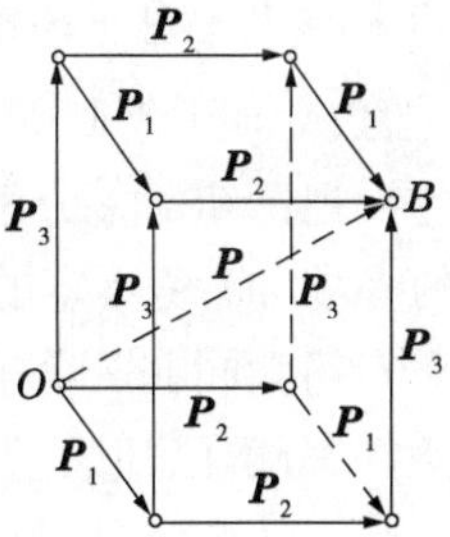

图 6



## 习题和补充

1. 已知两个矢量 $\boldsymbol{P}$ 和 $\boldsymbol{Q}$,及它们的夹角[②] $\vartheta$,求这两个矢量的和的长 $|\boldsymbol{R}|$,及 $\boldsymbol{R}$ 与矢量 $\boldsymbol{P},\boldsymbol{Q}$ 所成的角 $\alpha,\beta$.

答:$|\boldsymbol{R}| = +\sqrt{|\boldsymbol{P}|^1 + |\boldsymbol{Q}|^2 + 2|\boldsymbol{P}||\boldsymbol{Q}|\cos\vartheta}$;
角 $\alpha$ 和 $\beta$ 可用下面的等式求得

$$\frac{\sin\alpha}{|\boldsymbol{Q}|} = \frac{\sin\beta}{|\boldsymbol{P}|} = \frac{\sin\vartheta}{|\boldsymbol{R}|}$$

例如,设 $|\boldsymbol{Q}| \leqslant |\boldsymbol{P}|$,那么,角 $\alpha$ 是锐角. 由等式

$$\sin\alpha = \frac{|\boldsymbol{Q}|}{|\boldsymbol{R}|} = \sin\vartheta$$

可以查表计出 $\alpha$. 于是由关系

$$\alpha + \beta = \vartheta$$

① 三个元的排列数等于 $1\times2\times3=6$.

② 两个矢量间的夹角是它们的正向所成的角,以由 0° 计至 180° 为限. 如果两矢量的起点不叠合,可保持着原来方向,把它们移到同一起点上,然后测量它们的夹角.

可以求得$\beta$.

2. 根据前题所得表示$|\boldsymbol{R}|$的公式,当矢量$\boldsymbol{P}$和$\boldsymbol{Q}$的长不变,只有角$\vartheta$变动时,求证矢量的长只能在由$|\boldsymbol{P}|-|\boldsymbol{Q}|$到$|\boldsymbol{P}|+|\boldsymbol{Q}|$的界限内变值(为了明确起见,暂设$|\boldsymbol{P}|\geqslant|\boldsymbol{Q}|$).

问$\vartheta$取什么数值,方才使和的长达到最大或最小?

再从图形上直接推得这些结果.

3. 三个矢量$\boldsymbol{P},\boldsymbol{Q},\boldsymbol{R}$在同一平面上;已知这些矢量的长:$|\boldsymbol{P}|=2,|\boldsymbol{Q}|=|\boldsymbol{R}|=1$;此外又已知矢量$\boldsymbol{Q}$和$\boldsymbol{R}$各与矢量$\boldsymbol{P}$成角60°. 求$\boldsymbol{Q}$和$\boldsymbol{R}$间的角$\alpha$,并求和$\boldsymbol{S}=\boldsymbol{P}+\boldsymbol{Q}+\boldsymbol{R}$的长.

答:$\alpha=0$或120°;分别相当于$|\boldsymbol{S}|=2\sqrt{3}$或$|\boldsymbol{S}|=3$.

4. 把已知矢量分解为有穷多个分量的问题(即把已知矢量表示成一定数目的多项和)是不定的问题,即说它可有无穷多组解答.

专门就同在一个平面上的矢量来讨论. 求作(应用简单作图):如果加补充的条件,分解已知矢量$\boldsymbol{R}$为两项$\boldsymbol{P}$和$\boldsymbol{Q}$的问题,例如:



(a) 已知两个正向(不同的)分别与$\boldsymbol{P}$和$\boldsymbol{Q}$平行(一个解答);

(b) 已知矢量$\boldsymbol{P},\boldsymbol{Q}$中一个矢量的长和正向(一个解答);

(c) 已知矢量$\boldsymbol{P},\boldsymbol{Q}$中一个矢量的正向和另一个矢量的长(两个,或一个,或没有解答);

(d) 已知矢量$\boldsymbol{P}$和$\boldsymbol{Q}$的长(两个,或一个,或没有解答).

说明上述各种情形,实际上和三角形解法的基本情形相同.

5. 在三个矢量$\boldsymbol{P},\boldsymbol{Q},\boldsymbol{R}$里每两个互相垂直,而它们的长依次等于1,2,3. 求这些矢量的和$\boldsymbol{S}$的长,又它与所给矢量组成的角$\alpha,\beta,\gamma$.

答:$|\boldsymbol{S}|=\sqrt{14}, \cos\alpha=\dfrac{1}{\sqrt{14}}, \cos\beta=\dfrac{2}{\sqrt{14}}, \cos\gamma=\dfrac{3}{\sqrt{14}}$.

**§9. 矢量的差** 我们称矢量$\boldsymbol{Q}$为两个矢量$\boldsymbol{P}_1$与$\boldsymbol{P}_2$的差,如果矢量$\boldsymbol{Q}$与矢量$\boldsymbol{P}_2$之和为矢量$\boldsymbol{P}_1$,即$\boldsymbol{Q}$是适合条件

$$\boldsymbol{P}_1=\boldsymbol{P}_2+\boldsymbol{Q}$$

的矢量,这经常写作

$$\boldsymbol{Q}=\boldsymbol{P}_1-\boldsymbol{P}_2$$

根据定义,很容易得到矢量$\boldsymbol{P}_1$与$\boldsymbol{P}_2$的差的作图法,只需在任意一点上引这两个矢量,然后由减量的终点到被减量的终点作矢量$\overrightarrow{AB}$,这个矢量便是所求的差(图7).

显然,差量 $P_1-P_2$ 也可由矢量 $P_1$ 和 $-P_2$ 相加得来,即

$$Q=P_1-P_2=P_1+(-P_2)$$

我们知道 $-P_2$ 所表示的矢量便是矢量 $P_2$ 的负矢量(图 7,用虚线画成).

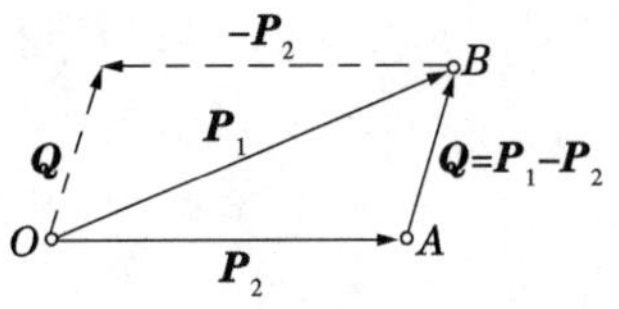


图 7

### 习　题

求矢量 $\boldsymbol{P}$ 与 $\boldsymbol{Q}$ 的差 $\boldsymbol{R}$ 的长. 设 $|\boldsymbol{P}|=3$, $|\boldsymbol{Q}|=5$,而 $\boldsymbol{P}$ 和 $\boldsymbol{Q}$ 的正向间的角等于 120°.

答: $|\boldsymbol{R}|=7$.

**§10. 数量乘矢量的积**　设 $\boldsymbol{P}$ 是矢量, $m$ 是正数或负数(数量).

矢量 $\boldsymbol{P}$ 和数量 $m$ 的乘积 $m\cdot\boldsymbol{P}$ 是一个矢量,它的长等于 $|m|\cdot|\boldsymbol{P}|$. 它的正向和 $\boldsymbol{P}$ 相同,如 $m>0$;但和 $\boldsymbol{P}$ 相反,如 $m<0$.

例如,用 2 来乘矢量,便是把它的长放大二倍,而正向不变;用 -3 来乘矢量,便是三倍它的长,倒转它的正向. 如图 8 所示的情形

$$m=+2, m=-1, m=-\frac{1}{2}$$

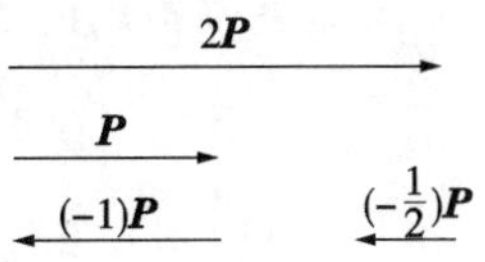


图 8

显然设 $m$ 是正数,那么

$$m\boldsymbol{P}=\boldsymbol{P}+\boldsymbol{P}+\cdots+\boldsymbol{P}\text{(共 } m \text{ 项)}$$

矢量 $\boldsymbol{P}$ 和数量 $\frac{1}{m}$ 的乘积用 $\frac{\boldsymbol{P}}{m}$ 来表示,依定义

$$\frac{\boldsymbol{P}}{m}=\frac{1}{m}\boldsymbol{P}$$

显然 $(-1)\cdot\boldsymbol{P}=-\boldsymbol{P}$.

由此易见,在这种乘法的定义下,数量因子适合结合律,即

$$m\cdot(n\boldsymbol{P})=mn\cdot\boldsymbol{P} \tag{2}$$

这里的 $m$ 和 $n$ 是任意数量①. 例如

$$3\cdot(-2\boldsymbol{P})=-6\boldsymbol{P}$$

最后,我们证明这种乘法具有分配律的性质,无论就矢量因子来讲,还是就数量因子来讲都适合. 即

① 乘积 $m\boldsymbol{P}$ 也可写成 $\boldsymbol{P}\cdot m$,那么,按照定义,这种乘积也具有交换律的性质.

$$m\cdot(\boldsymbol{P}_1+\boldsymbol{P}_2+\cdots+\boldsymbol{P}_n)=m\boldsymbol{P}_1+m\boldsymbol{P}_2+\cdots+m\boldsymbol{P}_n \tag{3}$$

和

$$(m_1+m_2+\cdots+m_n)\cdot\boldsymbol{P}=m_1\boldsymbol{P}+m_2\boldsymbol{P}+\cdots+m_n\boldsymbol{P} \tag{4}$$

这里 $m_1,m_2,\cdots,m_n$ 是任意数量,而 $\boldsymbol{P}_1,\boldsymbol{P}_2,\cdots,\boldsymbol{P}_n$ 是任意矢量.

首先证明性质(3).根据 §6 注 1 所述,只要证明这性质在 $n=2$ 时为正确便够.即

$$m(\boldsymbol{P}_1+\boldsymbol{P}_2)=m\boldsymbol{P}_1+m\boldsymbol{P}_2 \tag{3a}$$

作矢量 $\boldsymbol{P}_1$ 和 $\boldsymbol{P}_2$ 的多边形 $OAB$,联结封口矢量$\overrightarrow{OB}$(图 9(a)).再作矢量 $m\boldsymbol{P}_1,m\boldsymbol{P}_2$ 的多边形 $O'A'B'$,联结封口矢量$\overrightarrow{O'B'}$(图 9(b)).因 $\triangle O'A'B'$ 的边 $O'A',A'B'$ 和 $\triangle OAB$ 的边 $OA,AB$,分别互相平行且成比例,那么,这两个三角形相似.故边 $O'B'$ 也和边 $OB$ 平行,且它们的长的比率等于 $|m|$.更明显地,当 $m>0$, $\overrightarrow{O'B'}$ 和$\overrightarrow{OB}$ 同向;当 $m<0$,$\overrightarrow{O'B'}$ 和$\overrightarrow{OB}$ 反向.由此得$\overrightarrow{O'B'}=m\cdot\overrightarrow{OB}$.但$\overrightarrow{OB}=\boldsymbol{P}_1+\boldsymbol{P}_2$,而$\overrightarrow{O'B'}=m\boldsymbol{P}_1+m\boldsymbol{P}_2$,故得所求的公式(3a).



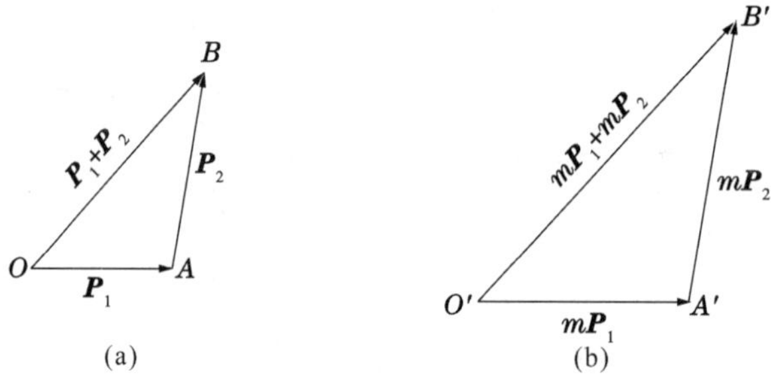


图 9

如要证明性质(4),根据 §6 注 1 也只需注意 $n=2$ 的情形便够.那便是说,仅需证明公式

$$(m_1+m_2)\boldsymbol{P}=m_1\boldsymbol{P}+m_2\boldsymbol{P} \tag{4a}$$

当 $m_1$ 和 $m_2$ 同号(图 10),这个等式当然成立.当 $m_1$ 和 $m_2$ 反号(图 11),读者也容易自行检验.这个命题到此已证完.

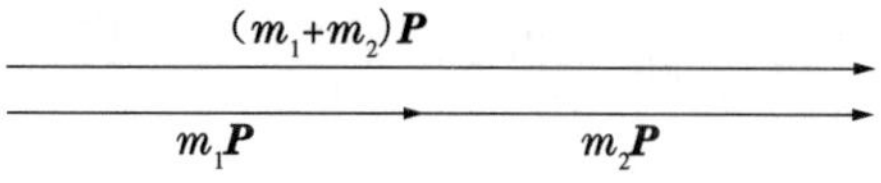


图 10

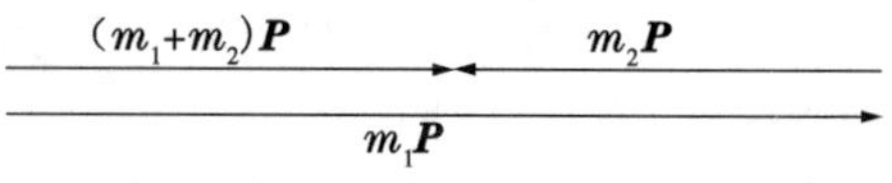


图 11

## 习题和补充

1. 已知两个矢量$\overrightarrow{OA}$和$\overrightarrow{OB}$有公共起点 $O$. 求作(用平行四边形定律) 矢量$\overrightarrow{OC}=\frac{1}{2}\overrightarrow{OA}+\frac{1}{2}\overrightarrow{OB}$,用 $O$ 做起点,并直接验证$\overrightarrow{OC}=\frac{1}{2}(\overrightarrow{OA}+\overrightarrow{OB})$.

求证点 $C$ 平分线段 $AB$.

2. 重心. 设已知几个质点(即已配定了质量的点),用 $M_1,M_2,\cdots,M_n$ 代表各点,用 $m_1,m_2,\cdots,m_n$① 代表它们相应的质量,任取(几何的) 点 $O$ 做起点,作矢量$\overrightarrow{OC}$,用下面的等式做定义

$$\overrightarrow{OC}=\frac{m_1\overrightarrow{OM_1}+m_2\overrightarrow{OM_2}+\cdots+m_n\overrightarrow{OM_n}}{m_1+m_2+\cdots+m_n}$$

求证点 $C$ 的位置与点 $O$ 的选择无关. 因此,点 $C$ 只是被已知质点的位置和质量所决定. 故点 $C$ 叫作已知质点系的重心或惯性中心.

证:取任意一点 $O'$,作矢量

$$\overrightarrow{O'C'}=\frac{m_1\overrightarrow{O'M_1}+m_2\overrightarrow{O'M_2}+\cdots+m_n\overrightarrow{O'M_n}}{m_1+m_2+\cdots+m_n}$$

如能证明 $C'$ 和 $C$ 叠合,便已证明我们的命题. 但试看$\overrightarrow{O'M_1}=\overrightarrow{O'O}+\overrightarrow{OM_1},\cdots,\overrightarrow{O'M_n}=\overrightarrow{O'O}+\overrightarrow{OM_n}$. 把各式代入上面的等式,得

$$\overrightarrow{O'C'}=\frac{(m_1+m_2+\cdots+m_n)\overrightarrow{O'O}+m_1\overrightarrow{OM_1}+\cdots+m_n\overrightarrow{OM_n}}{m_1+m_2+\cdots+m_n}$$

$$=\overrightarrow{O'O}+\overrightarrow{OC}=\overrightarrow{O'C}$$

便是$\overrightarrow{O'C'}=\overrightarrow{O'C}$,所以 $C'$ 和 $C$ 叠合.

3. 设有两个质点 $M_1,M_2$ 配上正质量 $m_1$ 和 $m_2$(参看前题). 求证这个质点系的重心在线段 $M_1M_2$ 上,把它分作两段,和质量 $m_1,m_2$ 成反比(就特别的情形说,若两点的质量相同,它们的重心在它们的中点).

提示:在线段 $M_1M_2$ 上,用比例$\frac{|M_1O|}{|OM_2|}=\frac{m_2}{m_1}$求得点 $O$. 再用公式(参看前



① “质点”和“质量”两个名词是仅仅用来廓清思想的,主要是每个所讨论的点都带有各别分配上的数字(假定的) 叫作“质量”. 这些“质量”可能是负数;在某种情形下需补充假定,质量的和 $m_1+m_2+\cdots+m_n$ 不是0.

节)

$$\overrightarrow{OC}=\frac{m_1\overrightarrow{OM_1}+m_2\overrightarrow{OM_2}}{m_1+m_2}$$

来证明$\overrightarrow{OC}=\mathbf{0}$,即点 $C$ 和 $O$ 叠合.

4. 把前题的结果推广到负质量的情形.

答:在一切情形下,两个质点的重心都在直线 $M_1M_2$ 上,且为比例值

$$\frac{|M_1C|}{|M_2C|}=\frac{|m_2|}{|m_1|}$$

所决定. 如果两个质量同号,$C$ 在 $M_1$ 和 $M_2$ 中间;如果质量不同号,$C$ 在线段 $M_1M_2$ 的外边(靠近质量的绝对值较大的那一边).

**§11. 与一已知方向平行的矢量. 单位矢量** 矢量可用来指出在空间的正向. 因为这时矢量的长不必计较,故为便利计,可采取长等于 1 的矢量. 这种矢量叫作定向矢量,或单位矢量. 特例:已知轴的定向矢量,便是具有轴的正向,而长为单位的矢量.

12 设有矢量 $\boldsymbol{P}$(图 12),平行于已知的单位矢量 $\boldsymbol{e}$. 一望便知这个矢量可以表示成

$$\boldsymbol{P}=\boldsymbol{e}P \tag{1}$$

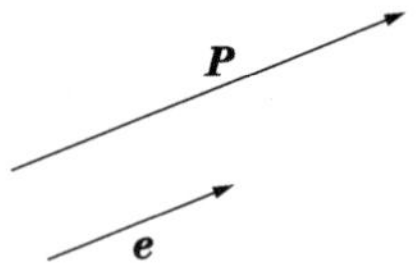

图 12

这里 $P$(不用粗体字的) 代表数量(纯量). 即是说$P=\pm|\boldsymbol{P}|$,当$\boldsymbol{P}$和$\boldsymbol{e}$同向时取正号,反向时取负号. 这可由数量乘矢量的概念直接推得(例如,设矢量$\boldsymbol{P}$的长等于5,而与$\boldsymbol{e}$同向,便得$\boldsymbol{P}=5\boldsymbol{e}$. 又知矢量$\boldsymbol{P}$的长等于$\frac{1}{2}$而与$\boldsymbol{e}$反向,便得$\boldsymbol{P}=-\frac{1}{2}\boldsymbol{e}$).

数量 $P$ 叫作矢量 $\boldsymbol{P}$ 在方向 $\boldsymbol{e}$ 上的代数值.

因此我们必须区别:矢量的长用$|\boldsymbol{P}|$ 表示,而它的代表值则用$P$表示. 后一个概念,仅当已知方向 $\boldsymbol{e}$(和 $\boldsymbol{P}$ 平行),用它来求矢量 $\boldsymbol{P}$ 的代数值时,才有意义.

现在考虑几个矢量 $\boldsymbol{P}_1,\boldsymbol{P}_2,\cdots,\boldsymbol{P}_n$ 平行于同一方向 $\boldsymbol{e}$ 的情形. 它们的和

$$\boldsymbol{P}=\boldsymbol{P}_1+\boldsymbol{P}_2+\cdots+\boldsymbol{P}_n \tag{2}$$

显然也平行于方向 $\boldsymbol{e}$. 引用上面的记号,得

$$\boldsymbol{P}=\boldsymbol{e}P,\boldsymbol{P}_1=\boldsymbol{e}P_1,\cdots,\boldsymbol{P}_n=\boldsymbol{e}P_n$$

根据前节所述,把等式(2) 写作

$$\boldsymbol{e}P=\boldsymbol{e}P_1+\boldsymbol{e}P_2+\cdots+\boldsymbol{e}P_n=\boldsymbol{e}(P_1+P_2+\cdots+P_n)$$

由此,便知

$$P = P_1 + P_2 + \cdots + P_n$$

那便是说:如有许多矢量,各与同一个单位矢量平行,它们的和的代数值等于各项的代数值的和.

**§12. 在轴上的矢量**　在已知轴 $\Delta$ 上的各个矢量是各个矢量都和同一个方向平行的特殊情形. 设 $\boldsymbol{e}$ 为已知轴 $\Delta$ 的单位矢量,$\boldsymbol{P}$ 为安放在 $\Delta$ 上的某个矢量.

依照上文,$\boldsymbol{P} = \boldsymbol{e}P$,这里 $P$ 是这矢量的方向 $\boldsymbol{e}$ 的代数值,在这种情形下,数量 $P$ 可说是矢量 $\boldsymbol{P}$ 对于轴 $\Delta$ 的代数值[①].

现在讨论同在轴 $\Delta$ 上的几个矢量:$\overrightarrow{AB},\overrightarrow{BC},\cdots,\overrightarrow{KL},\overrightarrow{LM}$,每一个矢量的起点和它前面一个矢量的终点叠合(图 13). 因此,矢量$\overrightarrow{AM}$ 是所给各矢量的和

$$\overrightarrow{AM} = \overrightarrow{AB} + \overrightarrow{BC} + \cdots + \overrightarrow{KL} + \overrightarrow{LM} \tag{1}$$

设用 $AB$(没有箭头) 表示矢量$\overrightarrow{AB}$ 对于轴 $\Delta$ 的代数值(其他各矢量一一照变). 有时也把这个数值叫作线段 $AB$ 对于轴 $\Delta$ 的代数值. 由此,根据 §11 末行所述,得

$$AM = AB + BC + \cdots + KL + LM \tag{2}$$

在$\overrightarrow{AB},\overrightarrow{BC}$ 等具有同一正向时,这个简单公式不言自明. 这是普遍情形(图 13),这个公式所代表的叫作沙尔(Chasles) 定理,它并不简单,而且用途极大,为推衍一般性的理论所必须.

## 习　题

1. 仔细想想等式 $AB + BA = 0$.
2. 就图 14 检验等式 $AB + BC = AC$.

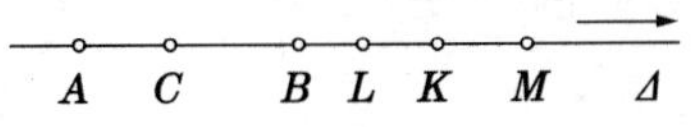


图 13

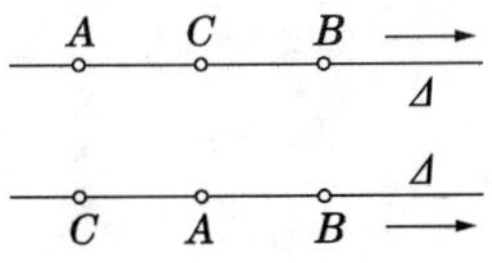


图 14

① 这样,矢量 $\boldsymbol{P}$ 对于轴 $\Delta$ 的代数值等于 $\pm|\boldsymbol{P}|$,当矢量和轴的正向相同时取正号;相反时取负号.

# Ⅲ. 轴上投影和面上投影

**§13. 轴上的投影** 设$\Delta$是轴①,$\Pi$是不平行于这条轴的平面(图15),再设$A$是空间任意一点. 作平面$\Pi_1$通过$A$平行于平面$\Pi$,设$a$是平面$\Pi_1$和轴$\Delta$的唯一交点.

点$a$叫作点$A$用和$\Pi$平行的平面投到轴$\Delta$上的投影.

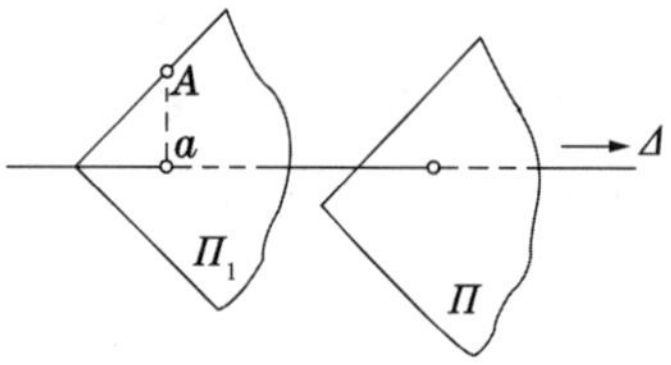

图 15

轴$\Delta$叫作投影轴,如果平面$\Pi$和轴$\Delta$垂直,这样的投影叫作直角投影(或正交投影). 在这样情形下,点$A$的投影,简单地说就是从$A$向轴$\Delta$所作垂线的垂足.

要和直角投影有区别,凡非直角投影都叫作斜角投影,这两种投影合称为平行投影②.



设$\overrightarrow{AB}$是矢量,用和同一平面$\Pi$平行的平面进行投影,令$a$和$b$分为$\overrightarrow{AB}$的起点和终点在轴$\Delta$上的投影,那么,矢量$\overrightarrow{ab}$叫作矢量$\overrightarrow{AB}$用和$\Pi$平行的平面投到轴$\Delta$上的投影③(图16).

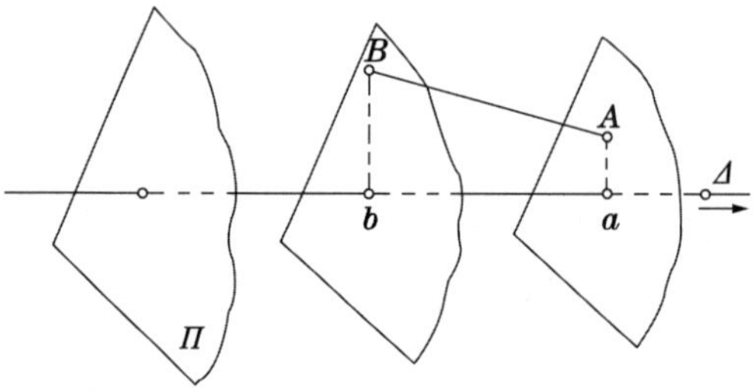

图 16

要表示矢量$\overrightarrow{ab}$是矢量$\overrightarrow{AB}$在轴$\Delta$上的投影,投影时要用和$\Pi$平行的平面,我们写作

---

① 此后如不讲到矢量投影的代数值(参看下文),我们可不必把$\Delta$认为是轴而作为直线看待.

② 以示与其他投影有区别,例如中心投影.

③ 矢量$\overrightarrow{AB}$的投影,有时不是指矢量$\overrightarrow{ab}$,而指$\overrightarrow{ab}$对于轴$\Delta$的代数值$ab$.

$$\overrightarrow{ab} = \Pi\mathrm{p}_{\Delta}\overrightarrow{AB}(\text{平行于 }\Pi)$$

我们将来所遇到的,主要不是投影$\overrightarrow{ab}$本身,而是它对于轴 $\Delta$ 的代数值 $ab$,这个投影的代数值,我们将用相类似的方法来表示,用小楷符号"пр"来代替大楷字母,写成

$$ab = \mathrm{пр}_{\Delta}\overrightarrow{AB}(\text{平行于 }\Pi)$$

如果括号内的补充说明不写出,通常假定所说的是直角投影.

由此易知:相等矢量在同一轴上的投影(平行于同一平面而取的)彼此相等. 即是说,如果

$$\boldsymbol{P} = \boldsymbol{Q}$$

便有

$$\Pi\mathrm{p}_{\Delta}\boldsymbol{P} = \Pi\mathrm{p}_{\Delta}\boldsymbol{Q}, \mathrm{пр}_{\Delta}\boldsymbol{P} = \mathrm{пр}_{\Delta}\boldsymbol{Q}$$

(平行于同一平面而取的投影).

同理可知:如果两条轴 $\Delta$ 和 $\Delta'$ 有相同的正向,那么,任何矢量在这两条轴上的投影(平行于同一平面的)彼此相等.



再者,两个相反的矢量在同一轴上的投影也是相反的,但它们的代数值则有相等的绝对值和相反的符号,即 $\mathrm{пр}_{\Delta}(-\boldsymbol{P}) = -\mathrm{пр}_{\Delta}\boldsymbol{P}$(平行于同一平面而取的投影).

**注 1**　如果矢量 $\boldsymbol{P}$ 和平面 $\Pi$ 平行,那么,点 $A$ 和点 $B$ 的投影叠合,故矢量$\overrightarrow{AB}$的投影(平行于 $\Pi$ 所取的)等于0.

**注 2**　如果矢量 $\boldsymbol{P}$ 和投影轴 $\Delta$ 平行,那么,矢量 $\boldsymbol{P}$ 在轴 $\Delta$ 上的投影显然等于矢量 $\boldsymbol{P}$,而它的代数值等于 $\boldsymbol{P}$ 对于轴 $\Delta$ 的代数值.

§13a. **在同一平面上的图形的投影**　设任何图形的各点和各矢量都和投影轴 $\Delta$ 同在一平面上,那么,前节的投影定义可用下面的定义来代替(图17只就所讨论的平面上作图). 设 $\Delta'$ 为在所讨论平面上不与投影轴 $\Delta$ 平行的某直线,通过任意点 $A$(在所讨论平面上取来的点)作直线平行于 $\Delta'$. 又设 $a$ 是所作的直线和轴 $\Delta$ 的交点. 那么,点 $a$ 叫作过点 $A$ 和直线 $\Delta'$ 平行的直线投到轴 $\Delta$ 上的投影.

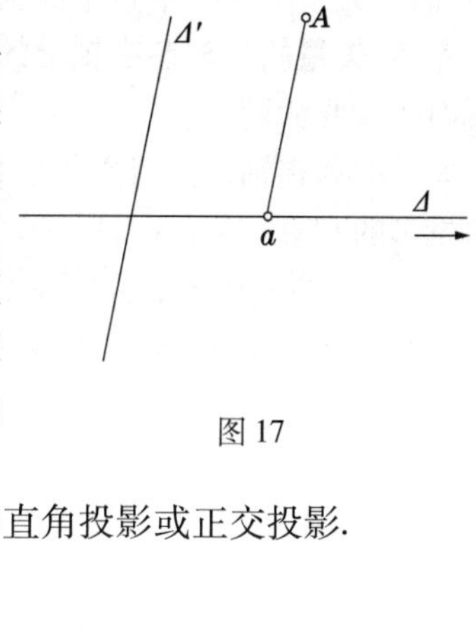


图 17

如果直线 $\Delta'$ 垂直于轴 $\Delta$,那么,这投影叫作直角投影或正交投影.

其他关于这种投影定义,和前节的定义完全相同,只需把“平行于平面 $\Pi$”改作“平行于直线 $\Delta'$”.

**§14. 平面上的投影** 设 $\Pi$ 是平面,而 $\Delta$ 是不平行于平面 $\Pi$ 的任意直线(图 18). 通过 $A$ 作直线 $Aa$ 平行于 $\Delta$,它和平面 $\Pi$ 相交于某点 $a$. 这点叫作过点 $A$ 和直线 $\Delta$ 平行的直线投到平面 $\Pi$ 上的投影.

如果 $\Delta$ 垂直于 $\Pi$,那个投影便叫作直角投影或正交投影. 在这种情形,$a$ 是由 $A$ 到 $\Pi$ 的垂线的垂足. 非直角投影叫作斜角投影. 两种投影亦共称平行投影或柱面投影.

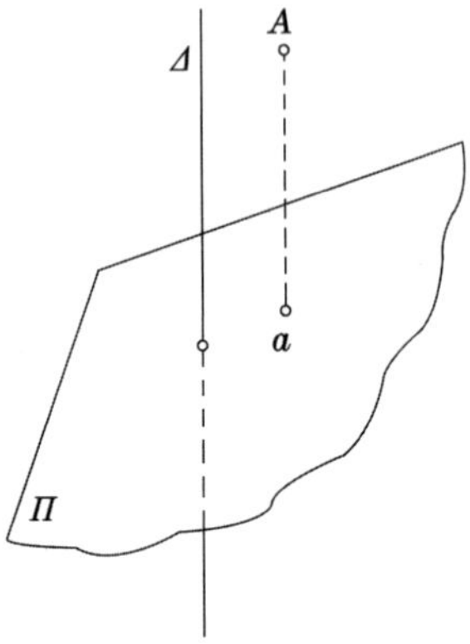


图 18

现设 $\overrightarrow{AB}$ 是矢量,又设用平行于直线 $\Delta$ 的投影,把 $\overrightarrow{AB}$ 的起点和终点投到平面 $\Pi$ 上去,令它们的投影为 $a$ 和 $b$(图 19). 由此,矢量 $\overrightarrow{ab}$ 叫作矢量 $\overrightarrow{AB}$ 用和直线 $\Delta$ 平行的直线投到平面 $\Pi$ 上的投影



$$\overrightarrow{ab} = \Pi p_{\Pi} \overrightarrow{AB}(\text{平行于 } \Delta)$$

普遍地说,任何几何图形在平面 $\Pi$ 上的投影便是那个图形上各点的投影点在 $\Pi$ 上的几何轨迹. 例如三角形的投影也是三角形,它的顶点是所给三角形上对应顶点的投影[①].

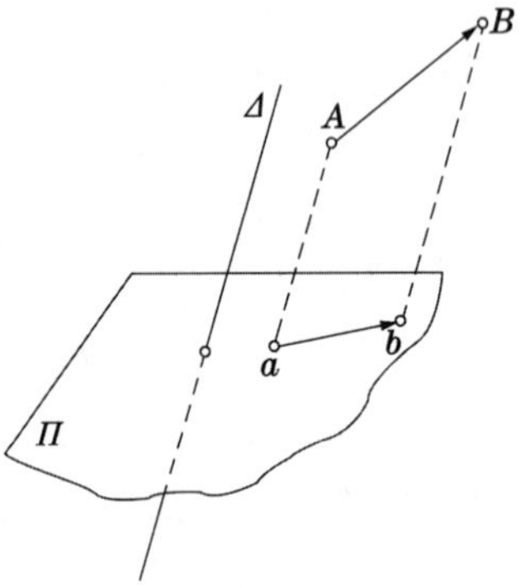


图 19

在轴上投影的一些简单命题,在对于矢量在平面上的投影时仍然成立:两个相等矢量的投影相等;同一矢量在两个平行平面上的投影相等.

**§15. 矢量的和与差在轴上的投影** 现在证明下面的重要命题:

矢量的和在轴上的投影等于各项矢量在同轴上的投影的和

$$\Pi p_{\Delta}\boldsymbol{P} = \Pi p_{\Delta}\boldsymbol{P}_1 + \Pi p_{\Delta}\boldsymbol{P}_2 + \cdots + \Pi p_{\Delta}\boldsymbol{P}_{n-1} + \Pi p_{\Delta}\boldsymbol{P}_n \tag{1}$$

这里 $\boldsymbol{P}$ 代表矢和 $\boldsymbol{P} = \boldsymbol{P}_1 + \boldsymbol{P}_2 + \cdots + \boldsymbol{P}_{n-1} + \boldsymbol{P}_n$. 自然投影是平行于同一平面而取的.

---

① 在本书里,所有一切空间形的插图无非是用平行投影把它投到纸上面去.

实际上,先把所给的矢量 $\boldsymbol{P}_1,\boldsymbol{P}_2,\cdots,\boldsymbol{P}_{n-1},\boldsymbol{P}_n$ 排成一个矢量多边形.

为使插图简明起见,现用四个矢量($n=4$)的情形作图(图 20)

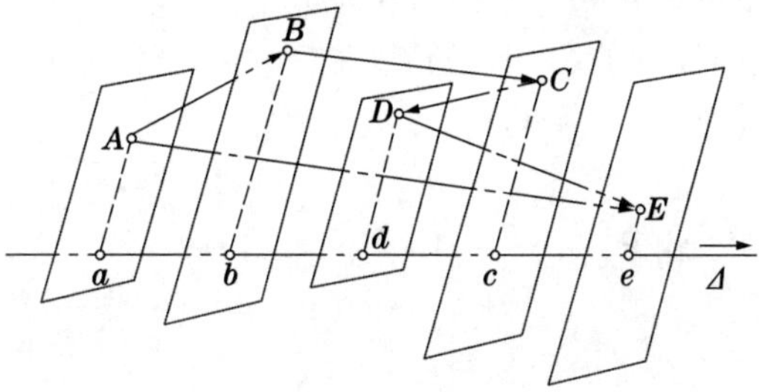


图 20

$$\boldsymbol{P}_1=\overrightarrow{AB},\boldsymbol{P}_2=\overrightarrow{BC}$$

$$\boldsymbol{P}_3=\overrightarrow{CD},\boldsymbol{P}_4=\overrightarrow{DE}$$

这四个矢量的和等于 $\boldsymbol{P}=\overrightarrow{AE}$.

设 $a,b,c,d,e$ 分别表示 $A,B,C,D,E$ 各点的投影①. 由矢和的定义,得

$$\overrightarrow{ae}=\overrightarrow{ab}+\overrightarrow{bc}+\overrightarrow{cd}+\overrightarrow{de}$$

但因

$$\overrightarrow{ae}=\Pi p_{\Delta}\boldsymbol{P},\overrightarrow{ab}=\Pi p_{\Delta}\boldsymbol{P}_1,\overrightarrow{bc}=\Pi p_{\Delta}\boldsymbol{P}_2,\overrightarrow{cd}=\Pi p_{\Delta}\boldsymbol{P}_3,\overrightarrow{de}=\Pi p_{\Delta}\boldsymbol{P}_4$$

把各值代入上面的等式,得等式(1),便是所求的证明.

我们再重复说明使用四个矢量的原因完全是为了插图的清楚,在一般情形时的证明是一样的.

由证法直接推得:矢和的投影的代数值等于各项投影的代数值的和,即

$$\pi p_{\Delta}\boldsymbol{P}=\pi p_{\Delta}\boldsymbol{P}_1+\pi p_{\Delta}\boldsymbol{P}_2+\cdots+\pi p_{\Delta}\boldsymbol{P}_n$$

并易证明下文也正确:两个矢量的差的投影等于这两矢量的投影的差. 即

$$\Pi p_{\Delta}(\boldsymbol{P}_1-\boldsymbol{P}_2)=\Pi p_{\Delta}\boldsymbol{P}_1-\Pi p_{\Delta}\boldsymbol{P}_2 \tag{2}$$

实际上,根据 §9 所讲,得

$$\boldsymbol{P}_1-\boldsymbol{P}_2=\boldsymbol{P}_1+(-\boldsymbol{P}_2)$$

由此,并根据前段

$$\Pi p_{\Delta}(\boldsymbol{P}_1-\boldsymbol{P}_2)=\Pi p_{\Delta}\boldsymbol{P}_1+\Pi p_{\Delta}(-\boldsymbol{P}_2)=\Pi p_{\Delta}\boldsymbol{P}_1-\Pi p_{\Delta}\boldsymbol{P}_2$$

关于投影的代数值,也有类似的公式

① 此后如果没有引起误会的可能,将把"平行于同一平面的投影"的声明省略去.

$$\text{пр}_\Delta(\boldsymbol{P}_1-\boldsymbol{P}_2)=\text{пр}_\Delta\boldsymbol{P}_1-\text{пр}_\Delta\boldsymbol{P}_2$$

**§16. 矢量的和与差在平面上的投影** 同样容易证明:所给矢量的和在某一平面 $\Pi$ 上的投影等于各项在平面上的投影的和. 即,如果

$$\boldsymbol{P}=\boldsymbol{P}_1+\boldsymbol{P}_2+\cdots+\boldsymbol{P}_n$$

那么

$$\Pi\text{p}_\Pi\boldsymbol{P}=\Pi\text{p}_\Pi\boldsymbol{P}_1+\Pi\text{p}_\Pi\boldsymbol{P}_2+\cdots+\Pi\text{p}_\Pi\boldsymbol{P}_n \tag{1}$$

(假定这是平行于同一直线 $\Delta$ 而取的投影). 这个定理的证明和前节的定理相同(图 21).

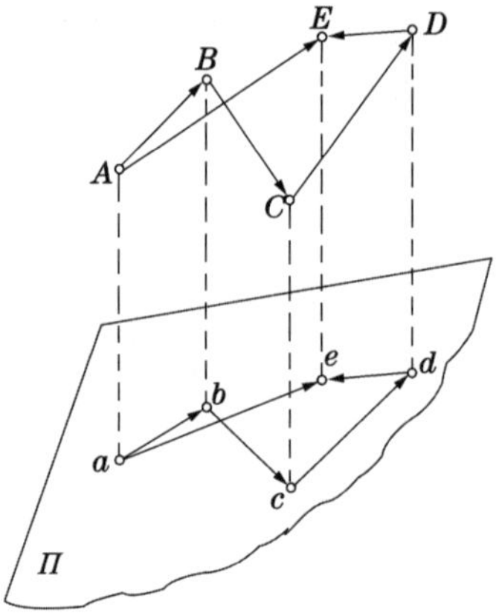


图 21

同样,两矢量的差的投影等于它们的投影的差. 即,如果

$$\boldsymbol{Q}=\boldsymbol{P}_1-\boldsymbol{P}_2$$

那么

$$\Pi\text{p}_\Pi\boldsymbol{Q}=\Pi\text{p}_\Pi\boldsymbol{P}_1-\Pi\text{p}_\Pi\boldsymbol{P}_2 \tag{2}$$



**§17. 数量乘矢量的积的投影** 设用数量 $m$ 乘已知矢量 $\boldsymbol{P}$,便须同样用这数量乘矢量 $\boldsymbol{P}$ 的投影(在给定的轴或平面上),这很容易证明. 用公式表出如

$$\Pi\text{p}(m\boldsymbol{P})=m\Pi\text{p}\boldsymbol{P}$$

这里指的是平行于给定的平面(或直线)来投到给定的轴(或平面)上的投影.

同样,关于矢量在给定的轴上的投影,它的代数值适合公式

$$\text{пр}(m\boldsymbol{P})=m\,\text{пр}\boldsymbol{P}$$

这个命题很明显,只要把所给矢量的起点安放在投影轴上(或投影面上),应用相似三角形的最简单的定理便得. 留待读者自行证明.

## Ⅳ. 直角投影的计算公式

本段专门讨论直角(正交)投影,在以下各节中不再重复声明.

**§18. 两方向间的角** 两个方向间的角(例如两轴之间,两矢量之间,一矢量和一轴之间),即自同一任意点出发的两个定向的单位矢量所成之角.

例如(图 22)两轴 $\Delta$ 和 $\Delta'$ 间的角 $\vartheta$,即是两轴的单位矢量 $\boldsymbol{e},\boldsymbol{e}'$ 从同一的任意点出发时所成之角.

这个角通常为单位矢量的正向所决定(图 23(a)),它的数值总在 0 和 $\pi$ 之间(即由 0° 到 180°). 如果 $\vartheta=0$,这两个正向 $\boldsymbol{e}$ 和 $\boldsymbol{e}'$ 相叠合;如果 $\vartheta=\pi$,它们

便相反(图 23(b)).

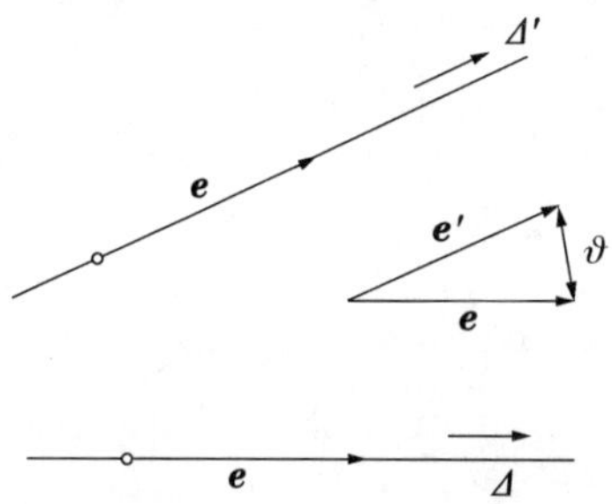


图 22

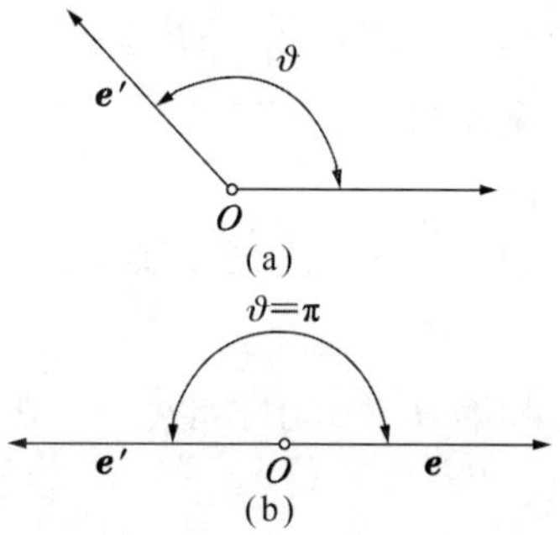


图 23

**§19. 矢量在轴上的直角投影的计算公式**　设给定轴 $\Delta$,矢量 $\overrightarrow{AB}$ 与轴 $\Delta$ 所成的角 $\vartheta$. 矢量 $\overrightarrow{AB}$ 投到轴 $\Delta$ 上的直角投影可用下面的公式来计算它的代数值

$$\text{пр}_{\Delta}\overrightarrow{AB} = |AB|\cos\vartheta \tag{1}$$

这个式子的意义不但规定相等的绝对值,并且要有相同的正负号;换句话来讲:矢量投到轴上的投影的代数值,等于矢量的长乘以所给矢量与轴的夹角的余弦.



要推出这个公式,我们可把给定的矢量移动,使它的起点 $A$ 跟轴上某一点叠合.

先设角 $\vartheta$ 是锐角. 此时(图 24(a)),矢量 $\overrightarrow{AB}$ 的投影 $Ab$ 的代数值是正量,由 $\triangle AbB$ 立即推得

$$\text{пр}_{\Delta}\overrightarrow{AB} = Ab = |AB|\cos\vartheta$$

再设 $\vartheta$ 为钝角,由(图 24(b)) $\triangle AbB$ 得

$$|Ab| = |AB|\cos(\pi-\vartheta) = -|AB|\cos\vartheta$$

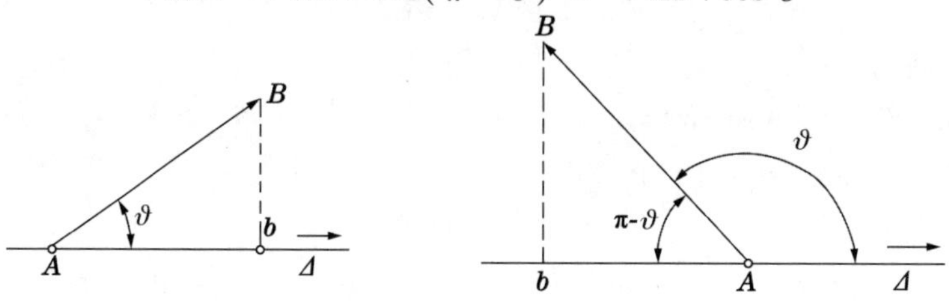


(a)　　(b)

图 24

因在这情形下,$Ab < 0$,按照前面一样得

$$\text{пр}_{\Delta}\overrightarrow{AB} = Ab = -|Ab| = +|AB|\cos\vartheta$$

到此完全证明了公式(1).

特例:

1. 如果 $\vartheta = 0$,那么,$\cos\vartheta = 1$,且

$$\text{пр}_{\Delta}\overrightarrow{AB} = |AB|$$

2. 如果 $\vartheta = 180°$,那么,$\cos\vartheta = -1$,且

$$\text{пр}_{\Delta}\overrightarrow{AB} = -|AB|$$

3. 如果 $\vartheta = 90°$,即如果矢量$\overrightarrow{AB}$垂直于投影轴,那么,$\cos\vartheta = 0$,故

$$\text{пр}_{\Delta}\overrightarrow{AB} = 0$$

所有这些结果,也可由投影定义推出来.

§19a. **推广** 设矢量 $\boldsymbol{P}$ 平行于单位矢量 $\boldsymbol{e}$,因而(由 §11)

$$\boldsymbol{P} = \boldsymbol{e}P \tag{1}$$

20 用 $\theta$ 来表示单位矢量 $\boldsymbol{e}$ 与轴 $\Delta$ 间的角(图25(a),(b)). 这个角或等于 $\boldsymbol{P}$ 与 $\Delta$ 间的角 $\vartheta$(图25(a)),或等于 $\pi - \vartheta$(图25(b)). 第一种情形,$\boldsymbol{P}$ 和 $\boldsymbol{e}$ 同向,即 $P > 0$;第二种情形,$P < 0$. 故根据前节,在第一种情形,有

$$\text{пр}_{\Delta}\boldsymbol{P} = |\boldsymbol{P}|\cos\vartheta = P\cos\vartheta = P\cos\theta$$

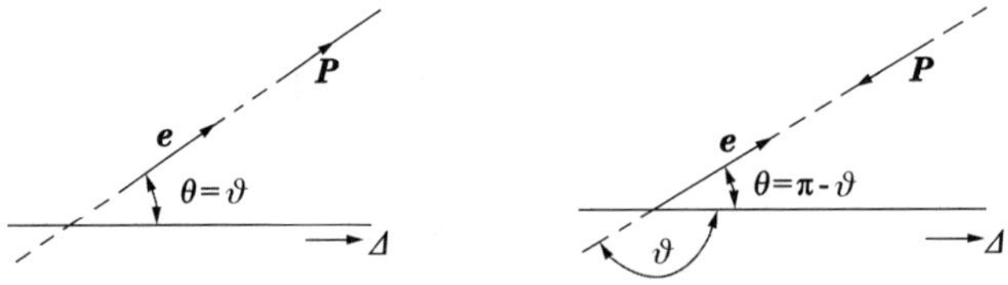


(a) (b)

图25

在第二种情形(这里 $P < 0$,因而 $|\boldsymbol{P}| = -P$),有

$$\text{пр}_{\Delta}\boldsymbol{P} = |\boldsymbol{P}|\cos\vartheta = -P\cos\vartheta = -P\cos(\pi - \theta) = P\cos\theta$$

在这两种情形下,都得到同一个公式

$$\text{пр}_{\Delta}\boldsymbol{P} = P\cos\theta \tag{2}$$

这里 $P$ 表示矢量 $\boldsymbol{P}$ 对于方向 $\boldsymbol{e}$ 的代数值,而 $\theta$ 表示 $\boldsymbol{e}$ 与投影轴间的角.

这个公式是前节公式的推广. 如果矢量 $\boldsymbol{P}$ 和单位矢量 $\boldsymbol{e}$ 同正向,则两个公式完全相同(如果反向,就不是一样的了).

## 习题和补充

1. 矢量 $\boldsymbol{P}$ 的长为10,它和轴 $\Delta$ 的夹角为150°. 求 $\boldsymbol{P}$ 在 $\Delta$ 上的投影的代数值.

答: $-5\sqrt{3}$.

2. 用前题的条件,并设 $\Delta$ 的单位矢量为 $\boldsymbol{e}$. 怎样去表示矢量 $\boldsymbol{P}$ 投到轴 $\Delta$ 上的投影?

答: $-5\sqrt{3}\boldsymbol{e}$.

3. 两轴 $\Delta,\Delta'$ 组成的角为60°. 在轴 $\Delta'$ 上安放了一个矢量,长20单位,方向与 $\Delta'$ 相反. 求这个矢量在轴 $\Delta$ 上的投影的代数值.

答: $-20\cdot\cos 60^\circ=-10$.

4. 讨论 $\triangle ABC$,把它的各边添上了方向,如图26所示,则得

$$\overrightarrow{AB}=\overrightarrow{AC}+\overrightarrow{CB}$$

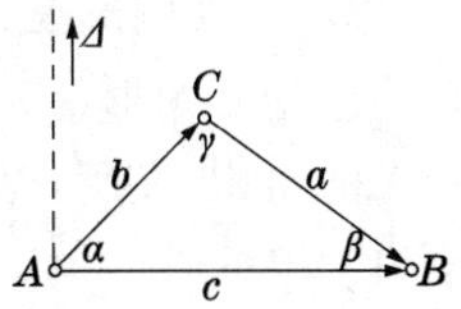

图26

把这个矢性等式首先投影到方向 $\overrightarrow{AB}$ 上,然后又投影到和 $\overrightarrow{AB}$ 垂直的方向上. 求证等式(参看图里的记法)

$$c=b\cos\alpha+a\cos\beta \qquad (*)$$

$$0=b\sin\alpha-a\sin\beta \qquad (**)$$

第二等式,附加上用同样方法推得的等式

$$0=c\sin\beta-b\sin\gamma$$

便得到三角学里著名的正弦定理

$$\frac{\sin\alpha}{a}=\frac{\sin\beta}{b}=\frac{\sin\gamma}{c}$$

5. 用前题的等式(*)和(**)推出三角学里余弦定理

$$c^2=a^2+b^2-2ab\cos\gamma$$

解:把等式(*)的两边平方起来,得

$$\begin{aligned}c^2&=b^2\cos^2\alpha+a^2\cos^2\beta+2ab\cos\alpha\cos\beta\\&=b^2(1-\sin^2\alpha)+a^2(1-\sin^2\beta)+2ab\cos\alpha\cos\beta\\&=a^2+b^2+2ab\cos\alpha\cos\beta-a^2\sin^2\beta-b^2\sin^2\alpha\end{aligned}$$

但由(**)得

$$b^2\sin^2\alpha=a^2\sin^2\beta=a\sin\beta\cdot a\sin\beta=a\sin\beta\cdot b\sin\alpha=ab\sin\alpha\sin\beta$$

把这些数值代入前式得

$$c^2=a^2+b^2+2ab(\cos\alpha\cos\beta-\sin\alpha\sin\beta)=a^2+b^2+2ab\cos(\alpha+\beta)$$

但因 $\alpha+\beta=\pi-\gamma$,得 $\cos(\alpha+\beta)=\cos(\pi-\gamma)=-\cos\gamma$,由此得到所求的公式.

**§20. 矢量投到平面上的直角投影的长** 设 $\Pi$ 是给定的平面,而 $\overrightarrow{AB}$ 是给定的矢量. 用 $\vartheta$ 来表示平面 $\Pi$ 与矢量 $\overrightarrow{AB}$ 的方向所成的锐角[①]. 设 $\overrightarrow{ab}$ 是矢量 $\overrightarrow{AB}$ 投到平面 $\Pi$ 上的直角投影. 由此得

$$|ab|=|AB|\cos\vartheta \tag{1}$$

即直角投影的长等于被投影的矢量的长乘以这个矢量与平面所成的锐角的余弦.

提示:移动矢量 $\overrightarrow{AB}$,使它的起点 $A$ 跟平面 $\Pi$ 上一点重合.

**§21. 平面图形在另一平面上的投影的面积** 首先讨论三角形的情形;设 $ABC$ 为已知三角形,$abc$ 表示三个顶点 $A,B,C$ 在平面 $\Pi$ 上的投影. 用 $S$ 来表示 $\triangle ABC$ 的面积,又用 $s$ 表它的投影 $abc$ 的面积. 这两个面积的关系完全和前小节关系(1) 相类似



$$s=S\cos\vartheta \tag{1}$$

这里 $\vartheta$ 表示投影平面 $\Pi$ 与被投影的三角形的平面所成的锐角. 这公式很容易推得.

事实上,首先假定这三角形有一边,例如边 $AB$ 平行于平面 $\Pi$(图 27(a)). 在这情形下,我们常可假定边 $AB$ 在平面 $\Pi$ 上(要达到这样位置,只需把三角形移动,而不改变它的平面的方向,那么它的投影也不变). $\triangle ABC$ 的面积等于

$$S=\frac{1}{2}|AB|\cdot h$$

这里 $h$ 代表三角形的高. 另一方面,投影 $abc$ 的面积等于

$$s=\frac{1}{2}|ab|\cdot h'$$

这里 $h'$ 是 $\triangle abc$ 的高.

但因 $|AB|=|ab|$,还有 $h'=h\cdot\cos\vartheta$,因 $h'$ 是高 $h$ 在平面 $\Pi$ 上的投影[②]而 $h$ 与 $h'$ 间的角也是 $\vartheta$[③],故得

---

① 由定义,角 $\vartheta$ 是矢量 $\overrightarrow{AB}$ 与它的直角投影 $\overrightarrow{ab}$ 所成的角.

② 回忆初等几何定理:如果通过直线和平面的交点,在平面上作所给直线的垂线,那么这条垂线也垂直于所给直线的投影.

③ 根据初等几何里两个平面的夹角的定义.

$$s = \frac{1}{2} | ab | \cdot h'$$
$$= \frac{1}{2} | AB | \cdot h \cos \vartheta = S\cos \vartheta$$

便证明所求.

如果 $\triangle ABC$ 没有一边平行于平面 $\Pi$,那也很容易,只需把它分做两个三角形,每个都有一边平行于这平面(图 27(b)). 更因公式(1) 对于每个部分成立,故对于整个三角形也成立.

现取任何平面多边形来代替三角形,那么公式(1) 仍然成立,因为每个多边形都可分成几个三角形.

更且,任何以曲线为周界的平面形的面积,由定义,可认为它的内接多边形面积的极限. 因公式(1) 对于任何多边形成立,到了极限,它也成立.

因此,设 $S$ 表示任何平面形的面积,而 $s$ 是它在某平面上的投影的面积,则

$$s = S\cos \vartheta$$

这里 $\vartheta$ 表示被投影的图形的平面与投影平面所成的锐角.



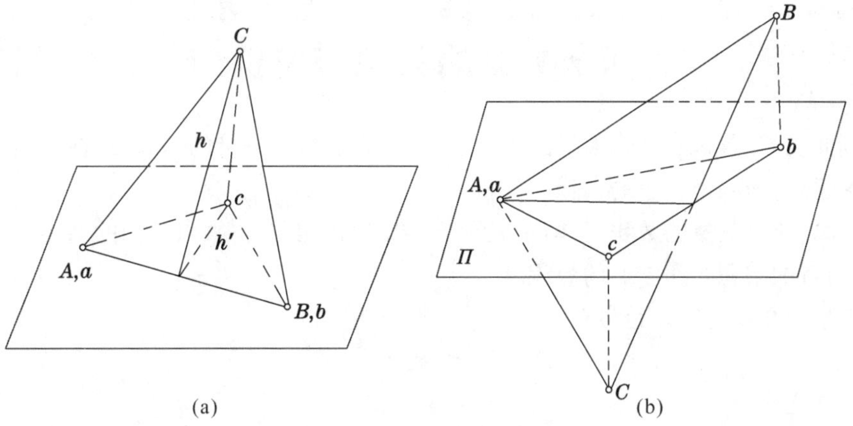


图 27

**习题和补充**

1. 直立棱柱体的截口面和底面成 30° 角,底的面积等于 10 $cm^2$,求截口面积.

答:$S = \frac{20\sqrt{3}}{3}$ $cm^2$.

2. 应用面积投影的性质,求正四面体的二面角.

答:$\cos\alpha = \frac{1}{3}$.

3. 设把图投影到不与圆面平行的平面 $\Pi$ 上,则投影所得的曲线叫作椭圆(图 28)[①]. 设圆的直径 $AB$ 和平面 $\Pi$ 平行, 它的投影线段 $A'B'$ 仍和 $AB$ 等长, 即 $|AB| = 2a$,这里 $a$ 是圆的半径. 令 $CD$ 为垂直于 $AB$ 的直径,它的投影线段 $C'D'$ 仍和 $A'B'$ 垂直,但 $C'D'$ 的长等于 $2a\cos\alpha$,这里 $a$ 是圆面与平面 $\Pi$ 所成之角.

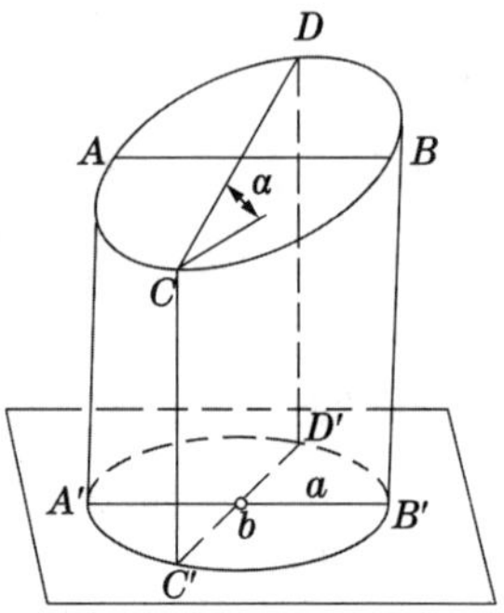

图 28

数量 $a = \frac{1}{2}|A'B'|$ 和 $b = \frac{1}{2}|C'D'| = a\cos\alpha$ 叫作椭圆的半长轴和半短轴.

求证椭圆所包的面积 $S = \pi ab$.

证:我们有

$$S = \pi a^2\cos\alpha = \pi a \cdot a\cos\alpha = \pi ab$$



# V. 两个矢量的数积与矢积

到此我们所认识的,除矢量的加减法外,还有数量乘矢量的运算. 现在将引进两种运算,即两个矢量的数积与矢积.

**§22. 两个矢量的数积**　两个矢量 $\boldsymbol{P}_1,\boldsymbol{P}_2$ 的长相乘,再乘以它们的夹角的余弦,所得的乘积叫作它们的数积.

矢量的数积可表以符号[②]

$$\boldsymbol{P}_1 \cdot \boldsymbol{P}_2 \text{ 或 } \boldsymbol{P}_1\boldsymbol{P}_2$$

根据定义得

$$\boldsymbol{P}_1 \cdot \boldsymbol{P}_2 = |\boldsymbol{P}_1| \cdot |\boldsymbol{P}_2| \cos\vartheta \tag{1}$$

注意乘积

$$|\boldsymbol{P}_1| \cos\vartheta$$

是矢量 $\boldsymbol{P}_1$ 投到矢量 $\boldsymbol{P}_2$ 的方向上的直角投影的代数值(图 29). 可以说:两个矢

---

① 这曲线将于第七章中详加讨论.

② 现特声明,这个记号在文献上尚未一致通用,除了本书所采用者外,数积写法还有下列各种记号,如:$\boldsymbol{P}_1 \times \boldsymbol{P}_2$,$(\boldsymbol{P}_1,\boldsymbol{P}_2)$,$(\boldsymbol{P}_1\boldsymbol{P}_2)$. 数积又叫作几何积,或内积.

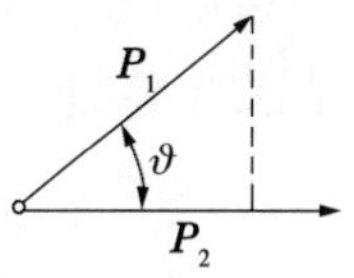

图 29

量的数积等于第一个矢量的长乘第二个矢量投到第一个矢量的方向上的直角投影的代数值. 即依照我们所用的记号

$$P_1 \cdot P_2 = |P_1| \cdot \text{пр}_{P_1} P_2 = |P_2| \cdot \text{пр}_{P_2} P_1 \qquad (2)$$

数积在力学上的意义,可简单说明如下:设有定量和定向的力 $F$. 如果它的作用点由位置 $A$ 沿着一条直线移到位置 $B$,则由定义,力 $\boldsymbol{F}$ 所做的功 $\boldsymbol{R}$ 等于距离 $|AB|$ 与力 $\boldsymbol{F}$ 在移动的方向上的投影的代数值的乘积,即

$$R = |AB| \cdot |\boldsymbol{F}| \cos \vartheta$$

这里 $\vartheta$ 表示两个矢量 $\overrightarrow{AB}$ 与 $\boldsymbol{F}$ 间的角. 根据式(1),得

$$R = \overrightarrow{AB} \cdot \boldsymbol{F}$$

故在这情形,功等于两个矢量的数积,一个表示运动,另一个表示力.

数积的重要性质:两个矢量的数积等于0,如果有一个是 $\mathbf{0}$ 矢量,或两个因子矢量互相垂直. 因为在后一种情形 $\vartheta = \dfrac{\pi}{2}$,所以 $\cos \vartheta = 0$.

又因等于 $\mathbf{0}$ 的矢量没有一定的方向,它也可以算作垂直于其他任何方向,故把两种情形结合来讲,则条件

$$\boldsymbol{P}_1 \cdot \boldsymbol{P}_2 = 0 \qquad (3)$$

是两个矢量 $\boldsymbol{P}_1$ 与 $\boldsymbol{P}_2$ 互相垂直的条件.

如果因子矢量相等,即 $\boldsymbol{P}_1 = \boldsymbol{P}_2 = \boldsymbol{P}$,那么,它们间的角 $\vartheta$ 等于0,故

$$\boldsymbol{P}_1 \cdot \boldsymbol{P}_2 = \boldsymbol{P} \cdot \boldsymbol{P} = |\boldsymbol{P}| \cdot |\boldsymbol{P}| \cos 0 = |\boldsymbol{P}|^2$$

乘积 $\boldsymbol{P} \cdot \boldsymbol{P}$ 将以符号 $\boldsymbol{P}^2$ 表示.

故所给矢量的长的平方,可以作为这个矢量自乘的数积看待

$$|\boldsymbol{P}|^2 = \boldsymbol{P} \cdot \boldsymbol{P} = \boldsymbol{P}^2 \qquad (4)$$

由此可见数积与数量的乘积有所区别. 数积等于0,并不需要有一个因子等于0. 现在再举几条关于矢量的数积的基本性质,它们是和数量的乘积的性质相类似的.

首先由定义推得,数积具有交换律性质,即 $\boldsymbol{P}_1 \cdot \boldsymbol{P}_2 = \boldsymbol{P}_2 \cdot \boldsymbol{P}_1$.

并且数积具有分配律性质,即适合公式

$$(\boldsymbol{P}_1 + \boldsymbol{P}_2 + \cdots + \boldsymbol{P}_n) \cdot \boldsymbol{Q} = \boldsymbol{P}_1\boldsymbol{Q} + \boldsymbol{P}_2\boldsymbol{Q} + \cdots + \boldsymbol{P}_n\boldsymbol{Q} \qquad (5)$$

要加证明,先根据(2)得

$$\begin{aligned}(\boldsymbol{P}_1 + \boldsymbol{P}_2 + \cdots + \boldsymbol{P}_n) \cdot \boldsymbol{Q} &= |\boldsymbol{Q}| \cdot \text{пр}(\boldsymbol{P}_1 + \boldsymbol{P}_2 + \cdots + \boldsymbol{P}_n) \\ &= |\boldsymbol{Q}| \cdot (\text{пр}\boldsymbol{P}_1 + \text{пр}\boldsymbol{P}_2 + \cdots + \text{пр}\boldsymbol{P}_n)\end{aligned}$$

$$= |\boldsymbol{Q}| \cdot \text{пр}\boldsymbol{P}_1 + |\boldsymbol{Q}| \cdot \text{пр}\boldsymbol{P}_2 + \cdots + |\boldsymbol{Q}| \cdot \text{пр}\boldsymbol{P}_n$$

这里的投影是投到$\boldsymbol{Q}$的方向上的投影,为了简便,我们把投影轴略去. 再根据公式(2) 得

$$|\boldsymbol{Q}| \cdot \text{пр}\boldsymbol{P}_1 = \boldsymbol{Q} \cdot \boldsymbol{P}_1, |\boldsymbol{Q}| \cdot \text{пр}\boldsymbol{P}_2 = \boldsymbol{Q} \cdot \boldsymbol{P}_2, \cdots$$

把这些代入上面的公式,便得到所求的结果(5).

特别值得注意的是:由以上证法推得两个矢和的数积可以依照寻常多项式的乘法来展开(参看 §6 注 2).

最后尚有:如果 $m_1, m_2$ 代表两个数量,那么

$$(m_1\boldsymbol{P}_1) \cdot (m_2\boldsymbol{P}_2) = (m_1 m_2)(\boldsymbol{P}_1 \cdot \boldsymbol{P}_2) \tag{6}$$

例如

$$3\boldsymbol{P}_1 \cdot 4\boldsymbol{P}_2 = 12(\boldsymbol{P}_1 \cdot \boldsymbol{P}_2) = 12|\boldsymbol{P}_1| \cdot |\boldsymbol{P}_2| \cos \vartheta$$

这样简单的性质,留待读者自行证明.

### 习题和补充



1. 设有定量和定向的力 $F$,如果它的作用点沿着直线移动,由位置 $A$ 移到位置 $B$. 我们已知它所做的功可用公式来表示

$$R = \overrightarrow{AB} \cdot \boldsymbol{F}$$

求证下面所说功的最简单的性质:

(a) 如果力的方向垂直于移动方向,则功等于0.

(b) 几个力施于同一作用点上,它们的合力做的功等于各个分力的功的和(几个力施于同一点上,它们的合力等于这些力的矢和,它们本身叫作施于同一点的分力).

(c) 如果力 $F$ 的作用点沿着多边形 $ABC\cdots KL$ 的各边 $AB, BC, CD, \cdots, KL$ 上移动(且按照顶点的次序顺次移动),它们做的功的总和等于这个力的作用点沿着封口线 $AL$ 上作直线运动所做的功.

2. 求证关于任何两个矢量 $\boldsymbol{P}, \boldsymbol{Q}$ 的等式

$$(\boldsymbol{P} + \boldsymbol{Q})^2 = (\boldsymbol{P} + \boldsymbol{Q}) \cdot (\boldsymbol{P} + \boldsymbol{Q}) = \boldsymbol{P}^2 + \boldsymbol{Q}^2 + 2\boldsymbol{PQ}$$
$$= |\boldsymbol{P}|^2 + |\boldsymbol{Q}|^2 + 2|\boldsymbol{P}| \cdot |\boldsymbol{Q}| \cos \vartheta$$

这里,$\vartheta$ 是两矢量 $\boldsymbol{P}$ 与 $\boldsymbol{Q}$ 所成的角.

3. 考虑四个矢量$\overrightarrow{AB} = \overrightarrow{CD}, \overrightarrow{AC} = \overrightarrow{BD}$,组成菱形 $ABDC$ 的四边,因有$|AB| = |CD| = |AC| = |BD|$. 试用两边的矢和与矢差来表示菱形的对角线$\overrightarrow{AD}$与$\overrightarrow{BC}$. 并证$\overrightarrow{AD} \cdot \overrightarrow{BC} = 0$,即菱形的对角线互相垂直.

4. 在 $\triangle ABC$ 的边上规定了方向，如 §19a 习题4 所示. 又把等式$\overrightarrow{AB}=\overrightarrow{AC}+\overrightarrow{CB}$的两边分别自乘起来，用以证明三角学的余弦定理

$$c^2=a^2+b^2-2ab\cos\gamma$$

(记法参看图 26).

**§23. 用数积来表示矢量的直角投影**　设 $\boldsymbol{e}$ 代表轴 $\Delta$ 上的单位矢量，任意矢量 $\boldsymbol{P}$ 投到轴 $\Delta$ 上的直角投影的代数值，可以看作矢量 $\boldsymbol{P}$ 与单位矢量 $\boldsymbol{e}$ 的数积，即

$$\text{пр}_{\Delta}\boldsymbol{P}=\boldsymbol{e}\cdot\boldsymbol{P} \tag{1}$$

实际上

$$\boldsymbol{e}\cdot\boldsymbol{P}=|\boldsymbol{e}|\cdot|\boldsymbol{P}|\cos\vartheta=|\boldsymbol{P}|\cos\vartheta$$

因为 $|\boldsymbol{e}|=1$($\vartheta$ 代表 $\boldsymbol{P}$ 与 $\Delta$ 间的角，亦即等于 $\boldsymbol{P}$ 与 $\boldsymbol{e}$ 间的角). 于是证明式(1)成立.

**§24. 三个方向的右手系和左手系**　现在引入一个概念，解决下一节和将来的需要.

今有三个单位矢量 $\boldsymbol{u},\boldsymbol{v},\boldsymbol{w}$ 不平行于同一平面，但从同一起点出发.

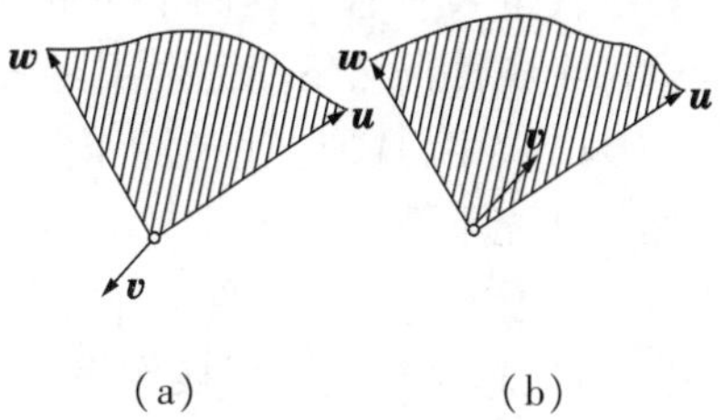

图 30

设观察者靠着单位矢量 $\boldsymbol{u}$ 站立，由脚到头代表 $\boldsymbol{u}$ 的正向，而设想观察者沿单位矢量 $\boldsymbol{v}$ 的正向而观望. 于是可能有两种不同的情形①. 或如图 30(a)，单位矢量 $\boldsymbol{w}$ 的正向(对于观察者来讲)由左到右；或如图 30(b)，它是由右到左. 在第一种情形下，$\boldsymbol{u},\boldsymbol{v},\boldsymbol{w}$ 的方向(跟着列举的次序)构成左手系，而在第二种情形下，构成右手系. “左手”系命名来源，因在第一种情形下单位矢量 $\boldsymbol{u},\boldsymbol{v},\boldsymbol{w}$(依照次序)彼此互相的关系恰如左手的拇指、食指、中指一样(假定第一、二两指伸直，第三指屈向上与掌面构成一角). 同样，右手系的构成，可用右手相应的三指表现出来.

经过循环代换②，左手系依然是左手系，仅把它们排成次序 $\boldsymbol{v},\boldsymbol{w},\boldsymbol{u}$. 右手系

---

① 在图 30(a) 和(b) 里，单位矢量 $\boldsymbol{u}$ 和 $\boldsymbol{w}$ 都在纸面上. 在图 30(a) 里，矢量 $\boldsymbol{v}$ 向着读者，而在图 30(b) 里则背着读者.

② 按着一定次序来布置的某几个元 $a,b,c,\cdots,k$ 的循环代换，即是把它们排列起来，使每一个元和后面跟着的那一个来代换，而最后一元和第一个元来代换. 例如把三个元 $a,b,c$ 来循环代换，得 $b,c,a$. 再进行一次循环代换便成 $c,a,b$. 如果再来一次循环代换，便回到原来的次序.

也有同样的性质. 相反地,如果只把两个单位矢量的位置交换,那么,右手系变成左手系或左手系变成右手系. 例如 $\boldsymbol{u},\boldsymbol{v},\boldsymbol{w}$ 是左手系,则 $\boldsymbol{v},\boldsymbol{u},\boldsymbol{w}$ 是右手系. 左手系在镜子里的影子是右手系. 右手系在镜子里的影子是左手系.

同样,三个矢量,三个轴,或普遍来说,三个方向所组成的系,也有左手系和右手系的区别.

**§25. 两个矢量的矢积**[①]　在几何学和应用数学里的很多问题上,除了以前所讲的数积之外,两个矢量的矢积[②]也是一个很重要的概念. 现把它的定义写出来:

两个矢量 $\boldsymbol{P},\boldsymbol{Q}$ 的矢积是矢量 $\boldsymbol{R}$,它由下面的条件来决定:

(a) 矢量 $\boldsymbol{R}$ 的长等于矢量 $\boldsymbol{P},\boldsymbol{Q}$ 的长相乘,再乘以它们的夹角 $\vartheta$ 的正弦

$$|\boldsymbol{R}| = |\boldsymbol{P}|\cdot|\boldsymbol{Q}|\sin\vartheta \tag{1}$$

(图 31). 换句话说:矢量 $\boldsymbol{R}$ 的长等于用矢量 $\boldsymbol{P}$ 和 $\boldsymbol{Q}$ 来构成的平行四边形的面积(假定这两个矢量有同一的公共起点),或同样可说,它等于这两个矢量所构成的三角形面积的两倍.

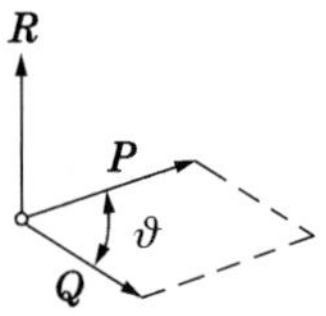

图 31

(b) 矢量 $\boldsymbol{R}$ 垂直于这两个矢量 $\boldsymbol{P}$ 和 $\boldsymbol{Q}$ 所决定的平面[③].



这两个条件仍然不能完全决定矢量 $\boldsymbol{R}$:我们还须在两个可能的相反方向中,选取一个为正向. 为了解决这个分歧,我们增加下面的补充条件.

(c) 矢量 $\boldsymbol{P},\boldsymbol{Q},\boldsymbol{R}$(依照所列的次序) 构成左手系.

当然的,这个规定可以换作另一个规定,即说这三个矢量构成右手系. 为了着统一起见,我们在本书将完全采用左手制(参看下面 §51 的注脚 ②).

两个矢量 $\boldsymbol{P},\boldsymbol{Q}$ 的矢积,可用记号写作[④]

$$\boldsymbol{P}\times\boldsymbol{Q}$$

特别应该注意的是,矢积是一个矢量,与数积截然不同.

两个矢量的乘积又与两个数量的乘积有所区别,矢积也和数积相似,它可等于零,虽两个因子不是零. 因为根据(1),显然地,矢积等于零时,它有一个因子等于零,或它的两个因子互相平行.

---

① 初次阅读,可把这节略去.

② 矢积也叫作“外积”.

③ 这是平行于矢量 $\boldsymbol{P}$ 与 $\boldsymbol{Q}$ 的平面. 为了直觉上的方便,可把两矢量的起点叠合起来,如图 31,如此则所说的平面便是矢量 $\boldsymbol{P}$ 与 $\boldsymbol{Q}$ 所定的平面(或任何和它平行的平面).

④ 矢积也有采用下列记号的

$$[\boldsymbol{P}\cdot\boldsymbol{Q}],[\boldsymbol{P},\boldsymbol{Q}],\boldsymbol{P}\wedge\boldsymbol{Q}$$

故两个矢量平行的条件,可以写作

$$\boldsymbol{P}\times\boldsymbol{Q}=\boldsymbol{0} \tag{2}$$

(试比较与此相类似的垂直条件 $\boldsymbol{P}\cdot\boldsymbol{Q}=0$,那是用数积来表示的).

更有,与两个数量的乘积及两个矢量的数积,俱不相同,矢积不具备交换律性质,即它和因子的次序密切相关.由定义便知

$$\boldsymbol{Q}\times\boldsymbol{P}=-\boldsymbol{P}\times\boldsymbol{Q} \tag{3}$$

实际上,若把矢量 $\boldsymbol{P},\boldsymbol{Q}$ 的次序交换,必须同时转变矢量 $\boldsymbol{R}$ 的正向,才能使 $\boldsymbol{Q},\boldsymbol{P},\boldsymbol{R}$ 保持着左手系.

矢量也有与数量的乘积相类似的性质.现先提出简单性质,如下面等式所表示的,留给读者自作证明

$$m\boldsymbol{P}\times n\boldsymbol{Q}=mn(\boldsymbol{P}\times\boldsymbol{Q}) \tag{4}$$

这里 $m,n$ 是任意数量.特例(当 $m=-1,n=1$)

$$(-\boldsymbol{P})\times\boldsymbol{Q}=-(\boldsymbol{P}\times\boldsymbol{Q})=\boldsymbol{Q}\times\boldsymbol{P} \tag{5}$$

矢积还有一个基本性质和数量乘积相同.它也具有分配律性质.现在我们把这点加以证明.首先注意一个简单的情形,即当矢积中有一个因子是单位矢量 $\boldsymbol{e}$ 的情形.



由矢积的定义,乘积 $\boldsymbol{e}\times\boldsymbol{P}$ 可用下法求得(图32):把矢量 $\boldsymbol{P}$ 投影(正交投影)到和 $\boldsymbol{e}$ 垂直的平面 $\Pi$ 上.把所得的投影 $\boldsymbol{P}$ 在平面 $\Pi$ 上顺时针转一直角(对于观察者来讲,需要他的足踏着矢量 $\boldsymbol{e}$ 的起点而头向着 $\boldsymbol{e}$ 的终点).

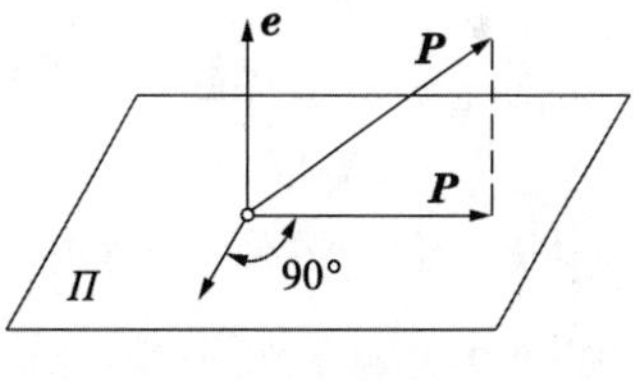


图 32

有了这个提示,我们容易推得单位矢量 $\boldsymbol{e}$ 与矢和 $\boldsymbol{P}_1+\boldsymbol{P}_2+\cdots+\boldsymbol{P}_n$ 的矢积具有下面等式所表示的性质

$$\boldsymbol{e}\times(\boldsymbol{P}_1+\boldsymbol{P}_2+\cdots+\boldsymbol{P}_n)=\boldsymbol{e}\times\boldsymbol{P}_1+\boldsymbol{e}\times\boldsymbol{P}_2+\cdots+\boldsymbol{e}\times\boldsymbol{P}_n \tag{6}$$

实际上,作矢量 $\boldsymbol{P}_1,\boldsymbol{P}_2,\cdots,\boldsymbol{P}_n$ 的多边形和它的封口矢量 $\boldsymbol{P},\boldsymbol{P}=\boldsymbol{P}_1+\boldsymbol{P}_2+\cdots+\boldsymbol{P}_n$.把所得图形投影到平面 $\Pi$ 上去.设 $\boldsymbol{p}_1,\boldsymbol{p}_2,\cdots,\boldsymbol{p}_n,\boldsymbol{p}$ 分别为矢量 $\boldsymbol{P}_1,\boldsymbol{P}_2,\cdots,\boldsymbol{P}_n,\boldsymbol{P}$ 的投影,则 $\boldsymbol{p}$ 是矢量 $\boldsymbol{p}_1,\boldsymbol{p}_2,\cdots,\boldsymbol{p}_n$ 所组成多边形的封口矢量.

现在把投影所得到的平面图形在平面 $\Pi$ 上旋转一直角(顺时针),则得一个新的矢量多边形,它的各边是矢量 $\boldsymbol{e}\times\boldsymbol{P}_1,\boldsymbol{e}\times\boldsymbol{P}_2,\cdots,\boldsymbol{e}\times\boldsymbol{P}_n$,而封口矢量是 $\boldsymbol{e}\times\boldsymbol{P}$.这便证明了公式(6).

不难想见,若用任意矢量 $\boldsymbol{Q}$ 来代替单位矢量 $\boldsymbol{e}$,公式(6)仍然正确.事实上,我们常用 $\boldsymbol{Q}=Q\boldsymbol{e}$,这里 $\boldsymbol{e}$ 是平行于矢量 $\boldsymbol{Q}$ 的单位矢量,而 $Q$ 是数量,故得

$$
\begin{aligned}
&\boldsymbol{Q}\times(\boldsymbol{P}_1+\boldsymbol{P}_2+\cdots+\boldsymbol{P}_n)\\
&=Q[\boldsymbol{e}\times(\boldsymbol{P}_1+\boldsymbol{P}_2+\cdots+\boldsymbol{P}_n)]\\
&=Q(\boldsymbol{e}\times\boldsymbol{P}_1)+Q(\boldsymbol{e}\times\boldsymbol{P}_2)+\cdots+Q(\boldsymbol{e}\times\boldsymbol{P}_n)\\
&=\boldsymbol{Q}\times\boldsymbol{P}_1+\boldsymbol{Q}\times\boldsymbol{P}_2+\cdots+\boldsymbol{Q}\times\boldsymbol{P}_n
\end{aligned}
\tag{7}
$$

便是所需要的证明.

更进一步,如果在上式的左右两边,同时交换因子相乘的次序,显然地,这公式仍然正确. 事实上,经过这样交换之后,两边都换上相反的符号.

到此,分配律性质已经证明. 这里面包括特例(参看 §6 注 2):两个矢和的矢积等于把第一个矢和的某一项来乘(矢量的乘法) 第二个矢和的每一项,再把所得的各个矢积来相加.

但不要忘记这个式子里,矢积要靠因子的次序来决定,故当演算乘法时,必须保持矢积内各个因子的次序. 例如

$$(\boldsymbol{P}_1+\boldsymbol{P}_2)\times(\boldsymbol{Q}_1+\boldsymbol{Q}_2)=\boldsymbol{P}_1\times\boldsymbol{Q}_1+\boldsymbol{P}_2\times\boldsymbol{Q}_1+\boldsymbol{P}_1\times\boldsymbol{Q}_2+\boldsymbol{P}_2\times\boldsymbol{Q}_2$$

如果把最后一项 $\boldsymbol{P}_2\times\boldsymbol{Q}_2$ 写作 $\boldsymbol{Q}_2\times\boldsymbol{P}_2$,那么,所得的结果便不正确.



## 习题和补充

**1. 对于一点的矢矩**　设 $\boldsymbol{P}=\overrightarrow{AB}$ 是胶着矢量或滑动矢量(参看 §5),又设 $C$ 是某一定点. 矢量 $\boldsymbol{P}$ 对于点 $C$ 的矢矩将规定为矢量 $\boldsymbol{L}$,它的作用点在 $C$,它的定义包括下面的条件:矢量 $\boldsymbol{L}$ 的长等于矢量 $\boldsymbol{P}$ 的长乘以由点 $C$ 至含有矢量 $\boldsymbol{P}$ 的直线的垂直距离 $h$ 的乘积;矢量 $\boldsymbol{L}$ 垂直于平面 $CAB$,而它的正向使矢量 $\overrightarrow{CA}$,$\overrightarrow{CB}$,$\boldsymbol{L}$ 构成左手系.

点 $C$ 叫作矩心(或极点).

容易见到:对于给定的点的矢矩,不因矢量 $\boldsymbol{P}$ 沿着包含它的直线移动而改变. 相反的,如果改变这根直线,那么,矢矩便跟着改变,因那时也许改变了数量 $h$,也许改变了平面 $CAB$ 的方向(因而改变了 $L$ 的方向),也许两者一齐改变. 所以矢矩的概念只对于胶着矢量或滑动矢量才有意义. 它不适用于自由矢量,因为自由矢量可以任意移动(不变它的方向).

求证

$$\boldsymbol{L}=\overrightarrow{CA}\times\boldsymbol{P}\tag{8}$$

证:由定义,矢量 $\boldsymbol{L}$ 的长为 $|\boldsymbol{L}|=|\boldsymbol{P}|\cdot h=2S_{\triangle ABC}$,故矢量 $\boldsymbol{L}$ 的长等于矢积 $\overrightarrow{CA}\times\overrightarrow{CB}$ 的长. 又由定义,矢量 $\boldsymbol{L}$ 的方向与这矢积的方向相同. 总体来说

$$L = \overrightarrow{CA} \times \overrightarrow{CB} \tag{9}$$

但因$\overrightarrow{CB} = \overrightarrow{CA} + \overrightarrow{AB} = \overrightarrow{CA} + \boldsymbol{P}$,把这些式代入前式,更注意到$\overrightarrow{CA} \times \overrightarrow{CA} = \boldsymbol{0}$,便得到所求的公式(8).

2. 应用前题的公式(8),证明如有几个矢量施于一个定点 $A$ 上,它们的合力[①]的矢矩等于各个分力的矢矩[②]的矢和[瓦利尼翁(Varingon)定理的推广].

**§26. 三个矢量的混合积**[③]　数积与矢积的乘法可用各种方法结合起来,得到一连串的公式,用来解决应用问题. 现在所讨论的,以所谓三个矢量的混合积为限.

设给定三个矢量 $\boldsymbol{P},\boldsymbol{Q},\boldsymbol{R}$. 先求前面两个矢量的矢积,再求所得的矢量与第三个矢量的数积,如下面算式所表示

$$(\boldsymbol{P} \times \boldsymbol{Q}) \cdot \boldsymbol{R}$$

这个算式叫作三个矢量 $\boldsymbol{P},\boldsymbol{Q},\boldsymbol{R}$ 的混合积. 因为它兼有两种形式的乘法. 混合积可表作$[\boldsymbol{P},\boldsymbol{Q},\boldsymbol{R}]$,由定义

$$[\boldsymbol{P},\boldsymbol{Q},\boldsymbol{R}] = (\boldsymbol{P} \times \boldsymbol{Q}) \cdot \boldsymbol{R} \tag{1}$$

混合积是数量,因它是两个矢量 $\boldsymbol{P} \times \boldsymbol{Q}$ 与 $\boldsymbol{R}$ 的数积. 它有很简单的几何意义并很容易证明:三个矢量的混合积等于这三个矢量(安放在同一点上)所构成的平行六面体的体积,这个体积具有一定的正负号.



实际上,上述体积等于矢量 $\boldsymbol{P}$ 与 $\boldsymbol{Q}$ 所构成的平行四边形的面积 $S$ 乘以高 $h$(图 33),但

$$S = |\boldsymbol{P}| \cdot |\boldsymbol{Q}| \sin \vartheta$$

这里 $\vartheta$ 是 $\boldsymbol{P}$ 与 $\boldsymbol{Q}$ 间的角. 因此,设用 $\boldsymbol{T}$ 代表矢积 $\boldsymbol{P} \times \boldsymbol{Q}$,则 $S = |\boldsymbol{T}|$. 在另一方面,显然有

$$h = |\boldsymbol{R}| \cos \varphi_0$$

这里 $\varphi_0$ 是 $\boldsymbol{R}$ 与 $h$ 间的锐角. 这个角等于 $\boldsymbol{R}$ 与 $\boldsymbol{T}$ 间的角 $\varphi$,或等于 $\varphi$ 的补角,要看矢量 $\boldsymbol{T}$ 的正向而定.

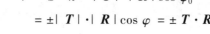

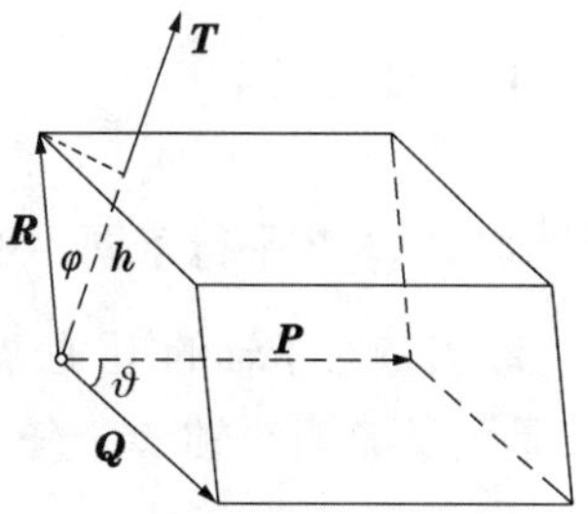

图 33

故 $\cos \varphi_0 = \pm \cos \varphi$,因而推得

$$V = S \cdot h = |\boldsymbol{T}| \cdot |\boldsymbol{R}| \cos \varphi_0$$
$$= \pm |\boldsymbol{T}| \cdot |\boldsymbol{R}| \cos \varphi = \pm \boldsymbol{T} \cdot \boldsymbol{R}$$

---

① 施于定点上各矢量的合力,即是它们的矢和施于这一点上.

② 这里所讲的矢矩便是对于某一定点 $C$ 的矢矩(参看前节).

③ 初次阅读时,可以略去这一节.

再用 $T = P \times Q$,便得

$$V = \pm (P \times Q) \cdot R = \pm [P,Q,R]$$

符号"+"或"-"的选择要使所得的体积为正数.

不过我们也可放弃这个条件,只以下式做 $V$ 的定义

$$V = [P,Q,R] \tag{2}$$

这个公式把体积配上了正负号. 我们一望便知:如果矢量 $P,Q,R$ 构成左手系时,这个体积得到正号,相反时便得到负号①. 显然地,除此以外,如果在矢积的定义里(参看 §25 前段),规定矢量 $P,Q,R$ 构成右手系条件,用它来代替条件(c),那么,当 $P,Q,R$ 构成右手系时,$V > 0$,否则 $V < 0$.

根据上述的几何意义,混合积显然不因因子的循环排列而变值,即

$$[P,Q,R] = [Q,R,P] = [R,P,Q] \tag{3}$$

即
$$(P \times Q) \cdot R = (Q \times R) \cdot P = (R \times P) \cdot Q$$

上式包括特例(因两个矢量的数积与因子的次序无关)

$$(P \times Q) \cdot R = P \cdot (Q \times R)$$



更进一步容易推得,把任何两个因子互调时,混合积要改号,例如

$$[P,Q,R] = -[Q,P,R] \tag{3a}$$

### 习题和补充

1. 求证等式

$$[P,Q,R] = 0$$

是矢量 $P,Q,R$ 平行于同一平面的充分而必要的条件.

2. 矢量对于轴的矩. 胶着矢量或滑动矢量 $P = \overrightarrow{AB}$ 对于已知轴 $\Delta$ 的数量矩 $L_\Delta$,是矢量 $P$ 对于轴 $\Delta$ 上任一点 $C$ 的矢矩②投到轴 $\Delta$ 上的直角投影的代数值.

求证

$$L_\Delta[\overrightarrow{CA}, P, e] \tag{4}$$

这里 $e$ 是轴的单位矢量,并证 $L_\Delta$ 与点 $C$ 在轴 $\Delta$ 上的位置无关.

证:由定义得 $L_\Delta = \text{np}_\Delta L = L \cdot e$,这处的 $L = \overrightarrow{CA} \times P$ 是矢量 $P$ 对于轴 $\Delta$ 上

① 实际上,角 $\varphi$ 在第一情形显然是锐角. 故 $[P,Q,R] = |T| \cdot |R| \cdot \cos\varphi > 0$. 而在第二情形,角 $\varphi$ 是钝角,故

$$|T| \cdot |R| \cdot \cos\varphi < 0$$

② 参看前节习题 1.

某点 $C$ 的矢矩. 故 $L_\Delta = (\overrightarrow{CA} \times \boldsymbol{P}) \cdot \boldsymbol{e} = [\overrightarrow{CA}, \boldsymbol{P}, \boldsymbol{e}]$ 便是所求的公式.

若作循环排列,这公式又可写成

$$L_\Delta = [\boldsymbol{P}, \boldsymbol{e}, \overrightarrow{CA}] = [\boldsymbol{e}, \overrightarrow{CA}, \boldsymbol{P}] = [\boldsymbol{e} \times \overrightarrow{CA}] \cdot \boldsymbol{P}$$

设 $C'$ 代表轴 $\Delta$ 上任意另一点. 因 $\overrightarrow{CA} = \overrightarrow{CC'} + \overrightarrow{C'A}$,把这式代入上式并注意 $\boldsymbol{e} \times \overrightarrow{CC'} = \boldsymbol{0}$,即得

$$L_\Delta = (\boldsymbol{e} \times \overrightarrow{C'A}) \cdot \boldsymbol{P} = [\boldsymbol{e}, \overrightarrow{C'A}, \boldsymbol{P}][\overrightarrow{C'A}, \boldsymbol{P}, \boldsymbol{e}]$$

由此便知 $L_\Delta$ 不因 $C$ 改为 $C'$ 而变值.

# 第二章　矢量的坐标.点的坐标

## Ⅰ.笛氏坐标

现在我们要用一种具体的方法把几何图形和数量联系起来.先从最简单的几何图形——即点和矢量开始,并引入它们的笛氏坐标.一般说来,所谓某个图形的坐标,便是用若干数字把关于这个图形的几何元素完全表示出来.

**§27.在直线(或轴)上的坐标**　设给定轴 $Ox$(图34),又设 $\boldsymbol{P}=\overrightarrow{AB}$ 是在这轴上的矢量.若用 $\boldsymbol{u}$ 代表轴 $Ox$ 上的单位矢量,便可(参看 §11)把 $\boldsymbol{P}$ 写成



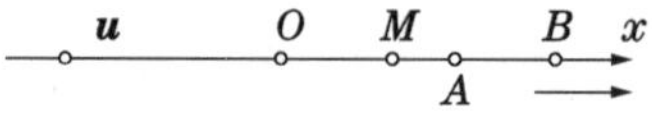


图34

$$\boldsymbol{P}=\boldsymbol{u}\cdot X \tag{1}$$

这里 $X$ 代表矢量 $\boldsymbol{P}$ 在轴 $Ox$ 上的代数值,即①

$$X=\pm|\boldsymbol{P}| \tag{2}$$

它取正号或负号,要看 $\boldsymbol{P}$ 与轴 $Ox$ 的正向相同或相反来决定.设 $\boldsymbol{P}$ 是已知的矢量,那么数量 $X$ 便可完全决定(例如,设矢量 $\boldsymbol{P}$ 的长等于4,而它的正向与轴 $Ox$ 的正向相反,那么,$\boldsymbol{P}=-4\boldsymbol{u}$,而 $X=-4$).反过来说,如果已知数量 $X$,那么,矢量 $\boldsymbol{P}$ 的长和正向也可完全决定(长等于 $X$ 的绝对值,正向随着 $X$ 的符号来定,例如设 $X=-3$,那么,矢量 $\boldsymbol{P}=-3\boldsymbol{u}$,它的长等于3,而正向和轴 $Ox$ 的正向相反).

前面已经讲过,如果已知一个矢量的长和正向,那么这个矢量便可认为完全决定(如果把它的起点的位置看作无关紧要).因此现在可说数量 $X$ 完全决定了矢量 $\boldsymbol{P}$.

这个数量 $X$(或说得简单些:矢量 $\boldsymbol{P}$ 对于轴 $Ox$ 上的代数值)叫作矢量 $\boldsymbol{P}$ 在轴 $Ox$ 上的笛氏坐标,而轴 $Ox$ 叫作笛氏坐标系的轴.

---

① 依照 §12 的记法,$X=AB$(上面不加箭头).

根据定义显然可知,两个相等矢量的坐标相等,反过来说,如果两个矢量的坐标相等,那么,这两个矢量也相等.

现在设 $O$ 为轴 $Ox$ 上的一个定点(图34).在这轴上任意一点 $M$ 的位置完全由矢量$\overrightarrow{OM}$的长和正向来决定;在另一方面,一个矢量的长和方向完全由它的坐标来决定.

用 $x$ 来代表这个坐标,即假定[①]

$$x = OM \tag{3}$$

这个数量 $x$ 也同时叫作点 $M$ 的笛氏坐标,而点 $O$ 叫作坐标原点.

坐标 $x$ 通常亦叫作点 $M$ 的横坐标,而轴 $Ox$ 叫作横轴.

坐标原点划分横轴为两段.在一段内的各点(图34中,在点 $O$ 右边的各点)的横坐标都是正数;而在另一段内的各点(图34中,在点 $O$ 的左边)的横坐标都是负数.第一段叫作轴 $x$ 的正段,第二段叫作轴 $x$ 的负段.

根据上述横坐标也可用下面的方法来决定:

点 $M$ 的横坐标为数量 $x$,它的绝对值等于点 $M$ 和原点的距离;当点 $M$ 在轴的正段时,$x$ 取正号;当点 $M$ 在轴的负段时,$x$ 取负号[②]



为了表明 $x$ 是点 $M$ 的坐标,我们记作点 $M(x)$.例如点 $M(-3)$ 即与原点距离3个单位而位在坐标轴的负段上的点.

## 习　题

1. 求作矢量 $\boldsymbol{P} = 2\boldsymbol{u}, \boldsymbol{P} = \frac{1}{2}\boldsymbol{u}, \boldsymbol{P} = -\frac{3}{4}\boldsymbol{u}$.

2. 求作点 $M(-1), M(0), M(10)$.

3. 求点 $M_1(-4)$ 与点 $M_2(12)$ 的距离.

4. 已知两点 $A(-3)$ 和 $B(-4)$,求矢量$\overrightarrow{AB}$和$\overrightarrow{BA}$.

答:$\overrightarrow{AB} = -\boldsymbol{u}, \overrightarrow{BA} = \boldsymbol{u}$($\boldsymbol{u}$ 是横轴上的单位矢量).

**§28. 矢量和点在平面上的坐标**　由前节我们已经明白:在给定直线上(轴上)的一个矢量,完全由一个数量(坐标)来决定.至于点在直线上的位置也是一样.现在我们要讲,在给定的平面上的一个矢量,必须由两个数量来决

---

① 注意 $OM$(上面没有箭头)表示正数或负数(要看矢量$\overrightarrow{OM}$的正向来决定).

② 上面已经说过,我们应选定固定的长做单位去测量线段的长.否则所谓"$x$ 的绝对值等于距离……"便没有意义.

定,要在给定的平面上决定一点的位置也是如此.

在所给平面上取两条相交的轴 $Ox$, $Oy$(图 35). 现证明在这个平面上的任意矢量 $\boldsymbol{P} = \overrightarrow{AB}$ 都可用两个矢量的和来表示,那么两个矢量分别和两轴 $Ox$, $Oy$ 平行.

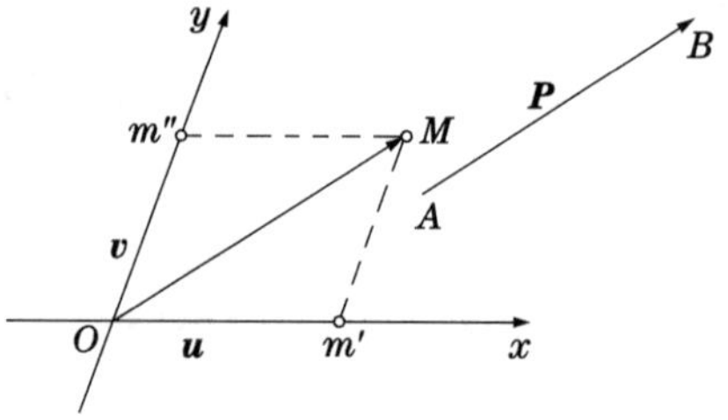

图 35

实际上,把矢量 $\boldsymbol{P}$ 移动(不改变它的长和正向)到$\overrightarrow{OM}$的位置,使它的起点与两轴 $Ox$, $Oy$ 的交点 $O$ 叠合. 再作直线 $Mm'$ 和 $Mm''$ 分别平行于轴 $Oy$ 和 $Ox$,且设 $m'$, $m''$ 依次为它们与轴 $Ox$, $Oy$ 的交点. 显见

$$\boldsymbol{P} = \overrightarrow{OM} = \overrightarrow{Om'} + \overrightarrow{Om''} \tag{1}$$

故我们的命题得到证明.

我们可把最后一个等式写成另一种形式,使它更能明显地表现出式(1) 的性质.



实际上,设用 $\boldsymbol{u}$, $\boldsymbol{v}$ 依次代表轴 $Ox$, $Oy$ 上的单位矢量,显然便有(参看 §11)

$$\overrightarrow{Om'} = \boldsymbol{u}X, \overrightarrow{Om''} = \boldsymbol{v}Y \tag{2}$$

式中 $X$, $Y$ 依次表示矢量$\overrightarrow{Om'}$, $\overrightarrow{Om''}$ 对于轴 $Ox$, $Oy$ 的代数值.

故得

$$\boldsymbol{P} = \boldsymbol{u}X + \boldsymbol{v}Y \tag{3}$$

根据数量 $X$, $Y$ 的定义,显然得

$$\begin{cases} X = \text{пр}_x\, \overrightarrow{OM} = \text{пр}_x \boldsymbol{P} (\text{平行于轴 } Oy) \\ Y = \text{пр}_y\, \overrightarrow{OM} = \text{пр}_y \boldsymbol{P} (\text{平行于轴 } Ox) \end{cases} \tag{4}$$

($\text{пр}_x$ 和 $\text{пр}_y$ 依次表示在两轴 $Ox$ 和 $Oy$ 上的投影的代数值).

容易证明,用式(3) 来表示所给矢量是唯一的表示式. 即说如果这个矢量 $\boldsymbol{P}$ 有其他的表示式,如

$$\boldsymbol{P} = \boldsymbol{u}X' + \boldsymbol{v}Y'$$

那么,一定是 $X' = X$, $Y' = Y$. 实际上,把上式和式(3) 来比较,得到 $\boldsymbol{u}X' + \boldsymbol{v}Y' = \boldsymbol{u}X + \boldsymbol{v}Y$,由此得 $\boldsymbol{u}(X' - X) + \boldsymbol{v}(Y' - Y) = \boldsymbol{0}$. 这可写作

$$\boldsymbol{u}l + \boldsymbol{v}m = \boldsymbol{0} \tag{5}$$

式中 $l = X' - X$, $m = Y' - Y$. 另一方面,在等式(5) 里, $\boldsymbol{u}$, $\boldsymbol{v}$ 是不相平行的矢量,只有当 $l = m = 0$ 时,才能适合. 事实上,平行于两个不同方向的 $\boldsymbol{u}$, $\boldsymbol{v}$ 的两个矢

量 $\boldsymbol{u}\cdot l$ 和 $-\boldsymbol{v}\cdot m$ 是不可能彼此相等的. 因此有 $l=m=0$,因而 $X'=X,Y'=Y$.

由此看来,如果矢量 $\boldsymbol{P}$ 已给定,数量 $X,Y$ 便完全决定;反过来说:如已给定 $X,Y$,则矢量 $\boldsymbol{P}$ 由公式(3) 完全决定[①].

数量 $X,Y$ 叫作矢量 $\boldsymbol{P}$ 的笛氏坐标. 为了要表示 $X,Y$ 是矢量 $\boldsymbol{P}$ 的坐标,我们写成 $\boldsymbol{P}(X,Y)$,或写作

$$\boldsymbol{P}=(X,Y)$$

读者须知这个等式便是公式(3) 的简写.

由坐标定义便知:相等矢量的坐标相等,反之,具有相同坐标的矢量相等. 更容易推知:如果一个矢量等于 $\boldsymbol{0}$(即说它的长等于 0),那么,它的坐标都等于 0,反过来说亦成立.

设 $M$ 是已知平面上的任意点. 如果已知矢量 $\overrightarrow{OM}$(图 36) 的长和正向,那么,点 $M$ 在平面上的位置便完全决定. 换句话说,如果已知这个矢量的坐标,$M$ 便完全决定. 这个矢量叫作点 $M$ 对于坐标原点 $O$ 的辐矢.



用 $x,y$ 来代表这个矢量的坐标,即是说:令 $x=\text{пр}_x\overrightarrow{OM}$(平行于轴 $Oy$),$y=\text{пр}_y\overrightarrow{OM}$(平行于轴 $Ox$),$x$ 与 $y$ 两数便完全决定点 $M$ 在平面上的位置. 这两数 $x,y$ 叫作点 $M$ 的笛氏坐标. 给定某点,就是给定它的坐标.

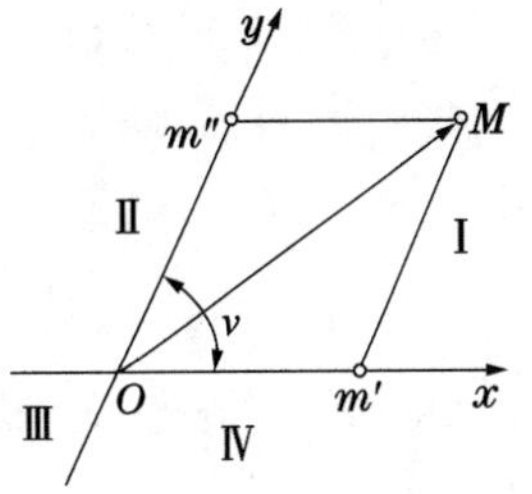

图 36

为了表明 $x,y$ 是点 $M$ 的坐标,我们写成:点 $M(x,y)$,坐标 $x,y$ 的定义也可改述如下:

设 $m'$ 和 $m''$ 表示点 $M$ 用平行于轴 $Oy$ 和 $Ox$ 投到轴 $Ox$ 和 $Oy$ 上的投影,由此得

$$x=Om';y=Om''$$

换句话说:$x$ 是矢量 $\overrightarrow{Om'}$ 的代数值,即点 $m'$ 在轴 $Ox$ 上的坐标(参看前节). 类似地,$y$ 也有同样的意义.

给定坐标 $x,y$,求作点 $M$,只要在轴 $Ox$ 上截取(不要忽略符号) 线段 $Om'=x$. 又在轴 $Oy$ 上截取线段 $Om''=y$,通过所得两点作两直线,分别平行于轴 $Oy$ 和 $Ox$,所作的两直线的交点就是点 $M$.

两轴 $Ox$ 和 $Oy$ 叫作笛氏坐标系的轴,而点 $O$ 叫作原点. 两轴的正向所夹的

---

① 再次提明,如果知道长和正向,一个自由矢量便算完全决定,与起点的位置没有关系.

角 $\nu$ 叫作坐标角. 坐标轴划分平面为四个象限 Ⅰ,Ⅱ,Ⅲ,Ⅳ(图 36). 每一个象限由属于它的点的符号来规定.

在象限 Ⅰ,两个坐标都是正数;在象限 Ⅱ,$x < 0, y > 0$;在象限 Ⅲ,$x < 0$, $y < 0$;在象限 Ⅳ,$x > 0, y < 0$.

象限 Ⅰ(即 $x > 0, y > 0$ 的那部分) 有时叫作第一象限.

通常书里的图,把轴 $Ox$(即 $x$ 轴) 放在水平方向,由左到右;而轴 $Oy$(即 $y$ 轴) 的方向由下向上.

坐标 $x$ 叫作点 $M$ 的横坐标,坐标 $y$ 叫作点 $M$ 的纵坐标;相应的轴叫作横轴和纵轴.

依照刚才所讲在作图时,凡在 $Oy$ 轴右边的点具有正的横坐标,在 $Oy$ 轴左边的点具有负的横坐标. 同样地,在 $Ox$ 轴的上边的各点有正的纵坐标.

设 $m', m'', m'''$ 代表所作的三个平面与轴 $Ox, Oy, Oz$ 分别相交的交点. 明显地,这三个平面和三个坐标面共同组成一个平行六面体,而

$$\boldsymbol{P} = \overrightarrow{OM} = \overrightarrow{Om'} + \overrightarrow{Om''} + \overrightarrow{Om'''} \tag{1}$$

 这便证明了我们的命题.

和 §28 一样,最后一式亦可用单位矢量来表示. 其实只需令 $\boldsymbol{u}, \boldsymbol{v}, \boldsymbol{w}$ 依次代表轴 $Ox, Oy, Oz$ 的单位矢量,便有

$$\overrightarrow{Om'} = \boldsymbol{u}X, \overrightarrow{Om''} = \boldsymbol{v}Y, \overrightarrow{Om'''} = \boldsymbol{w}Z \tag{2}$$

式中 $X, Y, Z$ 依次表示矢量 $\overrightarrow{Om'}, \overrightarrow{Om''}, \overrightarrow{Om'''}$ 对于轴 $Ox, Oy, Oz$ 的代数值. 因此,得到基本公式

$$\boldsymbol{P} = \boldsymbol{u}X + \boldsymbol{v}Y + \boldsymbol{w}Z \tag{3}$$

根据数量 $X, Y, Z$ 的定义,得

$$X = \text{пр}_x \boldsymbol{P}(\text{平行于平面 } yOz)$$
$$Y = \text{пр}_y \boldsymbol{P}(\text{平行于平面 } zOx)$$
$$Z = \text{пр}_z \boldsymbol{P}(\text{平行于平面 } xOy)$$

容易推知,式(3) 是唯一的表示式,即,如果还有任何其他式表示同一的矢量 $\boldsymbol{P}$,如

$$\boldsymbol{P} = \boldsymbol{u}X' + \boldsymbol{v}Y' + \boldsymbol{w}Z'$$

那么,定有 $X' = X, Y' = Y, Z' = Z$. 实际上,把这公式和(3) 比较,像 §28 一样,得到

$$\boldsymbol{u}l + \boldsymbol{v}m + \boldsymbol{w}n = \boldsymbol{0}$$

式中 $l = X' - X, m = Y' - Y, n = Z' - Z$. 但上式只当 $l = m = n = 0$ 时方能成

立. 如果数量 $l,m,n$ 之中有一个,例如 $n$ 不等于0,则矢量 $\boldsymbol{w}n$ 也不等于 $\mathbf{0}$. 它和轴 $Oz$ 平行,而且和平行于平面 $xOy$ 的矢量 $-\boldsymbol{u}l-\boldsymbol{v}m$ 相等(因 $-\boldsymbol{u}l-\boldsymbol{v}m$ 是两个矢量 $-\boldsymbol{u}l$ 与 $-\boldsymbol{v}m$ 的和,它们都平行于平面 $xOy$),那是不可能的,因已规定了轴 $Oz$ 和平面 $xOy$ 不相平行.

故如给定矢量 $\boldsymbol{P}$,数量 $X,Y,Z$ 便完全决定. 反过来说,如已给定数量 $X,Y,Z$,则矢量 $\boldsymbol{P}$ 亦由公式(3) 完全决定.

例如设 $X=2,Y=3,Z=-3$,则矢量

$$\boldsymbol{P}=2\boldsymbol{u}+3\boldsymbol{v}-3\boldsymbol{w}$$

它的作图法如下:由任意点 $A$ 作矢量 $2\boldsymbol{u}$(即矢量长2单位与轴 $Ox$ 同正向);由这个矢量的终点,再作矢量 $3\boldsymbol{v}$(即矢量长3单位与轴 $Oy$ 同正向);最后由后一矢量的终点,再作矢量 $-3\boldsymbol{w}$(即矢量长3单位,方向与轴 $Oz$ 相反). 如此则用 $A$ 做起点,用最后一个矢量的终点 $B$ 做终点,再作出矢量 $\overrightarrow{AB}$(封口矢量),便是所求的矢量 $\boldsymbol{P}$(图39). 显然地,这个矢量也可用平行六面体来求作(图39 虚线所示),但上面所述的方法,较为简明.

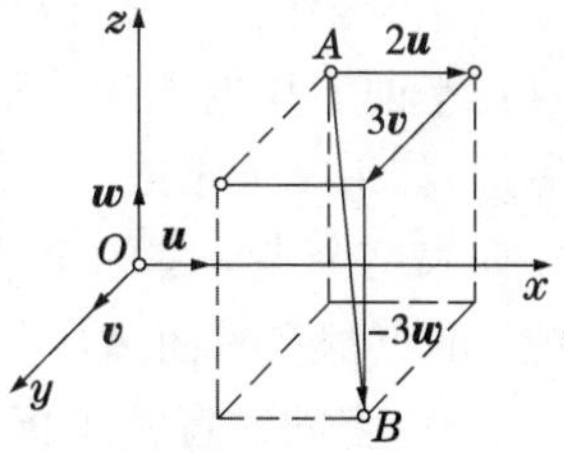


图39



$X,Y,Z$ 叫作矢量 $\boldsymbol{P}$ 的笛氏坐标. 为表明 $X,Y,Z$ 是矢量 $\boldsymbol{P}$ 的坐标,我们写成: $\boldsymbol{P}(X,Y,Z)$,或写作

$$\boldsymbol{P}=(X,Y,Z)$$

这式便是公式(3) 的简写.

由坐标的定义,相等矢量的坐标相等. 反过来说:具有相等坐标的矢量相等.

再者,如果矢量等于 $\mathbf{0}$,它的三个坐标都等于0. 反过来说也成立.

类似二元度的情形(§28),在空间,任意点 $M$ 的位置可用胶着矢量 $\overrightarrow{OM}$ 的坐标来决定. 这个矢量叫作点 $M$ 对于点 $O$ 的辐矢(图40).

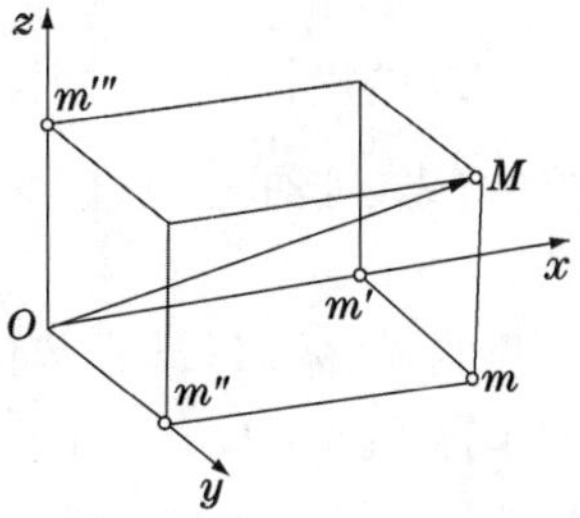


图40

用 $x,y,z$ 来表示这些坐标,即设

$$x=\text{пр}_x\,\overrightarrow{OM}(\text{平行于平面 } yOz)$$

$$y=\text{пр}_y\,\overrightarrow{OM}(\text{平行于平面 } zOx)$$

$$z=\text{пр}_z\,\overrightarrow{OM}(\text{平行于平面 } xOy)$$

数量 $x,y,z$ 叫作点 $M$ 的笛氏坐标. 如果给定这些数量,求作空间点 $M$,只需在各轴上(注意符号),分别截取线段 $Om' = x, Om'' = y, Om''' = z$,又经过各点 $m', m'', m'''$ 作平面,分别平行于平面 $yOz, zOx, xOy$,这三个平面的相交得到点 $M$.

为了清楚起见,通常把平面 $xOy$ 放成水平方向,轴 $Oz$ 由下向上,$Ox$ 由左向右,轴 $Oy$ 向着我们.

坐标平面划分全空间为八个卦限,即就上面所画的图形来说,平面 $xOy$ 划分空间为上下两部分,每一部分被平面 $yOz$ 再分为左右两部分,最后,这四部分的每一部分又被平面 $zOx$ 再分为前后两部分,结果共得八个卦限.

八个卦限的每一个被坐标 $x,y,z$ 的符号所规定,即,如果 $z$ 大于或小于0,则这点在平面 $xOy$ 的上边或下边;如果 $y$ 大于或小于0,则这点在平面 $zOx$ 的前边或后边;如果 $x$ 大于或小于0,则这点在平面 $yOz$ 的右边或左边.

如果三个坐标都为正数,这卦限叫作第一卦限. 这卦限(依照上述图形的部位)的点都在平面 $xOy$ 的上边,平面 $yOz$ 的右边,平面 $zOx$ 的前边.



**§31. 空间的直角坐标** 这是最重要的一种,其中各轴两两互相垂直,那时坐标平面也两两互相垂直. 这样的笛氏坐标系叫作直角坐标系,或正交坐标系(非直角系叫作斜角坐标系). 在直角坐标系的情形,矢量的坐标就是它投到轴上的直角投影的代数值

$$X = \text{пр}_x\boldsymbol{P}, Y = \text{пр}_y\boldsymbol{P}, Z = \text{пр}_z\boldsymbol{P}$$

同前一样,如用 $\boldsymbol{u},\boldsymbol{v},\boldsymbol{w}$ 代表坐标轴的单位矢量,则上面的公式可写成(§23)

$$X = \boldsymbol{u}\cdot\boldsymbol{P}, Y = \boldsymbol{v}\cdot\boldsymbol{P}, Z = \boldsymbol{w}\cdot\boldsymbol{P} \tag{1}$$

点 $M$ 的坐标 $x,y,z$ 同样也可认为是这点的辐矢 $\overrightarrow{OM}$ 投到轴上的直角投影的代数值(图41).

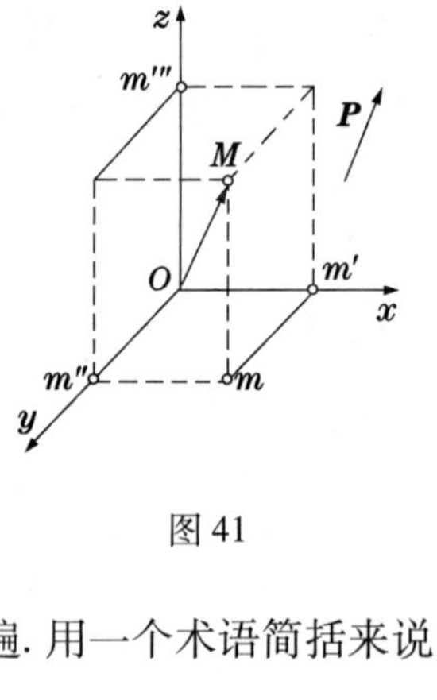


图 41

显然,坐标 $x,y,z$ 在数值上等于点 $M$ 到对应的坐标平面 $yOz, zOx, xOy$ 的距离. 它们的正负号要依照下面的规则来决定:如 $M$ 和坐标平面的垂直轴的正向同在一边,那么,这距离取正号;在相反的情形下,它取负号.

**§32. 按给定方向来分解矢量** 为了着重说明起见,现在把前面所得的某些结果再来复述一遍. 用一个术语简括来说,如

果几个自由矢量平行于同一平面,我们便说,它们是共面的矢量[①]. 特别是:两个矢量总是共面,要了解这句话,只需从同一起点,引这两个矢量便可明白. 如果这两个矢量不相平行,平行于这两个矢量的平面,显然有确定的方向. 所以我们将称任何一个和已知的共面矢量平行的平面为已知矢量的平面.

在 §28 里,我们已证明,所给平面上的任何矢量 $\boldsymbol{P}$ 可以表示作两个矢量的和,这两个矢量分别平行于同平面上给定的单位矢量 $\boldsymbol{u}$,$\boldsymbol{v}$,那时我们完全为了清楚起见,专就同一平面上的矢量来说明,其实只需要它们是共面的矢量(这个名词的意义如上文所规定)就行了.

故用下面的方法来叙述 §28 开端一段是比较好些. 设 $\boldsymbol{u}$ 和 $\boldsymbol{v}$ 是任何不平行的单位矢量,$\boldsymbol{P}$ 是和它们共面的矢量. 那么,矢量 $\boldsymbol{P}$ 可以表作矢和

$$\boldsymbol{P} = \boldsymbol{P}_1 + \boldsymbol{P}_2 \tag{1}$$

这里 $\boldsymbol{P}_1$,$\boldsymbol{P}_2$ 分别与矢量 $\boldsymbol{u}$ 和 $\boldsymbol{v}$ 的方向相平行. 为了明确这一点,只需在同一起点上引矢量 $\boldsymbol{u}$,$\boldsymbol{v}$,$\boldsymbol{P}$,然后依 §28 所述来作图.

公式(1) 把矢量 $\boldsymbol{P}$ 分解为两个分量,分别取两个给定的方向(不相平行),这里假定这两个方向和矢量 $\boldsymbol{P}$ 有共面的关系. 由(1) 得(参看 §28) 公式

$$\boldsymbol{P} = \boldsymbol{u}X + \boldsymbol{v}Y \tag{2}$$

按着与 $\boldsymbol{P}$ 共面的两个给定的单位矢量把矢量 $\boldsymbol{P}$ 分解为两项的和.

同样,由 §30 所述,显然推得:如果给定了三个不共面的单位矢量或三个不共面的方向,那么,空间的任何矢量都可按着这三个方向来分解,即做成矢和

$$\boldsymbol{P} = \boldsymbol{P}_1 + \boldsymbol{P}_2 + \boldsymbol{P}_3 \tag{3}$$

这里矢量 $\boldsymbol{P}_1$,$\boldsymbol{P}_2$,$\boldsymbol{P}_3$ 分别平行于给定的方向. 要得到这个分解式,只需在空间任意一点 $O$ 上,引单位矢量 $\boldsymbol{u}$,$\boldsymbol{v}$,$\boldsymbol{w}$,然后依照 §30 所讲来作图.

由 §30 式(3) 推得:矢量 $\boldsymbol{P}$ 沿着三个不共面的单位矢量的分解式是

$$\boldsymbol{P} = \boldsymbol{u}X + \boldsymbol{v}Y + \boldsymbol{w}Z$$

根据定义我们在规定自由矢量的坐标时,不需要顾及坐标的原点,显然,在一般情形下,我们只需有三个(不共面) 坐标单位矢量来做标准. 在所有矢量都平行于同一平面的情形,只需有两个(不相平行) 坐标单位矢量;又如果所有矢量都平行于同一方向时,有一个坐标单位矢量便够了. 但相反的,如果说到点的坐标时,那么,坐标原点的位置,便有加以明确的必要.

① “共面” 的字义,即“有公共平面”,亦即“在同一平面上”,但因这里所说的是自由矢量,它们可随意移动(但长和方向不变). 所以只要它们平行于同一平面,我们便说它们是共面矢量,因可移动它们使它们被安放在同一平面上.

最后附带说明,如果给定一个平面 $\Pi$,和一条不与它平行的直线 $\Delta$,那么,所有矢量都可以分解成下式(唯一的方式)

$$\boldsymbol{P}=\boldsymbol{P}_{\Delta}+\boldsymbol{P}_{\Pi}$$

这里 $\boldsymbol{P}_{\Delta}$ 和 $\boldsymbol{P}_{\Pi}$ 是分别平行于 $\Delta$ 和 $\Pi$ 的矢量. 事实上,很容易见到

$$\boldsymbol{P}_{\Delta}=\Pi\mathrm{p}_{\Delta}\boldsymbol{P}(\text{投影}\parallel\text{于}\Pi),\boldsymbol{P}_{\Pi}=\Pi\mathrm{p}_{\Pi}\boldsymbol{P}(\text{投影}\parallel\text{于}\Delta).$$

**§33. 笛氏坐标的推广** 笛氏坐标的概念可以进一步推广,我们可不必按着单位矢量,而按着任意给定的矢量来分解.

首先讨论平行于同一方向的矢量,设 $\boldsymbol{u}$ 是不等于 $\boldsymbol{0}$ 的任意矢量,凡与它平行的矢量 $\boldsymbol{P}$ 都可用唯一的方式来表示

$$\boldsymbol{P}=\boldsymbol{u}\cdot X \tag{1}$$

式中

$$X=\frac{P}{|\boldsymbol{u}|} \tag{2}$$

($P$ 是矢量 $\boldsymbol{P}$ 对于方向 $\boldsymbol{u}$ 的代数值).



前式可用数量乘矢量[①]的定义直接推得. 数字 $X$ 叫作两个平行矢量 $\boldsymbol{P}$ 和 $\boldsymbol{u}$ 的比值[②].

数字 $X$ 也可叫作矢量 $\boldsymbol{P}$ 对于坐标矢量 $\boldsymbol{u}$ 的坐标.

依照上文,在已给轴 $Ox$ 上点 $M$ 的位置可用矢量$\overrightarrow{OM}$来决定. 这个矢量必须安放在轴上的一个定点 $O$(“原点”) 上. 由(1) 得

$$\overrightarrow{OM}=\boldsymbol{u}x \tag{3}$$

式中 $\boldsymbol{u}$ 代表平行于已给轴“坐标矢量” 的某个(选定以后永远不变) 矢量,而 $x$ 用下式来决定

$$x=\frac{OM}{|\boldsymbol{u}|} \tag{4}$$

数字 $x$ 在这里叫作点 $M$ 的坐标.

同样,平行于已给平面的矢量 $\boldsymbol{P}$,可按着两个任意选定(但不相平行的) 的矢量$\boldsymbol{u}$和$\boldsymbol{v}$来分解,只要这两个矢量平行于给定的平面(参看图42. 图中矢量$\boldsymbol{u}$,$\boldsymbol{v}$ 和 $\boldsymbol{P}=\overrightarrow{OM}$ 安放在同一点 $O$ 上,那是我们经常可做的事). 依照 §28 得

---

① 由这个定义推得:矢量 $\boldsymbol{u}X$ 的方向和 $\boldsymbol{P}$ 的方向相叠合,而它的长 $|\boldsymbol{u}X|=|\boldsymbol{u}|\cdot|X|=|\boldsymbol{u}|\cdot\frac{|\boldsymbol{P}|}{|\boldsymbol{u}|}=|\boldsymbol{P}|$.

② 两个矢量的比值只在平行矢量的情形下才有意义.

$$P = \overrightarrow{Om'} + \overrightarrow{Om''}$$

又根据上文所讲

$$P = uX + vY \tag{5}$$

式中 $X = \dfrac{Om'}{|u|}, Y = \dfrac{Om''}{|v|}$. 数字 $X$ 和 $Y$ 是矢量 $\boldsymbol{P}$ 对于坐标矢量 $\boldsymbol{u}$ 和 $\boldsymbol{v}$ 的坐标.

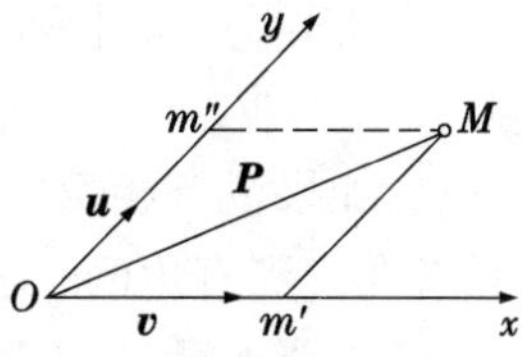

图 42

欲在已给平面上决定一点的位置,不但需要两个坐标矢量 $\boldsymbol{u}$ 和 $\boldsymbol{v}$,还要确定一个坐标原点 $O$. 这样点 $M$ 在平面上的位置,才可用它的辐矢 $\overrightarrow{OM}$ 来决定. 设

$$\overrightarrow{OM} = ux + vy$$

点 $M$ 的位置便可由 $x,y$ 这两个数字(坐标)来决定.

最后,欲决定空间内任意一个矢量 $\boldsymbol{P}$,我们需要三个(不共面的)坐标矢量 $\boldsymbol{u},\boldsymbol{v},\boldsymbol{w}$. 为明白起见,我们把这三个矢量安放在同一点 $O$ 上(图 43). 依照 §30 得

$$P = \overrightarrow{Om'} + \overrightarrow{Om''} + \overrightarrow{Om'''}$$

由此,得

$$P = uX + vY + wZ \tag{6}$$

式中 $$X = \frac{Om'}{|u|}, Y = \frac{Om''}{|v|}, Z = \frac{Om'''}{|w|}$$

数字 $X,Y,Z$ 是矢量 $\boldsymbol{P}$ 对于坐标矢量 $\boldsymbol{u},\boldsymbol{v},\boldsymbol{w}$ 的坐标.

至于点 $M$ 的位置,要待确定原点 $O$ 之后,才能确定. 在原点确定后,它的位置将由下面的公式来决定

$$\overrightarrow{OM} = ux + vy + wz$$

式中的 $x,y,z$ 是点 $M$ 的坐标.

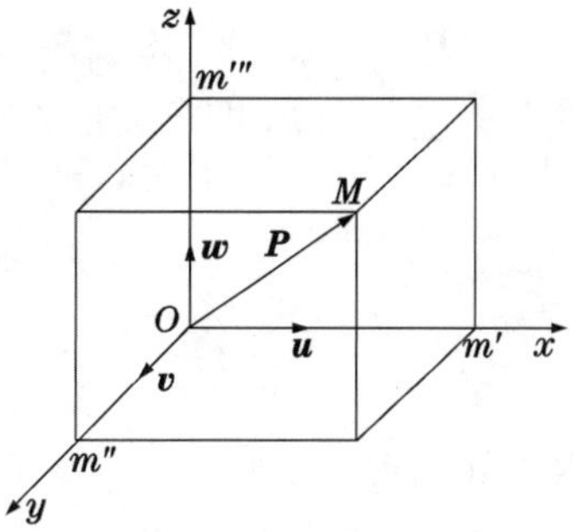

图 43

这里所说的坐标,可以叫作广义的笛氏坐标,也可叫作笛氏坐标的一般式①. 前节所采用的坐标是它的一个特例,即当 $|u| = |v| = |w| = 1$. 那种坐标现在可以叫作狭义的笛氏坐标.

① 这也叫作仿射坐标,这名称的用意要待我们说及图形的仿射性质时才明白(参看 §76 的注).

由上可知,广义坐标 $X,Y,Z$ 分别等于狭义坐标,除以相对的坐标矢量的长.

以后如果没有相反的声明,我们说到笛氏坐标,所指的全是广义的笛氏坐标.只有在说到直角(正交)坐标时,才是专指狭义的笛氏直角坐标[①](如果没有相反的声明的话).

对于点和矢量的一般式的笛氏坐标,我们采用记号

$$M(x,y,z),\boldsymbol{P}(X,Y,Z)$$

## Ⅱ.表示仿射性质的基本公式

我们在本段里将引入一些联系着用笛氏坐标来表示的矢量和点的基本公式.所有这些公式无论用广义的笛氏坐标,或是用狭义的直角坐标都有完全一样的形式.以后我们会明白这些公式表示了所谓图形的仿射性质[②].

我们将从三元度空间的普遍情形着手,推出每个公式.如果遇到所论的图形是在同一平面上时,我们再把这些公式加以化简.



关于二元度的公式,可以直接推算出来,或者在普遍情形里所得的公式中,令点的坐标 $z$ 或矢量的坐标 $Z$ 等于0,也一样可以得到.

下文常用的术语:求矢量(或点),已知矢量(或点),便是说:求矢量(或点)的坐标,已知矢量(或点)的坐标.

**§34. 已知矢量的和的坐标**　设已知矢量

$$\boldsymbol{P}_1=(X_1,Y_1,Z_1),\boldsymbol{P}_2=(X_2,Y_2,Z_2),\cdots,\boldsymbol{P}_n=(X_n,Y_n,Z_n)$$

求这些矢量的和 $\boldsymbol{P}$(即求矢量 $\boldsymbol{P}$ 的坐标 $X,Y,Z$).由 §33 得

$$\begin{aligned}\boldsymbol{P}_1&=\boldsymbol{u}X_1+\boldsymbol{v}Y_1+\boldsymbol{w}Z_1\\ \boldsymbol{P}_2&=\boldsymbol{u}X_2+\boldsymbol{v}Y_2+\boldsymbol{w}Z_2\\ &\vdots\\ \boldsymbol{P}_n&=\boldsymbol{u}X_n+\boldsymbol{v}Y_n+\boldsymbol{w}Z_n\end{aligned}$$

把各式相加得

$$\boldsymbol{P}=\boldsymbol{P}_1+\boldsymbol{P}_2+\cdots+\boldsymbol{P}_n=\boldsymbol{u}(X_1+X_2+\cdots+X_n)+\boldsymbol{v}(Y_1+Y_2+\cdots+Y_n)+\boldsymbol{w}(Z_1+Z_2+\cdots+Z_n)$$

由此,直接推得所求矢量 $\boldsymbol{P}$ 的坐标 $X,Y,Z$,公式如下

① 在现在流行的文献里,笛氏坐标通常是指狭义的笛氏直角坐标.

② 关于这一点,将在第三章 §78 详加说明.

$$X = X_1 + X_2 + \cdots + X_n$$
$$Y = Y_1 + Y_2 + \cdots + Y_n$$
$$Z = Z_1 + Z_2 + \cdots + Z_n$$

用文字表达如下:矢和的每个坐标等于各分矢量的对应坐标的和.

同样,欲求两个矢量的差.设 $\boldsymbol{Q} = (X,Y,Z)$ 是矢量 $\boldsymbol{P}_1(X_1,Y_1,Z_1)$ 与矢量 $\boldsymbol{P}_2 = (X_2,Y_2,Z_2)$ 的差,那么

$$X = X_1 - X_2, Y = Y_1 - Y_2, Z = Z_1 - Z_2$$

即,矢量的差的坐标等于被减量的坐标减去减量的坐标.

在二元度的情形,$n$ 个矢量 $\boldsymbol{P}_1 = (X_1,Y_1),\cdots,\boldsymbol{P}_n = (X_n,Y_n)$ 和$(X,Y)$,当然可由上面的公式来表示(只要把其中求 $Z$ 的一式去掉);差的公式也是一样.

这里所得的公式也可以直接根据矢量的和(或差)投影于已知轴上的定理将它们证明出来.这件事留给读者自己去证明,可先讨论狭义坐标,再推到广义坐标.



## 习　题

1. 求(在平面上的)矢量 $\boldsymbol{P}_1 = (3,1),\boldsymbol{P}_2(0,-1),\boldsymbol{P}_3 = (-1,-1)$ 的和.

答:$(2,-1)$.

2. 求矢量 $\boldsymbol{P}_1 = (3,1,2),\boldsymbol{P}_2 = (3,3,3),\boldsymbol{P}_3 = (0,1,1)$ 的和.

答:$(6,5,6)$.

3. 有 $n$ 个力施于质点 $M$

$$F_1 = (X_1,Y_1,Z_1), F_2 = (X_2,Y_2,Z_2),\cdots,F_n = (X_n,Y_n,Z_n)$$

这些力的坐标要适合什么条件,才使它们互相平衡(即它们的合力,亦即它们的总和要等于0)

答:$X_1 + X_2 + \cdots + X_n = 0, Y_1 + Y_2 + \cdots + Y_n = 0, Z_1 + Z_2 + \cdots + Z_n = 0.$

**§35. 用已知的起点和终点来决定矢量**　设已知两点 $M_1(x_1,y_1,z_1)$,$M_2(x_2,y_2,z_2)$.求矢量$\overrightarrow{M_1M_2}$的坐标 $X,Y,Z$.

由矢性等式

$$\overrightarrow{OM_2} = \overrightarrow{OM_1} + \overrightarrow{M_1M_2}$$

得$\overrightarrow{M_1M_2} = \overrightarrow{OM_2} - \overrightarrow{OM_1}$,即矢量$\overrightarrow{M_1M_2}$是矢量$\overrightarrow{OM_2}$减去$\overrightarrow{OM_1}$的差.但因矢量的差的坐标等于被减量的坐标减去减量的坐标.又因矢量$\overrightarrow{OM_2}$的坐标是$x_2,y_2,z_2$,矢量$\overrightarrow{OM_1}$的坐标是 $x_1,y_1,z_1$.故得

$$X = x_2 - x_1$$
$$Y = y_2 - y_1$$
$$Z = z_2 - z_1$$

换句话说:矢量的坐标 $X$ 等于终点的横坐标减去起点的横坐标. 坐标 $Y$,$Z$ 也如此. 关于二元度的情形也是一样.

上面的公式,在狭义坐标时,其正确性由图 44 便直接明白. 由此推到广义坐标也无困难.

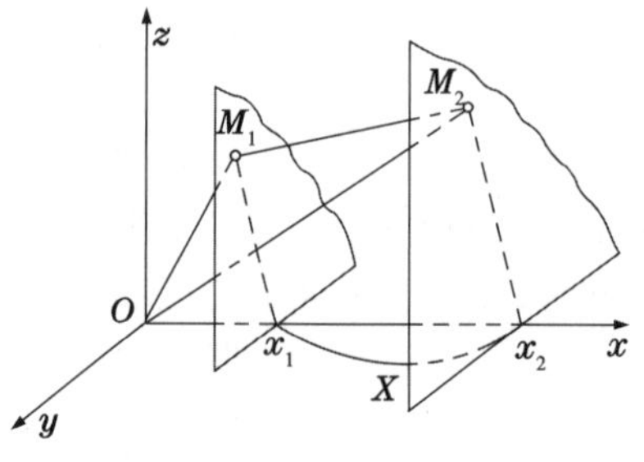

图 44

## 习　题

1. 在平面 $xOy$ 上作两点 $A(1,0)$,$B(3,2)$ 的图,在图上验明$\overrightarrow{AB} = (2,2)$,$\overrightarrow{BA} = (-2,-2)$.



2. 求矢量$\overrightarrow{AB}$,它的起点为 $A(3,3,2)$,终点为 $B(-1,-5,2)$.

答:$\overrightarrow{AB} = (-4,-8,-4)$.

3. 矢量 $\boldsymbol{P}(X,Y,Z)$ 的起点是 $A(x,y,z)$,求它的终点 $B(x_1,y_1,z_1)$.

答:$x_1 = x + X, y_1 = y + Y, z_1 = z + Z$.

4. 已知平行四边形(在平面上)的三个顶点依次为 $A(1,1)$,$B(2,-1)$,$C(6,8)$. 求第四个顶点 $D(x,y)$.

解:求得$\overrightarrow{AD} = \overrightarrow{BC} = (4,9)$. 因此(参看前题)$x = 1 + 4 = 5$,$y = 1 + 9 = 10$.

**§36. 以数量乘矢量的乘积的坐标**　设已给矢量 $\boldsymbol{P} = (X,Y,Z)$,并给数量 $m$. 求乘积 $m\boldsymbol{P}$ 的坐标,得

$$m\boldsymbol{P} = m(\boldsymbol{u}X + \boldsymbol{v}Y + \boldsymbol{w}Z) = \boldsymbol{u}(mX) + \boldsymbol{v}(mY) + \boldsymbol{w}(mZ)$$

即

$$m(X,Y,Z) = (mX,mY,mZ)$$

(这公式读法:用 $m$ 来乘坐标为 $X,Y,Z$ 的矢量等于以 $mX,mY,mZ$ 做坐标的矢量).

特例:当 $m = -1$,所乘得的矢量$(-1)\boldsymbol{P}$或$(-\boldsymbol{P})$ 的坐标等于 $-X$, $-Y$ 和 $-Z$. 换句话说,两个相反的矢量 $\boldsymbol{P}$ 和 $-\boldsymbol{P}$ 的坐标的绝对值相等,符号相反. 由矢量坐标的定义,显然也推得同样结果.

在二元度情形之下,得

$$m(X,Y)=(mX,mY)$$

**习题和补充**

1. 已给(在平面上)两个矢量 $\boldsymbol{P}_1=(8,2)$,$\boldsymbol{P}_2=(6,10)$,求矢量$\frac{1}{2}(\boldsymbol{P}_1+\boldsymbol{P}_2)$.

答:(7,6).

2. 已给两个矢量 $\boldsymbol{P}_1=(1,3,5)$,$\boldsymbol{P}_2=(2,0,4)$,求矢量$\frac{1}{3}(\boldsymbol{P}_1+\boldsymbol{P}_2)$.

答:(1,1,3).

3. 已给点 $A(5,4,3)$,设 $O$ 是原点,求线段$\overrightarrow{OA}$的中点.

解:所求的中点 $C$ 适合公式$\overrightarrow{OC}=\frac{1}{2}\overrightarrow{OA}=\left(\frac{5}{2},2,\frac{3}{2}\right)$,故点 $C$ 的坐标是$\frac{5}{2}$,$2$,$\frac{3}{2}$.



4. 设质点 $M_1(x_1,y_1,z_1)$,$M_2(x_2,y_2,z_2)$,$\cdots$,$M_n(x_n,y_n,z_n)$ 分别具有质量 $m_1,m_2,\cdots,m_n$. 这个质点系的重心为 $C$,用下式来定

$$\overrightarrow{OC}=\frac{m_1\overrightarrow{OM_1}+m_2\overrightarrow{OM_2}+\cdots+m_n\overrightarrow{OM_n}}{m_1+m_2+\cdots+m_n}=\frac{1}{m}(m_1\overrightarrow{OM_1}+\cdots+m_n\overrightarrow{OM_n})$$

式中 $O$ 是任意的点,而 $m$ 表示总和 $m_1+m_2+\cdots+m_n$.(参看 §10 习题2). 选 $O$ 为原点,求重心的坐标.

解:$\overrightarrow{OM_1}=(x_1,y_1,z_1)$,$\cdots$,$\overrightarrow{OM_n}=(x_n,y_n,z_n)$. 故

$$m_1\overrightarrow{OM_1}=(m_1x_1,m_1y_1,m_1z_1),\cdots,m_n\overrightarrow{OM_n}=(m_nx_n,m_ny_n,m_nz_n)$$

因此,得

$$\overrightarrow{OC}=\frac{1}{m}(m_1x_1+\cdots+m_nx_n,m_1y_1+\cdots+m_ny_n,m_1z_1+\cdots+m_nz_n)$$

由此,设$\overrightarrow{OC}=(x,y,z)$,即用 $x,y,z$ 来做点 $C$ 的坐标,得

$$x=\frac{m_1x_1+m_2x_2+\cdots+m_nx_n}{m},y=\frac{m_1y_1+m_2y_2+\cdots+m_ny_n}{m}$$

$$z=\frac{m_1z_1+m_2z_2+\cdots+m_nz_n}{m}$$

5. 人们知道,如果两个质点具有相等的质量,它们所组成的质点系的重心位于两点间的中点. 应用前题结果,求两点 $M_1(x_1,y_1,z_1)$,$M_2(x_2,y_2,z_2)$ 所定的

线段的中点坐标$(x,y,z)$.

答:$x=\frac{x_1+x_2}{2}, y=\frac{y_1+y_2}{2}, z=\frac{z_1+z_2}{2}$.

**§37. 两个矢量平行的条件** 设已给矢量$\boldsymbol{P}_1(X_1,Y_1,Z_1)$和$\boldsymbol{P}_2(X_2,Y_2,Z_2)$,求当这两个矢量平行时它们的坐标所必须适合的条件.

如果矢量$\boldsymbol{P}_1=0$,即如果$X_1=Y_1=Z_1=0$,那么,它的方向不定,可以把它当作平行于任何方向,当然也可把它当作平行于矢量$\boldsymbol{P}_2$.

现在设$\boldsymbol{P}_1\neq 0$,要使矢量$\boldsymbol{P}_2$平行于矢量$\boldsymbol{P}_1$必要且充分的条件为

$$\boldsymbol{P}_2=k\boldsymbol{P}_1 \tag{1}$$

这里$k$是一个数量①. 这个条件可以写成(参看前节)下面的形式

$$X_2=kX_1, Y_2=kY_1, Z_2=kZ_1 \tag{2}$$

或

$$\frac{X_2}{X_1}=\frac{Y_2}{Y_1}=\frac{Z_2}{Z_1} \tag{3}$$



这便是所求的平行条件. 这样,两个矢量互相平行的必要且充分条件,为其中一个矢量的坐标和另一个矢量的坐标成比例(参看本节的注).

在二元度的情形,平行条件可表为(当$\boldsymbol{P}_1\neq\boldsymbol{0}$)

$$X_2=kX_1, Y_2=kY_1 \tag{2a}$$

这里$k$是一个数量;或

$$\frac{X_2}{X_1}=\frac{Y_2}{Y_1} \tag{3a}$$

**注** 这里所说,数量$a_1,a_2,\cdots,a_n$和数量$b_1,b_2,\cdots,b_n$(它们不全是0)成比例,就是说

$$a_1=kb_1, a_2=kb_2, \cdots, a_n=kb_n \tag{A}$$

式中$k$是一个数量②. 如果没有一个数量$b_1,b_2,\cdots,b_n$是0,那么,式(A)经常可以写成

$$\frac{a_1}{b_1}=\frac{a_2}{b_2}=\cdots=\frac{a_n}{b_n} \tag{B}$$

但如果数量$b_1,b_2,\cdots,b_n$里有几个等于0. 例如$b_1,b_2,\cdots,b_m$不等于0,但$b_{m+1}=b_{m+2}=\cdots=b_n=0$. 那么,可根据式(A)而将上式改为

① 参看 §33 公式(1).

② 它可能等于0.

$$\frac{a_1}{b_1}=\frac{a_2}{b_2}=\cdots=\frac{a_m}{b_m},a_{m+1}=a_{m+2}=\cdots=a_n=0 \qquad (B')$$

要保留公式(B),便须附加下面的修正:在(B)里把分母为0的比值去掉,而把它们的分子写作等于0.

当公式(3)里的数量$X_1,Y_1,Z_1$有一个或两个等于0时(参看习题3和4),必须用这个意义去了解.

## 习　题

1. 求证矢量$\boldsymbol{P}_1=(3,2,1)$和$\boldsymbol{P}_2=\left(\frac{3}{2},1,\frac{1}{2}\right)$平行.

2. 求证矢量$\boldsymbol{P}_1=(3,0,2)$和$\boldsymbol{P}_2(-6,0,-4)$平行.

3. 求矢量$(2,0,5)$和$(X,Y,Z)$平行的条件.

答:由条件(3)得$\frac{X}{2}=\frac{Y}{0}=\frac{Z}{5}$,这比值应写成下式来了解(参看上文的注)

$$\frac{X}{2}=\frac{Z}{5},Y=0$$

4. 求矢量$(3,0,0)$和$(X,Y,Z)$平行的条件.

答:由条件(3)得$\frac{X}{3}=\frac{Y}{0}=\frac{Z}{0}$.

由上面注,要把$\frac{Y}{0}$和$\frac{Z}{0}$去掉,那便没有等式留下,可就已去掉的分数,把分子写作等于0,得

$$Y=0,Z=0$$

这便是所求的平行条件.这个结果显然可以直接求得,因矢量$(3,0,0)$平行于轴$Ox$,故矢量$(X,Y,Z)$也必平行于轴$Ox$,即$Y=Z=0$,而$X$是任何数量.

**§37a. 两个矢量平行的条件(补充)**　两个矢量平行的条件可以写成较为对称的普通形式,而不需把$\boldsymbol{P}_1=\boldsymbol{0}$当作例外情形看待.很容易证明,两个矢量$\boldsymbol{P}_1$和$\boldsymbol{P}_2$平行的充分且必要条件,便是等式

$$l\boldsymbol{P}_1=m\boldsymbol{P}_2=\boldsymbol{0} \qquad (1)$$

的成立,式中$l$和$m$是两个数量,至少有一个不是0.

首先证明条件(1)是充分的.假定(1)成立,因$l$和$m$不同时为0的条件,故可设$m\neq 0$,而由(1)得$\boldsymbol{P}_2=-\frac{l}{m}\boldsymbol{P}_1$,或写作$\boldsymbol{P}_2=k\boldsymbol{P}_1$,这里$k=-\frac{l}{m}$.故

$\boldsymbol{P}_2 \parallel \boldsymbol{P}_1$,如所欲证①.

现在证明条件(1)是必要的. 假定 $\boldsymbol{P}_1 \parallel \boldsymbol{P}_2$. 如果矢量 $\boldsymbol{P}_1$ 和 $\boldsymbol{P}_2$ 有一个不是 $\mathbf{0}$,例如 $\boldsymbol{P}_1 \neq \mathbf{0}$,那么,我们知道 $\boldsymbol{P}_2 = k\boldsymbol{P}_1$,这里 $k$ 是一个数量. 把这等式改写成:$k\boldsymbol{P}_1 + (-1)\boldsymbol{P}_2 = \mathbf{0}$. 便知等式(1)成立②. 又如果两个矢量 $\boldsymbol{P}_1, \boldsymbol{P}_2$ 都等于 $\mathbf{0}$,那么,等式(1)对于任何 $l$ 和 $m$ 都成立. 命题到此证完.

**§38. 三点共线③的条件** 要使三点 $M(x,y,z)$, $M_1(x_1,y_1,z_1)$, $M_2(x_2,y_2,z_2)$ 在同一直线上的充分且必要条件,就是要两个矢量 $\overrightarrow{M_1M}$ 和 $\overrightarrow{M_1M_2}$ 互相平行(图45). 因

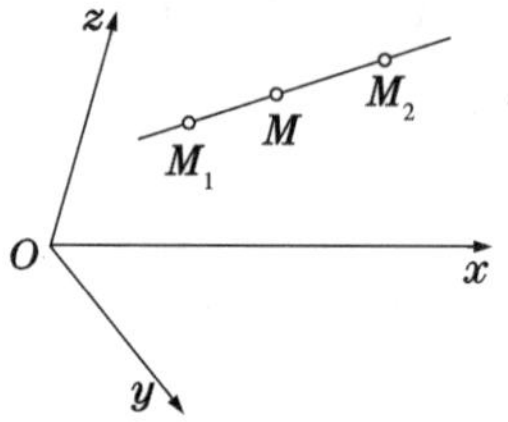


图 45

$$\overrightarrow{M_1M_2} = (x_2 - x_1, y_2 - y_1, z_2 - z_1)$$
$$\overrightarrow{M_1M} = (x - x_1, y - y_1, z - z_1)$$

故根据 §37 的结果,这两个矢量平行的条件可以表作

$$\frac{x - x_1}{x_2 - x_1} = \frac{y - y_1}{y_2 - y_1} = \frac{z - z_1}{z_2 - z_1} \tag{1}$$

这式便是空间三个给定点共线的条件.

在平面上三点 $M(x,y)$, $M_1(x_1,y_1)$, $M_2(x_2,y_2)$ 共线的条件,可表作

$$\frac{x - x_1}{x_2 - x_1} = \frac{y - y_1}{y_2 - y_1} \tag{2}$$

欲得到更为对称的形式,可把它改写成 $(x - x_1)(y_2 - y_1) - (y - y_1)(x_2 - y_1) = 0$,或同样地写成

$$\begin{vmatrix} x - x_1 & y - y_1 \\ x_2 - x_1 & y_2 - y_1 \end{vmatrix} = 0 \tag{2a}$$

很容易证明左边的行列式和行列式

$$\begin{vmatrix} x & y & 1 \\ x_1 & y_1 & 1 \\ x_2 & y_2 & 1 \end{vmatrix}$$

相等而只差一个符号. 事实上,在最后的行列式里,从第一行与第三行的各元中

---

① 这包括 $\boldsymbol{P}_1 = \mathbf{0}$ 来讲也适合,因等于 $\mathbf{0}$ 的矢量可以当作平行于任何矢量.

② 在这情形之下,$l = k, m = -1 \neq 0$.

③ 如果各点在同一直线上,便说它们是共线的点. 若干个平行的自由矢量,也说它们是共线的矢量(比较 §32 注脚).

分别减去第二行相应的各元(人们熟知,行列式的值不变),它便等于

$$\begin{vmatrix} x-x_1 & y-y_1 & 0 \\ x_1 & y_1 & 1 \\ x_2-x_1 & y_2-y_1 & 0 \end{vmatrix} = -\begin{vmatrix} x-x_1 & y-y_1 \\ x_2-x_1 & y_2-y_1 \end{vmatrix}$$

故条件(2),亦即条件(2a).可以写作下面完全对称的形式

$$\begin{vmatrix} x & y & 1 \\ x_1 & y_1 & 1 \\ x_2 & y_2 & 1 \end{vmatrix} = 0 \tag{3}$$

**§39. 三个矢量共面的条件** 我们说自由矢量共面,是说它们平行于同一平面(§32).我们已知两个矢量必共面.现在设有三个矢量

$$\boldsymbol{P}_1 = (X_1, Y_1, Z_1), \boldsymbol{P}_2 = (X_2, Y_2, Z_2), \boldsymbol{P}_3 = (X_3, Y_3, Z_3)$$

如果矢量 $\boldsymbol{P}_1$ 和 $\boldsymbol{P}_2$ 平行,那么这三个矢量显然共面①.现在设矢量 $\boldsymbol{P}_1$ 和 $\boldsymbol{P}_2$ 不平行.由此,根据 §33 所讲,这三个矢量共面的必要且充分的条件,就是要有两个数量 $k_1$ 和 $k_2$ 存在,使

$$\boldsymbol{P}_3 = k_1\boldsymbol{P}_1 + k_2\boldsymbol{P}_2 \tag{1}$$



实际上,如果这个等式成立,那么,矢量 $\boldsymbol{P}_3$ 显然和 $\boldsymbol{P}_1, \boldsymbol{P}_2$ 平行于同一个平面.反过来说,与 $\boldsymbol{P}_1$ 和 $\boldsymbol{P}_2$ 共面的任何矢量 $\boldsymbol{P}_3$,我们一定可用公式(1)来表示它[参看 §33,公式(5)].

三个矢量共面的条件(1),更可写成较为对称和普遍的形式,也就是在矢量 $\boldsymbol{P}_1$ 和 $\boldsymbol{P}_2$ 平行的情形下,仍可适用的形式.那便是说,我们可以证明:三个矢量 $\boldsymbol{P}_1, \boldsymbol{P}_2, \boldsymbol{P}_3$ 共面的充分且必要的条件,是有三个不同时等于 0 的数量 $l, m, n$ 存在,使得

$$l\boldsymbol{P}_1 + m\boldsymbol{P}_2 + n\boldsymbol{P}_3 = \boldsymbol{0} \tag{2}$$

首先证明条件(2)是充分的.实际上,如果它成立,那么,暂设 $n \neq 0$②,它可写作

$$\boldsymbol{P}_3 = -\frac{l}{n}\boldsymbol{P}_1 - \frac{m}{n}\boldsymbol{P}_2 = k_1\boldsymbol{P}_1 + k_2\boldsymbol{P}_2$$

这里 $k_1 = -\dfrac{l}{n}, k_2 = -\dfrac{m}{n}$.这证明矢量 $\boldsymbol{P}_3$ 与矢量③ $\boldsymbol{P}_1$ 和 $\boldsymbol{P}_2$ 共面.

① 欲了解这句话,只需在同一点上引 $\boldsymbol{P}_1, \boldsymbol{P}_2, \boldsymbol{P}_3$,便自然明白.

② 因已假定,三个数量 $l, m, n$ 不全是 0.故举例时虽设 $n \neq 0$,对于普遍性没有妨碍.

③ 显然地,当 $\boldsymbol{P}_1$ 和 $\boldsymbol{P}_2$ 平行时,这句结论仍然成立.

现在证明条件(2) 是必要的. 即当 $\boldsymbol{P}_1,\boldsymbol{P}_2,\boldsymbol{P}_3$ 共面时,它就成立. 实际上,如果 $\boldsymbol{P}_1$ 和 $\boldsymbol{P}_2$ 不平行,可把等式(1) 改写作

$$k_1\boldsymbol{P}_1+k_2\boldsymbol{P}_2+(-1)\boldsymbol{P}_3=\boldsymbol{0}$$

因此,条件(2) 便成立(当 $l=k_1,m=k_2,n=-1\neq 0$). 又如果矢量 $\boldsymbol{P}_1$ 和 $\boldsymbol{P}_2$ 平行,根据 §37a 得 $l\boldsymbol{P}_1+m\boldsymbol{P}_2=\boldsymbol{0}$,且数量 $l,m$ 至少有一个不是0. 但这等式可以写成

$$l\boldsymbol{P}_1+m\boldsymbol{P}_2+0\cdot\boldsymbol{P}_3=\boldsymbol{0}$$

仍然得到等式(2) 的形式,不过在这里 $n=0$.

到此,充分且必要条件(1) 全已证明. 它可写作

$$l\cdot(X_1,Y_1,Z_1)+m\cdot(X_2,Y_2,Z_2)+n\cdot(X_3,Y_3,Z_3)=0$$

由此得

$$\begin{cases}lX_1+mX_2+nX_3=0\\ lY_1+mY_2+nY_3=0\\ lZ_1+mZ_2+nZ_3=0\end{cases}\tag{3}$$



由行列式的理论知道:如有三个不同时等于0 的数量 $l,m,n$,适合方程式(3),它们存在的充分且必要的条件是

$$\begin{vmatrix}X_1 & Y_1 & Z_1\\ X_2 & Y_2 & Z_2\\ X_3 & Y_3 & Z_3\end{vmatrix}=0\tag{4}$$

这便是三个已给矢量共面的条件,用它们的坐标表示出来.

### 习题和补充

1. 求证矢量(3,5,8),(1,4,1),(4,9,9) 共面.

2. 求矢量 $\boldsymbol{P}=(X,Y,Z)$ 和矢量(0,2,3) 与(3,0,1) 共面时,其坐标所必须适合的条件.

答:$2X+9Y-6Z=0$.

3. 矢量的平直相关和平直无关. 矢量 $\boldsymbol{P}_1,\boldsymbol{P}_2,\cdots,\boldsymbol{P}_n$ 叫作平直相关,如果能够找到数量 $l_1,l_2,\cdots,l_n$ 不全是0,使

$$l_1\boldsymbol{P}_1+l_2\boldsymbol{P}_2+\cdots+l_n\boldsymbol{P}_n=\boldsymbol{0}\tag{5}$$

但如果只当 $l_1=l_2=\cdots=l_n=0$ 时,等式(5) 方才可能成立,那么,矢量 $\boldsymbol{P}_1,\boldsymbol{P}_2,\cdots,\boldsymbol{P}_n$ 便叫作平直无关. 采用这个术语,§37a 和本节所得的结果可改述如下:

如果两个矢量平直相关,它们是平行的矢量,反过来说也成立.如果三个矢量平直相关,它们是共面的矢量,反过来说也成立.最后,很容易证明,任何四个矢量必是平直相关的.实际上,设有四个矢量 $\boldsymbol{P}_1,\boldsymbol{P}_2,\boldsymbol{P}_3,\boldsymbol{P}_4$.先设前面三个平直无关(即,它们不共面).由 §33 得

$$\boldsymbol{P}_4 = k_1\boldsymbol{P}_1 + k_2\boldsymbol{P}_2 + k_3\boldsymbol{P}_3$$

这里 $k_1,k_2,k_3$ 是数量.这个等式可以写作

$$k_1\boldsymbol{P}_1 + k_2\boldsymbol{P}_2 + k_3\boldsymbol{P}_3 + (-1)\boldsymbol{P}_4 = \boldsymbol{0}$$

便是说这四个矢量平直相关.再设前面三个矢量共面,则得

$$l\boldsymbol{P}_1 + m\boldsymbol{P}_2 + n\boldsymbol{P}_3 = \boldsymbol{0}$$

且 $l,m,n$ 不全是0.但这个等式可以写成

$$l\boldsymbol{P}_1 + m\boldsymbol{P}_2 + n\boldsymbol{P}_3 + 0\cdot\boldsymbol{P}_4 = \boldsymbol{0}$$

可见在这情形下,这四个矢量也是平直相关的.

推广来说:如果在 $n$ 个矢量 $\boldsymbol{P}_1,\boldsymbol{P}_2,\cdots,\boldsymbol{P}_n$ 里有 $m$ 个($m\leqslant n$)矢量平直相关,那么,全部 $n$ 个矢量平直相关.例如设 $\boldsymbol{P}_1,\boldsymbol{P}_2,\cdots,\boldsymbol{P}_m$ 平直相关,便有 $l_1\boldsymbol{P}_1+\cdots+l_m\boldsymbol{P}_m=\boldsymbol{0}$,这里 $l_1,\cdots,l_m$ 不全是0.但这等式可写成

$$l_1\boldsymbol{P}_1 + \cdots + l_m\boldsymbol{P}_m + 0\cdot\boldsymbol{P}_{m+1} + \cdots + 0\cdot\boldsymbol{P}_n = \boldsymbol{0}$$

我们的命题便得证明.

特例:由上式可推得,任何 $n$ 个矢量都是平直相关,只要 $n\geqslant 4$.

**§40. 四点共面的条件**　四点共面,就是说它们同在一个平面上,两点或三点必共面.要四点 $M(x,y,z),M_1(x_1,y_1,z_1),M_2(x_2,y_2,z_2),M_3(x_3,y_3,z_3)$ 共面,必要而又充分的条件显然是三个矢量 $\overrightarrow{M_1M},\overrightarrow{M_1M_2},\overrightarrow{M_1M_3}$ 共面①.我们已知

$$\begin{cases}\overrightarrow{M_1M}=(x-x_1,y-y_1,z-z_1)\\ \overrightarrow{M_1M_2}=(x_2-x_1,y_2-y_1,z_2-z_1)\\ \overrightarrow{M_1M_3}=(x_3-x_1,y_3-y_1,z_3-z_1)\end{cases}$$

把这些矢量代入前节的条件(4),得

$$\begin{vmatrix} x-x_1 & y-y_1 & z-z_1 \\ x_2-x_1 & y_2-y_1 & z_2-z_1 \\ x_3-x_1 & y_3-y_1 & z_3-z_1 \end{vmatrix}=0 \tag{1}$$

这便是四点共面条件.把它改写成对称的形式(比较 §38),便得

① 我们当然也可用矢量 $\overrightarrow{MM_1},\overrightarrow{MM_2},\overrightarrow{MM_3}$ 来代替上面各个矢量

$$\begin{vmatrix} x & y & z & 1 \\ x_1 & y_1 & z_1 & 1 \\ x_2 & y_2 & z_2 & 1 \\ x_3 & y_3 & z_3 & 1 \end{vmatrix} = 0 \tag{2}$$

实际上,由这行列式的第一、第三、第四行的各元分别减去第二行相应的各元,式(2)的左边等于

$$\begin{vmatrix} x-x_1 & y-y_1 & z-z_1 & 0 \\ x_1 & y_1 & z_1 & 1 \\ x_2-x_1 & y_2-y_1 & z_2-z_1 & 0 \\ x_3-x_1 & y_3-y_1 & z_3-z_1 & 0 \end{vmatrix} = \begin{vmatrix} x-x_1 & y-y_1 & z-z_1 \\ x_2-x_1 & y_2-y_1 & z_2-z_1 \\ x_3-x_1 & y_3-y_1 & z_3-z_1 \end{vmatrix}$$

这和(1)的左边相同.

**§41. 线段的定比分割** 设在直线Δ上给定两点 $M_1$ 和 $M_2$,求把线段 $M_1M_2$ 按照定比 λ 来分割,那便是说,在直线 Δ 上求得一点 $M$,使[①](图 45)



$$\overrightarrow{M_1M} = \lambda \cdot \overrightarrow{MM_2} \tag{1}$$

(留意字母的次序,不可随便更换). 我们容易发现如果 $\lambda > 0$,点 $M$ 应在两点 $M_1$ 和 $M_2$ 之间,因在这情形下,矢量 $\overrightarrow{M_1M}$ 和 $\overrightarrow{MM_2}$ 的正向相同[②]. 但如果 $\lambda < 0$,点 $M$ 应在直线 Δ 上线段 $M_1M_2$ 以外的部分,因这时矢量 $\overrightarrow{M_1M}$,$\overrightarrow{MM_2}$ 的正向相反[③].

我们先在 Δ 上决定一个正向,然后用 Δ 做轴,取得矢量 $\overrightarrow{M_1M}$,$\overrightarrow{MM_2}$ 的代数值 $M_1M$,$MM_2$,那么,(1)可写成

$$\frac{M_1M}{MM_2} = \lambda \tag{1a}$$

设已知点 $M_1(x_1,y_1,z_1)$,$M_2(x_2,y_2,z_2)$ 和数量 λ,我们可求点 $M(x,y,z)$. 由条件(1)得

$$x - x_1 = \lambda(x_2 - x), y - y_1 = \lambda(y_2 - y), z - z_1 = \lambda(z_2 - z)$$

由此立即得

$$x = \frac{x_1 + \lambda x_2}{1+\lambda}, y = \frac{y_1 + \lambda y_2}{1+\lambda}, z = \frac{z_1 + \lambda z_2}{1+\lambda} \tag{2}$$

---

① 实际上,点 $M$ 在直线 Δ 上的条件是由条件(1)决定.

② 这种情形叫作"内分".

③ 这种情形叫作"外分".

特例:线段 $M_1M_2$ 的中点的坐标是(即 $\lambda=1$ 的情形)

$$x=\frac{x_1+x_2}{2},y=\frac{y_1+y_2}{2},z=\frac{z_1+z_2}{2} \tag{3}$$

即,中点坐标是线段的两个端点坐标的等差中项.

在二元度情形,公式(2)化为

$$x=\frac{x_1+\lambda x_2}{1+\lambda},y=\frac{y_1+\lambda y_2}{1+\lambda} \tag{2a}$$

**注**　当 $\lambda=-1$,公式(2)失去了意义.但我们容易推想,当 $\lambda$ 趋近 $-1$ 而仍未到 $-1$ 时,点 $M$ 趋向无穷远.这由公式(2)或由数量 $\lambda$ 的几何意义都可推得.

## 习题和补充

1. 求联结两点(0,1,0),(-3,1,2)的线段的中点.

答:$\left(-\frac{3}{2},1,1\right)$.



2. (在平面上)给定两点 $A(0,0)$,$B(2,2)$,求在它们的直线上,确定一点 $M$ 把 $AB$ 分割成比值 $\lambda=-\frac{1}{2}$,并作图验明所得的结果.

3. 已给两点 $A(2,3,6)$,$B(5,2,8)$,求在直线 $AB$ 上的一点 $C$,使 $B$ 成为线段 $AC$ 的中点(提示,此问题可化简为:用比值 $\lambda=-2$ 去分割线段 $AB$).

答:(8,1,10).

4. (在平面上)已给平行四边形的两个相邻顶点 $A(2,5)$,$B(6,6)$ 和它们的对角线的交点 $K(3,8)$,求其他两顶点.

答:(4,11),和(0,10).

4a. 已给平行四边形的两个相邻顶点 $A(1,3,-3)$,$B(2,-5,5)$ 和它的对角线交点 $K(1,1,1)$,求其余两个顶点.

答:(1,-1,5)和(0,7,-3).

5. 在通过两点 $M_1(1,2)$,$M_2(4,3)$ 的直线上,求点 $M$,使线段 $|M_1M|$,$|MM_2|$ 的长的比值等于2,即 $|M_1M|=2|MM_2|$[留意这个等式和§41的公式(1)的不同之处].

答:$M\left(3,\frac{8}{3}\right)$ 和 $M(7,4)$.

6. 设三角形的三个顶点为 $A(x_1,y_1)$,$B(x_2,y_2)$,$C(x_3,y_3)$.在它的一条中

线上求得点 $M$,用比值 $\lambda=2$ 把它分割(由三角形的顶点量起). 求证这点也在其他两条中线上而且用同一的比值分割了它们.

解:察看中线 $AD$,$D$ 为边 $BC$ 的中点. $D$ 的坐标是 $\left(\frac{x_2+x_3}{2},\frac{y_2+y_3}{2}\right)$. 故点 $M(x,y)$ 的坐标是

$$x=\frac{x_1+2\times\frac{x_2+x_3}{2}}{1+2}=\frac{x_1+x_2+x_3}{3},y=\frac{y_1+y_2+y_3}{3}$$

从这些式子的对称性,显然可知,如果我们从它两条中线入手,也将得到相同的点. 三角形三条中线的交点叫作这三角形的面积重心①.

7. 求三角形的面积重心. 已知它的顶点为 $A(x_1,y_1,z_1)$,$B(x_2,y_2,z_2)$,$C(x_3,y_3,z_3)$(参看前题).

答:$x=\frac{x_1+x_2+x_3}{3}$,$y=\frac{y_1+y_2+y_3}{3}$,$z=\frac{z_1+z_2+z_3}{3}$

8. 求证:联结四面体的每个顶点到它的对面的面积重心,所得的四条直线相交于同一点 $M$. 并证:点 $M$ 把上述各直线上由顶点至对面的一段,依照比值 $\lambda=3$ 分割为两段.



这证明和关于三角形的中线的类似命题的证明(参看习题6)完全相同. 点 $M$ 叫作所给四面体的体积重心. 它的坐标是

$$x=\frac{x_1+x_2+x_3+x_4}{4},y=\frac{y_1+y_2+y_3+y_4}{4},z=\frac{z_1+z_2+z_3+z_4}{4}$$

式中$(x_1,y_1,z_1)$,$(x_2,y_2,z_2)$,$(x_3,y_3,z_3)$,$(x_4,y_4,z_4)$为四面体各个顶点的坐标.

9. 求证:四面体的体积重心,便是四个等量的质点放在四面体的顶点上所组成的质点系的重心②. 并证关于三角形的同样命题.

10. 已知两个质点的重心,分割它们所定的线段使两分段的长和这两个质量成反比. 应用这个事实,由重心坐标公式(§36 习题4)来推出公式(2).

---

① 它和极薄的均匀三角片的重心(以通常力学上的意义来了解这个字)叠合.

② 参看 §36,习题4.

## Ⅲ.用直角坐标表示度量性质的基本公式

在本段里所讨论的基本公式,如果把直角坐标改为广义笛氏坐标,便将改变形状.这些公式表示了所谓图形的度量性质(这个名词的解释和它的较为明确的定义,将见下文 §78).普遍来说,这样的公式用直角坐标来表示最为简单,故在本段里,我们将专就直角坐标来说.

**§42. 两个矢量的数积**(图46)　首先讨论坐标轴的单位矢量 $\boldsymbol{u},\boldsymbol{v},\boldsymbol{w}$ 的数积.由数积定义得①

$$\boldsymbol{u}^2=\boldsymbol{v}^2=\boldsymbol{w}^2=1 \tag{1}$$

$$\boldsymbol{v}\cdot\boldsymbol{w}=\boldsymbol{w}\cdot\boldsymbol{u}=\boldsymbol{u}\cdot\boldsymbol{v}=0 \tag{2}$$

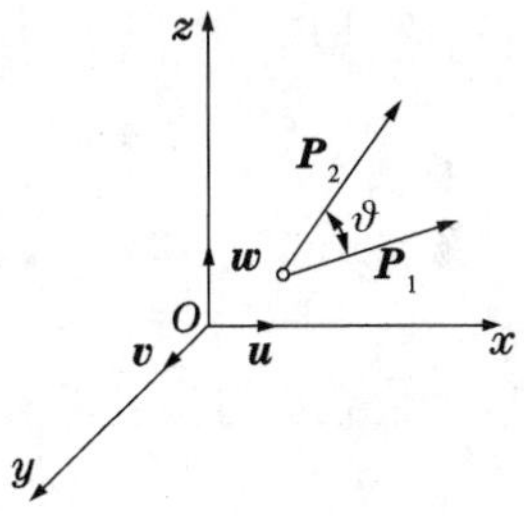

图46

公式(1),(2)组成坐标轴上单位矢量的"数积乘法表".

设有两个矢量 $\boldsymbol{P}_1=(X_1,Y_1,Z_1)$,$\boldsymbol{P}_2=(X_2,Y_2,Z_2)$.求它们的数积 $\boldsymbol{P}_1\cdot\boldsymbol{P}_2$.

我们可用下面两种同样简便的方法来解决这个问题.

方法1:设

$$\boldsymbol{P}_1=\boldsymbol{u}X_1+\boldsymbol{v}Y_1+\boldsymbol{w}Z_1,\boldsymbol{P}_2=\boldsymbol{u}X_2+\boldsymbol{v}Y_2+\boldsymbol{w}Z_2$$

根据 §22 所证明,只需依照寻常多项式的乘法,逐项相乘后加起来,便得所求的数积.因不同的单位矢量的数积等于零,故只需把有相同单位矢量的项乘起来,就得

$$\boldsymbol{P}_1\cdot\boldsymbol{P}_2=\boldsymbol{u}^2X_1X_2+\boldsymbol{v}^2Y_1Y_2+\boldsymbol{w}^2Z_1Z_2$$

再应用等式(1)便得

$$\boldsymbol{P}_1\cdot\boldsymbol{P}_2=X_1X_2+Y_1Y_2+Z_1Z_2 \tag{3}$$

公式(3)是矢量代数里一个基本公式.

方法2:我们有

$$\begin{aligned}\boldsymbol{P}_1\cdot\boldsymbol{P}_2&=(\boldsymbol{u}X_1+\boldsymbol{v}Y_1+\boldsymbol{w}Z_1)\cdot\boldsymbol{P}_2\\&=X_1(\boldsymbol{u}\cdot\boldsymbol{P}_2)+Y_1(\boldsymbol{v}\cdot\boldsymbol{P}_2)+Z_1(\boldsymbol{w}\cdot\boldsymbol{P}_2)\end{aligned}$$

但(§23)

$$\boldsymbol{u}\cdot\boldsymbol{P}_2=\text{пр}_x\boldsymbol{P}_2=X_2;\boldsymbol{v}\cdot\boldsymbol{P}_2=Y_2;\boldsymbol{w}\cdot\boldsymbol{P}_2=Z_2$$

① 例如 $\boldsymbol{u}^2=\boldsymbol{u}\cdot\boldsymbol{u}=1\cdot1\cdot\cos0°=1,\boldsymbol{v}\cdot\boldsymbol{w}=1\cdot1\cdot\cos90°=0$.

把这些代入前式,我们再度得到公式(3).

在二元度情形下,矢量 $\boldsymbol{P}_1=(X_1,Y_1)$ 与 $\boldsymbol{P}_2=(X_2,Y_2)$ 的数积是

$$\boldsymbol{P}_1\cdot\boldsymbol{P}_2=X_1X_2+Y_1Y_2 \tag{3a}$$

**§43. 矢量的长;矢量和坐标轴的夹角;两点间的距离** 设所给矢量为 $\boldsymbol{P}(X,Y,Z)$,求它的长 $|\boldsymbol{P}|$,并求它和坐标轴的夹角 $\alpha,\beta,\gamma$(图47)[①].

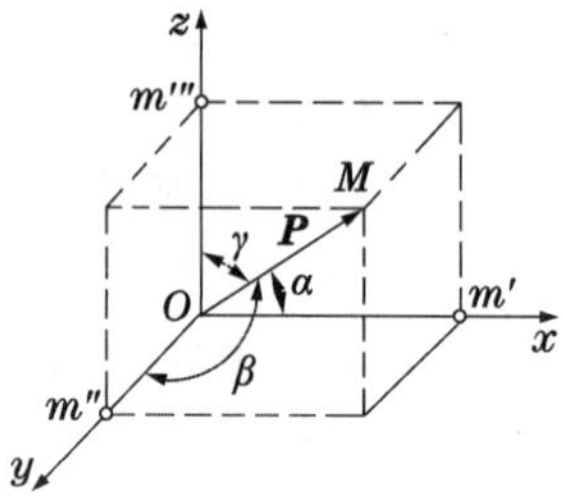


图47

应用前节公式(3),令 $\boldsymbol{P}_1=\boldsymbol{P}_2=\boldsymbol{P}$,便可计算它的长. 这时 $\boldsymbol{P}_1\cdot\boldsymbol{P}_2=\boldsymbol{P}^2=|\boldsymbol{P}|^2$,公式(3)便化为

$$|\boldsymbol{P}|^2=X^2+Y^2+Z^2 \tag{1}$$

即

$$|\boldsymbol{P}|=\sqrt{X^2+Y^2+Z^2} \tag{2}$$

这个公式也可用初等几何定理求直角六面体对角线的长来证明,留待读者自理.

欲求矢量 $\boldsymbol{P}$ 和坐标轴所成的角 $\alpha,\beta,\gamma$,只需注意



$$X=\text{пр}_x\boldsymbol{P}=|\boldsymbol{P}|\cos\alpha,Y=|\boldsymbol{P}|\cos\beta,Z=|\boldsymbol{P}|\cos\gamma \tag{3}$$

由此,应用(2)得

$$\begin{cases}\cos\alpha=\dfrac{X}{\sqrt{X^2+Y^2+Z^2}}\\ \cos\beta=\dfrac{Y}{\sqrt{X^2+Y^2+Z^2}}\\ \cos\gamma=\dfrac{Z}{\sqrt{X^2+Y^2+Z^2}}\end{cases} \tag{4}$$

公式(1)至(4)都是矢量代数里的基本公式.

把(4)里各式平方后,相加得

$$\cos^2\alpha+\cos^2\beta+\cos^2\gamma=\frac{X^2+Y^2+Z^2}{X^2+Y^2+Z^2}=1$$

即

$$\cos^2\alpha+\cos^2\beta+\cos^2\gamma=1 \tag{5}$$

这个极为重要的公式,把任意矢量(或方向)和三条坐标轴的夹角联系起来.

在二元度情形(图48).我们有简单的特例

① 在这图里,为清晰起见,将矢量 $\boldsymbol{P}$ 的位置,用原点来做起点. 这样假定,仍不失题意的普遍性.

$$|\boldsymbol{P}| = \sqrt{X^2 + Y^2} \tag{2a}$$

$$\cos\alpha = \frac{X}{\sqrt{X^2+Y^2}}, \cos\beta = \frac{Y}{\sqrt{X^2+Y^2}} \tag{4a}$$

$$\cos^2\alpha + \cos^2\beta = 1 \tag{5a}$$

欲求两点 $M_1(x_1, y_1, z_1)$, $M_2(x_2, y_2, z_2)$ 间的距离 $r$. 只需把矢量

$$\overrightarrow{M_1M_2} = (x_2 - x_1, y_2 - y_1, z_2 - z_1)$$

代入公式(2),便得

$$r = |\overrightarrow{M_1M_2}| = \sqrt{(x_2-x_1)^2 + (y_2-y_1)^2 + (z_2-z_1)^2} \tag{6}$$

这里包括特例:点 $M(x, y, z)$ 到坐标原点的距离(图 49)为

$$r = |OM| = \sqrt{x^2 + y^2 + z^2}$$

在二元度的情形,分别得

$$r = |M_1M_2| = \sqrt{(x_2-x_1)^2 + (y_2-y_1)^2} \tag{6a}$$

$$r = |OM| = \sqrt{x^2 + y^2} \tag{7a}$$

(求作和各个公式相应的图).



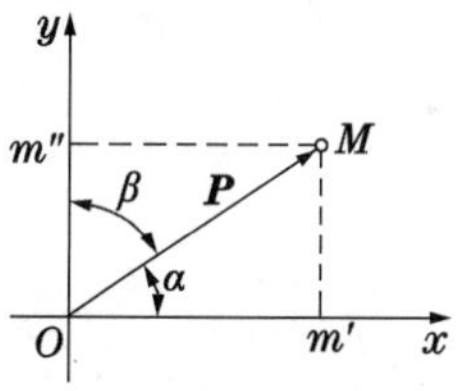


图 48

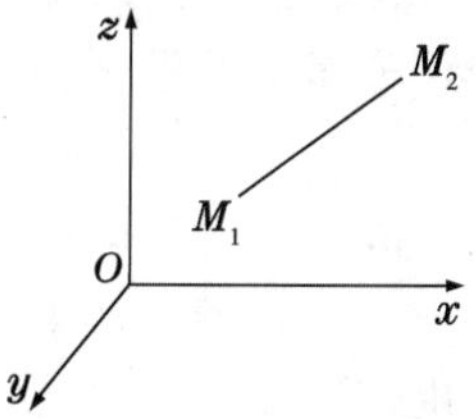


图 49

## 习题和补充

1. 求矢量 $\boldsymbol{P} = (2, -1)$(在平面上)的长,并求它和坐标轴的夹角.

答: $|\boldsymbol{P}| = \sqrt{5}$, $\cos\alpha = \frac{2}{\sqrt{5}}$, $\cos\beta = -\frac{1}{\sqrt{5}}$.

2. 求两点 $M_1(3,2,0)$, $M_2(4,-2,-2)$ 间的距离,并求矢量 $\overrightarrow{M_1M_2}$ 和坐标轴的夹角.

答: $|M_1M_2| = \sqrt{21}$, $\cos\alpha = \frac{1}{\sqrt{21}}$, $\cos\beta = -\frac{4}{\sqrt{21}}$, $\cos\gamma = -\frac{2}{\sqrt{21}}$.

3. 已知(在平面上)三角形的顶点 $A(1,1)$, $B(3,3)$, $C(5,6)$, 求边 $AB$ 的中

线的长.

答:5.

4. 三角形的顶点为 $A(0,0)$,$B(3,4)$,$C(0,2)$,求内角 $A$ 的平分线和边 $BC$ 的交点 $M$.(由初等几何我们熟知,点 $M$ 分割边 $BC$ 为两段,与边长 $|AB|$,$|AC|$ 成比例)

答:$M\left(\frac{6}{7},\frac{18}{7}\right)$.

5. 求矢量 $\boldsymbol{P}$(在空间)的坐标. 已知它的长等于10,并知它和轴 $Ox$,$Oy$ 所成的角各等于60°[应用公式(3),(5)].

答:$(5,5,5\sqrt{2})$ 或 $(5,5,-5\sqrt{2})$.

6. 求矢量 $\boldsymbol{P}(X,Y,Z)$,已知它的长 $|\boldsymbol{P}|=10$,并知它和矢量 $(3,-1,3)$ 平行.

答:$X=\pm\frac{30}{\sqrt{19}},Y=\mp\frac{10}{\sqrt{19}},Z=\pm\frac{30}{\sqrt{19}}$.

[一律采取在上边的(或下边的)符号]



**§44. 坐标单位矢量;方向余弦** 设 $\boldsymbol{e}$ 代表单位矢量,即长等于1的矢量,用 $l,m,n$ 表示单位矢量 $\boldsymbol{e}$ 的坐标,即令

$$\boldsymbol{e}=(l,m,n) \tag{1}$$

则由前节公式(1)得(因 $|\boldsymbol{e}|=1$)

$$l^2+m^2+n^2=1 \tag{2}$$

而前节公式(3)化成

$$\begin{cases} l=\cos\alpha \\ m=\cos\beta \\ n=\cos\gamma \end{cases} \tag{3}$$

这里 $\alpha,\beta,\gamma$ 代表单位矢量和坐标轴所成的各个角.

如果把式(3)代入式(2),得

$$\cos^2\alpha+\cos^2\beta+\cos^2\gamma=1 \tag{4}$$

这个公式在前面已用别的方法推得[前节公式(5)].

人们知道,每个单位矢量在空间决定一个方向. 故数量 $l,m,n$ 叫作方向的坐标,或就公式(3)来说,把它们叫作方向余弦.

方向余弦(即方向的坐标)不是互相独立的,它们永远满足公式(2)所表示的关系.

反过来说,如果任意三个数量 $l,m,n$ 适合于关系式(2),那么,显而易见,它

们代表某一个方向的余弦. 事实上,矢量 $\boldsymbol{e} = (l,m,n)$ 是单位矢量,因为由关系式(2),它的长等于1. 故 $l,m,n$ 是这个单位矢量所决定的方向的余弦.

**注**　在广义笛氏坐标的情形,单位矢量 $\boldsymbol{e}$ 的坐标 $l,m,n$ 也叫作方向的坐标,但须注意,在那种情形下,用单位矢量来代替任意长的矢量,并无特别好处.

我们更要强调声明,在用广义笛氏坐标时,方向的坐标 $l,m,n$ 并不是方向余弦 $\cos\alpha,\cos\beta,\cos\gamma$,这里 $\alpha,\beta,\gamma$ 表示单位矢量 $\boldsymbol{e}$ 与坐标轴所夹的角(参看§57).

**§45. 两个矢量(或两个方向)所成的角**　设已知两个矢量(图50)

$$\boldsymbol{P}_1 = (X_1,Y_1,Z_1) \text{ 和 } \boldsymbol{P}_2 = (X_2,Y_2,Z_2)$$

求它们所成的角 $\vartheta$.

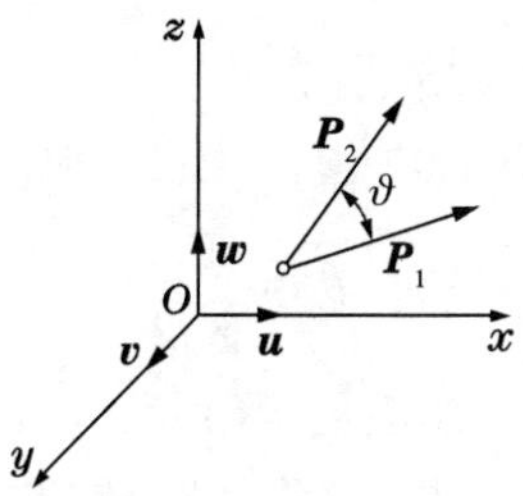


图50

由数积的定义得

$$\cos\vartheta = \frac{\boldsymbol{P}_1 \cdot \boldsymbol{P}_2}{|\boldsymbol{P}_1|\cdot|\boldsymbol{P}_2|} \tag{1}$$

用下面各值代入上式[§42 公式(3) 和 §43 公式(2)]

$$\boldsymbol{P}_1 \cdot \boldsymbol{P}_2 = X_1X_2 + Y_1Y_2 + Z_1Z_2$$

$$|\boldsymbol{P}_1| = \sqrt{X_1^2 + Y_1^2 + Z_1^2}$$

$$|\boldsymbol{P}_2| = \sqrt{X_2^2 + Y_2^2 + Z_2^2}$$

便得重要公式

$$\cos\vartheta = \frac{X_1X_2 + Y_1Y_2 + Z_1Z_2}{\sqrt{X_1^2 + Y_1^2 + Z_1^2}\sqrt{X_2^2 + Y_2^2 + Z_2^2}} \tag{2}$$

如果用单位矢量 $\boldsymbol{e}_1 = (l_1,m_1,n_1)$ 和 $\boldsymbol{e}_2 = (l_2,m_2,n_2)$ 来代替任意的矢量 $\boldsymbol{P}_1$ 和 $\boldsymbol{P}_2$,那么,上式变为

$$\cos\vartheta = l_1l_2 + m_1m_2 + n_1n_2 \tag{3}$$

如果已知两个方向的余弦(即数量 $l_1,m_1,n_1$ 和 $l_2,m_2,n_2$),便可用上式来计算这两个方向所成的角,特别是当 $\boldsymbol{e}_1$ 和 $\boldsymbol{e}_2$ 叠合时,公式(3) 仍回到前面已知的公式(设令 $l_1 = l_2 = l, m_1 = m_2 = m, n_1 = n_2 = n$)

$$l^2 + m^2 + n^2 = 1$$

在二元度的情形,两个矢量 $\boldsymbol{P}_1 = (X_1,Y_1)$,$\boldsymbol{P}_2 = (X_2,Y_2)$ 所成的角可表式成

$$\cos\vartheta = \frac{X_1X_2 + Y_1Y_2}{\sqrt{X_1^2 + Y_1^2}\sqrt{X_2^2 + Y_2^2}} \tag{2a}$$

又如两个方向的坐标是$(l_1, m_1)$和$(l_2, m_2)$,它们所成的角是

$$\cos\vartheta = l_1 l_2 + m_1 m_2 \tag{3a}$$

## 习题和补充

1. 求矢量$\boldsymbol{P}=(1,-1)$和$\boldsymbol{Q}=(-2,6)$(在平面上)所成的角$\vartheta$.

答:$\cos\vartheta = -\frac{2}{\sqrt{5}}$.

2. 求矢量$\boldsymbol{P}=(6,8)$和$\boldsymbol{Q}=(-8,6)$所成的角$\vartheta$.

答:$\vartheta = \frac{\pi}{2}$.

3. 求矢量$(1,2,2)$和$(-1,0,1)$所成的角$\vartheta$.

答:$\cos\vartheta = \frac{1}{3\sqrt{2}}$.

4. 验明矢量$(1,2,3)$和$(2,4,6)$所成的角等于0.

5. 求(在平面上)矢量$\boldsymbol{P}=(X,Y)$,它的长等于2,它和矢量$Q(3,4)$所成的角$\vartheta=60°$.



答:$X, Y$由下面的方程系决定

$$\frac{3X+4Y}{5\times 2}=\frac{1}{2}, X^2+Y^2=4$$

因此

$$X=\frac{3\pm 4\sqrt{3}}{5}, Y=\frac{4\mp 3\sqrt{3}}{5}$$

解释为什么有两个解答.

**§46. 两个矢量(或方向)垂直的条件** 两个矢量互相垂直的充分且必要的条件(§22)为

$$\boldsymbol{P}_1\cdot\boldsymbol{P}_2=0$$

由此得[§42,公式(3)]

$$X_1X_2+Y_1Y_2+Z_1Z_2=0 \tag{1}$$

这是用坐标表示出来的两个矢量相垂直的条件(这条件也由前节$\cos\vartheta$的公式推得).特别是,当矢量$\boldsymbol{P}_1$和$\boldsymbol{P}_2$的长等于1时,沿用前节的记法,式(1)化为用方向余弦表示的两个方向相垂直的条件

$$l_1l_2+m_1m_2+n_1n_2=0 \tag{2}$$

在二元度的情形,公式(1)和(2)可分别改写为

$$X_1X_2+Y_1Y_2=0 \tag{1a}$$

$$l_1 l_2 + m_1 m_2 = 0 \tag{2a}$$

## 习题和补充

1. 求证:(在平面上) 矢量 $\boldsymbol{P}(X,Y)$ 和 $\boldsymbol{Q}(-Y,X)$ 总是互相垂直.

2. (在平面上) 求矢量 $\boldsymbol{P}=(X,Y)$,已知它的长为5,且垂直于矢量 $\boldsymbol{Q}=(1,2)$.

答:$X=\pm 2\sqrt{5}, Y=\mp\sqrt{5}$.

3. 求证:凡是和已知矢量 $\boldsymbol{Q}_0(X_0,Y_0)$ 垂直的矢量 $\boldsymbol{P}=(X,Y)$,它的坐标总可表示成下式

$$X=-mY_0, Y=mX_0$$

式中 $m$ 是数量(参阅习题1).

**§47. 平面上旋转方向的定义**　照前法讨论矢量(或一般的方向) 要用它和坐标轴 $Ox$ 与 $Oy$ 所成的两个角($\alpha$ 和 $\beta$),其实只需一个角便够了. 但此时必须预先把决定平面 $xOy$ 上转动的正向的条件规定下来. 我们现在所说的条件,一经决定之后无论在直角坐标或广义笛氏坐标情形之下,必须随时加以注意.



我们首先作如下的规定. 设在平面上给定两个不平行矢量 $\boldsymbol{u},\boldsymbol{v}$,它们在平面上所决定的旋转方向,是依照这里所提的次序经过最小的角由第一个矢量转到第二个矢量(即说旋转经过的角一定要小于 $\pi$).

我们选取两条坐标轴 $Ox,Oy$ 的单位矢量 $\boldsymbol{u},\boldsymbol{v}$,用它们所决定的旋转方向来做平面 $xOy$ 的正向. 换句话说,在平面 $xOy$ 上的旋转正向是把轴 $Ox$ 转动经过一个小于 $\pi$ 的角,使得它和轴 $Oy$ 叠合[①]. 在图51,转动的正向,用弯曲箭头表示.

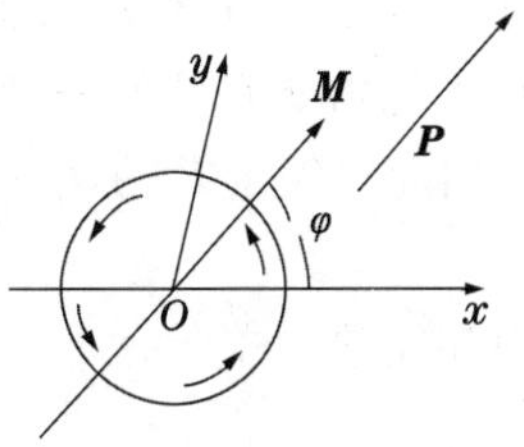

图51

设 $\boldsymbol{P}$ 为平面 $xOy$ 上的矢量,把它移到位置 $\overrightarrow{OM}$,使它的起点和原点相叠合(图51). 旋转轴 $Ox$,使轴 $Ox$ 依正向转动时,它的正向和矢量 $\boldsymbol{P}=\overrightarrow{OM}$ 的正向相叠合,令 $\varphi$ 代表旋转经过的角. 那么,这个角 $\varphi$ 显然完全决定所给矢量的方向,这个角通常用符号 $\widehat{Ox,\boldsymbol{P}}$ 来表示,从写在前面的方向量起. 角 $\varphi$ 的值可以大于 $2\pi$,正如三角学里所处理的一样. 在平面上同一个方向和无穷多个角 $\varphi$ 的数值相对应,角 $\varphi$ 彼此相差为 $2k\pi$,$k$ 代表整数. 实际上,无论把给定的方向转过角 $2\pi$(旋转一周) 多少次,仍必回

① 两条轴只有在它们的正向相叠合时才能算做叠合.

到原来的位置.

注意,这个角 $\varphi$ 也可由轴 $Ox$ 向着负的旋转方向计算,但那时角须取负值(如三角学里所规定).

附带说明,照上文所规定的角 $\varphi$ 和以前所说矢量 $\boldsymbol{P}$ 与轴 $Ox$ 的夹角 $\alpha$ 并不一致,那时是根据两个方向的夹角的定义来决定的. 这个差与发生于角 $\alpha$ 和角 $\varphi$ 的计算条件各不相同. 角 $\alpha$ 的条件须是正数且不超过 $\pi$,而角 $\varphi$ 可取任何数值,特别是可取负值. 例如在图 52 的情形,角 $\varphi$ 不等于角 $\alpha$,但角 $\varphi$ 的值,可以写作 $-\alpha$ 或 $2\pi-\alpha$,或更普遍些写作 $-\alpha+2k\pi$.

现在再讲直角坐标的情形(图 53). 在这情形下,很易看出

$$\cos\alpha=\cos\varphi,\cos\beta=\sin\varphi \tag{1}$$



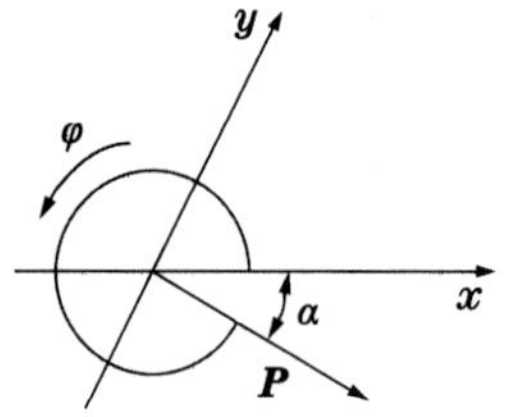


图 52

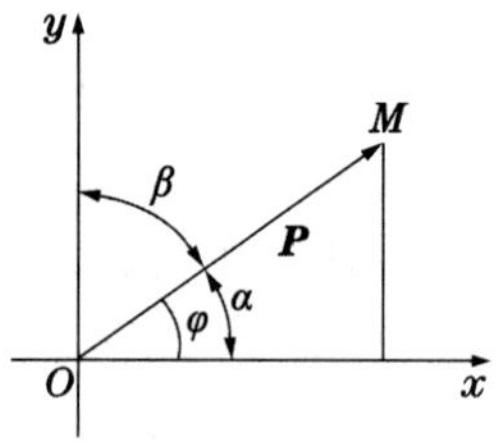


图 53

永远适合,式中 $\alpha$ 和 $\beta$ 照前一样,表示矢量 $\boldsymbol{P}$ 和轴 $Ox$, $Oy$ 所成的角(在 0 和 $\pi$ 之间),无论角 $\varphi$ 在任何一个象限内,这公式都适合①.

由此得矢量 $\boldsymbol{P}$ 的坐标 $X$ 和 $Y$ 的表示式

$$X=|\boldsymbol{P}|\cos\varphi,Y=|\boldsymbol{P}|\sin\varphi \tag{2}$$

式中和经常一样

$$|\boldsymbol{P}|=\sqrt{X^2+Y^2} \tag{3}$$

由此推得

① 读者很容易验证:当 $\varphi$ 在 0 和 $2\pi$ 之间,我们有:

在第一象限:$\alpha=\varphi,\beta=\frac{\pi}{2}-\varphi$;

在第二象限:$\sigma=\varphi,\beta=\varphi-\frac{\pi}{2}$;

在第三象限:$\alpha=2\pi-\varphi,\beta=\varphi-\frac{\pi}{2}$;

在第四象限:$\alpha=2\pi-\varphi,\beta=2\pi+\frac{\pi}{2}-\varphi$.

$$\cos\varphi = \frac{X}{\sqrt{X^2+Y^2}}, \sin\varphi = \frac{Y}{\sqrt{X^2+Y^2}} \tag{4}$$

用第一式除第二式，得

$$\tan\varphi = \frac{Y}{X} \tag{5}$$

当矢量的坐标已经给定时，公式(4)完全决定角$\varphi$（如果不计$2k\pi$形式的增减，那是和方向没有影响的）.要计算$\varphi$的数值，只需用一个公式，例如$\sin\varphi$的公式便够，但这公式不能完全决定矢量的正向.欲把正向完全决定下来，尚需知道角$\varphi$的另一个三角函数的符号，例如$\cos\varphi$的符号.最简单是由$X$和$Y$的符号（这与$\cos\varphi$和$\sin\varphi$的符号相同）来决定方向$\boldsymbol{P}$所在的象限，而由公式(4)的一个式或由公式(5)可以查表求得$\varphi$的数值.例如$X=+2, Y=-2$，那么，所求的方向在第四象限，又因

$$\tan\varphi = \frac{-2}{+2} = -1$$

显然得$\varphi = -45°$，也便是说$\varphi = 360° - 45° = 315°$.

当矢量的长等于1，即当说到单位矢量$\boldsymbol{e}$时，它的坐标($l$和$m$)同时也是方向余弦（参看 §44），本节公式(1)在这时化为



$$l = \cos\varphi, m = \sin\varphi \tag{6}$$

故把关系$l^2+m^2=1$和这两个数量联系起来，便得三角学里的恒等式

$$\sin^2\varphi + \cos^2\varphi = 1$$

**注**　正如在 §44 末尾所提示，在斜角坐标情形之下，方向的坐标和方向余弦并不相同.

例如，就平面上狭义的斜角坐标来说：设单位矢量$\boldsymbol{e}$代表所给的方向，而$l, m$是这方向的坐标（即单位矢量$\boldsymbol{e}$的坐标），又设$\alpha, \beta$为单位矢量$\boldsymbol{e}$和轴$Ox, Oy$所成的角.由$\triangle OAM$（图54，这里$\overrightarrow{OM} = \boldsymbol{e}$）容易推得

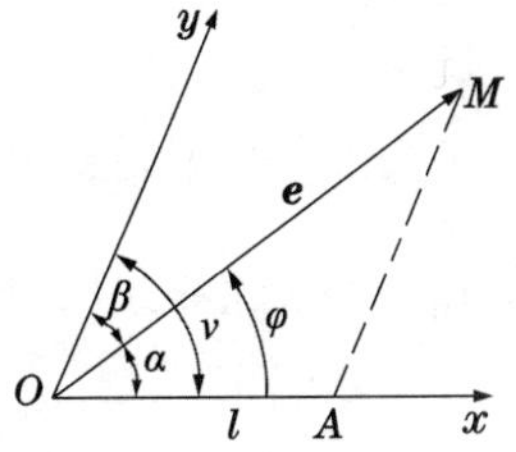


图 54

$$l = \frac{\sin(\nu - \varphi)}{\sin\nu}, m = \frac{\sin\varphi}{\sin\nu} \tag{7}$$

式中$\nu$是坐标角，但$\varphi$是单位矢量$\boldsymbol{e}$和轴$Ox$依上述的办法来计算的角.

**§48. 平面上两个方向的夹角的定义（在这个角有了正负号之后）**　设在平面$xOy$上，给定两个矢量$\boldsymbol{P}_1 = (X_1, Y_1)$和$\boldsymbol{P}_2 = (X_2, Y_2)$.

关于平面上两个矢量（或一般地说，两个方向）所成的角，在这里和前节里已知矢量与轴$Ox$的夹角$\varphi$的规定相类似，我们规定它为由所给矢量（或一般的

方向）中的一个开始，照旋转正向所得的角. 但我们也容许依照负向来进行，不过那时所得的角，要取负值. 如果这个角由方向 $\boldsymbol{P}_1$ 起算，那么，便用符号 $\widehat{\boldsymbol{P}_1,\boldsymbol{P}_2}$ 表示它，量角时要从写在前面的一个矢量开始.

现在求从 $\boldsymbol{P}_1$ 到 $\boldsymbol{P}_2$ 的角. 用 $\varphi_1$，$\varphi_2$ 分别表示这两个矢量与轴 $Ox$ 所成的角（参看前节）. 从图可知（图 55）

$$\widehat{\boldsymbol{P}_1,\boldsymbol{P}_2} = \varphi_2 - \varphi_1$$

（如果略去附加项 $2k\pi$ 不计，因这项可以加入等式的右边，而不发生影响）. 为简便起见，仍用 $\varphi$ 来表示 $\widehat{\boldsymbol{P}_1,\boldsymbol{P}_2}$，即有

$$\cos\varphi = \cos(\varphi_2 - \varphi_1), \sin\varphi = \sin(\varphi_2 - \varphi_1)$$

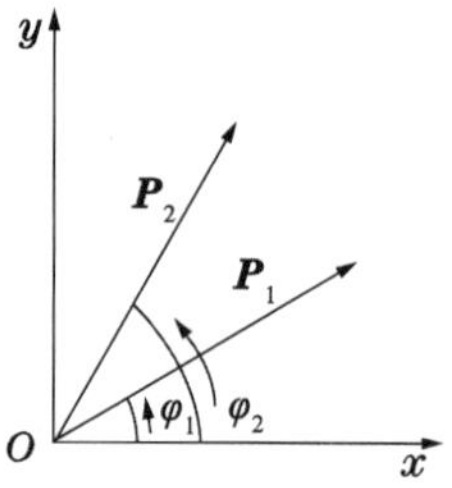

图 55

由此出发，并注意

$$\cos(\varphi_2 - \varphi_1) = \cos\varphi_2\cos\varphi_1 + \sin\varphi_2\sin\varphi_1$$

$$\sin(\varphi_2 - \varphi_1) = \sin\varphi_2\cos\varphi_1 - \cos\varphi_2\sin\varphi_1$$

和



$$\cos\varphi_1 = \frac{X_1}{\sqrt{X_1^2 + Y_1^2}}, \sin\varphi_1 = \frac{Y_1}{\sqrt{X_1^2 + Y_1^2}}$$

（$\cos\varphi_2$，$\sin\varphi_2$ 也有同样的式），我们最后得到

$$\cos\varphi = \frac{X_1X_2 + Y_1Y_2}{\sqrt{X_1^2 + Y_1^2}\cdot\sqrt{X_2^2 + Y_2^2}} \tag{1}$$

$$\sin\varphi = \frac{X_1Y_2 - X_2Y_1}{\sqrt{X_1^2 + Y_1^2}\cdot\sqrt{X_2^2 + Y_2^2}} \tag{2}$$

用等式(1) 来除等式(2)，便得

$$\tan\varphi = \frac{X_1Y_2 - X_2Y_1}{X_1X_2 + Y_1Y_2} \tag{3}$$

此处应该特别留意公式(1) 的右边，对于两个矢量的坐标是对称的，但在公式(2)，(3) 里如果把矢量 $\boldsymbol{P}_1$ 和 $\boldsymbol{P}_2$ 对调，便须改变正负号. 这些结果，本可预料，因显然地，$\widehat{\boldsymbol{P}_2,\boldsymbol{P}_1} = -(\widehat{\boldsymbol{P}_1,\boldsymbol{P}_2}) + 2k\pi$，故

$$\cos(\widehat{\boldsymbol{P}_2,\boldsymbol{P}_1}) = \cos(\widehat{\boldsymbol{P}_1,\boldsymbol{P}_2}), \sin(\widehat{\boldsymbol{P}_2,\boldsymbol{P}_1}) = -\sin(\widehat{\boldsymbol{P}_1,\boldsymbol{P}_2})$$

公式(1)，(2) 完全决定角 $\varphi$（如果略去附加的 $2\pi$ 的整倍数不计）在实际计算 $\varphi$ 的数值时，可用公式(3)，而决定它的象限，则用 $\cos\varphi$ 和 $\sin\varphi$ 的符号，即用算式 $X_1X_2 + Y_1Y_2$，$X_1Y_2 - X_2Y_1$ 的符号.

## 习 题

1. 用公式(1)或(3),求平面上两个矢量互相垂直的条件.

2. 求作矢量 $\boldsymbol{P}=(X,Y)$,已知它的长为2,它和矢量 $\boldsymbol{Q}=(3,4)$ 所成的 $\widehat{\boldsymbol{Q},\boldsymbol{P}}=+60°$(比较 §45 后面的习题5).

解:解法可用上述习题的结果,但须采用符号使 $\sin(\widehat{\boldsymbol{Q},\boldsymbol{P}})$ 为正,即 $3Y-4X>0$. 为了这个关系,故在那题所得的公式里只能选用在下边的一套符号.

本题可根据所给条件,直接解决:求出矢量 $\boldsymbol{P}$ 和轴 $Ox$ 所成的角,即 $\varphi+60°$,此处 $\varphi$ 是 $\widehat{Ox,\boldsymbol{Q}}$. 我们有

$$\cos(\varphi+60°)=\cos\varphi\cdot\cos 60°-\sin\varphi\cdot\sin 60°$$
$$\sin(\varphi+60°)=\sin\varphi\cdot\cos 60°+\cos\varphi\cdot\sin 60°$$

但

$$\cos\varphi=\frac{3}{5},\sin\varphi=\frac{4}{5},\cos 60°=\frac{1}{2},\sin 60°=\frac{\sqrt{3}}{2}$$

故

$$\cos(\varphi+60°)=\frac{3-4\sqrt{3}}{10},\sin(\varphi+60°)=\frac{4+3\sqrt{3}}{10}$$

最后得

$$X=2\cos(\varphi+60°)=\frac{3-4\sqrt{3}}{5},Y=2\sin(\varphi+60°)=\frac{4+3\sqrt{3}}{5}$$

如果我们假设 $\widehat{\boldsymbol{Q},\boldsymbol{P}}=-60°$,那么,所得结果便取上述习题公式里在上边的一套符号.

**§49. 三角形的面积,已知构成两边的两个矢量** 设 $\boldsymbol{P}_1=\overrightarrow{AB}=(X_1,Y_1)$ 与 $\boldsymbol{P}_2=\overrightarrow{AC}=(X_2,Y_2)$ 为有公共起点 $A$ 的两个矢量(图56(a),(b)).

联结终点 $B$ 和 $C$,便得 $\triangle ABC$. 求它的面积 $S$. 由熟知的公式

$$S=\frac{1}{2}|\boldsymbol{P}_1|\cdot|\boldsymbol{P}_2|\sin\varphi \tag{1}$$

式中 $\varphi$ 表示$\widehat{\boldsymbol{P}_1,\boldsymbol{P}_2}$.

实际上,$\sin\varphi$ 应改写作 $|\sin\varphi|$. 因 $\sin\varphi$ 可能取负值. 不过为了便利,也可照用上式写法. 这公式(1)将 $\triangle ABC$ 的面积附上一定的符号. 我们很容易认识,它的符号要依照下面规则来决定:如果矢量 $\boldsymbol{P}_1,\boldsymbol{P}_2$ 所决定的转动正向(参看

§47) 和平面 $xOy$ 的转动正向一致,则这三角形的面积为正数;否则为负数.

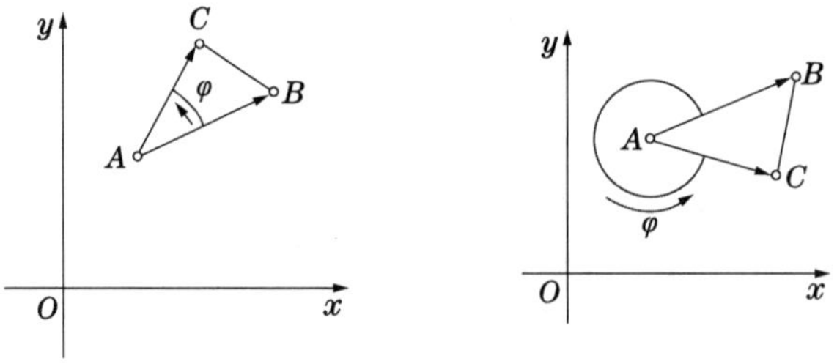


(a)　　　　　　(b)

图 56

显而易见,依照这个规则,三角形的面积是正的,如果循着方向 $ABCA$ 来绕行三角形的周界,我们在平面上转一个正向(图 56(a));在相反的情形,便得负面积(图 56(b)).

现在把前节式(2) 替代公式(1) 的 $\sin\varphi$,便得极为重要的公式



$$S = \frac{1}{2}(X_1Y_2 - X_2Y_1) \tag{2}$$

数值和符号一起由公式来决定.

这公式可用行列式来表示

$$S = \frac{1}{2}\begin{vmatrix} X_1 & Y_1 \\ X_2 & Y_2 \end{vmatrix}$$

两个矢量 $\boldsymbol{P}_1,\boldsymbol{P}_2$ 所构成的平行四边形,显然有面积如下式

$$S = \begin{vmatrix} X_1 & Y_1 \\ X_2 & Y_2 \end{vmatrix}$$

这个公式也将面积配上一定的符号和上述规则一致.

**§50. 三角形的面积,已知三个顶点**　设三个顶点为 $A(x_1,y_1)$,$B(x_2,y_2)$,$C(x_3,y_3)$. 求 $\triangle ABC$ 的面积 $S$. 假定我们用 $\triangle ABC$ 的周界 $ABCA$ 所决定的旋转方向,配与这个面积以一定的符号(参看前节).

所求的面积,便是前节中矢量 $\overrightarrow{AB}$ 和 $\overrightarrow{AC}$ 所构成的面积. 在现在的情形下

$$X_1 = x_2 - x_1, Y_1 = y_2 - y_1$$
$$X_2 = x_3 - x_1, Y_2 = y_3 - y_1$$

把这些数值代入前节公式(2),得

$$S = \frac{1}{2}\begin{vmatrix} x_2 - x_1 & y_2 - y_1 \\ x_3 - x_1 & y_3 - y_1 \end{vmatrix} \tag{1}$$

这式可写成对称的形式,如

$$S = \frac{1}{2}\begin{vmatrix} x_1 & y_1 & 1 \\ x_2 & y_2 & 1 \\ x_3 & y_3 & 1 \end{vmatrix} \tag{2}$$

欲加证明,只需在最后的行列式里从第二行和第三行分别减去第一行便成(比较 §38).

由公式(2)可以推得平面上三点共线的条件,正如 §38 公式(3)所表示的一样.实际上,三点共线的必要且充分的条件是 $S=0$,那便是所述的公式,但现在的推证不及前面 §38 那样普遍,因在 §38 里没有用直角坐标的限制.

### 习　题

1. 求三角形的面积,已知顶点 $A(1,0)$,$B(2,3)$,$C(2,2)$.

答:$S=-\frac{1}{2}$.

2. 三角形的顶点为 $A(1,1)$,$B(3,2)$,$C(4,4)$,求对应于顶点 $A$ 的高 $h$.

答:$h=\frac{2|S|}{|BC|}=\frac{3}{\sqrt{5}}$.

**§51. 两个矢量的矢积**[①]　在本节里坐标轴 $Ox$,$Oy$,$Oz$ 依所给的次序,组成左手系[②](§24).根据矢积(§25)的定义,得单位矢量的"矢积乘法表"如下(图 57)

$$\boldsymbol{u}\times\boldsymbol{u}=\boldsymbol{v}\times\boldsymbol{v}=\boldsymbol{w}\times\boldsymbol{w}=\boldsymbol{0} \tag{1}$$

$$\boldsymbol{v}\times\boldsymbol{w}=\boldsymbol{u},\boldsymbol{w}\times\boldsymbol{u}=\boldsymbol{v},\boldsymbol{u}\times\boldsymbol{r}=\boldsymbol{w} \tag{2}$$

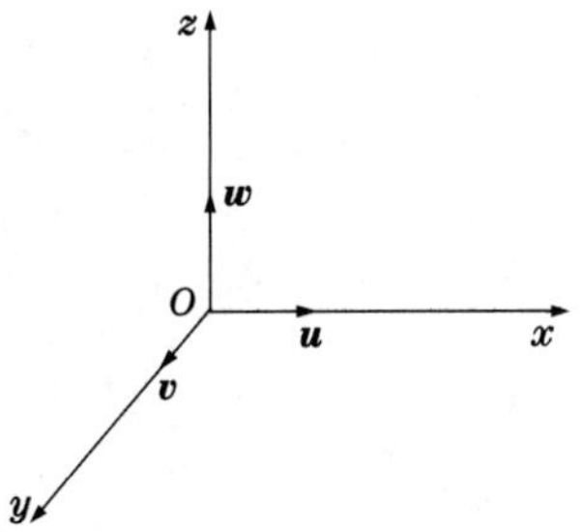


图 57

除了公式(1)以外,只需把公式(2)的第一式记住便够了.其余两式可由循环排列推得.

关于公式(2)还可附加以下各式

① 初次阅读可以省略这一节.

② 普遍来讲,当我们用到矢积,总是假定左手坐标系.但所有推得的公式在右手系依然成立,只要把矢积定义(§25)的条件(c)改变,使矢量 $\boldsymbol{P}$,$\boldsymbol{Q}$,$\boldsymbol{R}$ 组成右手系.

$$\boldsymbol{w} \times \boldsymbol{v} = -\boldsymbol{u}, \boldsymbol{u} \times \boldsymbol{w} = -\boldsymbol{v}, \boldsymbol{v} \times \boldsymbol{u} = -\boldsymbol{w} \tag{2a}$$

现在求两个已给矢量的矢积

$$\boldsymbol{P}_1 = \boldsymbol{u}X_1 + \boldsymbol{v}Y_1 + \boldsymbol{w}Z_1$$

$$\boldsymbol{P}_2 = \boldsymbol{u}X_2 + \boldsymbol{v}Y_2 + \boldsymbol{w}Z_2$$

把右边的矢量相乘(参看 §25 末段),再用(1) 和(2) 化简,便得

$$\boldsymbol{P}_1 \times \boldsymbol{P}_2 = \boldsymbol{u}(Y_1Z_2 - Y_2Z_1) + \boldsymbol{v}(Z_1X_2 - Z_2X_1) + \boldsymbol{w}(X_1Y_2 - X_2Y_1) \tag{3}$$

若设 $\boldsymbol{R} = (X,Y,Z)$ 代表矢量 $\boldsymbol{P}_1$ 与 $\boldsymbol{P}_2$ 的矢积,那么

$$X = Y_1Z_2 - Y_2Z_1 \tag{4a}$$

$$Y = Z_1X_2 - Z_2X_1 \tag{4b}$$

$$Z = X_1Y_2 - X_2Y_1 \tag{4c}$$

如果我们注意到公式(3) 可以写成下面的形式

$$\boldsymbol{P}_1 \times \boldsymbol{P}_2 = \begin{vmatrix} X_1 & Y_1 & Z_1 \\ X_2 & Y_2 & Z_2 \\ \boldsymbol{u} & \boldsymbol{v} & \boldsymbol{w} \end{vmatrix} \tag{5}$$

70 则公式(3) 及由它所推得的公式(4) 是最容易记忆的. 这里的行列式(5) 可按最后一行的各元展开.

### 习题和补充

1. 求两个矢量(6,4,5) 和(-3,2,1) 的矢积.

答:(-6, -21,24).

2. 求三角形的面积,如果它的两边是给定的矢量 $\boldsymbol{P}_1 = (X_1,Y_1,Z_1)$,$\boldsymbol{P}_2 = (X_2,Y_2,Z_2)$,并有同一的起点.

解:设 $S$ 为所求的面积,则

$$S = \frac{1}{2}|\boldsymbol{R}|, \text{这里 } \boldsymbol{R} = \boldsymbol{P}_1 \times \boldsymbol{P}_2$$

因 $|\boldsymbol{R}| = \sqrt{X^2 + Y^2 + Z^2}$,这里 $X,Y,Z$ 由公式(4) 得来,即

$$S = \frac{1}{2}\sqrt{(Y_1Z_2 - Y_2Z_1)^2 + (Z_1X_2 - Z_2X_1)^2 + (X_1Y_2 - X_2Y_1)^2}$$

3. 求三角形的面积,已给顶点

$$A(x_1,y_1,z_1), B(x_2,y_2,z_2), C(x_3,y_3,z_3)$$

解:欲得所求的表示式,只要注意这题和前题在本质上是相同的. 例如设

$$\boldsymbol{P}_1 = \overrightarrow{AB} = (x_2 - x_1, y_2 - y_1, z_2 - z_1), \boldsymbol{P}_2 = \overrightarrow{AC} = (x_3 - x_1, y_3 - y_1, z_3 - z_1)$$

4. 应用矢积的定义和公式(4)，求 $\sin\vartheta$ 的表示式，这里 $\vartheta$ 是两个已知矢量的夹角.

解：由

$$|\boldsymbol{P}_1\times\boldsymbol{P}_2| = |\boldsymbol{P}_1|\cdot|\boldsymbol{P}_2|\sin\vartheta$$

得

$$\sin\vartheta = \frac{|\boldsymbol{P}_1\times\boldsymbol{P}_2|}{|\boldsymbol{P}_1|\cdot|\boldsymbol{P}_2|} = \frac{\sqrt{(Y_1Z_2-Y_2Z_1)^2+(Z_1X_2-Z_2X_1)^2+(X_1Y_2-X_2Y_1)^2}}{\sqrt{X_1^2+Y_1^2+Z_1^2}\cdot\sqrt{X_2^2+Y_2^2+Z_2^2}}$$

5. 应用 $\cos^2\vartheta = 1-\sin^2\vartheta$ 的关系，把上题关于 $\sin\vartheta$ 的结果和 §45[公式(2)]所得的 $\cos\vartheta$ 结合起来，证明恒等式

$$(X_1^2+Y_1^2+Z_1^2)(X_2^2+Y_2^2+Z_2^2)-(X_1X_2+Y_1Y_2+Z_1Z_2)^2 = (Y_1Z_2-Y_2Z_1)^2+(Z_1X_2-Z_2X_1)^2+(X_1Y_2-X_2Y_1)^2$$

这对于任何六个数 $X_1,Y_1,Z_1;X_2,Y_2,Z_2$ 的集合都有效.

6. 设矢量 $\boldsymbol{P}(X,Y,Z)$ 的作用点为 $A(x,y,z)$，求它对于点 $C(a,b,c)$ 的矢矩 $\boldsymbol{L}$ 投到坐标轴上[①]的投影.

解：由定义(§25，习题1)得

$$\boldsymbol{L} = \overrightarrow{CA}\times\boldsymbol{P}$$

用 $L_x,L_y,L_z$ 来表示所求的投影；注意 $\overrightarrow{CA} = (x-a,y-b,z-c)$，再用公式(4)，便得

$$\begin{cases}L_x = (y-b)Z-(z-c)Y\\ L_y = (z-c)X-(x-a)Z\\ L_z = (x-a)Y-(y-b)X\end{cases} \tag{6}$$

**§52. 三个矢量的混合积. 平行六面体的体积**[②]　现在计算三个矢量的混合积 $[\boldsymbol{P}_1,\boldsymbol{P}_2,\boldsymbol{P}_3]$(参看 §26)，有

$$\boldsymbol{P}_1 = (X_1,Y_1,Z_1),\boldsymbol{P}_2(X_2,Y_2,Z_2),\boldsymbol{P}_3 = (X_3,Y_3,Z_3)$$

由定义(§26)，暂设 $\boldsymbol{P}_1\times\boldsymbol{P}_2 = \boldsymbol{P} = (X,Y,Z)$，我们有

$$[\boldsymbol{P}_1,\boldsymbol{P}_2,\boldsymbol{P}_3] = \boldsymbol{P}\times\boldsymbol{P}_3 = XX_3+YY_3+ZZ_3$$

① 矢量 $\boldsymbol{L}$ 投到坐标轴上的投影，不能叫作它的坐标，因为 $\boldsymbol{L}$ 是胶着矢量，由它的定义，不单要给它在坐标轴上的投影，还要给它的作用点.

② 初次阅读，这节可以省略.

这里注意$X,Y,Z$是前节行列式(5)最后一行各元的代数余子式,因此断定上面等式的右边,是用$X_3,Y_3,Z_3$,来替代那个行列式最后一行各元.故得重要公式

$$[\boldsymbol{P}_1,\boldsymbol{P}_2,\boldsymbol{P}_3]=\begin{vmatrix}X_1 & Y_1 & Z_1\\ X_2 & Y_2 & Z_2\\ X_3 & Y_3 & Z_3\end{vmatrix} \tag{1}$$

我们已知,设在同一起点出发的三个矢量$\boldsymbol{P}_1,\boldsymbol{P}_2,\boldsymbol{P}_3$上作一个平行六面体,它的体积$V$等于这些矢量的混合积(§26).故由前式得

$$V=\begin{vmatrix}X_1 & Y_1 & Z_1\\ X_2 & Y_2 & Z_2\\ X_3 & Y_3 & Z_3\end{vmatrix} \tag{2}$$

我们并且知道这个公式将体积配上一定的正负号.根据§26所讲$V>0$,如果矢量$\boldsymbol{P}_1,\boldsymbol{P}_2,\boldsymbol{P}_3$照所列的次序和坐标矢量一样(同属左手系或右手系).在相反的情形下$V<0$.



现在计算四面体$ABCD$的体积.它也是用这三个矢量来组成(图58).它的体积等于在这三个矢量上所构成的平行六面体体积的六分之一.因$V=S\cdot h$,这里$S$等于两个矢量$\boldsymbol{P}_1,\boldsymbol{P}_2$所构成的平行四边形的面积,而$V'=\frac{1}{3}S'h$,这里$S'$等于这两个矢量所构成的三角形面积;$h$表示由顶点$D$至对面的垂线.故

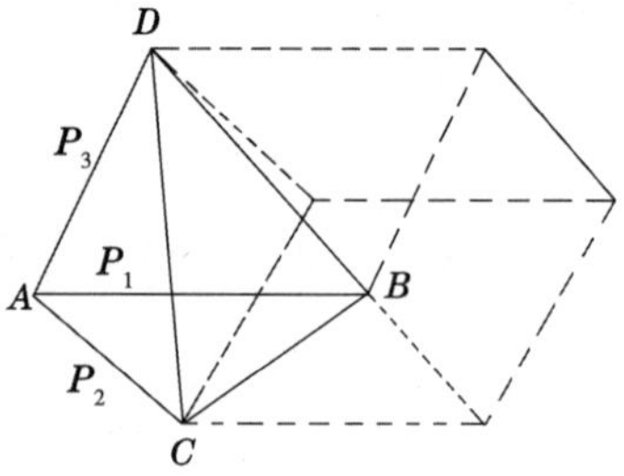

图58

$$V'=\frac{1}{6}[\boldsymbol{P}_1,\boldsymbol{P}_2,\boldsymbol{P}_3]=\begin{vmatrix}X_1 & Y_1 & Z_1\\ X_2 & Y_2 & Z_2\\ X_3 & Y_3 & Z_3\end{vmatrix} \tag{3}$$

如果不愿意将体积附上正负号,那么,我们应取此式右边的绝对值.

由上面公式,可以重新推得三个矢量共面的条件(参看§39).实际上,这条件显然是$V=0$,故所得仍是§39的公式(4).但§39的结果有较大的普遍性,因那时并不限于用直角坐标.

### 习题和补充

1. 从公式(1)出发,证明§26公式(3)和(3a)所示的性质.

2. 求矢量$\boldsymbol{P}=(X,Y,Z)$对于坐标轴的数矩(参看§26习题2).已知它的

作用点为$A(x,y,z)$.

解:可用§51(习题6)公式(6)求得.取点$C$(§26习题2)做原点,由对于轴的数矩的定义,所求的数矩分别为$L_x,L_y,L_z$.因有

$$L_x = yZ - zY, L_y = zX - xZ, L_z = xY - yX$$

读者也可由本节公式(1),自行推得上面各式.

3. 应用公式(2)和行列式乘法法则.证明

$$[\boldsymbol{P}_1,\boldsymbol{P}_2,\boldsymbol{P}_3]^2 = \begin{vmatrix} \boldsymbol{P}_1\times\boldsymbol{P}_1 & \boldsymbol{P}_1\times\boldsymbol{P}_2 & \boldsymbol{P}_1\times\boldsymbol{P}_3 \\ \boldsymbol{P}_2\times\boldsymbol{P}_1 & \boldsymbol{P}_2\times\boldsymbol{P}_2 & \boldsymbol{P}_2\times\boldsymbol{P}_3 \\ \boldsymbol{P}_3\times\boldsymbol{P}_1 & \boldsymbol{P}_3\times\boldsymbol{P}_2 & \boldsymbol{P}_3\times\boldsymbol{P}_3 \end{vmatrix} \tag{4}$$

证:因 $$[\boldsymbol{P}_1,\boldsymbol{P}_2,\boldsymbol{P}_3]^2 = \begin{vmatrix} X_1 & Y_1 & Z_1 \\ X_2 & Y_2 & Z_2 \\ X_3 & Y_3 & Z_3 \end{vmatrix} \cdot \begin{vmatrix} X_1 & Y_1 & Z_1 \\ X_2 & Y_2 & Z_2 \\ X_3 & Y_3 & Z_3 \end{vmatrix}$$

应用行列式乘法行乘行的法则,得

$$[\boldsymbol{P}_1,\boldsymbol{P}_2,\boldsymbol{P}_3]^2 = \begin{vmatrix} X_1^2+Y_1^2+Z_1^2 & X_1X_2+Y_1Y_2+Z_1Z_2 & X_1X_3+Y_1Y_3+Z_1Z_3 \\ X_2X_1+Y_2Y_1+Z_2Z_1 & X_2^2+Y_2^2+Z_2^2 & X_2X_3+Y_2Y_3+Z_2Z_3 \\ X_3X_1+Y_3Y_1+Z_3Z_1 & X_3X_2+Y_3Y_2+Z_3Z_2 & X_3^2+Y_3^2+Z_3^2 \end{vmatrix} \tag{5}$$

于是便得所求公式.

4. 应用前题公式(4)证明

$$V^2 = |\boldsymbol{P}_1|^2 \cdot |\boldsymbol{P}_2|^2 \cdot |\boldsymbol{P}_3|^2 \cdot \begin{vmatrix} 1 & \cos\nu & \cos\mu \\ \cos\nu & 1 & \cos\lambda \\ \cos\mu & \cos\lambda & 1 \end{vmatrix}$$

这里$V$表示矢量$\boldsymbol{P}_1,\boldsymbol{P}_2,\boldsymbol{P}_3$所构成的六面体体积,而$\lambda,\mu,\nu$分别表示$\boldsymbol{P}_2$和$\boldsymbol{P}_3$,$\boldsymbol{P}_3$和$\boldsymbol{P}_1$,$\boldsymbol{P}_1$和$\boldsymbol{P}_2$所成的各个角.

5. 斯陶脱(Staudt)正弦.在同起点的两个单位矢量$\boldsymbol{e}_1,\boldsymbol{e}_2$上作平行四边形,它的面积等于

$$|\boldsymbol{e}_1|\cdot|\boldsymbol{e}_2|\sin(\widehat{\boldsymbol{e}_1,\boldsymbol{e}_2}) = \sin(\widehat{\boldsymbol{e}_1,\boldsymbol{e}_2})$$

和这个式相类似,我们可在同起点的三个单位矢量$\boldsymbol{e}_1,\boldsymbol{e}_2,\boldsymbol{e}_3$上作一个平行六面体,它的体积(配上符号),可以叫作这三个单位矢量所决定的三面角的正弦(斯陶脱正弦).由上文它等于混合积$[\boldsymbol{e}_1,\boldsymbol{e}_2,\boldsymbol{e}_3]$.由前题公式,推出这个正弦的平方等于

$$[\boldsymbol{e}_1,\boldsymbol{e}_2,\boldsymbol{e}_3]^2=\begin{vmatrix}1 & \cos\nu & \cos\mu\\ \cos\nu & 1 & \cos\lambda\\ \cos\mu & \cos\lambda & 1\end{vmatrix}$$

**§53. 四面体的体积,已知顶点的坐标**[①] 设四面体(图58)各顶点的坐标为 $A(x_1,y_1,z_1)$,$B(x_2,y_2,z_2)$,$C(x_3,y_3,z_3)$,$D(x_4,y_4,z_4)$,它的体积显然可由前节公式(3)得来.令

$$\boldsymbol{P}_1=\overrightarrow{AB},\boldsymbol{P}_2=\overrightarrow{AC},\boldsymbol{P}_3=\overrightarrow{AD}$$

便得

$$V=\frac{1}{6}\begin{vmatrix}x_2-x_1 & y_2-y_1 & z_2-z_1\\ x_3-x_1 & y_3-y_1 & z_3-z_1\\ x_4-x_1 & y_4-y_1 & z_4-z_1\end{vmatrix}\tag{1}$$

或即(参看 §40 相类似的变换)

$$V=\frac{1}{6}\begin{vmatrix}x_1 & y_1 & z_1 & 1\\ x_2 & y_2 & z_2 & 1\\ x_3 & y_3 & z_3 & 1\\ x_4 & y_4 & z_4 & 1\end{vmatrix}\tag{2}$$



由这个公式,可以重新推得四点共面的条件,这已在 §40 用别的方法推得(比较前节).

# Ⅳ.用广义笛氏坐标表示度量性质的基本公式

本段把前段的一些公式推广到广义笛氏坐标的情形,我们在下面各节引入"协变坐标"(同时采用张量算法),使表示结果的形式比寻常解析几何里所得的要简洁得多.

**§54. 协变和逆变的笛氏坐标** 根据矢量 $\boldsymbol{P}$ 的坐标 $X,Y,Z$ 的定义(§33),得展开式

$$\boldsymbol{P}=\boldsymbol{u}X+\boldsymbol{v}Y+\boldsymbol{w}Z$$

这里 $\boldsymbol{u},\boldsymbol{v},\boldsymbol{w}$ 是坐标矢量.在直角坐标情形之下,所用的坐标矢量是互相垂直的单位矢量.因此所得的坐标,简单地说,便是矢量 $\boldsymbol{P}$ 投到坐标轴上的直角投影的代数值,故可用数积表示如下式

---

① 初学者此节可略去.

$$X=\boldsymbol{u}\cdot\boldsymbol{P},Y=\boldsymbol{v}\cdot\boldsymbol{P},Z=\boldsymbol{w}\cdot\boldsymbol{P} \tag{1}$$

如果把这些公式推广到任意(当然要不共面)坐标矢量 $\boldsymbol{u},\boldsymbol{v},\boldsymbol{w}$ 的情形,那么,我们当然要考虑下面各数量

$$X^*=\boldsymbol{u}\cdot\boldsymbol{P},Y^*=\boldsymbol{v}\cdot\boldsymbol{P},Z^*=\boldsymbol{w}\cdot\boldsymbol{P} \tag{2}$$

在直角坐标系的情形,这些数量 $X^*,Y^*,Z^*$ 便是通常的坐标 $X,Y,Z$. 但在一般情形之下,它们并不相等,因为根据定义

$$X^*=|\boldsymbol{u}|\cdot \text{пр}_x\boldsymbol{P},Y^*=|\boldsymbol{v}|\cdot \text{пр}_y\boldsymbol{P},Z^*=|\boldsymbol{w}|\cdot \text{пр}_z\boldsymbol{P} \tag{3}$$

式中的投影是指直角投影. 而数量 $X,Y,Z$ 则由(参看 §33)

$$X=\text{пр}_x\frac{\boldsymbol{P}}{|\boldsymbol{u}|},Y=\text{пр}_y\frac{\boldsymbol{P}}{|\boldsymbol{v}|},Z=\text{пр}_z\frac{\boldsymbol{P}}{|\boldsymbol{w}|}$$

所决定,且式中的投影,要和各相应坐标平面平行①.

虽然如此,数量 $X^*,Y^*,Z^*$ 也可叫作矢量 $\boldsymbol{P}$ 的坐标,因为给定它们便完全决定了一个矢量 $\boldsymbol{P}$(反过来讲也可以). 读者不难用简单的几何作图自行证实这句话②.

为了显示这两种坐标的区别,$X,Y,Z$ 将被叫作常用坐标或逆变坐标,而 $X^*,Y^*,Z^*$ 叫作协变坐标③. 以后凡是简称坐标的,总是指着逆变坐标,亦即常用坐标来说.

在二元度的情形下,协变坐标也有完全相类似的定义. 图 59 说明这个情形. 设用狭义坐标(即 $|\boldsymbol{u}|=|\boldsymbol{v}|=1$),由图

$$X=Om',Y=Om'',X^*=On',Y^*=On''$$

但在一般情形下

$$X=\frac{Om'}{|\boldsymbol{u}|},Y=\frac{Om''}{|\boldsymbol{v}|}$$

$$X^*=On'\cdot|\boldsymbol{u}|,Y^*=On''\cdot|\boldsymbol{v}|$$

在一元度的情形下,协变坐标可看作

$$X^*=|\boldsymbol{u}|\cdot P$$

这里 $|\boldsymbol{u}|$ 是坐标矢量的长,而 $P$ 是矢量 $\boldsymbol{P}$ 对于坐标轴的代数值.

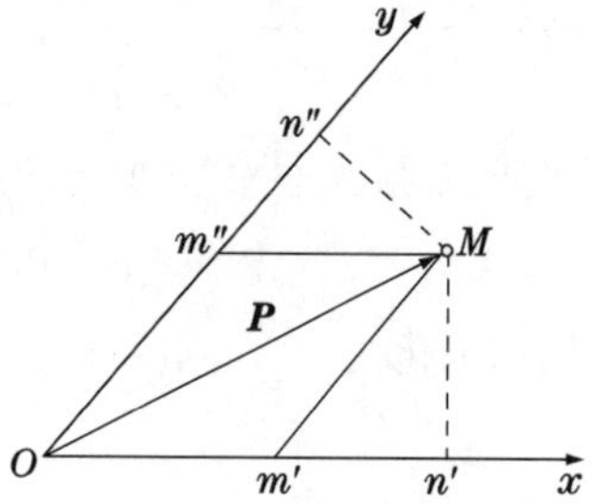

图 59

一点的协变坐标,用 $x^*,y^*,z^*$ 来表示. 由

① 在 §33 这些投影用 $Om',Om'',Om'''$ 表示.

② 给定 $X^*,Y^*,Z^*$,便是给定矢量 $\boldsymbol{P}$ 在各轴上的直角投影.

③ "协变"和"逆变"坐标两个名词的来历,将在 §68 说明.

定义,它们是从坐标原点到这一点的辐矢的协变坐标.

**§55. 协变坐标和逆变坐标的关系**　用 $\lambda,\mu,\nu$ 依次代表坐标轴 $Oy$ 和 $Oz$, $Oz$ 和 $Ox$, $Ox$ 和 $Oy$ 所成的各个角(图 60).

为了简化写法,引进下面的记号

$$\begin{cases}\boldsymbol{u}^2=g_{11},\boldsymbol{v}^2=g_{22},\boldsymbol{w}^2=g_{33}\\ \boldsymbol{v}\cdot\boldsymbol{w}=g_{23},\boldsymbol{w}\cdot\boldsymbol{u}=g_{31},\boldsymbol{u}\cdot\boldsymbol{v}=g_{12}\end{cases}\tag{1}$$

即令

$$\begin{cases}g_{11}=|\boldsymbol{u}|^2,g_{22}=|\boldsymbol{v}|^2,g_{33}=|\boldsymbol{w}|^2\\ g_{23}=|\boldsymbol{v}|\cdot|\boldsymbol{w}|\cos\lambda,g_{31}=|\boldsymbol{w}|\cdot|\boldsymbol{u}|\cos\mu,g_{12}=|\boldsymbol{u}|\cdot|\boldsymbol{v}|\cos\nu\end{cases}\tag{2}$$

这里 $g_{11},g_{22},\cdots$ 都是数量,当已给定了坐标矢量的长和它们所成的各个夹角,这些数量便完全决定. 在直角坐标系的情形

$$g_{11}=g_{22}=g_{33}=1,g_{23}=g_{31}=g_{12}=0$$

这时公式(1) 化为坐标轴上的单位矢量的“数积表”( §42).



在一般情形下,公式(1) 组成坐标矢量的数积表,如果式中的 $g_{11},g_{22}$ 等是指(2) 所规定的各个数量.

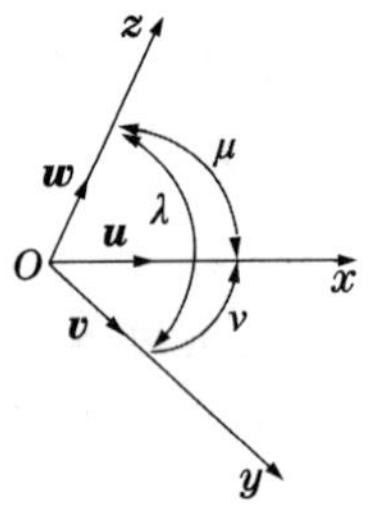

图 60

在二元度的情形,只得三个数量

$$g_{11}=|\boldsymbol{u}|^2,g_{22}=|\boldsymbol{v}|^2,g_{12}=|\boldsymbol{u}|\cdot|\boldsymbol{v}|\cos\nu\tag{2a}$$

现再回到一般情形,探求已给矢量 $\boldsymbol{P}$ 的逆变坐标和协变坐标的关系. 由定义

$$\boldsymbol{P}=\boldsymbol{u}X+\boldsymbol{v}Y+\boldsymbol{w}Z$$

式中 $X,Y,Z$ 是逆变坐标,由此得协变坐标

$$X^*=\boldsymbol{u}\cdot\boldsymbol{P}=\boldsymbol{u}\cdot\boldsymbol{u}X+\boldsymbol{u}\cdot\boldsymbol{v}Y+\boldsymbol{u}\cdot\boldsymbol{w}Z$$

或根据(1) 化为

$$\begin{cases}X^*=g_{11}X+g_{12}Y+g_{13}Z\\ Y^*=g_{21}X+g_{22}Y+g_{23}Z\\ Z^*=g_{31}X+g_{32}Y+g_{33}Z\end{cases}\tag{3}$$

后面两个公式仿照第一个写出. 为了对称起见,我们有时用 $g_{21}$ 来代替 $g_{12}$,余类推(一般来讲,我们此后将默认 $g_{ik}$ 和 $g_{ki}$ 代表同一数量). 公式(3) 用逆变坐标来表示协变坐标,要用协变坐标来表示逆变坐标,只需解方程系(3) 求 $X,Y,Z$. 这解法总是可能的,因为行列式

$$G=\begin{vmatrix} g_{11} & g_{12} & g_{13} \\ g_{21} & g_{22} & g_{23} \\ g_{31} & g_{32} & g_{33} \end{vmatrix}=\begin{vmatrix} \boldsymbol{u}\cdot\boldsymbol{u} & \boldsymbol{u}\cdot\boldsymbol{v} & \boldsymbol{u}\cdot\boldsymbol{w} \\ \boldsymbol{v}\cdot\boldsymbol{v} & \boldsymbol{v}\cdot\boldsymbol{v} & \boldsymbol{w}\cdot\boldsymbol{w} \\ \boldsymbol{w}\cdot\boldsymbol{v} & \boldsymbol{w}\cdot\boldsymbol{v} & \boldsymbol{w}\cdot\boldsymbol{w} \end{vmatrix} \tag{4}$$

不是0. 实际上,根据 §52 公式(4)(习题3),$G=[\boldsymbol{u},\boldsymbol{v},\boldsymbol{w}]^2=\boldsymbol{v}^2$,式中 $V$ 为在坐标矢量上构成的平行六面体的体积(§26). 我们假定坐标矢量不共面,所以这个体积不是0.

用行列式论(参看附录 §3)的法则来解方程系(3),得

$$\begin{cases} X=g_{11}^*X^*+g_{12}^*Y^*+g_{13}^*Z^* \\ Y=g_{21}^*X^*+g_{22}^*Y^*+g_{23}^*Z^* \\ Z=g_{31}^*X^*+g_{32}^*Y^*+g_{33}^*Z^* \end{cases} \tag{5}$$

这里

$$g_{ik}^*=\frac{G_{ik}}{G}\quad (i,k=1,2,3) \tag{6}$$

且 $G_{ik}$ 表示行列式 $G$ 里各元 $g_{ik}$ 的代数余子式①. 完全一样的公式,对点的坐标也成立.

在二元度的情形,得

$$X^*=g_{11}X+g_{12}Y,Y^*=g_{21}X+g_{22}Y \tag{3a}$$

$$X=g_{11}^*X^*+g_{12}^*Y^*,Y=g_{21}^*X^*+g_{22}^*Y^* \tag{5a}$$

在这情形之下,行列式

$$G=\begin{vmatrix} g_{11} & g_{12} \\ g_{21} & g_{22} \end{vmatrix}=\begin{vmatrix} |\boldsymbol{u}|^2 & |\boldsymbol{u}|\cdot|\boldsymbol{v}|\cdot\cos\nu \\ |\boldsymbol{u}|\cdot|\boldsymbol{v}|\cdot\cos\nu & |\boldsymbol{v}|^2 \end{vmatrix} \tag{4a}$$

$$=|\boldsymbol{u}|^2\cdot|\boldsymbol{v}|^2\cdot\sin^2\nu$$

并且很容易求得

$$g_{11}^*=\frac{1}{|\boldsymbol{u}|^2\sin^2\nu},g_{22}^*=\frac{1}{|\boldsymbol{v}|^2\sin^2\nu},g_{12}^*=g_{21}^*=-\frac{\cos\nu}{|\boldsymbol{u}|\cdot|\boldsymbol{v}|\sin^2\nu} \tag{6a}$$

## 习题和补充

1. 用狭义笛氏坐标来表公式(3).

---

① 因 $G$ 是对称行列式($g_{ik}=g_{ki}$),故 $G_{ik}=G_{ki}$.

答:$X^* = X + Y\cos\nu + Z\cos\mu$;

$Y^* = X\cos\nu + Y + Z\cos\lambda$;

$Z^* = X\cos\mu + Y\cos\lambda + Z$.

2. 在狭义坐标的情形下,求在公式(5)中各个系数 $g_{ik}^*$ 的表示式.

答:$g_{11}^* = \dfrac{\sin^2\lambda}{G}, g_{22}^* = \dfrac{\sin^2\mu}{G}, g_{33}^* = \dfrac{\sin^2\nu}{G}$;

$$g_{23}^* = g_{32}^* = \frac{\cos\mu\cos\nu - \cos\lambda}{G};$$

$$g_{31}^* = g_{13}^* = \frac{\cos\nu\cos\lambda - \cos\mu}{G};$$

$$g_{12}^* = g_{21}^* = \frac{\cos\lambda\cos\mu - \cos\nu}{G};$$

这里

$$G = \begin{vmatrix} 1 & \cos\nu & \cos\mu \\ \cos\nu & 1 & \cos\lambda \\ \cos\mu & \cos\lambda & 1 \end{vmatrix}$$



**§56. 几个主要的表示方式:两个矢量的数积,矢量的长,两点间的距离,两个方向所成的角** 设有两个矢量 $\boldsymbol{P}_1, \boldsymbol{P}_2$. 已给它们的逆变坐标

$$(X_1, Y_1, Z_1) \text{ 和 } (X_2, Y_2, Z_2)$$

欲求它们的数积,我们有

$$\boldsymbol{P}_1 \cdot \boldsymbol{P}_2 = (\boldsymbol{u}X_1 + \boldsymbol{v}Y_1 + \boldsymbol{w}Z_1) \cdot \boldsymbol{P}_2$$

由此,并应用 $\boldsymbol{u} \cdot \boldsymbol{P}_2 = X_2^*$ 等各式,得

$$\boldsymbol{P}_1 \cdot \boldsymbol{P}_2 = X_1X_2^* + Y_1Y_2^* + Z_1Z_2^* \tag{1}$$

这也可写作

$$\boldsymbol{P}_1 \cdot \boldsymbol{P}_2 = X_1^*X_2 + Y_1^*Y_2 + Z_1^*Z_2 \tag{1a}$$

在直角坐标情形,因有 $X_1^* = X_1$ 等,故上面两个公式化成以前所得的数积公式.

在二元度的情形,有

$$\boldsymbol{P}_1 \cdot \boldsymbol{P}_2 = X_1X_2^* + Y_1Y_2^* = X_1^*X_2 + Y_1^*Y_2^* \tag{2}$$

由(1)或由(1a),设 $\boldsymbol{P}_1 = \boldsymbol{P}_2 = \boldsymbol{P}$,矢量 $\boldsymbol{P} = (X, Y, Z)$ 的长度为

$$|\boldsymbol{P}|^2 = XX^* + YY^* + ZZ^* \tag{3}$$

用前节公式(3)里 $X^*, Y^*, Z^*$ 的表示式代入上式,则 $|\boldsymbol{P}|^2$ 可用常用坐标

(逆变坐标)来表示

$$|\boldsymbol{P}|^2 = g_{11}X^2 + g_{22}Y^2 + g_{33}Z^2 + 2g_{23}YZ + 2g_{31}ZX + 2g_{12}XY \qquad (4)$$

我们见到 $|\boldsymbol{P}|^2$ 是三个变数 $X,Y,Z$ 的二次方式①,而且 $|\boldsymbol{P}|^2$ 永远是正数,除了 $X=Y=Z=0$ 是例外的情形.故这个二次方式是正号式②且是非特殊式(即它的判别式③不是0).它的非特殊的性质不难推得,因所说的判别式不是别的,正是前节的行列式(4).

反转来又可证明:如果已给任意一个非特殊的正号二次方式,它的变数是 $X,Y,Z$,那么,总有一个笛氏坐标系存在,使矢量的长的平方可用这个方式来表示(参看下文 §67 之2°).

矢量的长的平方,也可同样简单地用协变坐标来表示,仿照推导公式(4)的办法,我们同样可得

$$|\boldsymbol{P}|^2 = g_{11}^*X^{*2} + g_{22}^*Y^{*2} + g_{33}^*Z^{*2} + 2g_{23}^*Y^*Z^* + 2g_{31}^*Z^*X^* + 2g_{12}^*X^*Y^*$$

有时用 $X^*,Y^*,Z^*$ 表示 $|\boldsymbol{P}|^2$,要不含系数 $g_{ik}^*$,而含 $g_{ik}$ 较为便利.欲得那样的表示式,只要把上式里的 $g_{ik}^*$,各以它们 $g_{ik}$ 表示式代入.但有更为简单的方法,即由前节公式(3)和本节公式(3)得



$$g_{11}X + g_{12}Y + g_{13}Z = X^*$$

$$g_{21}X + g_{22}Y + g_{23}Z = Y^*$$

$$g_{31}X + g_{32}Y + g_{33}Z = Z^*$$

$$X^*X + Y^*Y + Z^*Z = |\boldsymbol{P}|^2$$

我们在这里看到有三个数量 $X,Y,Z$ 适合四个一次方程,由已知定理,只有当方程系的系数行列式等于0时,才有这样的可能,即当

$$\begin{vmatrix} g_{11} & g_{12} & g_{13} & X^* \\ g_{21} & g_{22} & g_{23} & Y^* \\ g_{31} & g_{32} & g_{33} & Z^* \\ X^* & Y^* & Z^* & |\boldsymbol{P}|^2 \end{vmatrix} = 0 \qquad (6)$$

按照行列式最后一行的各元来展开,便得到一项 $G\cdot|\boldsymbol{P}|^2$,而其他各项是各个数量 $X^*,Y^*,Z^*$ 的平方或乘积所组成.把随后的各项移到右边去,两边除以 $G$(已知 $G\neq 0$),便得到所求的用变数 $X^*,Y^*,Z^*$ 来表示 $|\boldsymbol{P}|^2$ 的二次方式.

---

① 这个名词的定义,参看附录 §10.

② 参看附录 §12.

③ 比较附录 §10.

在二元度情形,相当于(4) 和(6),依次有

$$|\boldsymbol{P}|^2 = g_{11}X^2 + 2g_{12}XY + g_{22}Y^2 = |\boldsymbol{u}|^2X^2 + 2|\boldsymbol{u}||\boldsymbol{v}|\cos \nu XY + |\boldsymbol{v}|^2Y^2 \tag{4a}$$

和

$$\begin{vmatrix} g_{11} & g_{12} & X^* \\ g_{21} & g_{22} & Y^* \\ X^* & Y^* & |\boldsymbol{P}|^2 \end{vmatrix} = 0 \tag{6a}$$

因此

$$|\boldsymbol{P}|^2\sin^2\nu = \frac{X^{*2}}{|\boldsymbol{u}|^2} - \frac{2X^*Y^*}{|\boldsymbol{u}||\boldsymbol{v}|}\cos \nu + \frac{Y^{*2}}{|\boldsymbol{v}|^2} \tag{6b}$$

由所得表示矢量的长的各种公式,可以直接推得两点 $M_1(x_1,y_1,z_1)$ 和 $M_2(x_2,y_2,z_2)$ 间的距离. 只要在它们的右边,用以下各式分别代入

$$X = x_2 - x_1, X^* = x_2^* - x_1^*, \cdots$$

对于两个矢量 $\boldsymbol{P}_1$ 和 $\boldsymbol{P}_2$ 所成的角 $\vartheta$ 有下面的公式



$$\cos \vartheta = \frac{\boldsymbol{P}_1 \cdot \boldsymbol{P}_2}{|\boldsymbol{P}_1|\cdot|\boldsymbol{P}_2|} = \frac{X_1X_2^* + Y_1Y_2^* + Z_1Z_2^*}{|\boldsymbol{P}_1|\cdot|\boldsymbol{P}_2|} \tag{7}$$

式中 $|\boldsymbol{P}_1| = \sqrt{X_1X_1^* + Y_1Y_1^* + Z_1Z_1^*}$, $|\boldsymbol{P}_2| = \sqrt{X_2X_2^* + Y_2Y_2^* + Z_2Z_2^*}$.

在二元度情形,也有相类似的公式.

### 习题和补充

1. 在狭义坐标情形下,求用逆变坐标来表示在平面上两个矢量的数积和矢量的长的公式.

答:$\boldsymbol{P}_1 \cdot \boldsymbol{P}_2 = X_1X_2 + Y_1Y_2 + (X_1Y_2 + X_2Y_1)\cos \nu$;

$|\boldsymbol{P}|^2 = X^2 + Y^2 + 2XY\cos \nu$.

2. 在空间情形,求同样的公式.

答:$\boldsymbol{P}_1 \cdot \boldsymbol{P}_2 = X_1X_2 + Y_1Y_2 + Z_1Z_2 + (Y_1Z_2 + Y_2Z_1)\cos \lambda + (Z_1X_2 + Z_2X_1)\cos \mu + (X_1Y_2 + X_2Y_1)\cos \nu$;

$|\boldsymbol{P}|^2 = X^2 + Y^2 + Z^2 + 2YZ\cos \lambda + 2ZY\cos \mu + 2XY\cos \nu$.

3. 在狭义坐标情形下,求用平面上的协变坐标来表示 $|\boldsymbol{P}|^2$ 的公式.

答:$\begin{vmatrix} 1 & \cos \nu & X^* \\ \cos \nu & 1 & Y^* \\ X^* & Y^* & |\boldsymbol{P}|^2 \end{vmatrix} = 0.$

因此

$$|\boldsymbol{P}|^2\sin^2\nu = X^{*2} + Y^{*2} - 2X^*Y^*\cos\nu$$

4. 在空间情形,求同样的公式.

答:
$$\begin{vmatrix} 1 & \cos\nu & \cos\mu & X^* \\ \cos\nu & 1 & \cos\lambda & Y^* \\ \cos\mu & \cos\lambda & 1 & Z^* \\ X^* & Y^* & Z^* & |\boldsymbol{P}|^2 \end{vmatrix} = 0.$$

**§57. 在狭义斜角坐标系里的方向坐标和方向余弦**　现在把 §44 的公式和概念推广到狭义斜角坐标的情形(读者不难再进一步推广到广义坐标的情形求得类似的公式).

设 $\boldsymbol{e}$ 代表某个方向的单位矢量. 照前用 $l,m,n$ 来表示这个单位矢量的逆变坐标,因有

$$\boldsymbol{e} = \boldsymbol{u}l + \boldsymbol{v}m + \boldsymbol{w}m \tag{1}$$

这些数量 $l,m,n$ 可以叫作这个方向的通用坐标或逆变坐标[①]. 用 $l^*,m^*,n^*$ 来表示单位矢量 $\boldsymbol{e}$ 的协变坐标,它们也可叫作方向的协变坐标. 我们显然有

$$l^* = \cos\alpha, m^* = \cos\beta, n^* = \cos\gamma \tag{2}$$

式中 $\alpha,\beta,\gamma$ 表示单位矢量 $\boldsymbol{e}$ 和坐标轴所成的各个角,故方向余弦就是相应单位矢量的协变坐标;在斜角坐标的情形下,它们和常用(逆变)坐标 $l,m,n$ 不相同(在 §44 已经讲过). 数量 $l^*,m^*,n^*$ 和数量 $l,m,n$ 的关系,正如 §55(3) 和(5) 所表示的任何矢量的协变坐标和逆变坐标的关系.

由关系式 $\boldsymbol{e}^2 = 1$,又根据前节公式(3),得关系式

$$ll^* + mm^* + nn^* = 1 \text{ 或 } l\cos\alpha + m\cos\beta + n\cos\gamma = 1 \tag{3}$$

这个式子代替了直角坐标情形里的关系式

$$l^2 + m^2 + n^2 = 1 \text{ 或 } \cos^2\alpha + \cos^2\beta + \cos^2\gamma = 1$$

若把关系式(3) 只用方向的常用坐标来表示,那么,根据前节习题 2 的公式得

$$l^2 + m^2 + n^2 + 2mn\cos\lambda + 2nl\cos\mu + 2lm\cos\nu = 1 \tag{4}$$

又若把这关系式只用协变坐标(即方向余弦) 来表示,那么,根据前节习题 4 的公式得

① 此后我们有时简称方向坐标的,总是指常用(逆变) 坐标.

$$\begin{vmatrix} 1 & \cos \nu & \cos \mu & l^* \\ \cos \nu & 1 & \cos \lambda & m^* \\ \cos \mu & \cos \lambda & 1 & n^* \\ l^* & m^* & n^* & 1 \end{vmatrix} = 0 \tag{5}$$

显然地,$l,m,n$ 要是某个方向的逆变坐标,关系式(4) 是一个充分的条件. 但 $l^*,m^*,n^*$ 必须适合关系式(5),才有可能成为某个方向的余弦(比较 §44 末段).

在二元度的情形,和(4),(5) 相应的,我们有

$$l^2 + m^2 + 2lm\cos \nu = 1 \tag{4a}$$

和(比较前节习题 3 的公式)

$$l^{*2} + m^{*2} - 2l^* m^* \cos \nu = \sin^2\nu \tag{5a}$$

或另换一个写法

$$\cos^2\alpha + \cos^2\beta - 2\cos \alpha\cos \beta\cos \nu = \sin^2\nu \tag{5b}$$

在这情形(二元度),可以依照 §47 所述,用一个角 $\varphi$ 来决定在平面上的方向,这个角 $\varphi$ 是已给方向的轴 $Ox$ 的夹角,带有依照 §47 所规定的正负号(图 54).



一望便知 $\cos \alpha = \cos \varphi,\cos \beta = \cos(\nu - \varphi)$,故所给方向的协变坐标是

$$l^* = \cos \varphi, m^* = \cos(\nu - \varphi) \tag{6}$$

回忆(参看 §47 后面的注) 方向的常用坐标,我们有

$$l = \frac{\sin(\nu - \varphi)}{\sin \nu}, m = \frac{\sin \varphi}{\sin \nu} \tag{7}$$

这公式可用别的方法推得,参看习题 1.

## 习题和补充

1. 用 §55 的公式(5a) 和(6a),又用本节公式(6),求得公式(7).

解:根据所列举的公式得

$$l = \frac{1}{\sin^2\nu}[\cos \varphi - \cos(\nu - \varphi)\cos \nu]$$

$$m = \frac{1}{\sin^2\nu}[-\cos \varphi\cos \nu + \cos(\nu - \varphi)]$$

再展开 $\cos(\nu - \varphi)$,化简得

$$l = \frac{\sin(\nu - \varphi)}{\sin \nu}, m = \frac{\sin \varphi}{\sin \nu}$$

2. 直接由公式(6),用通常三角变换推求关系式(5a).

# Ⅴ. 各种坐标系

除了笛氏坐标外,还有无穷多种别的坐标系. 现在详举其中一二种,即在平面上和在空间的极坐标系,和在空间的半极坐标系(即柱面坐标系). 关于其他坐标系,我们仅作一般性质的简单说明. 我们并将专就点的坐标来说.

**§58. 平面上的极坐标系** 在这个坐标系里,我们采做基础的固定元素为一点 $O$,叫作极点和一轴 $Ox$,叫作极轴(如图61),在平面上的任何图形的位置都可用它们来决定.

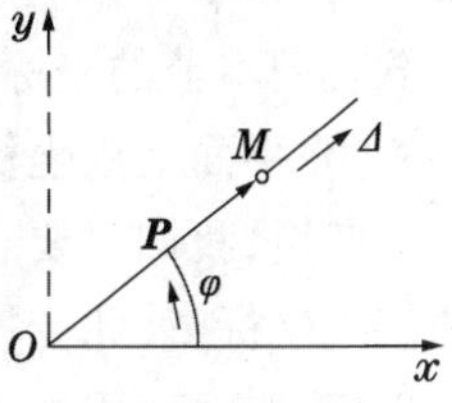

图 61

设 $M$ 是平面上任意点,不与 $O$ 叠合. 用 $\rho$ 表示辐矢 $\overrightarrow{OM}$ 的长,用 $\varphi$ 表示辐矢和极轴所成的角,由极轴算起,配上了一定的符号[①]. 用我们的记法可写作

$$\rho = |\ OM\ |, \varphi = \widehat{Ox, \overrightarrow{OM}} \tag{1}$$

这两个数量 $\rho$ 和 $\varphi$ 显然把平面上一点 $M$ 的位置完全决定;它们叫作点 $M$ 的极坐标(如果点 $M$ 和极点 $O$ 叠合,那么,$\rho = 0$,而角 $\varphi$ 不定).

具有极坐标 $\rho$ 和 $\varphi$ 的点 $M$,用记号 $M(\rho,\varphi)$ 来表示. 依照通用术语,$\rho$ 叫作点 $M$ 的辐矢,实在不如叫作辐矢的长较为准确些,但为了简便起见,我们通常略去"长"这个字,而不会发生误会. 角 $\varphi$ 可以叫作辐角.

欲得平面上所有的点,显然只需令 $\rho$ 取$(0,\infty)$区间内所有的值,而角 $\varphi$ 的值在 0 至 $2\pi$ 之间(不包括上限). 但通常为便利计,对于角不加限制,角 $\varphi$ 的数值,相差为 $2\pi$ 的倍数时显然对应于同一点.

**§59. 推广** 除了上面所述的坐标系外,为便利计,有时可略加推广,使数量 $\rho$ 可取负值.

设(图61)$\Delta$ 代表一条轴通过极点 $O$ 和点 $M$. 这条轴可取任意一个正向(由 $O$ 到 $M$ 或由 $M$ 到 $O$). 现在用 $\varphi$ 来表示角 $\widehat{Ox,\Delta}$,即轴 $\Delta$ 和极轴 $Ox$ 所成的角. 又用 $\rho$ 来表示 $\overrightarrow{OM}$ 在轴 $\Delta$ 上的代数值. 显然和上面情形一样,$\rho$ 和 $\varphi$ 的数值完全决定点 $M$ 在平面上的位置.

① 因此,我们须先假定在平面上已经选定了转动的正向.

(如果选定由 $O$ 到 $M$ 为轴 $\Delta$ 的正向,那么,现在所讲的 $\rho$ 和 $\varphi$ 和上节的极坐标有相同的数值.)

因点 $M$ 在同一位置时,在轴 $\Delta$ 有两个相反的方向与它对应,故相当于同一点 $M$,辐角

$$\varphi = \widehat{Ox,\Delta}$$

$\varphi$ 的各个数值,彼此相差为 $\pi$ 的倍数. 显然,如果 $\rho$ 和 $\varphi$ 代表任意点 $M$ 的极坐标,那么,$-\rho$ 和 $\varphi+\pi$ 也是代表这一点的坐标①.

欲表明本节的坐标系和上节的有所区别,我们把它叫作广义的极坐标系.

**§60. 平面上极坐标和笛氏坐标的变换** 关于由极坐标变为笛氏坐标,或相反的变换,我们只要有一套公式,由已给的极坐标变为任一种笛氏坐标. 至于各种笛氏坐标,彼此变换的公式,留待下章详述. 故现在我们只讲由极坐标变作直角坐标的变换,用极点作原点,用极轴作轴 $Ox$,又用 $Ox$ 的垂线作 $Oy$ 轴,而取它的正向与辐角 $\varphi=+\frac{\pi}{2}$ 相当.



设用 $x,y$ 来代表点 $M$ 对于这系的坐标,显见

$$x=\rho\cos\varphi, y=\rho\sin\varphi \tag{1}$$

这些公式用 $\rho$ 和 $\varphi$ 来表示 $x$ 和 $y$,适用于 §58 的情形及 §59 的情形②.

反变换公式,由(1) 立即推得. 因首先由

$$x^2+y^2=\rho^2(\cos^2\varphi+\sin^2\varphi)=\rho^2$$

即得

$$\rho=\pm\sqrt{x^2+y^2} \tag{2}$$

其次得

$$\cos\varphi=\frac{x}{\pm\sqrt{x^2+y^2}}, \sin\varphi=\frac{y}{\pm\sqrt{x^2+y^2}} \tag{3}$$

在根号前的符号,可以任意选定,但要和公式(2) 与(3) 取得一致③.

如果我们根据 §58 的系来讲,那么,符号必须是正号,而上面的公式化为

$$\rho=+\sqrt{x^2+y^2} \tag{2*}$$

---

① 事实上,角 $\varphi+\pi$ 所表示的正向和角 $\varphi$ 所表示的正向相反.

② 公式(1) 是根据 §19a 公式(2) 得来的.

③ 如果取正号,所得 $\rho$ 是正值;如果取负号,则得 $\rho$ 是负值,而且轴 $\Delta$ 所取的正向,要和它在正根号时所取的正向相反.

$$\cos \varphi = \frac{x}{+\sqrt{x^2+y^2}}, \sin \varphi = \frac{y}{+\sqrt{x^2+y^2}} \tag{3*}$$

在两种情形之下,一样有

$$\tan \varphi = \frac{y}{x} \tag{4}$$

设已给直角坐标,可用公式(2)和(3)或(2*)和(3*)计算极坐标.计算的方法最好如此进行:先选定根据前的符号,计得$\rho$的数值,又由$\cos \varphi$和$\sin \varphi$的符号,求得角$\varphi$所在的象限;再用公式(4)查表得$\varphi$.

注意:公式(1)至(4)只适用于特殊的笛氏坐标系,即当它是直角坐标系,而且横轴和极轴有同一正向时才适用.

### 习题和补充

1. 依照上面的记法,已给$\rho = 2, \varphi = \frac{\pi}{3}$,求这点的直角坐标$x, y$.

答:$x = 1, y = \sqrt{3}$.

2. 已给直角坐标$x = -5, y = +5$,求极坐标$\rho$和$\varphi$(狭义的),记法照前一样.

答:$\rho = +5\sqrt{2}, \varphi = \frac{3\pi}{4}$.

3. 求两点$M_1(\rho_1, \varphi_1), M_2(\rho_2, \varphi_2)$的距离.

解:明显地,用上文的记法

$$\begin{aligned} |M_1M_2|^2 &= (x_2 - x_1)^2 + (y_2 - y_1)^2 \\ &= (\rho_2\cos \varphi_2 - \rho_1\cos \varphi_1)^2 + (\rho_2\sin \varphi_2 - \rho_1\sin \varphi_1)^2 \end{aligned}$$

由此,经过明显的化简

$$|M_1M_2|^2 = \rho_1^2 + \rho_2^2 - 2\rho_1\rho_2\cos(\varphi_2 - \varphi_1)$$

这公式也同样容易由作图直接求得.

**§61. 空间的极坐标**　这个坐标系的基本固定元素是点$O$(极点)轴$Oz$(极轴),和极轴$Oz$所限的半平面$zOx$(极半平面).

设$M$为空间任意一点(图62)①,用$\rho$代表辐矢$\overrightarrow{OM}$的长,用$\vartheta$代表$\overrightarrow{OM}$和极轴$Oz$所成的角,用$\varphi$代表通过点$M$而为极轴$Oz$所限的半平面和极半平面$xOz$

① 为求明了起见,我们把轴$Ox$和$Oy$画在图62里.平面$xOy$垂直于轴$Oz$,而轴$Ox$的正半轴,安放在极半平面上.

所成的角. 角 $\varphi$ 由半平面 $xOz$ 算起,按照一定的方向来计算. 例如,顺时针转动的方向(观察者沿着 $Oz$ 站立).

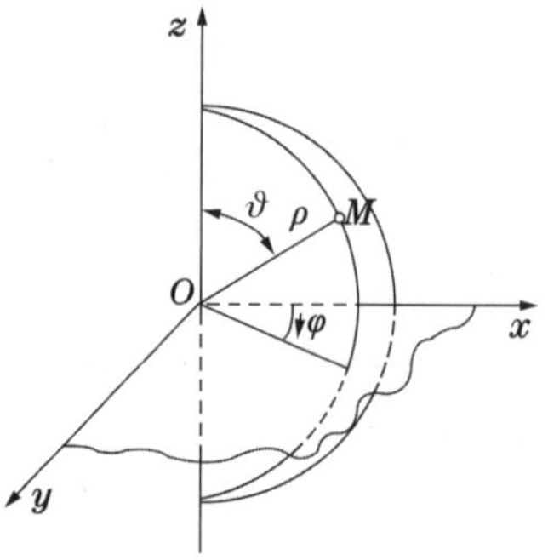


图 62

欲得空间所有的点,显然只需取 $\rho$ 在区间 $(0,\infty)$, $\vartheta$ 在区间 $(0,\pi)$, $\varphi$ 在区间 $(0,2\pi)$ 内所有的值.

数量 $\rho,\vartheta,\varphi$ 叫作点 $M$ 的极坐标(或球面坐标).

现在推求由极坐标变为笛氏直角坐标的公式.

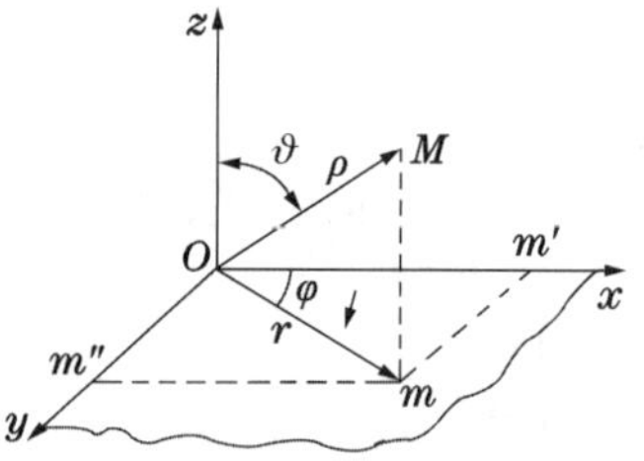


图 63

设(图62和63)轴 $Oz$ 和极轴重合, $Ox$ 在极半平面上, $Oy$ 和前述两条轴垂直,而且在使半平面 $yOz$ 所成的角 $\varphi$ 等于 $+\dfrac{\pi}{2}$ 的那一边.

显然地,我们有

$$z = \text{пр}_z\,\overrightarrow{OM} = \rho\cos\vartheta$$

而且矢量 $\overrightarrow{OM}$ 在平面 $xOy$ 的投影为矢量 $\overrightarrow{Om}$(图63). 它的长为

$$r = |Om| = \rho\cos\left(\frac{\pi}{2}-\vartheta\right) = \rho\sin\vartheta$$

它和轴 $Ox$ 所成的角为 $\varphi$. 它在轴 $Ox$ 和 $Oy$ 上的投影为

$$x = |Om|\cos\varphi = \rho\sin\vartheta\cos\varphi$$

$$y = |Om|\sin\varphi = \rho\sin\vartheta\sin\varphi$$

即

$$x = \rho\sin\vartheta\cos\varphi, y = \rho\sin\vartheta\sin\varphi, z = \rho\cos\vartheta \tag{1}$$

反转来讲,有了 $x,y,z$ 可以决定 $\rho,\vartheta,\varphi$. 事实上

$$\rho = +\sqrt{x^2+y^2+z^2} \tag{2}$$

且角 $\vartheta$(介于0至 $\pi$ 之间)可被下式完全决定

$$\cos\vartheta = \frac{z}{\rho} \tag{3}$$

角 $\varphi$(介于0至 $2\pi$ 之间)可被下式决定

$$\cos\varphi = \frac{x}{\rho\sin\vartheta}, \sin\varphi = \frac{y}{\rho\sin\vartheta} \tag{4}$$

**§62. 半极坐标(柱面坐标)**　依照前节的记法,点 $M$ 的位置完全决定,如果已知它在平面 $xOy$ 上的投影 $m$ 的极坐标 $(r,\varphi)$ 并知它的坐标 $z = mM$. 数量 $r$, $\varphi$, $z$ 叫作点 $M$ 的半极坐标(或柱面坐标).

由柱面坐标变为笛氏直角坐标的公式为(用前节记号)

$$x = r\cos\varphi, y = r\sin\varphi, z = z \tag{1}$$

**§63. 坐标通则**　笛氏坐标,极坐标,半极坐标,只是坐标方法的特例的表现. 现欲建立坐标方法的通则,先从平面上的坐标开始.

设想在平面上作两族的线(曲线或直线)(图 64),具有下面的性质:每族有一条而且只有一条线通过平面上每一点 $M$;而且这两条线除在点 $M$ 外,不再在别处相交. [例如,我们可取和轴 $Oy$ 平行的直线做第一族的线,取和轴 $Ox$ 平行的直线做第二族的线]. 这些线叫作坐标线. 并且我们假定第一族里的某一条线,可用数值 $p$ 来完全决定,即给定每一个数值 $p$,便在第一族里完全决定一条线;同样,第二族的线,可用数值 $q$ 来完全决定(在平面上的例,可写作 $p = x$, $q = y$,这里 $x$ 是第一族的线在轴 $Ox$ 上所截的线段;而 $y$ 是第二族的线在轴 $Oy$ 上所截的线段;这两个线段假定都已配上了符号).



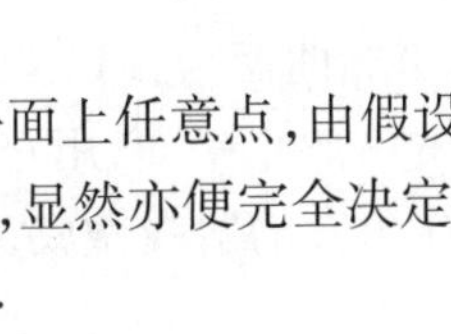

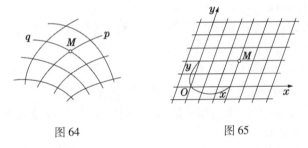

图 64

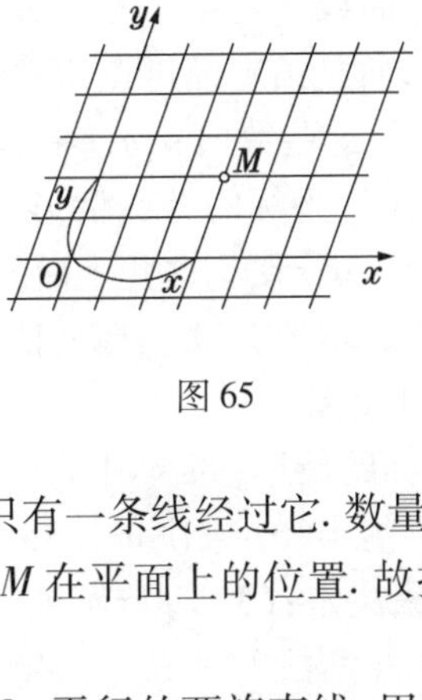


图 65

设 $M$ 是平面上任意点,由假设,每族只有一条线经过它. 数量 $p$ 和 $q$ 完全决定了这两条线,显然亦便完全决定这些点 $M$ 在平面上的位置. 故把它们叫作点 $M$ 的曲线坐标.

特别是,如果我们取和两给定轴 $Oy$, $Ox$ 平行的两族直线,用它们来做坐标线(图 65),用数字 $x$ 和 $y$ 来替代 $p$, $q$(参看上面),那么,所得的坐标系便是已经熟习的狭义笛氏坐标系.

欲得极坐标系,先行察看以 $O$ 为中心的同心圆族. 每一个圆,可被取作第一族的坐标曲线,被它的半径 $\rho$ 完全决定. 第二族的线可取由 $O$ 出发的半直线(射线),每一条射线被它和平面上某固定轴 $Ox$ 所成的角 $\varphi$ 完全决定(角 $\varphi$ 照常配上一定的符号). 设用 $\rho$, $\varphi$ 代替 $p$, $q$,显然得到极坐标系, §58.

再举一例子,所谓双极坐标系,定义如下:在平面上取两点 $O$ 和 $O'$. 取以 $O$ 为中心的圆为第一族的曲线,以 $O'$ 为中心的圆为第二族的曲线. 用第一第二两族的圆的半径 $\rho$ 和 $\rho'$ 做坐标 $p,q$. 换句话说,点 $M$ 的坐标,就是由它到两个定点 $O$ 和 $O'$ 的距离. 用这方法所得的坐标,叫作双极坐标. 但须注意,这两族坐标曲线,不完全适合上文所规定的条件. 一般来说两条不同族的曲线,相交于两点. 故数值$(\rho,\rho')$ 的集合通常不是对应于一点而是对应于两点. 欲消除这个不便之处,可以讨论半个平面为限,即被直线 $OO'$ 所划分为两部分的一部分平面.

还须注意,上文所举的方法,可用来决定任意曲面(不限于平面) 上各点的位置. 最简单的例子,为人们所熟识的球面上的地理坐标. 这里的坐标曲线为经纬线,而坐标 $p$ 和 $q$ 即为一点的经度和纬度.

上面的方法可直接推广到三元度空间.

在空间取具有如下的性质的三族曲面,每族有一个且只有一个曲面通过空间的每一点,而这三个曲面只有一个公共(三面公共) 点 $M$. 设第一族的每个曲面,可用数值 $P$ 来决定;同样,第二第三族的每个曲面依次可用 $q,r$ 来决定. 这样的曲面,叫作坐标曲面,两个坐标曲面的交线叫作坐标曲线. 显然,经过空间每一点,有三条坐标曲线.



给定一点 $M$,便是给定经过点 $M$ 的三个坐标曲面,亦即是给定三个数值 $p$, $q$,$r$. 反过来讲也通. 这些数值 $p,q,r$ 叫作点 $M$ 的曲线坐标.

笛氏坐标是曲线坐标的特殊情形:这时的坐标曲面,便是平行于坐标平面的三族平面. 数值 $p,q,r$ 便是这些平面的坐标轴上所截取的线段 $x,y,z$,(由 $O$ 算起并配上了符号),或(在广义坐标的情形) 它们和线段 $x,y,z$ 成比例. 坐标曲线是和坐标轴平行的直线.

在空间极坐标的情形,照 §61 的记法,它的坐标曲面为:(1) 以 $O$ 为中心的一族球面,用它们的半径 $\rho$ 来决定;(2) 绕着 $Oz$ 的一族半平面,用它们和半平面 $zOx$ 所成的角 $\varphi$ 来决定;(3) 一族圆锥面,用由 $O$ 出发的射线做成,每个锥面上的射线用它们和 $Oz$ 所成的角 $\vartheta$ 来决定.

在空间半极坐标(柱面坐标) 的情形,照 §61 的记法,它的坐标曲面为:(1) 以 $Oz$ 为轴的一族圆柱面,用它们的截口半径 $r$ 来决定;(2) 绕着 $Oz$ 的一族半平面,用它们和半平面 $zOx$ 所成的角 $\varphi$ 来决定;(3) 垂直于 $Oz$ 的一族平面,用它们在轴 $Oz$ 上的截距的代数值(由 $O$ 起计) 来决定.

# 第三章　笛氏坐标的变换,运动和仿射变换

## Ⅰ. 笛氏坐标变换的一般公式

一般来说,对于不同的坐标系,同一点或同一矢量的坐标是不同的. 已知一点或一矢量对于某系的坐标,如何推算这点或这矢量对于另一系的坐标是一个重要的问题.

要解决这个问题,我们把所讨论的两个坐标系的基本元素的相对位置认为是知道的. 所谓给定的笛氏坐标系的基本元素是指这系的原点和坐标矢量. 这些元素当然决定了坐标轴. 若所讨论的是矢量的坐标(而不是点的坐标),则与原点的位置当然没有关系.



**§64. 原点的移动**　首先讨论简单的情形,设新系和旧系的区别只在原点的不同,但两系的坐标矢量不变(即轴的正向不变). 用 $Ox, Oy, Oz$ 来代表旧系的轴,$Ox', Oy', Oz'$ 代表新系的轴(图66),用 $\boldsymbol{u}, \boldsymbol{v}, \boldsymbol{w}$ 来代表两系的坐标矢量. 新系和旧系的相对位置,显然被新原点 $O'$ 对于旧系的坐标所完全决定. 设用 $(a, b, c)$ 代表这些坐标.

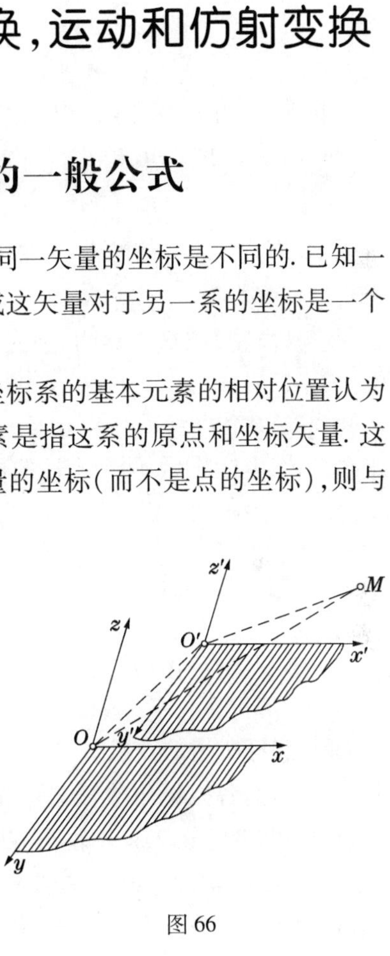


图 66

设 $\boldsymbol{P}$ 是某一矢量,对于这两系来讲,它的坐标显然是相同的.

现讨论任意点 $M$ 的新旧坐标间的关系. 设 $(x, y, z)$ 是 $M$ 的旧坐标,$(x', y', z')$ 是它的新坐标. 显然

$$\overrightarrow{OM} = \overrightarrow{OO'} + \overrightarrow{O'M} \tag{1}$$

但由点坐标的定义

$$\overrightarrow{OM} = \boldsymbol{u}x + \boldsymbol{v}y + \boldsymbol{w}z, \overrightarrow{O'M} = \boldsymbol{u}x' + \boldsymbol{v}y' + \boldsymbol{w}z'$$

$$\overrightarrow{OO'} = \boldsymbol{u}a + \boldsymbol{v}b + \boldsymbol{w}c$$

把这些式代入上式,得

$$\boldsymbol{u}x + \boldsymbol{v}y + \boldsymbol{w}z = \boldsymbol{u}(x' + a) + \boldsymbol{v}(y' + b) + \boldsymbol{w}(z' + c)$$

由此得

$$x = a + x', y = b + y', z = c + z' \tag{2}$$

若已知新坐标,由公式(2)可以推得旧坐标. 反过来说也通.

在平面上的坐标,有相类似的公式

$$x = a + x', y = b + y' \tag{3}$$

在直线上(即在轴上)的坐标,显然有

$$x = a + x' \tag{4}$$

读者很容易由图(图67)验明这些公式.



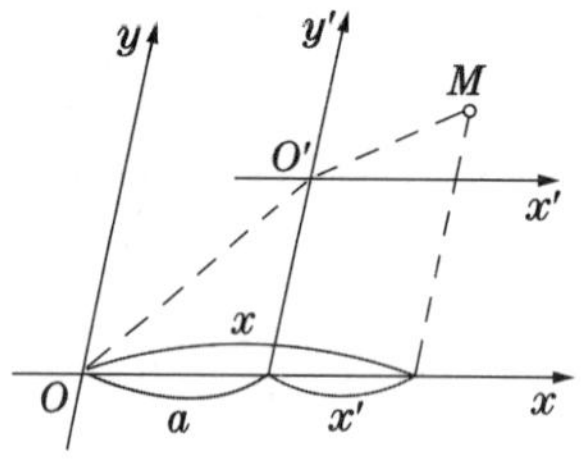


图 67

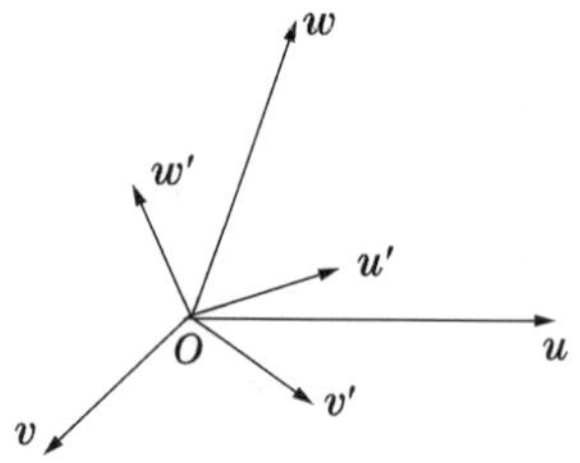


图 68

**§65. 坐标矢量的变换** 现在讨论另一个特殊情形. 新系 $Ox'y'z'$ 的各条轴和旧系 $Oxyz$ 的各条轴组成任意的角,但它们的原点相叠合. 新系的坐标矢量 $\boldsymbol{u}',\boldsymbol{v}',\boldsymbol{w}'$ 和旧系的 $\boldsymbol{u},\boldsymbol{v},\boldsymbol{w}$ 不仅是方向不同,而且长短也不一致(图68). 设已知新系的坐标矢量 $\boldsymbol{u}',\boldsymbol{v}',\boldsymbol{w}'$ 对于旧系来讲,依次为 $(l_1,m_1,n_1)$,$(l_2,m_2,n_2)$,$(l_3,m_3,n_3)$. 即

$$\begin{cases} \boldsymbol{u}' = l_1\boldsymbol{u} + m_1\boldsymbol{v} + n_2\boldsymbol{w} \\ \boldsymbol{v}' = l_2\boldsymbol{u} + m_2\boldsymbol{v} + n_2\boldsymbol{w} \\ \boldsymbol{w}' = l_3\boldsymbol{u} + m_3\boldsymbol{v} + n_3\boldsymbol{w} \end{cases} \tag{1}$$

设矢量 $\boldsymbol{P}$ 对于旧系和新系的坐标依次为 $X,Y,Z$ 和 $X',Y',Z'$,得

$$\boldsymbol{P} = \boldsymbol{u}X + \boldsymbol{v}Y + \boldsymbol{w}Z = \boldsymbol{u}'X' + \boldsymbol{v}'Y' + \boldsymbol{w}'Z'$$

把(1)里以 $\boldsymbol{u},\boldsymbol{v},\boldsymbol{w}$ 来表示的 $\boldsymbol{u}',\boldsymbol{v}',\boldsymbol{w}'$ 代入这式的右边,然后比较两边 $\boldsymbol{u},\boldsymbol{v},\boldsymbol{w}$ 的

系数,得

$$\begin{cases} X = l_1X' + l_2Y' + l_3Z' \\ Y = m_1X' + m_2Y' + m_3Z' \\ Z = n_1X' + n_2Y' + n_3Z' \end{cases} \quad (2)$$

因此我们求得用新坐标来表示旧坐标的解答. 若要用旧坐标来表示新坐标,只需解方程系(2) 求 $X', Y', Z'$;或由上面的结果,把新旧的地位对调,也可直接推得①.

由于把新旧轴对调,便能用 $X, Y, Z$ 表示 $X', Y', Z'$,那么,我们一定可解方程系(2) 求 $X', Y', Z'$. 那便是说行列式

$$\begin{vmatrix} l_1 & l_2 & l_3 \\ m_1 & m_2 & m_3 \\ n_1 & n_2 & n_3 \end{vmatrix}$$

即

$$\begin{vmatrix} l_1 & m_1 & n_1 \\ l_2 & m_2 & n_2 \\ l_3 & m_3 & n_3 \end{vmatrix}$$

不等于 0. 这结论亦可由下面的方法推出:如果这个行列式等于 0,那么,矢量 $\boldsymbol{u}', \boldsymbol{v}', \boldsymbol{w}'$ 共面(§39),便和选择坐标矢量的基本条件冲突.

并且,任意点 $M$ 的坐标显然可用公式(2) 来变换,因点 $M$ 的坐标就是它的辐矢 $\overrightarrow{OM}$ 的坐标. 设 $x, y, z$ 和 $x', y', z'$ 是点 $M$ 的旧坐标和新坐标,那么

$$\begin{cases} x = l_1x' + l_2y' + l_3z' \\ y = m_1x' + m_2y' + m_3z' \\ z = n_1x' + n_2y' + n_3z' \end{cases} \quad (3)$$

同样我们也可用旧坐标来表示新坐标.

注意,在公式(2) 和(3) 里数量 $l_1, l_2, \cdots, n_3$ 都是常量. 它们只与新旧两系的相对位置和各个坐标矢量的长有关,但与所论的矢量 $\boldsymbol{P}$(或点 $M$) 无关.

在平面上的坐标,有类似的公式

① 这个方法,需要知道旧系的坐标矢量 $\boldsymbol{u}, \boldsymbol{v}, \boldsymbol{w}$ 对于新系的坐标才能进行.

$$\begin{cases}\boldsymbol{u}' = l_1\boldsymbol{u} + m_1\boldsymbol{v} \\ \boldsymbol{v}' = l_2\boldsymbol{u} + m_2\boldsymbol{v}\end{cases} \tag{1a}$$

(矢量适用的)

$$\begin{cases}X = l_1X' + l_2Y' \\ Y = m_1X' + m_2Y'\end{cases} \tag{2a}$$

(点适用的)

$$\begin{cases}x = l_1x' + l_2y' \\ y = m_1x' + m_2y'\end{cases} \tag{3a}$$

在直线上的坐标,显然有

$$\boldsymbol{u}' = l\boldsymbol{u} \tag{1b}$$

(矢量适用的)

$$X = lX' \tag{2b}$$

(点适用的)

$$x = lx' \tag{3b}$$



这里 $l$ 代表不等于 0 的常数.

## 习　题

1. 平面上有新旧直角坐标系,新系的轴 $Ox'$ 和旧轴 $Ox$ 成 30° 的角,但新轴 $Oy'$ 和旧轴 $Ox$ 成 60° 的角[①]. 求用新坐标 $(X', Y')$ 来表示矢量 $\boldsymbol{P}$ 的旧坐标 $(X, Y)$,并求反变换. 新旧坐标都是狭义坐标.

解:单位矢量 $\boldsymbol{u}'$ 的旧坐标是 $(\cos 30°, \sin 30°)$,单位矢量 $\boldsymbol{v}'$ 的旧坐标是 $(\cos 60°, \sin 60°)$,那便是说

$$\boldsymbol{u}' = \frac{1}{2}\sqrt{3}\boldsymbol{u} + \frac{1}{2}\boldsymbol{v}, \boldsymbol{v}' = \frac{1}{2}\boldsymbol{u} + \frac{1}{2}\sqrt{3}\boldsymbol{v}$$

所以

$$l_1 = \frac{1}{2}\sqrt{3}, m_1 = \frac{1}{2}, l_2 = \frac{1}{2}, m_2 = \frac{1}{2}\sqrt{3}$$

因得

$$X = \frac{1}{2}(\sqrt{3}X' + Y'), Y = \frac{1}{2}(X' + \sqrt{3}Y')$$

---

① 这个角由轴 $Ox$ 算起,依照 $Ox$ 和 $Oy$ 的正向.

这就是用新坐标表示旧坐标. 解这方程系求 $X'$, $Y'$,便得用旧坐标表示新坐标的式子

$$X' = \sqrt{3}X - Y, Y' = -X + \sqrt{3}Y$$

2. 新的坐标轴 $Ox'$,$Oy'$,$Oz'$ 分别是旧的坐标角 $yOz$,$zOx$,$xOy$ 的平分线,而旧的是直角坐标系. 矢量 $\boldsymbol{P}$ 的旧坐标 $X,Y,Z$ 和新坐标 $X',Y',Z'$ 都是狭义的. 求用新的 $X',Y',Z'$ 来表示旧的 $X,Y,Z$.

解:因①

$$\boldsymbol{u}' = 0\cdot\boldsymbol{u} + \frac{1}{\sqrt{2}}\boldsymbol{v} + \frac{1}{\sqrt{2}}\boldsymbol{w} = \frac{1}{\sqrt{2}}(\boldsymbol{v} + \boldsymbol{w})$$

$$\boldsymbol{v}' = \frac{1}{\sqrt{2}}\boldsymbol{u} + 0\cdot\boldsymbol{v} + \frac{1}{\sqrt{2}}\boldsymbol{w} = \frac{1}{\sqrt{2}}(\boldsymbol{u} + \boldsymbol{w})$$

$$\boldsymbol{w}' = \frac{1}{\sqrt{2}}\boldsymbol{u} + \frac{1}{\sqrt{2}}\boldsymbol{v} + 0\cdot\boldsymbol{w} = \frac{1}{\sqrt{2}}(\boldsymbol{u} + \boldsymbol{v})$$

故

$$X = \frac{1}{\sqrt{2}}(Y' + Z'), Y = \frac{1}{\sqrt{2}}(X' + Z'), Z = \frac{1}{\sqrt{2}}(X' + Y')$$

**§66. 一般情形**　现在设新系 $O'x'y'z'$ 和旧系 $Oxyz$ 在任意的相对位置. 因矢量的坐标与原点的位置无关. 显然它可用前节公式(2)来变换,与原点 $O'$ 和 $O$ 叠合的情形一样.

为了推求点的坐标的变换公式,我们引入辅助系 $O'x''y''z''$(图69)以 $O'$ 作原点,但仍用旧坐标矢量.

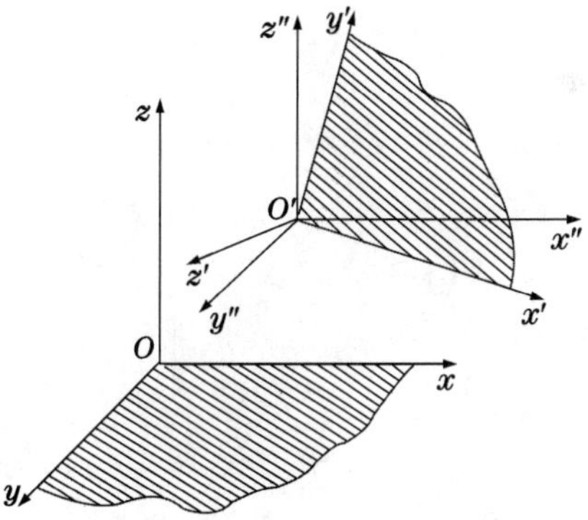


图69

用 $(x,y,z)$,$(x',y',z')$,$(x'',y'',z'')$ 来表示点 $M$ 分别对于旧系、新系、辅助系的坐标. 首先得

$$x = a + x'', y = b + y'', z = c + z''$$

这里 $a,b,c$ 表示新原点 $O'$ 对于旧系的坐标. 再由前节公式(把辅助系来当作旧

① 为着明确起见,设新轴的正向介于旧轴的正向之间. 例如,$Ox'$ 分别与 $Oy$ 和 $Oz$ 都成 45° 的角.

系)得

$$\begin{cases}x'' = l_1x' + l_2y' + l_3z' \\ y'' = m_1x' + m_2y' + m_3z' \\ z'' = n_1x' + n_2y' + n_3z'\end{cases}$$

将它们代入上面的公式,最后得

$$\begin{cases}x = a + l_1x' + l_2y' + l_3z' \\ y = b + m_1x' + m_2y' + m_3z' \\ z = c + n_1x' + n_2y' + n_3z'\end{cases} \tag{1}$$

在公式(1)里,系数 $a,b,\cdots,n_3$ 都是常数,与点 $M$ 的位置无关(这些系数只与新旧坐标轴的相对位置和各个坐标矢量的长有关).

关于平面上坐标的变换,公式(1)化为

$$\begin{cases}x = a + l_1x' + l_2y' \\ y = b + m_1x' + m_2y'\end{cases} \tag{2}$$

 这些可由类似的方法推得.

把新系和旧系的地位互相对调,便得类似的公式:

在空间

$$\begin{cases}x' = a' + l_1{}'x + l_2{}'y + l_3{}'z \\ y' = b' + m_1{}'x + m_2{}'y + m_3{}'z \\ z' = c' + n_1{}'x + n_2{}'y + n_3{}'z\end{cases} \tag{1a}$$

在平面上

$$\begin{cases}x' = a' + l_1{}'x + l_2{}'y \\ y' = b' + m_1{}'x + m_2{}'y\end{cases} \tag{2a}$$

这些公式可由解方程系(1)求 $x',y',z'$[或解(2)求 $x',y'$]得来.

在直线上(轴 $Ox$ 上)点坐标的变换公式显然如下所示

$$x = a + lx', x' = a' + l'x\left(\text{这里 } l' = \frac{1}{l}, a' = -\frac{a}{l}\right) \tag{3}$$

总结所得的结果,可述基本命题如下:一个矢量对于某一个系的笛氏坐标是这个矢量对于另一个系的笛氏坐标的齐次平直函数.一点对于某一个系的笛

氏坐标,是这点对于另一个系的笛氏坐标的平直(通常不齐次)函数[①]

**注**　如果变数 $x,y,z$ 是用变数 $x',y',z'$ 来表示如下式

$$\begin{cases} x = l_1x' + l_2y' + l_3z' \\ y = m_1x' + m_2y' + m_3z' \\ z = n_1x' + n_2y' + n_3z' \end{cases} \tag{1}$$

我们说:我们是按着下表:

$$\begin{matrix} l_1 & l_2 & l_3 \\ m_1 & m_2 & m_3 \\ n_1 & n_2 & n_3 \end{matrix} \tag{A}$$

的齐次平直代换(变换)把 $x',y',z'$ 换为 $x,y,z$.

这个表的行列式

$$\Delta = \begin{vmatrix} l_1 & l_2 & l_3 \\ m_1 & m_2 & m_3 \\ n_1 & n_2 & n_3 \end{vmatrix} \tag{5}$$



叫作代换行列式;数量 $l_1,l_2,\cdots,n_3$ 叫作代换系数. 如果 $\Delta = 0$,便说这个代换是特殊的. 如果 $\Delta \neq 0$,便说它是非特殊的.

公式如(1)的形状,也可叫作平直代换(平直变换). 但通常它不是齐次的[②]. 数量 $a,b,c,l_1,l_2,\cdots,n_3$ 是代换系数,而代换行列式仍是系数 $l_1,\cdots,n_3$ 所构成的行列式 $\Delta$. 这个代换也依 $\Delta = 0$ 或 $\Delta \neq 0$ 的情形叫作特殊的或非特殊的代换. 这些定义,自然可以推广到任意多个变换的情形[③].

用上文的术语,上面已经证明了的命题,可以改述如下:通过常数系数的非特殊的[④]平直代换,点的旧坐标变作新坐标;通过常数系数的非特殊的齐次平直代换,矢量的旧坐标变作新坐标(这里所谓常数系数的意义,是说这些系数

---

① 一个或多个变数的平直函数,即是这些变数的一次有理整函数. 例如三个变数 $x,y,z$ 的平直函数如下式

$$Ax + By + Cz + D$$

这里系数 $A,B,C,D$ 是常数,如果去掉常数项,这平直函数叫作齐次的. 在三个变数 $x,y,z$ 的情形下,齐次平直函数的形式如 $Ax + By + Cz$.

② 如果 $a = b = c = 0$,这代换便是齐次代换.

③ 参看附录 §8.

④ 关于 $\Delta \neq 0$,已在前节讲过.

与所论的点和矢量无关而只与新旧坐标原点,坐标矢量的相对位置,以及坐标矢量的长有关).

**§67. 补充** 1°三角形面积和四面体体积的一般公式. 在§49我们推得公式(4),表达在两个矢量$\boldsymbol{P}_1,\boldsymbol{P}_2$上所作的平行四边形的面积,这个公式只在直角坐标系适用. 现求在一般坐标系里相类似的公式. 设矢量$\boldsymbol{P}_1,\boldsymbol{P}_2$在所给一般坐标系的坐标为$(X_1,Y_1),(X_2,Y_2)$. 现在任取某一个辅助的直角坐标系,并使此直角系的转动正向和一般系相同. 那么,依照§49所规定的符号定则,在这两个系里面积的符号相同. 所求的面积适合下面的公式

$$S=\begin{vmatrix} X_1' & Y_1' \\ X_2' & Y_2' \end{vmatrix} \tag{1}$$

这里$X_1',Y_1',X_2',Y_2'$是两个矢量$\boldsymbol{P}_1,\boldsymbol{P}_2$对于直角坐标系的坐标. 把它们当作旧坐标,即有

$$X_1'=l_1X_1+l_2Y_1,Y_1'=m_1X_1+m_2Y_1$$
$$X_2'=l_1X_2+l_2Y_2,Y_2'=m_1X_2+m_2Y_2$$



式中$l_1,m_1,l_2,m_2$是给定系的坐标矢量$\boldsymbol{u},\boldsymbol{v}$(对于直角坐标系)的坐标.

因此

$$S=\begin{vmatrix} l_1X_1+l_2Y_1 & m_1X_1+m_2Y_1 \\ l_1X_2+l_2Y_2 & m_1X_2+m_2Y_2 \end{vmatrix}$$

引用行列式乘法定理得

$$S=\begin{vmatrix} l_1 & l_2 \\ m_1 & m_2 \end{vmatrix}\cdot\begin{vmatrix} X_1 & Y_1 \\ X_2 & Y_2 \end{vmatrix} \tag{2}$$

因此

$$S=S_0\cdot\begin{vmatrix} X_1 & Y_1 \\ X_2 & Y_2 \end{vmatrix} \tag{3}$$

这里

$$S_0=\begin{vmatrix} l_1 & l_2 \\ m_1 & m_2 \end{vmatrix}=\begin{vmatrix} l_1 & m_1 \\ l_2 & m_2 \end{vmatrix}$$

根据公式(1),施用于矢量$\boldsymbol{u}$和$\boldsymbol{v}$,便是在矢量$\boldsymbol{u}$和$\boldsymbol{v}$上所作的平行四边形的面积. 又根据这两个坐标系有同一转动正向的假定,故这面积是正数,显然有

$$S_0=|\boldsymbol{u}|\cdot|\boldsymbol{v}|\cdot\sin\nu$$

式中 $\nu$ 是所给的坐标角. 故最后得

$$S = |\boldsymbol{u}| \cdot |\boldsymbol{v}| \cdot \sin\nu \cdot \begin{vmatrix} X_1 & Y_1 \\ X_2 & Y_2 \end{vmatrix} \tag{4}$$

注意这个公式的面积符号,依照 §49 的规定.

依同理求在三个矢量

$$\boldsymbol{P}_1 = (X_1, Y_1, Z_1), \boldsymbol{P}_2 = (X_2, Y_2, Z_2)$$
$$\boldsymbol{P}_3 = (X_3, Y_3, Z_3)$$

上面所作的平行六面体的体积. 由 §52 公式(2),并用与上面类似的正向相同的辅助直角坐标系(即同是右手系或同是左手系的意思),得

$$V = V_0 \cdot \begin{vmatrix} X_1 & Y_1 & Z_1 \\ X_2 & Y_2 & Z_2 \\ X_3 & Y_3 & Z_3 \end{vmatrix} \tag{5}$$

这里 $V_0 > 0$ 是在坐标矢量 $\boldsymbol{u}, \boldsymbol{v}, \boldsymbol{w}$ 上所作的平行六面体的体积,由下面的公式决定(参看 §52 习题4)

$$V_0^2 = |\boldsymbol{u}|^2 \cdot |\boldsymbol{v}|^2 \cdot |\boldsymbol{w}|^2 \cdot \begin{vmatrix} 1 & \cos\nu & \cos\mu \\ \cos\nu & 1 & \cos\lambda \\ \cos\mu & \cos\lambda & 1 \end{vmatrix} \tag{6}$$

式中 $\lambda, \mu, \nu$ 是坐标矢量所成的角. 公式(5) 是带有符号的体积,即 $V > 0$,如果矢量 $\boldsymbol{P}_1, \boldsymbol{P}_2, \boldsymbol{P}_3$ 和坐标矢量 $\boldsymbol{u}, \boldsymbol{v}, \boldsymbol{w}$ 同正向(指同是右手系或左手系);在相反的情形,$V < 0$.

同时像 §50 和 §53 一样,如果已知顶点对于一般系的坐标,我们有下面的公式:

三角形面积

$$S = \frac{1}{2} |\boldsymbol{u}| \cdot |\boldsymbol{v}| \cdot \sin\nu \cdot \begin{vmatrix} x_1 & y_1 & 1 \\ x_2 & y_2 & 1 \\ x_3 & y_3 & 1 \end{vmatrix} \tag{7}$$

四面体体积

$$V = \frac{1}{6} V_0 \cdot \begin{vmatrix} x_1 & y_1 & z_1 & 1 \\ x_2 & y_2 & z_2 & 1 \\ x_3 & y_3 & z_3 & 1 \\ x_4 & y_4 & z_4 & 1 \end{vmatrix} \tag{8}$$

2° 关于决定矢量的长的平方的二次方式:在 §56,矢量 $\boldsymbol{P}=(X,Y,Z)$ 的长的平方用坐标 $X,Y,Z$ 的二次方式来表示,如

$$g_{11}X^2+g_{22}Y^2+g_{33}Z^2+2g_{23}YZ+2g_{31}ZX+2g_{12}XY \tag{9}$$

且它是非特殊的正号式,因此自然发生一个问题:如果任意给定一个非特殊的正号二次方式,我们能否求得这样的一个笛氏坐标系,使在这系中可用这个方式表示矢量的长的平方.

当 $g_{11}=g_{22}=g_{33}=1,g_{23}=g_{31}=g_{12}=0$,即当这方式为

$$X^2+Y^2+Z^2$$

的情形时,答案是很明显的. 事实上,在这情形,所有(狭义的)直角坐标系都适合条件. 现在很容易证明,在普遍情形下答案也是肯定的. 事实上,在二次方式理论里已经证明①,通过非特殊的齐次平直代换

$$\begin{cases}X=l_1X'+l_2Y'+l_3Z'\\Y=m_1X'+m_2Y'+m_3Z'\\Z=n_1X'+n_2Y'+n_3Z'\end{cases} \tag{10}$$



凡是三个变数的非特殊的正号方式(9),都可化成下式

$$X'^2+Y'^2+Z'^2$$

现在设想 $X',Y',Z'$ 为一个矢量对于某个直角坐标系的坐标,又选定另一个笛氏坐标系(通常不是直角的),使在这两系内矢量的坐标适合关系(10)②. 那么这第二个坐标系便满足我们所求的条件.

**注** 显然易见,给定矢量的长的平方,表示式(9) 完全决定了坐标矢量的长和它们两两所成的各个角. 事实上,根据 §55 公式(2) 得

$$|\boldsymbol{u}|=\sqrt{g_{11}},|\boldsymbol{v}|=\sqrt{g_{22}},|\boldsymbol{w}|=\sqrt{g_{33}}$$

$$\cos\lambda=\frac{g_{23}}{\sqrt{g_{22}g_{33}}},\cos\mu=\frac{g_{31}}{\sqrt{g_{33}g_{11}}},\cos\nu=\frac{g_{12}}{\sqrt{g_{11}g_{22}}}$$

---

① 参看附录 §12.

② 欲求第二个坐标系,只要把(10) 表成下式

$$\begin{cases}X'=l_1'+l_2'Y+l_3'Z\\Y'=m_1'X+m_2'Y+m_3'Z\\Z'=n_1'X+n_2'Y,n_3'Z\end{cases}$$

那只要解(10) 求 $X',Y',Z'$ 便成. 因此时这笛氏系的坐标矢量对于直角系分别为 $\boldsymbol{u}=(l_1',m_1',n_1'),\boldsymbol{v}=(l_2',m_2',n_2'),\boldsymbol{w}=(l_3',m_3',n_3')$,便决定了所求的新系.

如果数量 $g_{11},\cdots,g_{33}$ 是任意给定的,那么,可能 $|\boldsymbol{u}|,|\boldsymbol{v}|,|\boldsymbol{w}|,\cos\lambda,\cos\mu,\cos\nu$ 是虚数,也许 $\cos\lambda,\cos\mu,\cos\nu$ 大于1. 更且,就说 $|\boldsymbol{u}|,|\boldsymbol{v}|,|\boldsymbol{w}|$ 是实数,而 $\cos\lambda,\cos\mu,\cos\nu$ 小于1,也未必可能作成一个三面形 $Oxyz$,使它的各个二面角等于 $\lambda,\mu,\nu$(显然易知,需要在 $\lambda+\mu+\nu<2\pi$ 时这三面形的作法才有可能). 由这节已证明了的,可以推断:如果所给的方式是非特殊的正号式的话. 这些情形,都不会发生.

在二元度的情形,可以求得坐标系,使

$$|\boldsymbol{P}|^2=g_{11}X^2+2g_{12}XY+g_{22}Y^2$$

这式子右边是任意的非特殊正号方式. 这个作法很容易直接加以证明,如果我们应用下面的命题①:要使二次方式 $g_{11}X^2+2g_{12}XY+g_{22}Y^2$ 为非特殊的正号式的充分且必要条件为:$g_{11}>0,g_{22}>0,g_{11}g_{22}-g_{12}^2>0$. 反过来说,如果引用上面所讲,限于二元度的情形,也很容易推得这个命题.

**§63. 协变坐标的变换**　前节所述,全是关于矢量(或点)的常用坐标(即逆变坐标). 现在讨论当由一个坐标系换为另一个系的时候,矢量的协变坐标怎样变化. 依前述,有



$$\begin{cases}\boldsymbol{u}'=l_1\boldsymbol{u}+m_1\boldsymbol{v}+n_1\boldsymbol{w}\\ \boldsymbol{v}'=l_2\boldsymbol{u}+m_2\boldsymbol{v}+n_2\boldsymbol{w}\\ \boldsymbol{w}'=l_3\boldsymbol{u}+m_3\boldsymbol{v}+n_3\boldsymbol{w}\end{cases}\tag{1}$$

设 $X^*,Y^*,Z^*$ 和 $X'^*,Y'^*,Z'^*$ 依次代表矢量 $\boldsymbol{P}$ 对于旧系和新系的坐标. 由定义 $X'^*=\boldsymbol{u}'\cdot\boldsymbol{P},Y'^*=\boldsymbol{v}'\cdot\boldsymbol{P},Z'^*=\boldsymbol{w}'\cdot\boldsymbol{P}$,由此代入式(1)的 $\boldsymbol{u}',\boldsymbol{v}',\boldsymbol{w}'$,且注意 $\boldsymbol{u}\cdot\boldsymbol{P}=X^*$ 等等,得

$$\begin{cases}X'^*=l_1X^*+m_1Y^*+n_1Z^*\\ Y'^*=l_2X^*+m_2Y^*+n_2Z^*\\ Z'^*=l_3X^*+m_3Y^*+n_3Z^*\end{cases}\tag{2}$$

解这些等式求 $X^*,Y^*,Z^*$ 并可得到用新坐标表示旧坐标的公式.

如果坐标原点不动,那么,点的坐标的变换依照与此同样的公式,如果坐标原点变了位置,读者可自行补写在这情形下的公式.

现在再加一个注. 关于常用(逆变)坐标和协变坐标的联系,先回忆常用坐标(§65)的变换公式

① 参看附录 §12 附记.

$$\begin{cases} X = l_1X' + l_2Y' + l_3Z' \\ Y = m_1X' + m_2Y' + m_3Z' \\ Z = n_1X' + n_2Y' + n_3Z' \end{cases} \tag{3}$$

为了便于比较(1),(2),(3) 三组公式. 把公式(1) 的系数列成下表:

$$\begin{matrix} l_1 & m_1 & n_1 \\ l_2 & m_2 & n_2 \\ l_3 & m_3 & n_3 \end{matrix} \tag{A}$$

应用 §66 后段的术语,公式(1) 的内容,可以说是用表(A) 的平直代换把旧坐标换为新坐标. 再看公式(2),便知当坐标变换时,各个数量 $X^*$,$Y^*$,$Z^*$ 恰和坐标矢量 $\boldsymbol{u}$,$\boldsymbol{v}$,$\boldsymbol{w}$ 通过同一个平直代换. 故用代数术语,便说这些数量 $X^*$,$Y^*$,$Z^*$ 是和坐标矢量协变的(这说明了"协变坐标" 命名的来源).

现在比较公式(3) 和(1),显见(3) 是用新坐标来表示旧坐标 $X,Y,Z$. 它所表示的代换,就是在(1) 里将新旧坐标矢量互换,也就是在表(A) 里将列和行互换位置. 因此依照代数的术语来讲,常用坐标 $X,Y,Z$ 对于坐标矢量是逆变的. 这是"逆变坐标" 命名的来源.



## Ⅱ. 坐标变换的最重要特例

在本段详细地列举一些坐标变换的最主要特例,它们是在应用上最易遇见的.

**§69. 平面上的直角坐标变换** 首先讨论平面上的情形,旧的和新的坐标,都是直角系(图 70(a),(b)).

这里分别就两种情形来说. 第一种情形,新系的产生只是旧系经过平面上(不离开平面) 的运动而来(图 70(a)). 第二种情形,用平面上运动只能把轴 $O'x'$ 和 $Ox$ 叠合,但 $O'y'$ 和 $Oy$ 的正向仍是相反的(图 70(b)).

为简便起见我们把在第一种情形的两个坐标系叫作同位的,在第二种情形,它们叫作异位的.

在两种情形之下,新系对于旧系的位置都可用下面的已知条件,把它完全决定:(1) 新原点 $O'$ 对于旧系的坐标;(2) 新轴 $O'x'$ 和旧轴 $Ox$ 所成的角 $\varphi$,角的符号依照正向的规定,要和旧系的正向(即由 $Ox$ 转到 $Oy$ 要经过最小的角[①])相符,才算正角;(3) 新轴 $O'y'$ 和旧轴 $Ox$ 所成的角 $\psi$,也依照这个规定来计算.角 $\psi$ 等于 $\varphi+\frac{\pi}{2}$(如果两系同位)或等于 $\varphi-\frac{\pi}{2}$(如果它们异位);这里我们可以不理会 $2k\pi$ 的增减,因为对于结果并没有影响.

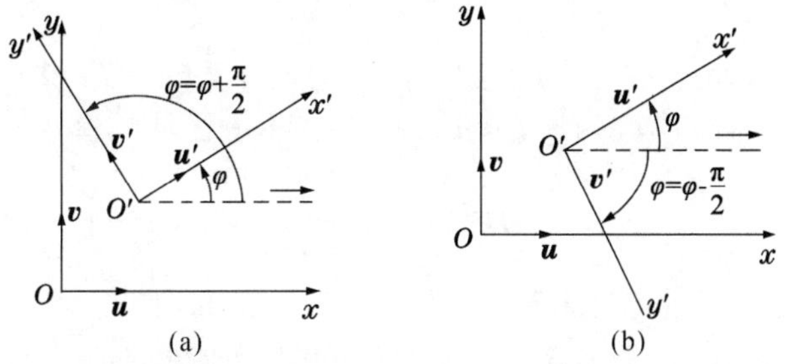


图 70

如上两种情形,显然都有

$$l_1=\cos\varphi, m_1=\sin\varphi, l_2=\cos\psi, m_2=\sin\psi \tag{1}$$



而在 §65 公式(2a)关于矢量坐标的变换公式化为

$$X=X'\cos\varphi+Y'\cos\psi, Y=X'\sin\varphi+Y'\sin\psi \tag{2}$$

又因 $\psi=\varphi\pm\frac{\pi}{2}$,得

$$X=X'\cos\varphi\mp Y'\sin\varphi, Y=X'\sin\varphi\pm Y'\cos\varphi \tag{3}$$

这里,两个系同位取上号,异位取下号.

到此我们已有用新坐标表示旧坐标的公式.再解这些方程求 $X'$ 和 $Y'$,或把新轴和旧轴的地位互换[②],便得以旧坐标表示新坐标的公式

$$\begin{cases}X'=X\cos\varphi+Y\sin\varphi\\ Y'=\mp X\sin\varphi\pm Y\cos\varphi\end{cases} \tag{4}$$

点坐标的变换公式为(参看 §66)

$$\begin{aligned}x&=a+x'\cos\varphi\mp y'\sin\varphi\\ y&=b+x'\sin\varphi\pm y'\cos\varphi\end{aligned} \tag{5}$$

---

① 参阅 §47.

② 如把新旧轴调换,在两系同位的情形角 $\varphi$ 变成 $-\varphi$.但在两系异位的情形,角 $\varphi$ 不变号,因为角的正向,在这两系里刚刚相反.

这里勿忘 $a,b$ 是新原点对于旧系的坐标. 公式(5) 是用新坐标表旧坐标的公式.

**注** 若旧系依照前述仍是直角系,而新系是狭义斜角系,显然公式(1) 和(2) 仍然有效. 只有在这情形下,$\psi$ 不等于 $\varphi \pm \frac{\pi}{2}$,而是任意的角(图 71). 点的坐标的变换有如下的公式

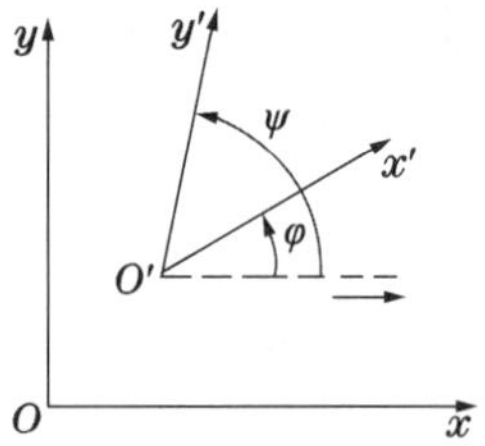

图 71

$$x = a + x'\cos\varphi + y'\cos\psi, y = b + x'\sin\varphi + y'\sin\psi \qquad (6)$$

### 习题和补充

1. 求用点的旧坐标来表示新坐标,假定两系都是直角系.

解:所求的表示式,可由解系(5) 求 $x', y'$ 得来. 但以下面的方法来进行比较简便:从新原点 $O'$ 到所讨论的点 $M$ 作矢量 $\overrightarrow{O'M}$,这个矢量的旧坐标为 $(x-a, y-b)$,新坐标为 $(x', y')$.



应用公式(4) 于矢量 $\overrightarrow{O'M}$,立即得

$$\begin{cases} x' = (x-a)\cos\varphi + (y-b)\sin\varphi \\ y' = \mp (x-a)\sin\varphi \pm (y-b)\cos\varphi \end{cases} \qquad (7)$$

依着同位或异位的情形而决定选择上号或下号.

2. 依照本节的记法,求旧原点对于新坐标系的坐标(设两个系都是直角系).

答:$a' = -a\cos\varphi - b\sin\varphi, b' = \pm a\sin\varphi \mp b\cos\varphi$.

3. 先把直角坐标系的坐标轴转过30°的角,再把原点移到 $O'(3, -1)$,已知某点的旧坐标系为(3,4),求它的新坐标.

答:$x' = \frac{5}{2}, y' = \frac{5\sqrt{3}}{2}$.

4. 当一个直角坐标系换为另一个直角坐标系,矢量 $\boldsymbol{P}$ 的每个坐标 $X, Y$ 都改变为公式(3) 所给定的新值 $X', Y'$. 但数式 $X^2 + Y^2$ 保持不变,即对于任何矢量,都有

$$X^2 + Y^2 = X'^2 + Y'^2 \qquad (8)$$

这是很明显的,因为此式的左右两边都表示同一个矢量的长的平方.

求证逆定理:如有代换

$$X = l_1X' + l_2Y', Y = m_1X' + m_2Y' \tag{9}$$

对于每个矢量等式(8) 都成立,那么定有角 $\varphi$ 存在

$$l_1 = \cos\varphi, m_1 = \sin\varphi, l_2 = \mp\sin\varphi, m_2 = \pm\cos\varphi \tag{10}$$

使代换(9) 化为(3) 的形式.

证:把式(9) 代入(8) 的左边,去掉括号得

$$(l_1^2 + m_1^2)X'^2 + 2(l_1l_2 + m_1m_2)X'Y' + (l_2^2 + m_2^2)Y'^2 = X'^2 + Y'^2$$

这个等式对于任何 $X', Y'$ 都适合,故在它的左右两边,$X'^2, X'Y', Y'^2$ 的系数必相等,由此得

$$l_1^2 + m_1^2 = 1, l_2^2 + m_2^2 = 1, l_1l_2 + m_1m_2 = 0 \tag{11}$$

第一个等式证明 $l_1 = \cos\varphi, m_1 = \sin\varphi$,这里 $\varphi$ 为某个角. 同理从第二个等式得 $l_2 = \cos\psi, m_2 = \sin\psi$,这里 $\psi$ 也是一个角. 最后由等式(11) 的第三个式子得 $\cos\varphi\cos\psi + \sin\varphi\sin\psi = 0$ 即 $\cos(\varphi - \psi) = 0$,由此得 $\psi = \varphi \pm \frac{\pi}{2}$(我们去掉 $2\pi$ 的倍数,对于数值没有影响). 因此得关系式(10). 如果用这些数值代入(9) 的系数 $l_1, l_2, m_1, m_2$,然后解等式(9),求 $X', Y'$,便得

$$X' = l_1X + m_1Y, Y' = l_2X + m_2Y \tag{9a}$$

由(9a) 和(8) 得同样的关系

$$l_1^2 + l_2^2 = 1, m_1^2 + m_2^2 = 1, l_1m_1 + l_2m_2 = 0 \tag{11a}$$

这些也可由公式(10) 直接推得.

适合条件(8) 的代换(9) 叫作正交代换(参看 §72). 在二元度情形下,我们看到正交代换的系数,适合于关系式(11),因可表现为关系式(10). 反过来说,由(10) 也可推得(11) 和(11a).

**§70. 空间的直角坐标变换**　现在讨论在空间的一个直角坐标系换为另一个直角坐标系的情形.

为易于明了起见,首先假定原点不动(图 72). 在这情形,新系对于旧系的位置,为新轴的方向的坐标所决定,即为单位矢量 $\boldsymbol{u}', \boldsymbol{v}', \boldsymbol{w}'$ 的坐标所决定.

和前一样,设

$$\begin{cases} \boldsymbol{u}' = l_1\boldsymbol{u} + m_1\boldsymbol{v} + n_1\boldsymbol{w} \\ \boldsymbol{v}' = l_2\boldsymbol{u} + m_2\boldsymbol{v} + n_2\boldsymbol{w} \\ \boldsymbol{w}' = l_3\boldsymbol{u} + m_3\boldsymbol{v} + n_3\boldsymbol{w} \end{cases} \tag{1}$$

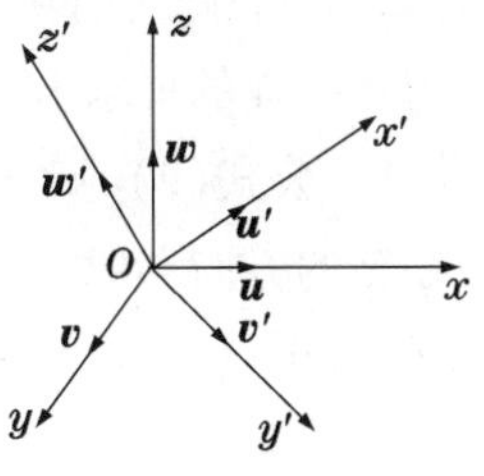

图 72

因为它们是直角坐标,故方向坐标同时便是方向余弦. 为清楚起见,现在把这些余弦列表如下:

| | $Ox$ | $Oy$ | $Oz$ |
|---|---|---|---|
| $Ox'$ | $l_1$ | $m_1$ | $n_1$ |
| $Oy'$ | $l_2$ | $m_2$ | $n_2$ |
| $Oz'$ | $l_3$ | $m_3$ | $n_3$ |

(A)

在这表里,$m_1$ 代表 $Ox'$ 和 $Oy$ 的夹角的余弦,$n_2$ 代表 $Oy'$ 和 $Oz$ 的夹角的余弦,余类推.

由 §65 公式(2) 我们有

$$\begin{cases} X = l_1X' + l_2Y' + l_3Z' \\ Y = m_1X' + m_2Y' + m_3Z' \\ Z = n_1X' + n_2Y' + n_3Z' \end{cases} \tag{2}$$



这些公式是用新坐标来表示旧坐标. 如把新旧的地位互换,便得反变换公式

$$\begin{cases} X' = l_1X + m_1Y + n_1Z \\ Y' = l_2X + m_2Y + n_2Z \\ Z' = l_3X + m_3Y + n_3Z \end{cases} \tag{3}$$

由于这些公式的重要性,现再举一个较为简单的方法,不需依靠以前的公式,便可推得(3).

因我们用直角坐标,故

$$X' = \boldsymbol{u}' \cdot \boldsymbol{P}, Y' = \boldsymbol{v}' \cdot \boldsymbol{P}, Z' = \boldsymbol{w}' \cdot \boldsymbol{P}$$

用式(1) 的 $\boldsymbol{u}', \boldsymbol{v}', \boldsymbol{w}'$ 代入这些式里,并注意 $\boldsymbol{u} \cdot \boldsymbol{P} = X, \boldsymbol{v} \cdot \boldsymbol{P} = Y, \boldsymbol{w} \cdot \boldsymbol{P} = Z$ 便立即得公式(3). 又把新旧轴的地位互换,便得公式(2).

当然这样的推求方法,也可应用于前节所述平面上直角坐标的变换[①].

同样,公式(2) 和(3) 也可应用于点的坐标. 如果假定坐标原点不变.

在轴的方向和原点一起变动的情形,公式(1) 和(2) 对于矢量的坐标仍然有效. 但对于点的坐标,有如下式(参看 §66)

① 这个方法,和 §68 的协变坐标变换求法是相同的. 因这里新旧两系同是直角坐标,故协变和逆变的区别不复存在.

$$\begin{cases} x = a + l_1x' + l_2y' + l_3z' \\ y = b + m_1x' + m_2y' + m_3z' \\ z = c + n_1x' + n_2y' + n_3z' \end{cases} \tag{4}$$

这里 $a,b,c$ 代表新原点 $O'$ 对于旧系的坐标.

用点的旧坐标来表示点的新坐标的公式,也不难推得(参看习题 1).

### 习题和补充

1. 依照本节的记法,求用旧坐标来表示新坐标.

答:(比较前节习题 1)

$$\begin{cases} x' = l_1(x-a) + m_1(y-b) + n_1(z-c) \\ y' = l_2(x-a) + m_2(y-b) + n_2(z-c) \\ z' = l_3(x-a) + m_3(y-b) + n_3(z-c) \end{cases} \tag{5}$$

2. 把空间的直角坐标系绕着 $z$ 轴旋转,使新的 $x'$ 轴在平面 $xOy$ 上,并和旧的 $x$ 轴组成夹角 $\varphi$. 求矢量或点的坐标变换公式.

答:$x = x'\cos\varphi - y'\sin\varphi, y = x'\sin\varphi + y'\cos\varphi, z = z'$.

**§71. 直角坐标变换公式中系数间的关系**[①]　为了决定新坐标轴对于旧系的方向,我们引进九个数量[前节表(A)的方向余弦]. 这九个数量不是完全各自独立的. 事实上,照前用 $\boldsymbol{u}',\boldsymbol{v}',\boldsymbol{w}'$ 来代表新轴的单位矢量,我们有[参看前节表(A)]

$$\boldsymbol{u}' = (l_1,m_1,n_1), \boldsymbol{v}' = (l_2,m_2,n_2), \boldsymbol{w}' = (l_3,m_3,n_3) \tag{1}$$

(即单位矢量 $\boldsymbol{u}'$ 对于旧系的坐标为 $l_1,m_1,n_1$,其余类推.)

单位矢量 $\boldsymbol{u}',\boldsymbol{v}',\boldsymbol{w}'$ 显然适合下面的(且只是下面的)条件:它们的长等于 1,且它们互相垂直. 这些条件可写作

$$\boldsymbol{u}'^2 = \boldsymbol{v}'^2 = \boldsymbol{w}'^2 = 1, \boldsymbol{v}'\cdot\boldsymbol{w}' = \boldsymbol{w}'\cdot\boldsymbol{u}' = \boldsymbol{u}'\cdot\boldsymbol{v}' = 0 \tag{2}$$

如用所述矢量的坐标来表示这些条件[§44 公式(2)和 §46 公式(2)],便得

$$\begin{cases} l_1^2 + m_1^2 + n_1^2 = 1 \\ l_2^2 + m_2^2 + n_2^2 = 1 \\ l_3^2 + m_3^2 + n_3^2 = 1 \end{cases} \tag{3}$$

① 比较 §69 习题 4 里所述.

$$\begin{cases} l_2 l_3 + m_2 m_3 + n_2 n_3 = 0 \\ l_3 l_1 + m_3 m_1 + n_3 n_1 = 0 \\ l_1 l_2 + m_1 m_2 + n_1 n_2 = 0 \end{cases} \tag{4}$$

故在九个方向余弦间共有六个方程关系.

由这些方程的几何意义,便知没有一个关系可从其余的关系推得. 那便是说,这些方程是各自独立的①. 我们并且知道三个互相垂直的单位矢量的坐标 $l_1, l_2, \cdots, n_3$,不能适合与关系(3) 和(4) 无关的其他关系②.

如果把新系和旧系的地位互换,那么,关系(3) 和(4) 变成

$$\begin{cases} l_1^2 + l_2^2 + l_3^2 = 1 \\ m_1^2 + m_2^2 + m_3^2 = 1 \\ n_1^2 + n_2^2 + n_3^2 = 1 \end{cases} \tag{3a}$$

$$\begin{cases} m_1 n_1 + m_2 n_2 + m_3 n_3 = 0 \\ n_1 l_1 + n_2 l_2 + n_3 l_3 = 0 \\ l_1 m_1 + l_2 m_2 + l_3 m_3 = 0 \end{cases} \tag{4a}$$



根据上面所述,这些关系式也可以应用(3) 和(4) 来推得. 其实由(3),(4) 推得(3a),(4a),只需用简单的代数变换,并非难事(参看下节).

因为九个余弦 $l_1, \cdots, n_3$ 之间,存在有六个独立关系,那么其中有六个余弦,可用其余的三个来表示. 因此,一个直角系对于另一个直角系,三条坐标轴的方向可用三个数量来完全决定它们. 这三个数量(参数) 可以任意选择. 在实用上,最常见的,是采取下面(§73) 所述的所谓欧拉角.

在二元度的情形,§69 的(11),(11a) 替代了(3),(4),(3a),(4a). 且在这情形下,$l_1, m_1, l_2, m_2$ 可用一个角 $\varphi$ 来表示.

回到三元度的情形,我们由关系(3),(4) 推出一个重要的公式. 试求行列式

---

① 例如,求证第一个式不能够由其余的五个推得. 事实上,最后的五个方程只说明了矢量 $\boldsymbol{u}', \boldsymbol{v}', \boldsymbol{w}'$ 互相垂直[方程(4)],而且 $|\boldsymbol{v}'| = |\boldsymbol{w}'| = 1$. 由此当然不能推得矢量 $\boldsymbol{u}'$ 的长等于1,即不能直接推得第一个式. 同样我们也可证明方程(3) 和(4) 里的任何一个方程,是不能由其余的方程推得的.

② 这句话的意思就是说:数量 $l_1, \cdots, l_3$ 间的任何关系,必定是由关系式(3) 和(4) 里推衍出来. 事实上,如果(3) 和(4) 成立,那么,矢量 $\boldsymbol{u}', \boldsymbol{v}', \boldsymbol{w}'$ 必定是互相垂直的三个单位矢量. 因此任意三个互相垂直的单位矢量,它们的坐标所适合的一切关系,都可从关系式(3) 和(4) 推得.

$$\Delta = \begin{vmatrix} l_1 & m_1 & n_1 \\ l_2 & m_2 & n_2 \\ l_3 & m_3 & n_3 \end{vmatrix} \tag{5}$$

的数值.

取

$$\Delta^2 = \begin{vmatrix} l_1 & m_1 & n_1 \\ l_2 & m_2 & n_2 \\ l_3 & m_3 & n_3 \end{vmatrix} \cdot \begin{vmatrix} l_1 & m_1 & n_1 \\ l_2 & m_2 & n_2 \\ l_3 & m_3 & n_3 \end{vmatrix}$$

用行列式乘法(行乘行法①),并应用(3),(4) 来化简,得

$$\Delta^2 = \begin{vmatrix} l_1^2 + m_1^2 + n_1^2 & l_1 l_2 + m_1 m_2 + n_1 n_2 & l_1 l_3 + m_1 m_3 + n_1 n_3 \\ l_2 l_1 + m_2 m_1 + n_2 n_1 & l_2^2 + m_2^2 + n_2^2 & l_2 l_3 + m_2 m_3 + n_2 n_3 \\ l_3 l_1 + m_3 m_1 + n_3 n_1 & l_3 l_2 + m_3 m_2 + n_3 n_2 & l_3^2 + m_3^2 + n_3^2 \end{vmatrix}$$

$$= \begin{vmatrix} 1 & 0 & 0 \\ 0 & 1 & 0 \\ 0 & 0 & 1 \end{vmatrix} = 1$$



由此求得我们欲得到的公式②

$$\Delta = \pm 1 \tag{6}$$

上式右边的符号是一个有兴趣的问题,由下面的方法来决定.

在 §24 我们已经懂得把空间三个互相垂直的方向区别为左手系和右手系.因此,如果两个直角坐标系的轴 $Ox, Oy, Oz$ 和 $O'x', O'y', O'z'$ 同为左手系或同为右手系,我们便说它们是同位的,在相反情形便说它们是异位的,两个同位的系可以互相叠置,使相当的各轴两两叠合;但不同位的两个系,就不能这样叠置(例如,在这情形,如果把 $O'x', O'y'$ 依次和 $Ox, Oy$ 叠合,那么 $O'z'$ 和 $Oz$ 便取相反的正向).

我们现在容易知道:在公式(6) 中应取上号,如果所论的两个系是同位的;应取下号,如果两个系是异位的.实际上,如果所讨论的两个系是同位的,我们可用连续运动把它们叠合起来.经过连续运动,行列式里的各个元,显然要连续

---

① 参看附录 §1,第 7° 点.

② 在本节后段,还有一个不同的求法.

地变值,但行列式$\Delta$须保持着一个常数值 $+1$ 或 $-1$,不能变号. 在叠合的情形显然有

$$\Delta = \begin{vmatrix} 1 & 0 & 0 \\ 0 & 1 & 0 \\ 0 & 0 & 1 \end{vmatrix} = 1$$

故若两系同位,得 $\Delta = +1$. 我们亦可同样讨论异位的系. 例如,在这情形,经过连续的运动可把轴 $O'x'$,$O'y'$ 和轴 $Ox$,$Oy$ 依次叠合,但轴 $O'z'$ 将和轴 $Oz$ 取反向,故得

$$\Delta = \begin{vmatrix} 1 & 0 & 0 \\ 0 & 1 & 0 \\ 0 & 0 & -1 \end{vmatrix} = -1$$

上面结果还有较为简单的证明,如果我们引用三个矢量的混合积的概念(§26). 实际上,根据 §52 所述,行列式$\Delta$正是三个互相垂直的单位矢量 $\boldsymbol{u}'$,$\boldsymbol{v}'$,$\boldsymbol{w}'$ 的混合积,即 $\Delta = [\boldsymbol{u}',\boldsymbol{v}',\boldsymbol{w}']$. 因此 $\Delta = \pm 1$,而且在两系同位时取正号,异位时取负号①.



应用矢量乘积的概念,我们又可把所论方向余弦间的一连串的关系写出来.

为确定起见,设旧轴构成右手系,便有

$$\boldsymbol{v}' \times \boldsymbol{w}' = \pm \boldsymbol{u}', \boldsymbol{w}' \times \boldsymbol{u}' = \pm \boldsymbol{v}', \boldsymbol{u}' \times \boldsymbol{v}' = \pm \boldsymbol{w}' \tag{7}$$

这里上号表示新系和旧系同位,下号表示它们异位.

上面已经说过[§51 注脚 2],如果坐标系 $Oxyz$ 是右手系,这些公式依然成立. 在这种情况下,只需把所有在叙述里(特别是在矢积的定义里)遇到的“左”和“右”两字互易.

根据 §51 公式(4),由上面的公式(7)得九个关系式,如

$$l_1 = \pm (m_2 n_3 - m_3 n_2)$$

这是其中的第一个;其余可从字母 $l$,$m$,$n$ 和下标 1,2,3 的循环排列得来. 概括地说,这些关系说明行列式

① 事实上,我们知道$[\boldsymbol{u}',\boldsymbol{v}',\boldsymbol{w}']$是在矢量 $\boldsymbol{u}'$,$\boldsymbol{v}'$,$\boldsymbol{w}'$ 上所作的平行六面体的体积,配上一定的符号(§52). 在现在情形,这个平行六面体化为棱长各等于 1 的正立方体.

$$\Delta = \begin{vmatrix} l_1 & m_1 & n_1 \\ l_2 & m_2 & n_2 \\ l_3 & m_3 & n_3 \end{vmatrix}$$

的各个元等于它的代数余子式，且当两个系同位时取正号，异位时取负号.

按着这个行列式的一行（或一列）展开，再应用关系式(8)，又回到公式(6).

**§72. 正交代换. 前节公式的代数证法**　前节所得的结果，当然引起一个极为重要的代数概念叫作正交代换. 关于正交代换，我们已在 §69（习题4）讲过一些，那时只讲特别容易的二元度的特例. 现在要比较详细地讨论三元度的情形①.

齐次平直代换

$$\begin{cases} X = l_1X' + l_2Y' + l_3Z' \\ Y = m_1X' + m_2Y' + m_3Z' \\ Z = n_1X' + n_2Y' + n_3Z' \end{cases} \tag{1}$$



叫作正交代换，如果下面的恒等式成立

$$X^2 + Y^2 + Z^2 = X'^2 + Y'^2 + Z'^2 \tag{2}$$

用(1)代入式(2)的左边，再比较左右两边各个变数的平方和乘积的系数，便得已知代换为正交的充分且必要条件

$$l_1^2 + m_1^2 + n_1^2 = 1, l_2^2 + m_2^2 + n_2^2 = 1, l_3^2 + m_3^2 + n_3^2 = 1 \tag{3}$$

$$l_2l_3 + m_2m_3 + n_2n_3 = l_3l_1 + m_3m_1 + n_3n_1 = l_1l_2 + m_1m_2 + n_1n_2 = 0 \tag{4}$$

这样，我们仍旧获得前节(3)和(4)的条件，这是由一个直角（即正交）坐标系变到另一个直角系时系数所必须适合的条件. 这便是“正交代换”命名的来源.

设 $\Delta$ 代表这个代换的行列式

$$\Delta = \begin{vmatrix} l_1 & l_2 & l_3 \\ m_1 & m_2 & m_3 \\ n_1 & n_2 & n_3 \end{vmatrix} = \begin{vmatrix} l_1 & m_1 & n_1 \\ l_2 & m_2 & n_2 \\ l_3 & m_3 & n_3 \end{vmatrix}$$

由关系式(3)和(4)如前节一样，得

① 我们只就三元度的情形来讲，为了要有几何上的意义. 但下文所讲的一切，都可推广到多元度的情形（参看附录 §14）.

$$\Delta = \pm 1 \tag{5}$$

在$\Delta = +1$的情形,我们说这是同位代换,当$\Delta = -1$时,便说是异位代换[①].

现在解方程系[由等式(3)和(4)中取得]

$$l_1l_1 + m_1m_1 + n_1n_1 = 1$$

$$l_1l_2 + m_1m_2 + n_1n_2 = 0$$

$$l_1l_3 + m_1m_3 + n_1n_3 = 0$$

这里把第一组因数($l_1, m_1, n_1$)当作变数,其他当作系数. 由行列式论的熟识法则(参看附录 §3),得

$$l_1 = \frac{1}{\Delta}\begin{vmatrix} 1 & m_1 & n_1 \\ 0 & m_2 & n_2 \\ 0 & m_3 & n_3 \end{vmatrix} = \frac{1}{\Delta}(m_2n_3 - m_3n_2) = \pm(m_2n_3 - m_3n_2)$$

和另外两个等式,用字母$l, m, n$的循环排列推得;再把下标1,2,3循环排列,可得六个同样的等式. 因此,这个行列式$\Delta$里各元的代数余子式,分别等于它的对应元,不过在同位的情形($\Delta = +1$)取正号,在异位的情形($\Delta = -1$)取负号(比较前节).



注意:在这些条件之下,用行列式方法来解方程系(1)求$X', Y', Z'$,得

$$\begin{cases} X' = l_1X + m_1Y + n_1Z \\ Y' = l_2X + m_2Y + n_2Z \\ Z' = l_3X + m_3Y + n_3Z \end{cases} \tag{1a}$$

我们看到用$X, Y, Z$表示$X', Y', Z'$的代换,只在原代换的系数表里把列和行互易便可得到. 所得的代换,由于正交条件(2),当然也要适合和(3),(4)相类似的方程. 这些方程是从上述的系数表里把行列互易而得来.

这样我们得前节的关系式(3a),(4a). 这次由(3),(4)推得(3a),(4a)完全是代数的方法.

**§73. 欧拉角**[②] 在 §71 已经说过,一个直角系的轴的正向,对于另一个直角系(即一个系对于另一个系的指向),可以用三个角来完全决定. 这些叫作欧拉角,现在用下面方法规定它们. 因为我们要决定的是轴的方向,故可假设两系$Oxyz$和$Ox'y'z'$有公共原点$O$. 又可假设这两系同是左手系,并不妨碍理论的

---

① 几何意义:同位代换如新旧两系的轴有同位的关系. 异位代换如它们间有异位的关系.

② 初次阅读时,可以略去这一节.

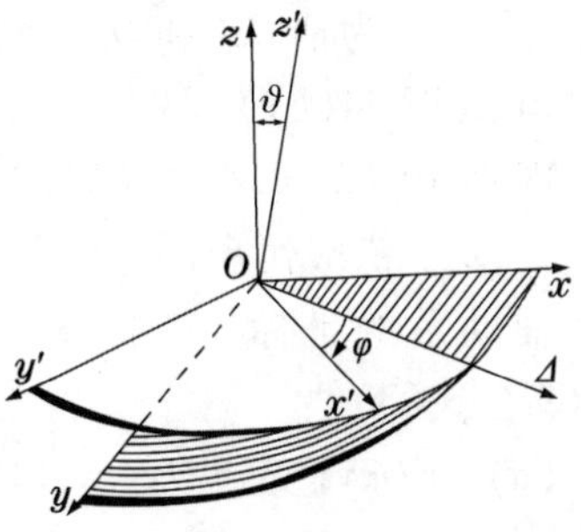

图 73

普遍性.

设 $\Delta$ 代表两平面 $x'Oy'$ 和 $xOy$ 的交线(图 73),我们给这条交线规定一个确定的方向,即把它当作轴来看待,选择 $\Delta$ 的正向使三个正向 $Oz, Oz', \Delta$ 构成左手法.

现设

$$\psi = \widehat{Ox,\Delta}$$

代表 $Ox$ 和 $\Delta$ 所成的角,在区间 $(0,2\pi)$ 内,且在平面 $xOy$ 上依正向计算(即从轴 $Ox$ 和 $Oy$ 的方向).

又设

$$\vartheta = \widehat{Oz,Oz'}$$

代表 $Oz$ 和 $Oz'$ 所成的角,在区间 $(0,\pi)$ 内. 最后,设

$$\varphi = \widehat{\Delta,Ox'}$$

代表轴 $\Delta$ 和轴 $Ox'$ 所成的角,在区间 $(0,2\pi)$ 内,且在平面 $x'Oy'$ 上由轴 $\Delta$ 起,依正向计算.



显然地,给定了三个角便完全决定系 $Ox'y'z'$ 对于系 $Oxyz$ 的位置,那便是说:已知角 $\psi$,我们可作轴 $\Delta$,然后在通过 $Oz$ 而垂直于 $\Delta$ 的平面上,截取角 $\vartheta$(对于沿着 $\Delta$ 站立的观测者来讲①. 这个角由轴 $Oz$ 算起,取顺时针的方向;所谓沿着轴站立是说轴的正向,由观测者的足到他的头)我们便得正向 $Oz'$;再在通过 $\Delta$ 而垂直于 $Oz'$ 的平面上截取角 $\varphi$(由轴 $\Delta$ 算起,依着正向,即对于沿着 $Oz'$ 站立的观测者来讲是顺时针方向)我们便得轴 $Ox'$;最后由轴 $Ox'$ 起(方向同前,并在同前的平面上)截取角 $+\frac{\pi}{2}$,我们便得轴 $Oy'$.

角 $\psi, \vartheta, \varphi$ 是欧拉最先引用的,故名欧拉角.

现在求用三个角来表示 §70 表示(A)的方向余弦的公式. 为此,我们注意新系 $Ox'y'z'$ 可用下面方法由旧系得来:先把系 $Oxyz$ 绕着 $Oz$ 转过角 $\psi$,我们得系 $Ox_1y_1z_1$,它的轴 $Ox_1$ 和 $\Delta$ 叠合,而轴 $Oz_1$ 和 $Oz$ 叠合(图 74(a)). 再把系 $Ox_1y_1z_1$ 绕着 $Ox_1$ 转过角 $\vartheta$,我们得系 $Ox_2y_2z_2$,它的轴 $Ox_2$ 和 $Ox_1$ 叠合,而轴 $Oz_2$ 和 $Oz_1$ 组成角 $\vartheta$(图 74(b)). 最后,把系 $Ox_2y_2z_2$ 绕着 $Oz_2$ 转过角 $\varphi$,我们显然得到所求的

① 因为只有在这样情形,三条轴 $Oz, Oz', \Delta$ 方才组成左手系(试用图来验明).

系 $Ox'y'z'$,因为轴 $Oz'$ 和 $Oz_2$ 叠合,而轴 $Ox'$ 和轴 $Ox_2$ 组成角 $\varphi$(图 74(c)).

现在用 $(X,Y,Z)$, $(X',Y',Z')$, $(X_1,Y_1,Z_1)$, $(X_2,Y_2,Z_2)$ 依次代表同一个矢量对于旧系、新系和两个辅助系的坐标,显然得下面一个连串的公式[§69 公式(3)]:

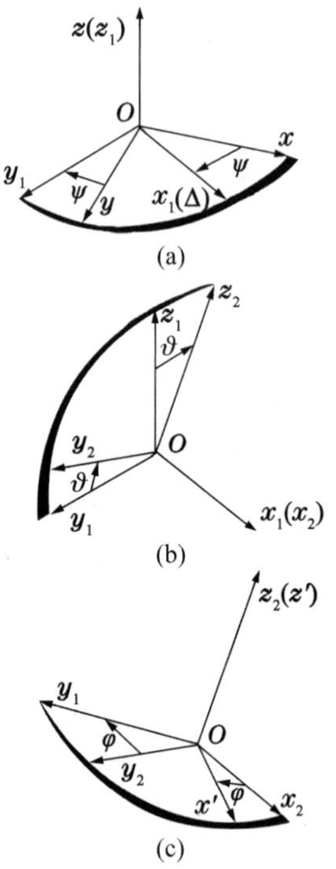


图 74

(a) 由 $Oxyz$ 变到 $Ox_1y_1z_1$(图 74(a))

$$\begin{cases} X = X_1\cos\psi - Y_1\sin\psi \\ Y = X_1\sin\psi + Y_1\cos\psi \\ Z = Z_1 \end{cases} \qquad \text{(a)}$$

(b) 由 $Ox_1y_1z_1$ 变到 $Ox_2y_2z_2$(图 74(b))

$$\begin{cases} X_1 = X_2 \\ Y_1 = Y_2\cos\vartheta - Z_2\sin\vartheta \\ Z_1 = Y_2\sin\vartheta + Z_2\cos\vartheta \end{cases} \qquad \text{(b)}$$



(c) 最后由 $Ox_2y_2z_2$ 变到 $Ox'y'z'$(图 74(c))

$$\begin{cases} X_2 = X'\cos\varphi - Y'\sin\varphi \\ Y_2 = X'\sin\varphi + Y'\cos\varphi \\ Z_2 = Z' \end{cases} \qquad \text{(c)}$$

把(b)代入(a)得

$$X = X_2\cos\psi - (Y_2\cos\vartheta - Z_2\sin\vartheta)\sin\psi$$
$$Y = X_2\sin\psi + (Y_2\cos\vartheta - Z_2\sin\vartheta)\cos\psi$$
$$Z = Y_2\sin\vartheta + Z_2\cos\vartheta$$

再把(c)代入上式,得

$$X = (X'\cos\varphi - Y'\sin\varphi)\cos\psi - [(X'\sin\varphi + Y'\cos\varphi)\cos\vartheta - Z'\sin\vartheta]\sin\psi$$
$$Y = (X'\cos\varphi - Y'\sin\varphi)\sin\psi + [(X'\sin\varphi + Y'\cos\varphi)\cos\vartheta - Z'\sin\vartheta]\cos\psi$$
$$Z = (X'\sin\varphi + Y'\cos\varphi)\sin\vartheta + Z'\cos\vartheta$$

去掉括号,再将公式(§70)

$$\begin{cases} X = l_1X' + l_2Y' + l_3Z' \\ Y = m_1X' + m_2Y' + m_3Z' \\ Z = n_1X' + n_2Y' + n_3Z' \end{cases} \qquad (1)$$

和它比较,我们得结论

$$\begin{cases} l_1 = \cos\psi\cos\varphi - \sin\psi\cos\vartheta\sin\varphi \\ m_1 = \sin\psi\cos\varphi + \cos\psi\cos\vartheta\sin\varphi \\ n_1 = \sin\vartheta\sin\varphi \\ l_2 = -\cos\psi\sin\varphi - \sin\psi\cos\vartheta\cos\varphi \\ m_2 = -\sin\psi\sin\varphi + \cos\psi\cos\vartheta\cos\varphi \\ n_2 = \sin\vartheta\cos\varphi \\ l_3 = \sin\psi\sin\vartheta \\ m_3 = -\cos\psi\sin\vartheta \\ n_3 = \cos\vartheta \end{cases} \tag{2}$$

这些公式是欧拉的收获. 用球面三角公式也容易把它们推算出来.

**注 1**　如果新系是右手系(旧系照旧是左手系),那么,欧拉角可依下面的方法来规定. 例如,我们先令辅助系的轴为 $Ox'$,$Oy'$,$Oz''$. 前头的两条轴和新系的两条轴 $Ox'$,$Oy'$ 相同,而第三条轴 $Oz''$ 和轴 $Oz'$ 反向. 按着辅助系(当然它是左手系)来定各个角 $\varphi,\psi,\vartheta$,这些角也叫作所给的右手系的欧拉角. 公式(1)和(2)显然有效,只要我们把公式(2)里 $l_3,m_3,n_3$ 的表示式变号. 我们也容易见到,当旧系是右手系时,怎样把角 $\varphi,\psi,\vartheta$ 的定义加以修改.



**注 2**　公式(2)证明了三个变数的任何正交代换的系数(参看前节)可用三个辅助参数 $\varphi,\psi,\vartheta$ 来表示①.

这个事实的证明,可不需引用正交代换的几何意义.

**§74. 平面上狭义斜角坐标的变换**　现在讨论平面上从一个狭义斜角坐标系变到另一个狭义斜角坐标系的变换公式,作为本段的结束. 如果已知新原点对于旧系的坐标 $a,b$. 又已知新轴 $O'x'$,$O'y'$ 分别和旧轴 $Ox$ 所成的角 $\varphi$ 和 $\psi$,则新轴对于旧轴的位置便可决定(关于计算角的方向,参看§47)(图 75).

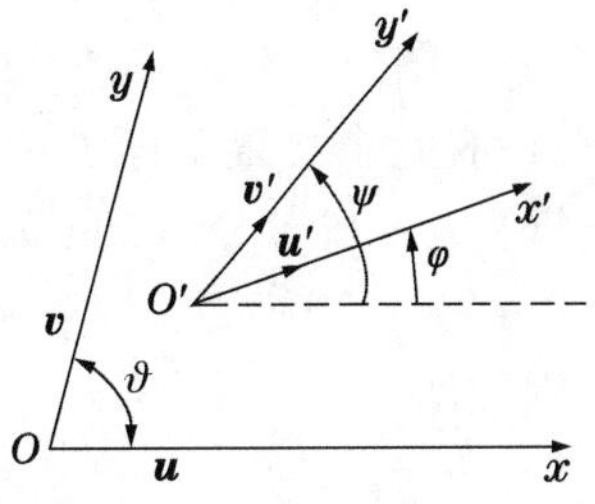


图 75

新轴的单位矢量 $\boldsymbol{u}',\boldsymbol{v}'$ 为[参看 §47 公式(7)]

① 在异位代换,只要把 $l_3,m_3,n_3$ 的右边表示式变号. 在二元度情形,正交代换的系数正如我们所知道,可用一个参数 $\varphi$ 来表示.

$$\begin{cases} \boldsymbol{u}' = \dfrac{\sin(\nu - \varphi)}{\sin \nu}\boldsymbol{u} + \dfrac{\sin \varphi}{\sin \nu}\boldsymbol{v} \\ \boldsymbol{v}' = \dfrac{\sin(\nu - \psi)}{\sin \nu}\boldsymbol{u} + \dfrac{\sin \psi}{\sin \nu}\boldsymbol{v} \end{cases} \tag{1}$$

此处 $\nu$ 是旧系的坐标角.

由此,根据 §65 公式(1a),(2a),得矢量坐标的变换公式

$$X = \frac{X'\sin(\nu - \varphi) + Y'\sin(\nu - \varphi)}{\sin \nu}, Y = \frac{X'\sin \varphi + Y'\sin \psi}{\sin \nu} \tag{2}$$

对于点的坐标也有同样的公式,只要在式(2) 的右边分别加上了数量 $a$ 和 $b$ 便成.

## Ⅲ. 运动和仿射变换

前段的公式,表示同一点的笛氏坐标对于两个不同的坐标系的关系. 但这些公式也可从另一观点给以不同的解释. 即把它们看为不相同的点对于同一系或不同的系的坐标的关系. 这个看法,引起一个基本重要的新概念. 我们将于本段加以说明.



**§75. 运动** 为了易于了解,我们从直角坐标的变换公式开始,并且首先讨论二元度的情形.

设 $xOy$ 为平面上的任意直角坐标系. 现在设想这个平面像一个刚体,在它的本身上运动,使系 $xOy$ 改取新的位置 $x'O'y'$(图 76). 这个情形可详细叙述如下:设有两个叠置平面 $\Pi$ 和 $\Pi'$(好像两页纸),第一个平面不动,第二个平面可在第一个之上滑动. 在平面 $\Pi$ 和 $\Pi'$ 上分别取两个坐标系 $xOy$ 和 $x'O'y'$. 在 $\Pi'$ 未运动之前,这两个系是叠合的. 经过运动之后,系 $x'O'y'$ 改取一个对于系

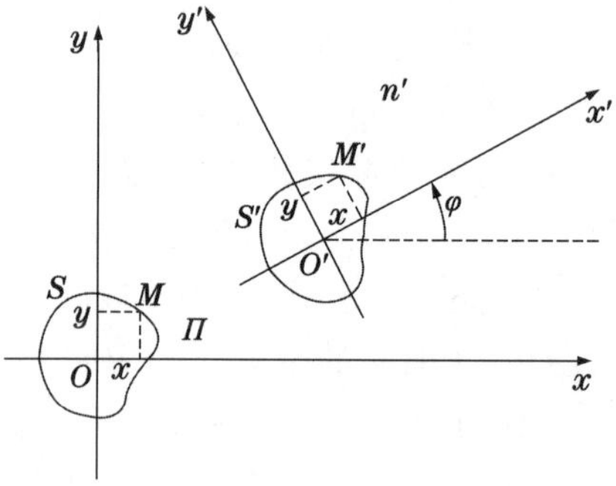


图 76

$xOy$ 为完全确定的位置;我们讨论 $\Pi'$ 在新位置的情形. $\Pi'$ 上的一点,在未运动之前和平面 $\Pi$ 上的点 $M(x,y)$ 叠合,经过运动之后改取新的位置 $M'$. 设$(x',y')$代表这点 $M'$ 对于系 $xOy$ 的坐标. 我们欲知这点在旧位置的坐标$(x,y)$ 和它在新位置的坐标$(x',y')$ 彼此间的关系. 为此,应用 §69 公式(5) 于点 $M'$ 对于 $xOy$

和对于 $x'O'y'$ 的坐标. 对于第一系,由定义,它的坐标是$(x',y')$;对于第二系,它的坐标显然等于$(x,y)$. 因为 $M'$ 对于 $x'O'y'$ 的坐标,显然就是 $M$ 对于 $xOy$ 的坐标(图 76). 故得①

$$\begin{cases} x' = x\cos\varphi - y\sin\varphi + a \\ y' = x\sin\varphi + y\cos\varphi + b \end{cases} \tag{1}$$

式中 $\varphi$ 代表轴 $O'x'$ 旋转所经过的角,而 $a,b$ 是点 $O'$(在它的新位置)的坐标. 这样我们所得的公式,和在 §69 所得的没有分别(现在只把 $x,y$ 和 $x',y'$ 互易),不过它们的意义判断不同:在 §69,所说的是同一点对于不同的系的坐标;而现在所说的,是两个不同的点对于同一系的坐标.

由关系式(1)引进下面的对应关系:相当于平面 $\Pi$ 上每一点 $M$,平面 $\Pi'$ 上有完全确定的对应点 $M'$,反过来也如此.

当一个平面上的点和另一个平面上的点有了对应关系,使一平面上每一点在另一平面上有确定的一个对应点,反过来也如此,那么我们便说这两个平面上的点有了单值可逆的对应关系②,或说一个平面通过单值可逆的点变换③变为另一个平面. 在这情形下,一个平面上的每一个图形对应于另一个平面上的一个完全确定了的图形,反过来也如此.



现在的情形是这类对应(变换)中最简单的情形之一:两个对应的图形 $S$ 和 $S'$ 可以互相推得,只要把平面来移转,可使它们互相叠合,即是可使两方互相对应的点各各相叠合(图 76). 因此公式(1)所表示的变换叫作运动或叠合变换.

显然地,两个运动继续举行的结果仍是一个运动.

直至现在,我们在公式(1)所考虑的,是两个对应的点对于同一系 $xOy$ 的坐标. 现再设$(x,y)$和$(x',y')$代表在平面 $\Pi$ 和 $\Pi'$ 上的两点 $M$ 和 $M'$ 分别对于任意选定的直角坐标系 $xOy$ 和 $x''O''y''$ 的坐标,而且 $\varphi$ 为某个角,$a,b$ 为某些数量. 显然可见在这情形下,式(1)所表示的对应也是一个运动,如果 $xOy$ 和 $x''O''y''$ 是同位的话(§69). 事实上,如果把平面 $\Pi'$ 和系 $x''O''y''$ 作为一个整体放在平面 $\Pi$ 上,且令系 $x''O''y''$ 和系 $xOy$ 叠合,那么,我们回复到上述的情形.

---

① 在我们的情形,$x,y$ 应该是点 $M'$ 的'新'坐标,而 $x',y'$ 是(同一点的)'旧'坐标. 在 §69 的公式,应该采用上边符号,因为 $x'O'y'$ 是由 $xOy$ 经过平面上的运动得来.

② "单值可逆"这个术语,表示在一个平面上任取一点在另一个平面上定有一点和它们相对应,反过来说也是一样. 我们此后所述的对应多是这样的对应,有时我们把"单值可逆"几个字省去.

③ 当点是变换的基本元素时,我们称这变换为点变换. 但也有别样形式的变换存在,例如把一个平面上的点换为另一个平面上的直线,我们将在下面说到一些这类的变换.

和变换式(1) 并立的,还有如下的变换式

$$\begin{cases}x' = x\cos\varphi + y\sin\varphi + a \\ y' = x\sin\varphi - y\cos\varphi + b\end{cases} \tag{1a}$$

这式和 §69 公式(5) 的下边符号相当. 如果点 $M$ 和 $M'$ 是对于同一系 $xOy$ 来定坐标,那么,根据 §69 所述,变换(1a) 可由运动(1) 随后再来一个对于轴 $O'x'$ 的反射所组成. 这样的变换,也可以叫作运动,但为了和正常的变换(正常运动) 有所区别,我们叫它作不正常运动.

如果在公式(1a) 里,点 $M$ 和 $M'$ 的坐标是对于两个不同的同位直角系来讲,我们显见这个情形仍是一个不正常的运动. 相反地,如果两个坐标系是异位的,那么,(1a) 就表示一个正常运动,读者不难自行验明.

现在更将讨论两个不相叠合的平面 $\Pi$ 和 $\Pi'$,而$(x,y)$ 和$(x',y')$ 代表点 $M$ 和 $M'$ 在平面 $\Pi$ 和 $\Pi'$ 上分别对于两个直角系的坐标.

这里我们有叠合对应,因为利用运动(它们已经在三元度空间) 可把 $\Pi'$ 和 $\Pi$ 叠合,回到上述的情形.



但如果容许图形在运动时离开它原来所在的平面,那么平面形的叠合对应便没有正常和不正常的区别,因为把平面 $\Pi'$ 放在平面 $\Pi$ 的一边或放在它的另一边,便得这样或那样对应关系.

完全同样,我们可讨论空间图形的叠合对应或运动. 在这里可以想象有两个空间,其中一个“浸” 在其他一个里边,这个想法当然是不必要的(如:在平面上运动的情形一样). 要紧的是把在变换前后的点 $M$ 和点 $M'$ 分别清楚.

空间运动,用下面变换公式来表示

$$\begin{cases}x' = l_1x + l_2y + l_3z + a \\ y' = m_1x + m_2y + m_3z + b \\ z' = n_1x + n_2y + n_3z + c\end{cases} \tag{2}$$

这里的

$$\begin{cases}l_1 & m_1 & n_1 \\ l_2 & m_2 & n_2 \\ l_3 & m_3 & n_3\end{cases} \tag{3}$$

是某个正交代换的表,而 $a,b,c$ 为任意数量. 数量 $x,y,z$ 和 $x',y',z'$ 代表对于同一个或对于两个不相同的直角坐标系的两点 $M$ 和 $M'$ 的坐标. 首先讨论对于同

一个系 $Oxyz$ 的两点 $M$ 和 $M'$. 如果表(3) 的行列式[①]等于 $+1$,则我们得正常运动,使原点 $O$ 和 $O'(a,b,c)$ 叠合,而轴 $Ox,Oy,Oz$ 和单位矢量 $\boldsymbol{u}=(l_1,m_1,n_1)$,$\boldsymbol{v}=(l_2,m_2,n_2)$,$\boldsymbol{w}=(l_3,m_3,n_3)$ 的正向叠合. 如果$\Delta=-1$,那么,所得的为不正常运动,由一个正常运动和一个对于三个坐标平面中任何一个的反射组合而成.

在点 $M$ 和 $M'$ 对于两个不同的直角系的情形,公式(2) 依然表示一个运动(正常的或不正常的),如果表(3) 是某个正交代换的表的话(比较二元度的情形).

**§76. 仿射变换**　运动(叠合变换) 的直接推广是仿射变换. 现从二元度的情形开始,平面 $\Pi$ 和 $\Pi'$ 间成立一个仿射对应(或仿射变换),如果平面 $\Pi$ 上每一点 $M$ 有平面 $\Pi'$ 上的一点 $M'$ 和它对应,点 $M'$ 的笛氏坐标可用点 $M$ 的笛氏坐标的平直函数来表示

$$x'=l_1x+l_2y+a,y'=m_1x+m_2y+b \tag{1}$$

这里 $x,y$ 和 $x',y'$ 分别代表点 $M$ 和点 $M'$ 对于在平面 $\Pi$ 和 $\Pi'$ 上的任意笛氏坐标系的坐标. 系数 $l_1,l_2,m_1,m_2$ 和 $a,b$ 可以完全任意选取. 

如果未经特别声明,我们总把代换(1) 看作非特殊的代换,即行列式

$$\Delta=\begin{vmatrix} l_1 & m_1 \\ l_2 & m_2 \end{vmatrix} \tag{2}$$

不为0(如果 $\Delta=0$,便说这个代换是特殊的或退化的). 条件 $\Delta\neq 0$ 保证代换(1) 的可逆性:可以解方程系(1) 求 $x,y$ 而得到用 $x',y'$ 来表示它们的平直表示式. 因此在 $\Delta\neq 0$ 时,这个对应是单值可逆的.

为了使代换(1) 的几何性质更加明了,首先设平面 $\Pi$ 和 $\Pi'$ 互相叠置,并用同一笛氏坐标系 $xOy$ 来决定点 $M$ 和 $M'$.

设 $O,\boldsymbol{u},\boldsymbol{v}$ 依次是坐标系 $xOy$ 的原点和坐标矢量,用它们来定 $M$ 和 $M'$ 的坐标. 再取辅助系 $x'O'y'$,用 $O'(a,b)$ 做原点,用 $\boldsymbol{u}'=(l_1,m_1)$,$\boldsymbol{v}'=(l_2,m_2)$ 做坐标矢量(图 77),这里 $a,b,l_1,m_1,l_2,m_2$ 当然都是对于系 $xOy$ 的坐标.

显然可见,经过仿射代换(1) 后,点 $M(x,y)$ 变为点 $M'(x',y')$,点 $M'$ 对于辅助系 $x'O'y'$ 的坐标仍是 $x,y$,和点 $M$ 对于 $xOy$ 的坐标没有分别. 事实上,对于 $x'O'y'$ 坐标为$(x,y)$ 的点,对于 $xOy$ 的坐标,便是公式(1) 所决定的 $x',y'$. 只要看 §66 公式(2) 便自明白.

---

① 我们知道(§71)$\Delta=\pm 1$.

根据上面所述，仿射变换可用下面的方法说明：在 $\boldsymbol{u}, \boldsymbol{v}$ 上作平行四边形. 把它来变形(首先暂设边长不变)，使 $\boldsymbol{u}, \boldsymbol{v}$ 所夹的角 $\nu$ 变到 $\boldsymbol{u}', \boldsymbol{v}'$ 所夹的角 $\nu'$；其次把它的边伸长或缩短，使边长 $|\boldsymbol{u}|, |\boldsymbol{v}|$ 变成 $|\boldsymbol{u}'|, |\boldsymbol{v}'|$；最后，把所得的平行四边形移动，使它的顶点 $O$ 和 $O'$ 叠合. 又边 $\boldsymbol{u}$ 和边 $\boldsymbol{u}'$ 叠合，那么边 $\boldsymbol{v}$ 或者和边 $\boldsymbol{v}'$ 叠合，或者要再经过一个对于边 $\boldsymbol{u}$ 的反射之后方才叠合.

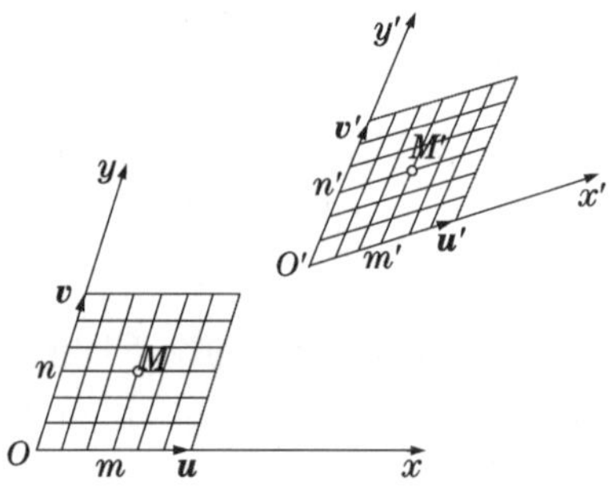

图 77

平面上每一点 $M$ 的位置，经过同样的变动：平行四边形 $OmMn$(图 77) 变成平行四边形 $O'm'M'n'$. 首先改变顶角，其次把各边伸长或缩短(和边 $\boldsymbol{u}, \boldsymbol{v}$ 同一伸缩的比例)，再移到新的位置，也许可能再添一个反射，一如上面的平行四边形所经过一样[①]. 如果我们作平行直线的网和 $Ox, Oy$ 平行，使组成网眼的平行四边形和在 $\boldsymbol{u}, \boldsymbol{v}$ 上所作的平行四边形相似，那么，经过变换之后，这个网仍变成一个平行直线的网，和 $O'x', O'y'$ 平行，而组成网眼的平行四边形，和在 $\boldsymbol{u}', \boldsymbol{v}'$ 上所作的平行四边形相似(图 77).



我们显然不能更把变换的形式来推广，如果在公式(1) 里，把代表两点 $M$ 和 $M'$ 的 $x, y$ 和 $x', y'$ 看作对于在两个(互相叠置的) 平面 $\Pi$ 和 $\Pi'$ 上不同的系的坐标.

实际上，设用同一坐标系 $xOy$ 来决定 $M'$ 和 $M$ 的位置. 对于这系，$M'$ 的坐标是 $x'', y''$，而对于它的原来的系，$M'$ 的坐标是 $x', y'$，那么，$x'', y''$ 可用 $x', y'$ 的一个非特殊的平直代换来表示

$$x'' = l_1'x' + l_2'y' + a', y'' = m_1'x' + m_2'y' + b' \qquad (3)$$

用式(1) 代入式(3) 的右边，所得公式和式(1) 有相同的形式

$$x'' = l_1''x + l_2''y + a'', y'' = m_1''x + m_2''y + b'' \qquad (4)$$

这些式把点 $M$ 和 $M'$ 对于同一系的坐标结合在一起. 各个系数 $l_1'', l_2''$ 等等，是用代换(1) 和(3) 的系数来表示. 更须注意的是：代换(4) 也是一个非特殊的代换，如果我们假定代换(1) 是非特殊的. 事实上，显而易见，代换(4) 的行列式，

① 将来(§238) 证明，任何仿射变换，可由两个依互相垂直的方向伸缩，再加一个运动，或可能加一个反射，组合成的结果.

等于代换(1) 和(3) 的行列式的乘积,这个留待读者自行验明(也可参看附录§9)①.

这样,不损害理论的普遍性,我们可以把公式(1) 看为对于同一坐标系的点坐标的仿射变换.

最后,如果点$M$和点$M'$在不同的平面上,那么,只要把这些平面叠置,便得上述的情形.

现在证明仿射变换的几个基本性质:

1° 仿射变换的反变换,也是仿射变换. 这是因为解方程系(1) 求$x,y$,便得用$x',y'$来表示$x,y$的公式.

2° 两个仿射变换继续进行的结果,仍是一个仿射变换. 事实上,设在进行变换(1) 之后,继续进行另一个变换

$$x'' = l_1'x' + l_2'y' + a',y'' = m_1'x' + m_2'y' + b'$$

那么,把式(1) 代入$x',y'$,所得结果是变换式

$$x'' = l_1''x + l_2''y + a'',y'' = m_1''x + m_2''y + b''$$

这个变换仍是非特殊的,如果所给的两个变换都是非特殊的(比较上面所述).



3° 经过仿射变换之后,直线变作直线,平行直线依旧平行,平行线段的比值不改变. 设$A(x_1,y_1)$和$B(x_2,y_2)$是平面$\Pi$上的两点. 经过变换后,它们为平面$\Pi'$上的点$A'(x_1',y_1')$和$B(x_2',y_2')$. 我们可说:仿射变换(1) 把矢量$\overrightarrow{AB}$变作矢量$\overrightarrow{A'B'}$(看下文便知不只是矢量的端点变作端点,而且线段$AB$上的各点变作线段$A'B'$上的各点. 但现时不关重要). 矢量$\boldsymbol{P} = \overrightarrow{AB}$的坐标$X = x_2 - x_1,Y = y_2 - y_1$,和矢量$\boldsymbol{P}' = \overrightarrow{A'B'}$的坐标$X' = x_2' - x_1',Y' = y_2' - y_1'$,有下面的关系

$$X' = l_1X + l_2Y,Y' = m_1X + m_2Y \tag{1a}$$

这式由(1) 直接求得. 再由(1a) 推知,平面$\Pi$上的矢量$(kX,kY) = k\boldsymbol{P}$变作平面$\Pi'$上的矢量$(kX',kY') = k\boldsymbol{P}'$,因此,如果在变换之前有矢性等式(在平面$\Pi$上)

$$\boldsymbol{Q} = k\boldsymbol{P}$$

那么经过变换之后,它变作等式(在$\Pi'$上)

$$\boldsymbol{Q}' = k\boldsymbol{P}'$$

这里$\boldsymbol{P}',\boldsymbol{Q}'$表示和$\boldsymbol{P},\boldsymbol{Q}$对应的矢量;这说明在变换之前平行的矢量经过变换,

① 这里的证明只就齐次代换来讲. 但显见常数项不能影响于乘积,因为代换行列式的系数不含有常数项在内.

依然平行,而且它们的比值 $k$ 照旧不改变,特别是它们的长的比值 $|k|$ 不变.

现在设 $\Delta$ 为平面 $\Pi$ 上的某直线,而 $A,B$ 为 $\Delta$ 上的任意两点. 设经过变换后,$A,B$ 变为平面 $\Pi'$ 上的点 $A',B'$,而 $\Delta'$ 代表通过 $A',B'$ 的直线. 求证直线 $\Delta$ 上任何点 $C$ 变为直线 $\Delta'$ 上的某一点. 事实上:取 $\overrightarrow{AC}=k\overrightarrow{AB}$,这里 $k$ 是数量. 经过变换之后,我们有 $\overrightarrow{A'C'}=k\overrightarrow{A'B'}$,即点 $C$ 的对应点 $C'$ 和 $A',B'$ 同在一直线上,便得证明所求.

由前面直接推得:平行的直线照旧平行(因为在它们上面的任何矢量都平行),而且平行线段的比值不改变.

注意:不平行的线段的比值就一般来说是要改变的.

**注**　由此更得一个重要推论:

首先矢性等式 $\boldsymbol{P}=\boldsymbol{P}_1+\boldsymbol{P}_2+\cdots+\boldsymbol{P}_n$ 经过变换之后,变成等式 $\boldsymbol{P}'=\boldsymbol{P}_1{}'+\boldsymbol{P}_2{}'+\cdots+\boldsymbol{P}_n{}'$,这里的撇号表示经过给定的仿射变换所得的矢量,要加证明,只需讨论矢量 $\boldsymbol{P}_1,\boldsymbol{P}_2,\cdots,\boldsymbol{P}_n$ 的多边形和封口矢量 $\boldsymbol{P}$;经过变换之后,它们变作以矢量 $\boldsymbol{P}'$ 为封口矢量的多边形 $\boldsymbol{P}_1{}'\boldsymbol{P}_2{}'\cdots\boldsymbol{P}_n{}'$.



由此,并根据前面所述,再推得:矢性等式

$$\boldsymbol{P}=k_1\boldsymbol{P}_1+\cdots+k_n\boldsymbol{P}_n \text{ 变为 } \boldsymbol{P}'=k_1\boldsymbol{P}_1{}'+\cdots+k_n\boldsymbol{P}_n{}' \tag{5}$$

这里 $k_1,\cdots,k_n$ 在两个等式里是相同的数量.

特别考虑下面的图形:一点 $O$ 和两个不平行矢量 $\boldsymbol{u}$ 和 $\boldsymbol{v}$ 构成平面 $\Pi$ 上的笛氏坐标系;平面 $\Pi$ 上任意点 $M$ 对于这系的坐标 $x,y$,由下面的等式来决定

$$\overrightarrow{OM}=\boldsymbol{u}x+\boldsymbol{v}y \tag{6}$$

现在施用任意一个仿射变换于平面 $\Pi$,等式(6) 变为

$$\overrightarrow{O'M'}=\boldsymbol{u}'x+\boldsymbol{v}'y$$

这证明:如果把全平面所经过的仿射变换施用于元素 $O,\boldsymbol{u},\boldsymbol{v}$ 所定的坐标系,则经变换后的点对于变换后的系的坐标和未变的点对于未变的系的坐标,完全相同.

由于这个性质,(广义的) 笛氏坐标又叫作仿射坐标.

4° 如果我们已知三个不共线的给定点,变成另外三个不共线的给定点,则平面上的仿射变换完全确定. 事实上,设 $A,B,C$ 为平面 $\Pi$ 上三个不共线的给定点. 又设 $A',B',C'$ 是 $\Pi'$ 上三个不共线的给定点,并设 $A',B',C'$ 是由 $A,B,C$ 依次所变成的. $A,B,C$ 三点在平面 $\Pi$ 上决定一个坐标系,以 $A$ 为原点,以矢量 $\boldsymbol{u}=\overrightarrow{AB},\boldsymbol{v}=\overrightarrow{AC}$ 为坐标矢量. 在平面 $\Pi'$ 上,和它们对应的三点也决定一个对应的坐

标系,以 $A'$ 为原点,以 $\boldsymbol{u}' = \overrightarrow{A'B'}, \boldsymbol{v}' = \overrightarrow{A'C'}$ 为坐标矢量. 这两个坐标系完全决定 $\Pi$ 和 $\Pi'$ 的仿射对应:即设点 $M$ 对于第一个坐标系有坐标 $x,y$,它的对应点 $M'$,对于第二个坐标系,也有相同的坐标 $x,y$(参看前面的注). 因此,如果用 $x,y$ 代表在平面 $\Pi$ 上对于第一个系的坐标,又用 $x',y'$ 代表在平面 $\Pi'$ 上对于第二个系的坐标,那么,关于这两个平面上的对应点,我们有

$$x' = x, y' = y \tag{7}$$

(平直代换的最简的形式).

最后,我们注意下面的仿射变换性质.

5° 仿射图形的面积比原来图形的面积,对于一切图形(当然要包有面积的)都有同一的比值. 这命题的证明只就平行四边形来讨论便够,因为所有图形的面积都可作为是平行四边形面积的和的极限.

设平面 $\Pi$ 和 $\Pi'$ 彼此互相叠置,又设在变换之前和经过变换之后的点的坐标,按照同一个坐标系 $xOy$ 来定.

这样,设 $S$ 是平面 $\Pi$ 上由矢量 $\boldsymbol{P} = (X_1, Y_1)$ 和 $\boldsymbol{Q} = (X_2, Y_2)$ 组成的平行四边形的面积,我们有(§67)



$$S = S_0 \begin{vmatrix} X_1 & Y_1 \\ X_2 & Y_2 \end{vmatrix}$$

这里 $S_0$ 是在轴 $Ox, Oy$ 上的坐标矢量 $\boldsymbol{u}, \boldsymbol{v}$ 所构成的平行四边形的面积. 经过变换之后,这面积变为

$$S' = S_0 \begin{vmatrix} X_1' & Y_1' \\ X_2' & Y_2' \end{vmatrix}$$

用 $X_1', Y_1', X_2', Y_2'$ 的数值代入这式的右边,并根据(1a),得

$$S' = S_0 \begin{vmatrix} l_1X_1 + l_2Y_1 & m_1X_1 + m_2Y_1 \\ l_1X_2 + l_2Y_2 & m_1X_2 + m_2Y_2 \end{vmatrix} = S_0 \begin{vmatrix} X_1 & Y_1 \\ X_2 & Y_2 \end{vmatrix} \cdot \begin{vmatrix} l_1 & l_2 \\ m_1 & m_2 \end{vmatrix}$$

由此得

$$S' = S_0 \begin{vmatrix} l_1 & l_2 \\ m_1 & m_2 \end{vmatrix} \tag{8}$$

即比值 $\dfrac{S'}{S}$ 和平行四边形的选择无关,因得证明所求.

三元度空间的仿射变换完全和此相类似:在这情形,公式(1)改成下式

$$\begin{cases} x' = l_1x + l_2y + l_3z + a \\ y' = m_1x + m_2y + m_3z + b \\ z' = n_1x + n_2y + n_3z + c \end{cases} \tag{9}$$

如果这个代换是非特殊的,相应的仿射变换也叫作非特殊的;否则仿射变换叫作特殊的或退化的. 以后如果没有反面的声明,我们所说的定是非特殊变换.

以前在二元度时所有的性质 1° 至 3°,现在也依然有效. 证法也相同. 除了性质 3° 以外,我们尚有:经过仿射变换,平面变成平面,平行的平面仍旧平行,这可由性质 3° 立即推得. 更且,性质 4° 现在可改作:如果已知四个不共面的给定点变成另外四个不共面的给定点,则空间的仿射变换完全确定.

最后,性质 5° 可改述如下:仿射图形的体积比原来图形的体积,对于一切图形(当然要包有体积的),有同一的比值,即有等式

$$V' = V \cdot \begin{vmatrix} l_1 & l_2 & l_3 \\ m_1 & m_2 & m_3 \\ n_1 & n_2 & n_3 \end{vmatrix} \tag{10}$$



证法完全和性质 5° 的证明相类似. 而且一望而知,性质 5° 本身在这里依然有效,无论这些图形是在同一平面上或在平行平面上.

## 习题和补充

1. 设在平面 $\Pi$ 和 $\Pi'$ 之间,成立了单值可逆的对应,使每一个矢量 $\boldsymbol{P}$ 和一个矢量 $\boldsymbol{P}'$ 对应,又每一个矢性等式 $\boldsymbol{P} = k_1\boldsymbol{P}_1 + k_2\boldsymbol{P}_2$ 和一个矢性等式 $\boldsymbol{P}' = k_1\boldsymbol{P}_1' + k_2\boldsymbol{P}_2'$ 对应. 求证 $\Pi$ 和 $\Pi'$ 间的对应是仿射对应.

证:设在 $\Pi$ 上取以 $O$ 为原点,$\boldsymbol{u},\boldsymbol{v}$ 为坐标矢量的坐标系. 又在 $\Pi'$ 上取原点 $O'$,坐标矢量 $\boldsymbol{u}',\boldsymbol{v}'$ 构成坐标系,这里有撇号的元素和无撇号的元素对应,那么,对应点 $M,M'$ 的坐标,有最简的平直关系

$$x' = x, y' = y$$

因此,这变换是仿射变换.

2. 设把平面 $\Pi$ 上的图形 $S$ 投影到另一个平面 $\Pi'$ 上,所用的投影法是和某一直线(不平行于 $\Pi$ 和 $\Pi'$ 的)平行. 求证所得的图形 $S'$ 和 $S$ 有仿射变换的关系.

证:由前题直接推得.

3. 设有平面变换适合下列条件:

1° 每点 $M$ 和一个确定的点 $M'$ 对应,而且是可逆对应;

2° 有限距离的各点和有限距离的各点对应;

3° 每一条直线和一条直线对应.

求证这样的对应是仿射变换. 这命题在空间依然成立,只要把上面条件 3° 改作:每一个平面和一个平面对应.

**§77. 相似变换和运动都是仿射变换的特例**　以前在 §75 所讨论的运动,显然是仿射变换的特例. 因为它是这样规定的:在直角坐标系,前节变换公式 (9) 的系数表:

$$\begin{matrix} l_1 & l_2 & l_3 \\ m_1 & m_2 & m_3 \\ n_1 & n_2 & n_3 \end{matrix}$$

是正交代换的表(在二元度空间,情形完全一样).

仿射变换的另一个重要特例是相似变换,我们略述如下:

我们从一些初等几何里的概念开始.

两个图形(在平面上或在空间)叫作对于点 $C$ 成透射,如果由图形 $S$ 的每一点 $M$ 可以求得图形 $S'$ 的某一点 $M'$,而且可以反过来说,由图形 $S'$ 的每一点 $M'$ 可以求得图形 $S$ 的某一点 $M$,适合关系式 

$$\overrightarrow{CM'} = k\,\overrightarrow{CM} \tag{1}$$

这里 $k$ 是常数,叫作"相似比值". 点 $C$ 叫作透射中心或相似中心(图 78).

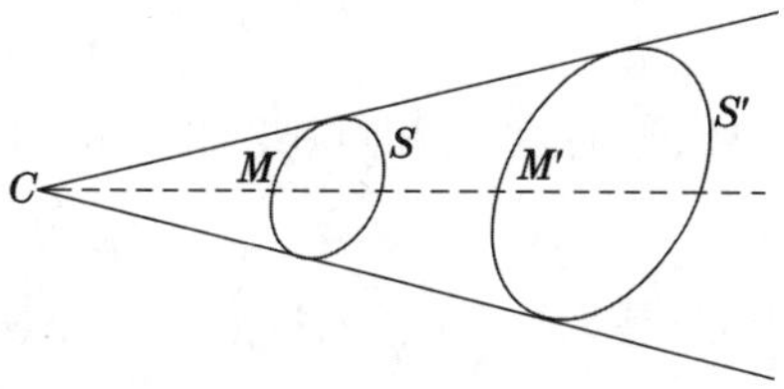

图 78

如果 $k > 0$,这个透射叫作同位透射;如果 $k < 0$,它叫作异位透射. 两个图形叫作相似的,如果我们用适宜的运动(正常的或不正常的)施于其中的一个图形,可将它们变成透射的图形. 同位的或异位的相似变换按照 $k$ 的符号来决定.

如果 $k > 0$,两个图形同位相似;如果 $k < 0$,它们异位相似.

注意:两个透射图形有时可化为几种不同的对应形式,因为几个透射中心可能同时存在;并且,在给定位置的两个图形,同时可为同位透射,也可为异位透射.

设两个已给图形成透射,又设已给第一图形上两点 $M_1, M_2$ 分别和第二图形上两点 $M_1', M_2'$ 对应. 那么,透射中心的求作,只要把对应点联结起来,直线

$M_1M_1'$ 和 $M_2M_2'$ 的交点就是所求的透射中心.

在特别情形,当 $k=1$,图形 $S$ 和 $S'$ 恰相叠合,这可由公式(1) 推知. 那时相似中心显然不只是 $C$,而可以是空间内任意的一点.

现在谈谈一些名词. 设任意的点由位置 $M$ 移到位置 $M'$,矢量$\overrightarrow{MM'}$叫作移行矢量. 如果任意图形内各点移动,使各不同点的移行矢量彼此相等,那么,这两个图形显然是全等而在不相同位置. 我们说:第二个位置是由原来的位置经移行运动而得来.

如果两个图形 $S$ 和 $S'$ 中,可以由一个经过移行运动变为第二个,那么,我们说这两个全等图形是同位相等的. 这些图形的对应点连线显然互相平行,也可以说是相交于无穷远点. 因此两个同位相等的全等图形,可以看作透射的图形,透射中心为一个无穷远点.

回到任何 $k$ 的一般情形,可证命题如下:设有两个透射图形,把其中一个移动,如果图形上原来对应的点,在新位置仍看作互相对应,那么在新位置的图形也成透射,但透射中心依照完全确定的法则移至他处.



事实上,设图形 $S'$ 受了移行运动,又设 $\boldsymbol{U}$ 为它的每点的移行矢量. $S'$ 上每点 $M'$ 从它的原来位置移到新位置 $M_1'$ 用下面公式来决定

$$\overrightarrow{CM_1'}=\overrightarrow{CM'}+\boldsymbol{U}$$

由(1) 代入$\overrightarrow{CM'}$的值得

$$CM_1'=k\,\overrightarrow{CM}+\boldsymbol{U} \tag{2}$$

我们要证明:点 $M$ 和点 $M_1'$ 相互的对应可以表作如下的形式

$$\overrightarrow{C'M_1'}=k\,\overrightarrow{C'M} \tag{3}$$

式中 $C'$ 是某一点(新的透射心). 事实上,暂设 $C'$ 为任意点,我们有

$$\overrightarrow{CM_1'}=\overrightarrow{CC'}+\overrightarrow{C'M_1'},\overrightarrow{CM}=\overrightarrow{CC'}+\overrightarrow{C'M}$$

把这些式代入(2) 得

$$\overrightarrow{C'M_1'}=k\,\overrightarrow{C'M}+(k-1)\,\overrightarrow{CC'}+\boldsymbol{U}$$

欲使这式和(3) 相符合,必要地,且充分地,依照下面的条件来选择 $C'$

$$(k-1)\,\overrightarrow{CC'}+U=0 \tag{4}$$

如果 $k\neq 1$,得

$$\overrightarrow{CC'}=\frac{U}{1-k} \tag{5}$$

这公式决定 $C'$ 的位置. 如果 $k=1$,条件(4) 不能适合,这是显然的. 因为当 $k=$

1,图形 $S$ 和 $S'$ 在原来位置相叠合,经过把其中一个移动之后,它们成为同位相等的全等形,我们在上文说过,在这情形,透射中心在无穷远处. 这样性质,显然也可用公式(5) 来表达,它说明了当 $k$ 趋近 1 时 $C'$ 趋向无穷远.

由上所述并得结论:如果两个图形相似,那么,它们总可以这样地移动,使它们取对于两个图形的任一个有一定相对位置的预给点 $C'$ 来做透射中心. 事实上,由相似形定义,已知图形可以这样地安放,使它们对于某个中心 $C$ 成透射. 又设 $C'$ 为任何预先给定的点,我们根据公式(5) 选定矢量 $U$,即令

$$U = (1 - k)\ \overrightarrow{CC'} \tag{6}$$

然后移动图形 $S'$,使它的各点跟着矢量 $U$ 进行,便得所求的图形①.

变换式(1) 叫作透射变换,或简单地叫作透射. 依着它可把已给图形变为透射图形. 现证明它是仿射变换的特例,事实上,取任意笛氏坐标系,用$(a,b,c)$,$(x,y,z)$,$(x',y',z')$ 分别代表点 $C,M,M'$ 的坐标. 根据(1) 得

$$x' - a = k(x - a),y' - b = k(y - b),z' - c = k(z - c) \tag{1a}$$

即

$$x' = kx + a_0,y' = ky + b_0,z' = kz + c_0 \tag{1b}$$



$(a_0,b_0,c_0$ 是常数),这便说明了它是仿射变换的特例. 又如果透射之后再继续进行一个运动(正常的或不正常的),结果也是仿射变换的特例,叫作相似变换,因为经过这种变换,每个图形变成和它相似的图形.

在直角坐标系,运动和相似变换,也可用下面的方法来规定:仿射变换(用矢量坐标来写变换公式)②

$$\begin{cases} X' = l_1X + l_2Y + l_3Z \\ Y' = m_1X + m_2Y + m_3Z \\ Z' = n_1X + n_2Y + n_3Z \end{cases} \tag{7}$$

是一个运动,如果它对于一切的矢量都有

$$X'^2 + Y'^2 + Z'^2 = X^2 + Y^2 + Z^2 \tag{8}$$

变换(7) 是相似变换,如果它对于一切矢量,都有

$$X'^2 + Y'^2 + Z'^2 = k^2(X^2 + Y^2 + Z^2) \tag{9}$$

这里 $k$ 为相似比值,是一个常数(当 $k^2 = 1$,所得的特例就是运动).

第一,很明显地条件(8) 是正交代换的特例,故由条件(8),变换(7) 是一

① 在全等图形的情形,只要把两个图形叠置,便够证明. 那时任何点 $C'$ 都可作为透射中心.

② 由这些公式,可推得点变换公式,如果在它们的右边,加上常数项.

个运动.

第二,我们已知,所有相似变换都是透射和运动的结果. 在透射的情形,根据(1),矢量坐标变换公式为

$$X' = kX, Y' = kY, Z' = kZ$$

由此推得(9);更因 $X'^2 + Y'^2 + Z'^2$ 不受运动的影响,故(9) 依然有效. 我们也容易推得逆定理:从条件(9) 推出的对应变换是相似变换,留给读者,自行证明.

**§78. 点变换群. 几何学科的分类** 上面各节所说的变换,代表一般点变换的几种特别情形. 点变换是把空间每一点 $M(x,y,z)$ 变为完全确定的对应点 $M'(x',y',z')$,因此,$x',y',z'$ 是 $x,y,z$ 的完全确定的函数

$$x' = \varphi_1(x,y,z), y' = \varphi_2(x,y,z), z' = \varphi_3(x,y,z) \qquad (1)$$

如果在特别情形,$\varphi_1,\varphi_2,\varphi_3$ 是 $x,y,z$ 的平直函数,那么,我们便得上面所说的仿射变换.

我们以后将假定所有的关系(1) 都是单值可逆的,即 $x,y,z$ 有单值解答

$$x = \psi_1(x',y',z'), y = \psi_2(x',y',z'), z = \psi_3(x',y',z') \qquad (1a)$$



变换(1a) 称为变换(1) 的反变换.

变换群的概念在近代几何里起了主要的作用. 设已给某种变换的集合①(包含有限个或无穷多个变换在内). 我们说这变换的集合组成一个群,如果:

1° 属于集合的两个变换继续进行,所得变换也是属于这个集合.

2° 集合内每个变换的反变换也属于这个集合.

如果在已给群之内,有一部分的变换,它们自己已组成一个群,那么,它们所组成的群叫作已给群内的子群.

例如,一切空间的仿射变换组成一个群. 因为两个仿射变换继续举行也得仿射变换,又仿射变换的反变换也是仿射变换.

一切相似变换显然也组成一个群. 这个群是仿射变换群的子群.

更且一切运动的集合也组成一个群. 这是相似群内的子群.

在运动群内还有子群. 例如正常运动子群.

相反的,不正常运动的集合不能组成群,因为两个不正常运动继续举行,便得正常运动.

就仿射变换本身来讲,显然是投影群的子群. 并于投影群,留在第六章说明.

克莱因(F. Klein) 在著名的"埃尔兰根纲领"(1872) 里发表了他的异常丰

① 我们暂时限于点变换来说.

富的理想,将变换群的概念作为几何学科分门别类的基础. 关于这个问题的范围[1],我们在此只限于做一些最初步的报道. 在初等几何的概念范围里,我们可说几何所研究的图形的性质是和它们在空间的位置,及和它们绝对的大小都没有关系. 因此所谓图形的"几何性质" 和"几何数量" 是指那些不因受了所有可能的运动和透射变换而改变的性质和数量. 这些变换的集合组成相似变换群,克莱因把它叫作主群或度量群. 不为主群的变换所变的性质(不变性) 的全体组成克莱因的所谓初等几何(或度量几何). 不为主群的变换所变的性质和数量,有很多例子,如直线之为直线,两条直线的平行,两个线段(在任意位置) 的长比值,两条直线的夹角,等等. 所以,从初等几何(即度量几何) 的观点来说,这些性质和数量可以说是"几何的" 性质和数量.

但有一连串的性质,在更为一般的变换下仍保持不变(不变性). 例如,直线之为直线,两条直线的平行,两个平行线段的比值,线段的中点等,都不因一般的仿射变换而改变. 这些性质的全体,组成几何学的另一分科,叫作仿射几何学.

同样方法又可规定几何学的另一分科叫作投影几何学. (不因投影变换而改变的性质的全体. 关于投影变换,将在第六章说明. )



一般地说,每一个空间变换群决定一种几何学的分科,它所研究的所有一切性质是不为这个群的变换所改变的.

在最广义的几何学科中,有拓扑学,它所研究的是所有不为连续变换所改变的性质的全体(拓扑性质的例子,如曲线的封闭性;从拓扑学的观点,一个圆周和一条任何封闭曲线都看作一样东西,因把圆周连续变形可以变成一条封闭曲线).

再回到仿射变换,记得在前章曾有一段(第 Ⅱ 段) 专述仿射性质的公式,那便是不为仿射群的变换所改变的性质. 我们现在知道为什么,当由直角坐标变为任何笛氏坐标时,那些公式的形式不改变. 事实上,设有表示图形的某个仿射性质的公式,用任意选定的直角坐标系来写成. 根据条件,这个公式的形式,不为仿射变换所改变,即是可以把图形中点的坐标用任意(非特殊的) 平直代换来变换. 所以,由直角坐标系变到任何笛氏坐标系,这些公式不改变它的形式,因为新旧系的变换公式恰是一个平直代换.

前章中在"度量" 的名称下所导出的公式(前章第 Ⅲ 段和第 Ⅳ 段) 是就狭义的"度量" 性质来说,即指不为运动(不包括透射在内) 所变的性质. 而且所

① 更加详细的叙述,例如参看克莱因著的"从较高观点论初等数学" 第二卷,俄文译本 1934.

说的公式中,有些只是不为正常运动所改变(例如平行六面体的体积公式,如果体积是附上符号的话).

# 第四章　平曲线的方程. 平面上的直线

本章所论的曲线只以在同一平面上的(平曲线)为限.

平面解析几何主要问题之一,是用联系着坐标的方程来做这些曲线的分析表示. 虽然关于曲线的问题将为本书后面各章的内容,但为学习直线的需要,我们先讲一般曲线方程的基本概念( §79 ~ §87). 为了灵活掌握后面各章,我们必须认识这些概念.

## Ⅰ. 平曲线的分析表示法

**§79. 曲线的方程**　在初等几何里通常只研究一种曲线,那便是圆.



现在我们对于曲线的概念,作一般的规定.

设

$$\Phi(x,y)=0 \tag{1}$$

是联系着两个变数 $x$ 和 $y$ 的方程. 一般来说,这方程决定其中一个变数(例如 $y$)作为其他一个变数(例如 $x$)的函数;换句话说,解方程(1)求 $y$,得

$$y=f(x) \tag{2}$$

这里 $f(x)$ 代表 $x$ 的某一函数. 这个函数当然可以是多值的或是单值的,以后我们假定这个函数跟着 $x$ 而连续变值.

我们开始讨论一种情形,当 $f(x)$ 是至少在 $x$ 的某一变化区间内的一个单值函数.

取任意的笛氏坐标系 $xOy$,把变数 $x$ 和 $y$ 作为平面上点 $M$ 的坐标来讨论. 对于每个数值 $x$(在所论的区间内),方程(2)取得一个完全确定的对应值 $y$(图79)[①].

因此,每个数值 $x$ 和平面上一个完全确定的点对应,它的坐标为 $x, y=f(x)$.

① 在这里和以后的插图上,和笛氏坐标轴平行的线段旁边注有字母,这些字母代表线段的长,或它的代数值和对应轴的坐标矢量的长的比值;在狭义坐标,这些字母代表线段的长或它的代数值.

现设 $x$ 通过一串的连续数值,那么,对应点 $M$ 在平面上连续运动,画成一条几何轨迹 $C$,这轨迹叫作曲线.

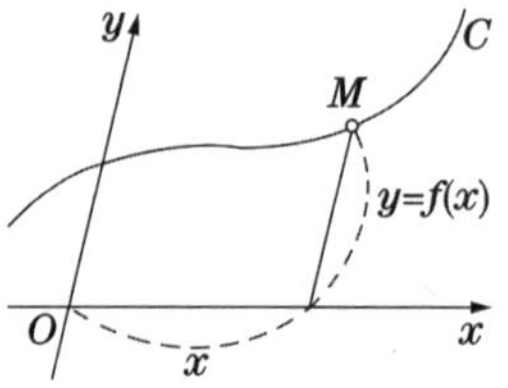

图 79

我们曾经假设 $f(x)$ 为单值函数,但这个限制是不必要的;事实上,如果函数 $f(x)$ 是多值的,那么,每个数值 $x$ 就不是和一个,而是和若干个数值 $y=f(x)$ 对应;即是它和平面上若干点 $M, M', M'', \cdots$ 对应. 当 $x$ 变动时,这些点中的每一点都画出一条几何轨迹. 这些几何轨迹的每一个(或各条轨迹的集合)代表我们所说的曲线(参看图 80;在图里,在区间 $a<x<b$,每个值 $x$ 和两点对应;当 $x$ 在所指定的区间里变动,这两点分别画成两段弧 $AMB$ 和 $AM'B$. 它们的集合是一条闭口曲线. 在指定区间之外,数值 $x$ 没有对应点).

**注 1** 和同一个 $x$ 对应的各点 $M, M', M'', \cdots$,可能个别画出不相联结的曲线. 所有这些曲线的集合,叫作方程(2)所代表的曲线.

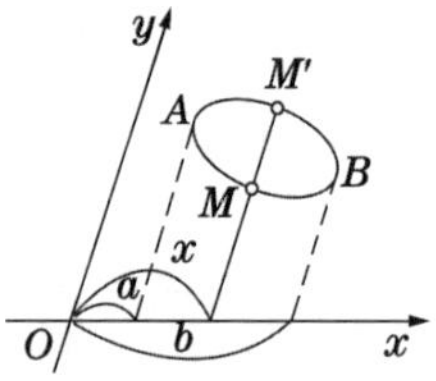

图 80



现在我们总结如下:

由定义(在平面上),曲线代表点的几何轨迹,各点的坐标适合于含有两个变数的方程,如(2)的形式,或和它全等的,如(1)的形式.

决定曲线的方程(1)或(2),叫作这条曲线的方程.

由曲线的定义,每当且只当 $x$ 和 $y$ 代表这曲线上的点的坐标时,方程(2)或和它全等的方程(1)才能适合. 换句话说,(在平面上)一个含有两个变数的方程(1),为一已知曲线上任意点的坐标所适合,并且只有曲线上的点的坐标才能适合它. 我们就把(1)叫作已知曲线的方程.

简单地说,已知曲线的方程便是这条曲线上各点(且只限于这些点)的坐标的关系式.

为了术语上的简化,以后遇到方程 $\Phi(x,y)=0$ 所代表的曲线,我们总是简称"曲线 $\Phi(x,y)=0$".

**注 2** 必须注意,上面所给曲线的定义太为广泛. 这个定义也可包括某些几何图形,和我们习惯上叫作曲线的有很大差别.

为了使上述的曲线定义(或多或少)接近于我们直觉所认识的曲线,我们对于方程(1)和(2)里的函数 $\Phi(x,y)$ 或 $f(x)$ 应加上某些限制(如连续,可微分到某级,等等)关于这些可参阅微分几何分析教程.

**§80. 举例:直线和圆的方程** 为了说明前节所述,我们列举两种最简单曲线的方程①为例,即直线和圆.我们建议读者要小心做完在本节后面所附的习题,不要被它们的特殊简单性所淆惑;学会了这些例子,将来对于一般的命题便容易掌握.

为简明起见,全节都用直角坐标.

1°直线的方程②　设 $\Delta$ 是在平面 $xOy$ 上不和 $Oy$ 轴平行的直线(图 81).如果已知道这条直线和轴 $Oy$ 的交点的纵坐标③ $b=OA$,与这条直线和轴 $Ox$ 所成的角 $\alpha$,则这条直线便完全决定.角 $\alpha$ 由 $Ox$ 起依照正向计算,亦可由轴助轴 $Ax'$ 算起,设 $Ax'$ 和轴 $Ox$ 同正向.

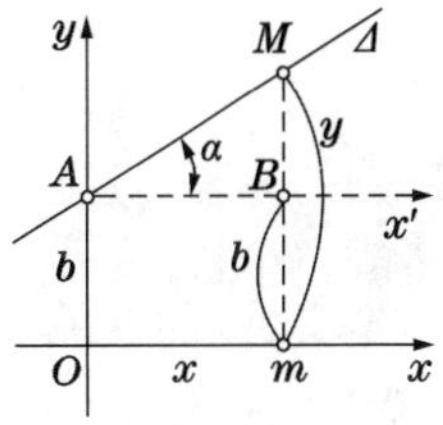

图 81

设 $M(x,y)$ 为直线 $\Delta$ 上任一点.显然 $BM=AB\cdot\tan\alpha$,所说的 $BM,AB$ 是指矢量 $\overrightarrow{BM}$ 和 $\overrightarrow{AB}$ 分别对于轴 $Oy$ 和 $Ox$ 的正向的代数值.读者很容易见到上面的公式,就符号来说也成立.

又取 $BM=y-b,AB=x$.代入上式得

$$y-b=\tan\alpha\cdot x$$

即

$$y=ax+b \tag{1}$$

式中为简单起见引入记号

$$\tan\alpha=a \tag{2}$$

因此,直线上各点的坐标适合方程(1);反过来,也容易确定:所有坐标适合方程(1)的点必定位于直线上.因此,(1)为直线 $\Delta$ 的方程.注意,在这方程里,$a$ 和 $b$ 代表常量($a=\tan\alpha,b=OA$).

数量 $a$ 叫作斜率,因为它依赖于直线 $\Delta$ 和轴 $Ox$ 的夹角.数量 $b$ 叫作纵截距(即对应于横坐标为 0 的纵坐标).

现在讨论上面除外的特别情形,即当直线 $\Delta$ 和轴 $Oy$ 平行(图 82).这时这条直线便完全被它和轴 $Ox$ 的交点 $O$ 的横坐标 $c=OC$ 所决定.显然,这条直线上一切的点(而且只是直线上的点)$M(x,y)$ 适合关系式

$$x=c \tag{3}$$

这关系式便是直线 $\Delta$ 的方程;虽然在这个方程里第二个坐标($y$)没有出现,但也没有什么关系.

① 这说明了直线和圆适合上节所举曲线的广泛定义.

② 将来再用别的方法求得直线的方程;这里的方程只作为说明前节的一个特例.

③ 所说的 $OA$,当然是指矢量 $\overrightarrow{OA}$ 对于轴 $Oy$ 的代数值.

现在再说一般情形. 我们指出,如果直线的方程已给定,则很容易作出这直线,这只要求得它的任意两点便行. 欲得这样的两点,只需在方程(1)里,给予变数 $x$ 两个不同的数值 $x_1,x_2$,由公式(1)计算 $y$ 的相应数值 $y_1,y_2$. 那时点 $(x_1,y_1)$ 和 $(x_2,y_2)$ 便是直线上的两点(参看本节后面的习题).

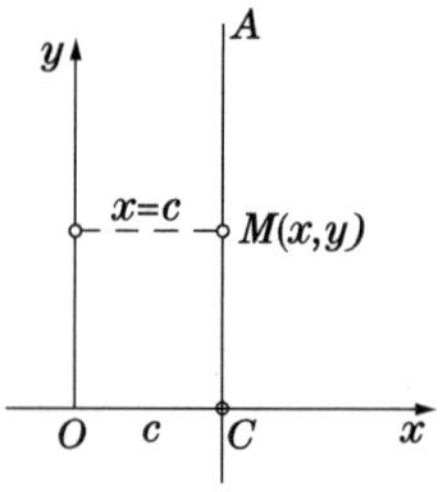

图 82

2°圆的方程　这已知圆心 $C(a,b)$ 和半径 $r$. 现在试求圆的方程(图 83).

由定义,圆的点的几何轨迹,这点和圆心 $C(a,b)$ 的距离等于常量 $r$.

设 $M$ 是平面上任意点,它和 $C$ 的距离等于

$$\sqrt{(x-a)^2+(y-b)^2}$$

要使点 $M$ 在圆上,必要且充分条件为

$$\sqrt{(x-a)^2+(y-b)^2}=r$$

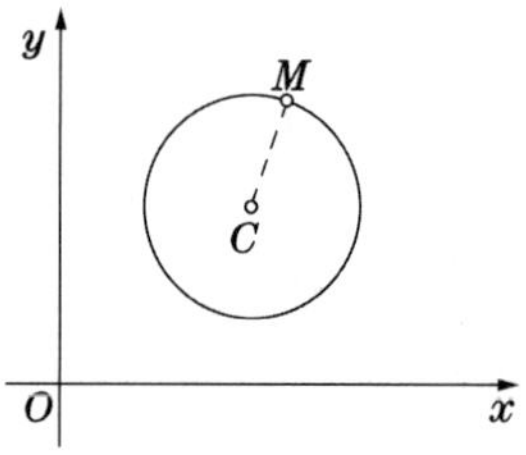

图 83



去掉根号,得

$$(x-a)^2+(y-b)^2=r^2 \tag{4}$$

这个方程为所给的圆的方程. 事实上,由它的推求方法,显然可知每当且只当 $x,y$ 代表圆上任意点的坐标时才能适合这个方程.

以坐标原点为圆心的圆,它的方程有比较简单的形式

$$x^2+y^2=r^2 \tag{5}$$

**注**　方程的形式如

$$x^2+y^2+2Ax+2By+C=0 \tag{6}$$

式中 $A$ 和 $B$ 为常数. 它可写作

$$(x+A)^2+(y+B)^2=A^2+B^2-C$$

如果 $A^2+B^2-C>0$,那么,我们可令 $A^2+B^2-C=r^2$,因此,方程(6)显然代表圆心为 $(-A,-B)$,半径为 $r=\sqrt{A^2+B^2-C}$ 的一个圆.

换句话说,方程(6)附带不等式

$$A^2+B^2-C>0$$

的限制,是一个圆的方程(直角坐标). 反过来说,任意圆的方程,即方程(4),显然可以去掉括号,再移 $r^2$ 项到左边,化为(6)的形式.

比(6)更为普遍的方程为

$$A_0(x^2+y^2)+2Ax+2By+C=0 \tag{6a}$$

式中 $A_0 \neq 0$,用 $A_0$ 来除两边,总可把它化为(6)的形式. 因此,方程(6a)代表一个圆,所附带不等式的限制留待读者自行补写.



## 习　题

1. 已知直线的方程 $y=2x-3$. 求这直线上的点 $M_1,M_2,M_3,M_4$,如它们的横坐标依次为 $x_1=0,x_2=1,x_3=-1,x_4=2$.

答:这些点的纵坐标依次为

$$y_1=-3,y_2=-1,y_3=-5,y_4=1$$

2. 作前题各点 $M_1,M_2,M_3,M_4$ 的圆(最好用毫米方格纸). 又用直尺来验明这些点确在一条直线上.

3. 求作直线,已知它的方程为 $y=-2x+4$.

解:例如,设 $x=0$ 得 $y=4$,又设 $x=1$ 得 $y=2$. 欲作所给直线的圆,只需作两点(0,4)和(1,2),画一条直线通过它们.

4. 求直线的方程,已知这直线和轴 $Oy$ 平行,又和轴 $Ox$ 的交点的横坐标等于 $-2$.

答:$x=-2$.

5. 求轴 $Ox$ 和 $Oy$ 的方程.

答:轴 $Oy$ 的方程为 $x=0$. 轴 $Ox$ 的方程为 $y=0$.

6. 求直线的方程,已知它经过原点,且平分轴 $Ox$ 和 $Oy$ 的正向所成的角.

答:$x=y$ 即 $x-y=0$.

7. 求直线的方程式,已知它通过点(0,3),并和轴 $Ox$ 成 60°的角.

答:$y=x\sqrt{3}+3$.

8. 设直线的方程为 $y=3x-1$. 求它和轴 $Ox$ 所成的角 $\alpha$.

答:$\tan\alpha=3$.

9. 设直线的方程为 $y=-3x+6$. 求它和轴 $Ox$ 的交点.

解:所求的点的坐标$(x,0)$应当适合这个方程. 因此,它的横坐标要适合方程

$$0=-3x+6$$

故得

$$x=2$$

用毫米方格纸,作这条直线的圆来验明所得的结果.

10. 求圆的方程,已知圆心为$(-1,2)$,半径等于5.

答:$(x+1)^2+(y-2)^2=25$,即 $x^2+y^2+2x-4y=20$.

11. 求证:方程 $x^2+y^2+2x+2y=14$ 是圆的方程. 并求圆心和半径.

解:所给的方程,显然可以写作

$$(x+1)^2+(y+1)^2=16$$

故得圆心为$(-1,-1)$,半径等于4.

12. 求两条直线的交点,它们的方程为

$$y=2x-1 \text{ 和 } y=3x-2$$

解:交点的坐标$(x,y)$应同时适合这两个方程,因为点 $M$ 在第一条直线上,也在第二条直线上. 故解下面方程系,便得所求的点

$$y=2x-1$$

$$y=3x-2$$

这里的解答为 $x=1,y=1$,即是交点为 $M(1,1)$.

用图来证实所得的结果,并在毫米方格纸上作出所设直线的图.

13. 求圆和直线的交点. 已知圆的方程为$(x-1)^2+(y-2)^2=4$,又直线的方程为 $y=2x$.



解:所求交点的坐标应当适合这两个方案(比较前题). 解这两个联立方程,得解答

$$x_1=\frac{5+2\sqrt{5}}{5},y_1=\frac{10+4\sqrt{5}}{5}$$

$$x_2=\frac{5-2\sqrt{5}}{5},y_2=\frac{10-4\sqrt{5}}{5}$$

这两点$(x_1,y_1)$,$(x_2,y_2)$便是所求的交点.

**§81. 曲线的参数表示法** 除了用方程

$$\Phi(x,y)=0 \tag{1}$$

来做曲线的分析表示外,我们有时为便利所见,借用第三个辅助变数,即参数 $t$,来表示曲线上各点的两个流动坐标

$$x=\varphi(t),y=\psi(t) \tag{2}$$

这里 $\varphi(t)$和 $\psi(t)$,通常假定为 $t$ 的连续函数.

由(2)的两个方程消去 $t$,我们得到一个具有(1)的形式的方程,即具有普通形式的曲线方程.

上面所说,用方程

$$y=f(x)$$

表示曲线的方法仅为参数表示法的特例. 事实上,只要令 $x=t$,便把上面的方程

化为两个方程的系

$$x = t, y = f(t)$$

也即化为如(2)的形式.

如果我们把曲线看作由一个动点按照一定的规律连续运动所描成的一条路线,就自然可以得出曲线的参数表示.在这里,我们如用 $t$ 表示时间,由某一任意选定的时刻起算,那么,$x$ 和 $y$(动点的坐标)都可由 $t$ 的连续函数所决定

$$x = \varphi(t), y = \psi(t)$$

因为运动规律一经知道之后,对于每个一定的时间 $t$ 点的相当位置,便完全决定,即坐标 $x$ 和 $y$ 的数值完全决定.

取圆[①]为例.圆心在坐标原点,半径为 $r$,设 $M(x,y)$是圆上任意点.我们采用直角坐标系,以 $t$ 表示幅矢$\overrightarrow{OM}$和轴 $Ox$ 所成的角,且设这个角的正向由轴 $Ox$ 算起,我们容易推知

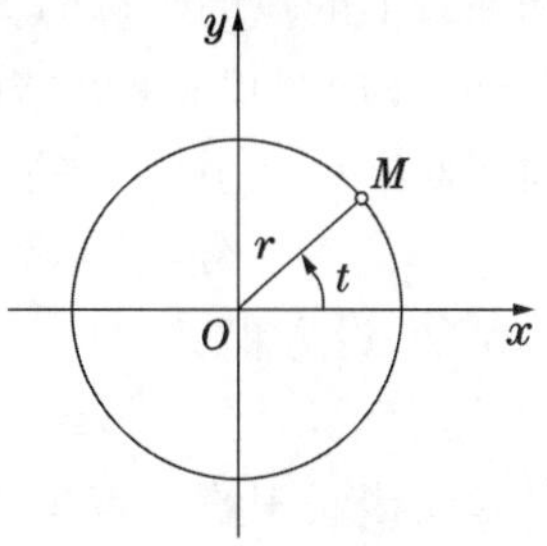

图 84

$$x = r\cos t$$
$$y = r\sin t$$

这就是所求圆的参数表示式.

欲从参数表示回到圆的方程,只需由上面两个方程消去 $t$ 便成.欲达到这个目的,把它们分别自乘后相加得

$$x^2 + y^2 = r^2$$

(因为 $\sin^2 t + \cos^2 t = 1$);这正是我们所预料的、前节所见的方程(5).

**§82. 不同坐标系的曲线方程**　曲线方程的形式,当然不仅关系着曲线本身的形状,而且与坐标系的选择有关.如果把一个坐标系换为另一个坐标系,那么,所给曲线的方程就要按着一定的法则而改变.

设

$$\Phi(x, y) = 0 \tag{1}$$

为已知曲线对于一个确定的笛氏坐标系 $xOy$ 的方程.又取任意一个别的笛氏坐标 $x'O'y'$,同一点对于两系的坐标$(x,y)$,$(x',y')$有如下关系(§66)

$$x = a + l_1x' + l_2y', y = b + m_1x' + m_2y' \tag{2}$$

把(2)代入(1),得方程如下式

① 直线的参数表示,将见本章后面.

$$\Phi_1(x',y')=0 \tag{3}$$

这里为了简便,引用记号

$$\Phi(a+l_1x'+l_2y',b+m_1x'+m_2y')=\Phi_1(x',y') \tag{4}$$

方程式(3)便是已知曲线对于新系 $x'O'y'$的方程.

截至现在,我们总是用笛氏坐标系来作曲线的分析表示. 但我们采用其他任何坐标系也可以得到同样的效果. 无论取何种坐标系作基础,我们总可组成已知曲线的方程:即组成含有两个变数的方程,这方程每当且只当将变数代以已知曲线上的点的坐标时方能适合.

如果(1)是已知曲线对于笛氏坐标系的方程,那么,要把这个方程变为同一曲线对于另一坐标系的方程,只需将用新坐标来表示的 $x,y$ 代入式(1)便是.

例如,设方程

$$\Phi(x,y)=0$$

是已知曲线对于笛氏直角坐标系的方程.



我们令(参看§60)

$$x=\rho\cos\varphi,y=\rho\sin\varphi$$

便把原方程变为下面的方程

$$\Phi_1(\rho,\varphi)=0 \tag{5}$$

这里为简单起见,引用记号

$$\Phi_1(\rho,\varphi)=\Phi(\rho\cos\varphi,\rho\sin\varphi)$$

方程(5)表示已知曲线对于极坐标系的方程. 极坐标系和原来坐标系的关系,已详§60.

**§83. 曲线分析表示法的基本问题** 以方程来作曲线的分析表示,使我们有可能用分析数学的工具去研究曲线的形状和性质.

首先谈曲线的形状,由曲线的已知方程,可在平面上决定一连串相当接近的点. 我们可如下法进行.

设

$$\Phi(x,y)=0 \tag{1}$$

是所论曲线对于某坐标系的方程. 解(1)求 $y$[①] 得方程如下式

$$y=f(x) \tag{2}$$

① 我们假定这个解法总是可能做到,而且 $y$ 是 $x$ 的单值函数. 最低限度在变数 $x$ 的某个区间内. 设 $y$ 是多值函数,那么,$x$ 的某一个值相当于 $y$ 的几个值,但这依然不影响我们的讨论(参看§79).

给定变数 $x$ 一连串相邻近的值 $x_1,x_2,x_3$，等等，由(2)可算出变数 $y$ 的各个对应值；设这些数值为 $y_1=f(x_1)$，$y_2=f(x_2)$，$y_3=f(x_3)$，等等. 在纸上作各点 $(x_1,y_1)$，$(x_2,y_2)$，$(x_3,y_3)$，等等，便得所给曲线上一连串的点把这些点用一平滑曲线联结起来，便得这条曲线的近似形状.

（如用直角坐标系，点的作图，总以利用毫米方格纸为便）

如果曲线的参数表示为

$$x=\varphi(t),y=\psi(t) \tag{3}$$

那么，要描出的曲线上一连串的点，只需给予参数一连串的邻近值 $t_1,t_2,t_3$，等等，然后由式(3)可算出已知曲线上各对应点的坐标 $(x_1,y_1)$，$(x_2,y_2)$，$(x_3,y_3)$ 等等.

依照这个方法去研究曲线的形状（逐点作图）可说是机械的方法，在实用上，这个方法通常已够解决问题，但有时总要感觉不够. 因为在大多数情形下，它不能完全判定曲线的通性，不能给我们一个普遍的观点. 用这种机械的方法，往往把曲线的很多主要性质遗漏掉.

欲在质和量的方面提高对于曲线的研究，我们须用分析的方法研究它的方程.

在最简单的情形（为了研究最简单的性质），我们可以只用初等数学的工具. 在一般较为繁复的情形，需要求助于微分积分法，这便属于微分几何的范围.

我们所研究的曲线，有时不是直接给出它的方程，而是把它作为适合于某些给定条件的动点的几何轨迹. 那么，用解析几何方法来研究这样的曲线，首先要求得它的方程（或用参数来表示）. 一般地说，办法如下：首先追忆“几何轨迹”这一个名词的涵义.（在平面上）点的几何轨迹，即指平面上各点的集合，它们的位置不是随便的，而是要适合于某些给定的条件. 给定一条几何轨迹，即是给定几何轨迹上的点所应适合的条件.

现在我们假定已给任意一种几何轨迹，于是就有下列两个问题引起我们的注意：(1)所给的几何轨迹是否为一条曲线；(2)如果是的话，求这条曲线的方程.

这两个问题可同时解答如下：取任何坐标系，设 $x,y$ 代表轨迹上任意点 $M$ 的坐标. 点 $M$ 的位置，被决定轨迹的条件所限制. 但因点 $M$ 的位置完全被它的坐标 $x,y$ 所决定，所以，$M$ 的位置所应适合的条件就成为变数 $x$ 和 $y$ 的关系. 如果这种关系能归成一个唯一的方程如下式

$$\Phi(x,y)=0 \tag{1}$$

那么,所论几何轨迹便是方程(1)所表示的曲线,而我们的问题也就得到了解答.

但所给的条件也许不可能用一个方程(1)来表达,那时所论的几何轨迹便不是曲线.

在某些情形下,由几何轨迹的定义,可以直接推知轨迹上各点的位置为某个变量(参数)$t$的数值所完全决定. 这就是说,坐标$x$和$y$是这个变量的函数,即$x=\varphi(t)$,$y=\psi(t)$. 在这情形,所论的几何轨迹是一条曲线. 如果求得函数$\varphi$和$\psi$,便得这条曲线的参数表示.

截至现在为止,我们所说的是借助于点的坐标间的函数关系来研究曲线的性质.

但曲线的方程也可提供相反的作用,即借助于它所表示的曲线来研究已知函数的关系,设已给两个变数$x$和$y$的关系如

$$y=f(x)$$

这里$f(x)$为已知函数. 我们可以采取任何一个确定的坐标系,把这个方程所表示的曲线作图,这条曲线明白表现因变数$y$跟着自变数$x$变值的情形,把这条曲线画在纸上,便得所给函数的图解(表像).



这些图解,经常可代替函数$y$的数值表来使用. 例如函数关系$y=10^x$或$x=\lg y$的图解(如不需要很准确的话),可以用作对数表(参看下节,例1).

**§84. 各种曲线举例** 本节再举几个例子,来说明我们所讲过的东西并作为在§80里所举的直线和圆的方程的例的补充[①].

在所举各例里,我们视何者方便而采用这种或那种坐标系. 须知曲线的分析表示和函数的图解,在理论上原可采取任何坐标而无区别,但在实用上,坐标的选择是具有巨大意义的. 错误的选择甚至会把最简单的情形弄成极繁琐的形式.

1°指函数或对函数曲线 设有方程

$$y=a^x \tag{1}$$

式中$a$为正常数. 设$x$和$y$为点的直角笛氏坐标,那么,式(1)所表示的曲线叫作指函数曲线或对函数曲线.

为明确起见,假定$a>1$来讨论这条曲线的形状.

当$x=0$,$y=a^0=1$;当$x$递增,$a^x$也递增;当$x$趋向$\infty$时,$y=a^x$也趋向$\infty$;当$x$递减,$a^x$也递减,但总是正值;当$x$趋向$-\infty$时,$a^x$趋向0.

① 介绍读者同时参阅第七章中关于椭圆、双曲线和抛物线的方程的推演方法.

曲线的形状,如图 85 所示.

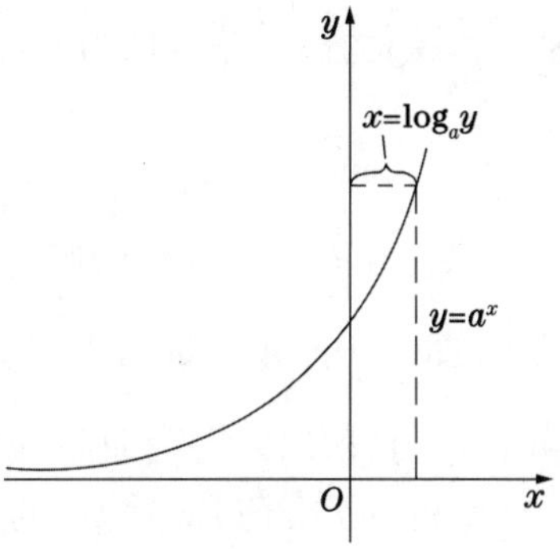

图 85

我们显见当 $x$ 趋向 $-\infty$ 时,$y$ 无限地减少,即当 $x$ 趋向 $-\infty$ 时,曲线的点和 $Ox$ 无限地接近(但永远不落在轴上)①.

如果有具有这样的性质的直线存在,当我们把它的一端或另一端无穷延长时,它便和已知曲线上的点无限地贴近,那么,这条直线叫作已知曲线的渐近线.可见在我们所讲的情形,轴 $Ox$ 为一渐近线.

若用足够大的比例尺来作出具有充分准确性的曲线图,那么,给定 $x$ 的值,便可按图求得 $a^x$ 的近似值(图 85).又如已知 $y$ 的值,也可用同一图求 $x$ 的值.由(1)得

$$x=\log_a y \tag{2}$$

因此,我们的图形便给予计算以 $a$ 为底的对函数的可能性.如果取 $a=10$ 作曲线的图,那么(如不需要十分精准的话),所得的图解,便可用来代替以 10 为底的对数表.



2°正弦曲线　这是在直角笛氏坐标系里用方程

$$y=\sin x \tag{3}$$

所代表的曲线.现在来研究这条曲线的形状(图 86).

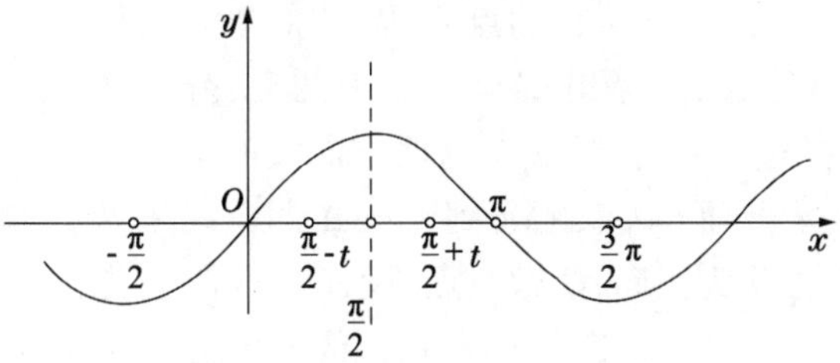

图 86

当 $x=0$ 得 $y=0$,所以这条曲线经过原点.当 $x$ 由 0 递增到$\frac{\pi}{2}$时,$y=\sin x$由

① 我们在这里可见"机械"的曲线作图法,仅靠一连串的点描绘在纸上,有时可能造成错误.例如 $a=10$,设用厘米做长的单位,当 $x=-3$,得 $y=10^{-3}=0.001\ \text{cm}=0.01\ \text{mm}$,但实际作图时,毫米的一百分之一和 0 无法区别.因此曲线上由 $x=-3$ 起(和在更前的)各点可能都画在轴 $Ox$ 之上.因而得到错误的表示,把这条曲线的一部分和轴 $Ox$ 混合起来.

0 递增到极大值 $\sin\frac{\pi}{2}=1$. 当 $x$ 再行递增,纵坐标 $y$ 开始递减. 因为

$$\sin\left(\frac{\pi}{2}+t\right)=\sin\left(\frac{\pi}{2}-t\right)$$

所以这条曲线有一条对称轴和坐标轴 $Oy$ 平行且垂直于轴 $Ox$,垂足的横坐标为 $x=\frac{\pi}{2}$(图 86 里用间断线表示). 当 $x=\pi$ 时,$y$ 又回到 0,因 $\sin(\pi+t)=-\sin(\pi-t)$,所以要得到曲线在区间 $0\leqslant x\leqslant 2\pi$ 的部分,只需把曲线在区间 $0\leqslant x\leqslant\pi$ 的部分,经过对轴 $Ox$ 的反射之后,再沿轴 $Ox$ 向右移动距离 $\pi$ 便得.

更且,曲线在区间 $2\pi\leqslant x\leqslant 4\pi$ 的部分,和我们已经讨论过在区间 $0\leqslant x\leqslant 2\pi$ 的部分具有同一的形状,因为 $\sin x$ 是周期 $2\pi$ 的周期函数;同样,曲线在 $4\pi\leqslant x\leqslant 6\pi$ 等区间的各部分都是如此.

最后,当 $x$ 取负值时,仍得同样的图. 所以,若把曲线沿着轴 $Ox$ 向右移动或向左移动经过距离 $2\pi$,它便自相叠合.

留给读者自行证明:方程



$$y=\cos x \tag{4}$$

所代表的曲线仍是正弦曲线,只需把它沿轴 $Ox$ 向左移动经过距离 $\frac{\pi}{2}$.

3°蚌线的作法如下　由固定点 $A$ 任作直线 $AK$,和固定直线 $\Delta$ 相交于点 $K$. 在 $AK$ 上 $K$ 的两旁分别截取线段 $KM$ 和 $KM'$,和已知常量 $l$ 相等. 这样所得的点 $M$ 和 $M'$ 的集合叫作尼科美德蚌线. 由这定义,这条蚌线显然分为两支,分别在直线 $\Delta$ 的两侧. 更容易见到,直线 $\Delta$ 是这两支曲线的渐近线(图 87). 取直线 $\Delta$ 来做轴 $Oy$,取由 $A$ 到直线 $\Delta$ 的垂线来做轴 $Ox$,取由 $A$ 到垂足 $O$ 为正向,$O$ 做原点. 设 $|OA|=a$. 首先求蚌线的参数表示,采用矢量 $\overrightarrow{AK}$ 和轴 $Ox$ 所夹的角 $\varphi$ 来做参数,角 $\varphi$ 由轴 $Ox$ 量起.

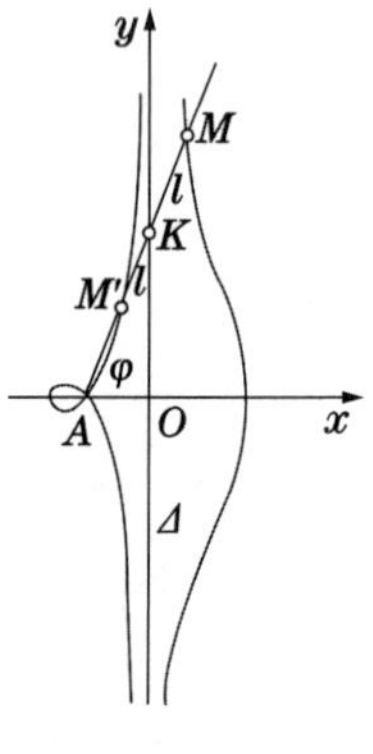


图 87

角 $\varphi$ 可在区间 $-\frac{\pi}{2}$ 至 $+\frac{\pi}{2}$ 里变值. $M$ 为矢量 $\overrightarrow{AK}$ 的延长线上任意一点,它的坐标显然有①

① 点 $M$ 的辐矢 $\overrightarrow{OM}$,在图上未画出.

$$x = \text{пр}_x \overrightarrow{OM} = \text{пр}_x \overrightarrow{OK} + \text{пр}_x \overrightarrow{KM} = l\cos\varphi$$

$$y = \text{пр}_y \overrightarrow{OM} = \text{пр}_y \overrightarrow{OK} + \text{пр}_y \overrightarrow{KM} = a\tan\varphi + l\sin\varphi$$

在相反方向的点 $M'$,显然也有同样的公式,只要把 $l$ 改为 $-l$ 便成.

所以,蚌线的参数表示为

$$\begin{cases} x = \pm l\cos\varphi \\ y = a\tan\varphi \pm l\sin\varphi \end{cases} \tag{5}$$

这里同时取上号(右侧的一支)或同时取下号(左侧的一支)①.

欲把蚌线的参数表示化为一个方程,只要由两个方程(5)消去 $\varphi$. 首先得

$$\cos\varphi = \pm\frac{x}{l}$$

再得

$$y = \left(\frac{a}{\cos\varphi} \pm l\right)\sin\varphi$$

用 $\cos\varphi$ 的值代入得

$$y = \pm\left(\frac{al}{x} + l\right)\sin\varphi = \pm\frac{l(x+a)}{x}\sin\varphi$$



由此

$$\sin\varphi = \pm\frac{xy}{l(x+a)}$$

现在应用 $\sin^2\varphi + \cos^2\varphi = 1$ 的关系,把上面所求得的 $\sin\varphi$,$\cos\varphi$ 的值代入,得

$$\frac{x^2y^2}{l^2(x+a)^2} + \frac{x^2}{l^2} = 1$$

经过浅显的简化,得

$$(x+a)^2(x^2-l^2) + x^2y^2 = 0 \tag{6}$$

这是蚌线在直角坐标系的方程.

4°阿基米得螺线　设轴 $\Delta$ 绕着定点 $O$ 转动,又设在轴 $\Delta$ 上取动点 $M$,使矢量 $\overrightarrow{OM}$(对于轴 $\Delta$)的代数值 $\rho$ 和这轴所转过的角 $\varphi$② 成比例,角 $\varphi$ 是从某一个固定轴 $Ox$ 量起(图 88). 这点所画成的轨迹,叫作阿基米得螺线. 由定义得

$$\rho = a\varphi \tag{7}$$

---

① 留待读者证明:我们在这公式里可以只取一个符号,例如只取上号. 那时角 $\varphi$ 的数值不只限在区间 $\left(-\frac{\pi}{2}, +\frac{\pi}{2}\right)$ 内,而是限在区间 $(-\pi, +\pi)$ 内,或在区间 $(0, 2\pi)$ 内同样有效.

② 角 $\varphi$ 用弧度来量.

这里 $a$ 是常数(比值).

这是阿氏螺线的极坐标方程,用 $O$ 做极点,$Ox$ 做极轴.

设 $a$ 为正数,那时螺线和 $\varphi$ 的正数值相当的部分在图里用完整线条画出(当 $\varphi$ 由 0 递增至 $\infty$,螺线当然要迴旋无穷多次);角 $\varphi$ 的正向,取反时针的方向.

和 $\varphi$ 的负值相应的螺线部分,在图里用间断线条画出.

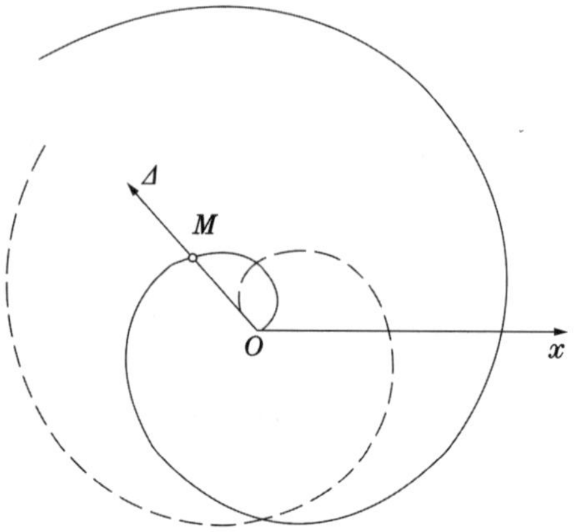


图 88

5°旋轮线是当一个圆不滑动地在一条固定的直线上滚动时,圆上一点 $M$ 所画成的轨迹. 设 $R$ 代表这个动圆的半径. 取这个圆在它上面滚动的直线做直角坐标系的轴 $Ox$;并取动点 $M$ 落在轴 $Ox$ 上的某一点 $O$ 做坐标原点;过 $O$ 作轴 $Oy$,使它的正向如图 89 所示.



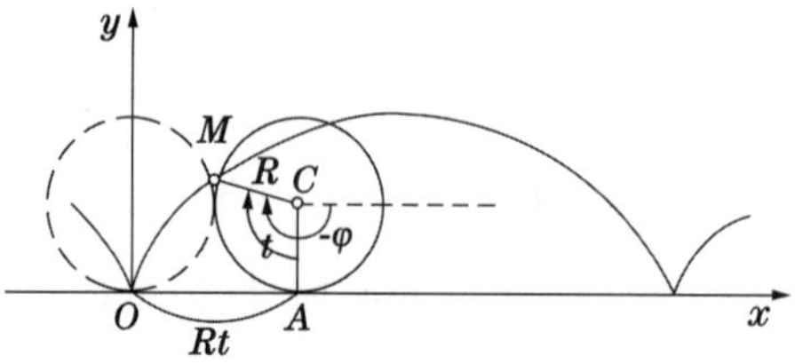


图 89

考虑这个滚动的圆的任意一个位置. 设 $A$ 为它和轴 $Ox$ 的切点,而 $C$ 是圆心. 用 $t$ 表示 $\angle ACM$,由正向$\overrightarrow{CA}$量起,依照图里箭头方向来计算. 显然给定角 $t$(用弧度做单位),动圆的位置便完全决定,因而点 $M$ 也跟着决定. 因此数量 $t$ 可以选为用以表示这条旋轮线的参数. 因为滚动时没有滑动,故线段 $OA$ 等于圆弧的长 $AM = Rt$.

现在以 $t$ 来表示点 $M$ 的坐标 $x, y$.

设$\overrightarrow{OM}$为点 $M$ 的辐矢(这辐矢在图里没有画出). 那么

$$x = \text{пр}_x\,\overrightarrow{OM} = \text{пр}_x\,\overrightarrow{OA} + \text{пр}_x\,\overrightarrow{AC} + \text{пр}_x\,\overrightarrow{CM}$$

$$y = \text{пр}_y\,\overrightarrow{OM} = \text{пр}_y\,\overrightarrow{OA} + \text{пр}_y\,\overrightarrow{AC} + \text{пр}_y\,\overrightarrow{CM}$$

但显然

$$\text{пр}_x\ \overrightarrow{OA}=OA=Rt,\ \text{пр}_x\ \overrightarrow{AC}=0,\ \text{пр}_x\ \overrightarrow{CM}=-R\sin t$$

$$\text{пр}_y\ \overrightarrow{OA}=0,\ \text{пр}_y\ \overrightarrow{AC}=R,\ \text{пр}_y\ \overrightarrow{CM}=-R\cos t$$ ①

把这些值代入上式,便得旋轮线的参数表示

$$x=R(t-\sin t),\ y=R(1-\cos t) \tag{8}$$

**§85. 平曲线的分类**　由曲线的笛氏坐标方程,我们可把平曲线分类:

所谓代数曲线是指有方程如下的曲线

$$F(x,y)=0 \tag{1}$$

式中 $F(x,y)$ 为多项式,即 $x,y$ 的有理整函数,亦即许多项

$$Ax^ky^l \tag{2}$$

的总和,这里 $k$ 和 $l$ 为非负数,$A$ 为常数系数. 这时方程(1)所决定的坐标 $y$ 是 $x$ 的隐函数,叫作代数函数.

凡不是代数曲线的曲线都叫作超越曲线.

代数曲线又可分类为各级的代数曲线,如果 $n$ 代表多项式 $F(x,y)$ 的次②,则方程(1)所表示的曲线便称为 $n$ 级曲线.

例如直线是一级代数曲线,因为它的方程是一次的,如

$$y-ax-b=0$$

或

$$x-c=0$$

(参看 §80). 圆是二级代数曲线,因为它的方程是二次的( §80).

如曲线方程为

$$x^3+y^3-3xy=0$$

它便是三级曲线. 前节所讨论的蚌线是四级代数曲线(其他在前节所举的曲线都是超越曲线. 参看 §87 注).

如果曲线的级是跟着(笛氏)坐标系的选择而更动的话,那么,这样的代数曲线分类便没有意义. 现在我们证明,所给曲线的级和这些选择无关.

① 注意矢量 $\overrightarrow{OM}$ 和轴 $Ox$ 所成的角 $\varphi$(依照坐标轴 $Ox,Oy$ 的选定)以反时针方向做正向(而 $t$ 以顺时针做正向). 所以,$\varphi$ 和 $t$ 的关系如

$$\varphi=-\frac{\pi}{2}-t+2k\pi\text{(这里 }k\text{ 是整数)}$$

(参看图 89). 因此 $\text{пр}_x\ \overrightarrow{CM}=R\cos\varphi=-R\sin t,\ \text{пр}_y\ \overrightarrow{CM}=R\sin\varphi=-R\cos t$.

② 每项 $Ax^ky^l$ 的次数是指数 $k,l$ 的和,即 $k+l$. 整个多项式 $F(x,y)$ 的次数,是它的最高次项的次数.

事实上,设在某一笛氏坐标系,代数曲线的方程为

$$F(x,y)=0$$

这里 $F(x,y)$ 是变数 $x,y$ 的有理整函数.

另取一笛氏坐标系,把 $x,y$ 换为新坐标 $x',y'$

$$x=a+l_1x'+l_2y',y=b+m_1x'+m_2y' \tag{3}$$

(参看§82),对于新坐标系的同一曲线的方程为

$$F'(x',y')=0$$

这里多项式 $F'(x',y')$ 是用式(3)代入 $F(x,y)$ 的结果. 我们容易证明两个多项式 $F$ 和 $F'$ 的次相同. 首先证明 $F'$ 的次不超过 $F$ 的次. 事实上,设 $F(x,y)$ 为各项 $Ax^py^q$ 的总和,引入所说的代换,这多项式的每一项,用算式 $A(a+l_1x'+l_2y')^p(b+m_1x'+m_2y')^q$ 代替. 如把乘积算出(即 $A$ 乘 $a+l_1x'+l_2y'$ 的 $p$ 次方,再乘 $b+m_1x'+m_2y'$ 的 $q$ 次方),所得的显然为形式如 $Bx'^ry'^s$ 的各项的总和,而且没有一项的 $r+s$ 能够超过 $p+q$.

把 $xOy$ 系和 $x'Oy'$ 调换地位,依同样说法,$F$ 的次数不超过 $F'$ 的次数,因此,$F$ 和 $F'$ 的次数相等.



因此我们可以说代数曲线的级,与曲线方程所根据的笛氏坐标系全无关系.

还有一点需加说明:设已知代数曲线的方程为 $F(x,y)=0$,这里 $F(x,y)$ 是多项式,可能和另一方程 $F_0(x,y)=0$ 同价①,这里 $F_0(x,y)$ 也是多项式,但比较 $F(x,y)$ 低次. 例如方程 $(x-y)^2=0$ 显然和方程 $x-y=0$ 同价.

设 $F_0(x,y)=0$ 是和已经方程同价的方程,且再不能更有较它低次的同价方程. 那么,我们所论代数曲线的级,自然不是指多项式 $F$ 的次而是多项式 $F_0$ 的次. 但为了方便,有时不作这样说法. 关于这点,将在§174 中再行详细说明.

**注** 我们不要忘却曲线的分类(代数曲线和超越曲线的区别),要根据它们对于笛氏坐标系的方程. 例如阿基米得螺线的方程为

$$\rho=a\varphi$$

这里 $\rho$ 和 $\varphi$ 代表极坐标,$a$ 是一个常数,它是超越曲线,虽然它的极坐标方程不但是代数的并且是一次的. 事实上,用§60 的公式由极坐标变为笛氏坐标,得

$$\sqrt{x^2+y^2}=a\arctan\frac{y}{x}$$

---

① 方程 $F(x,y)=0$ 和方程 $F_0(x,y)$ 叫作同价,如果所有的数偶 $x,y$ 适合其中一个方程,那么,也适合另一个方程.

这显然是超越方程.

**§86. 可分解和不可分解的代数曲线**[①]　设有代数曲线的方程

$$F(x,y)=0 \tag{1}$$

左边所表示的多项式可以分解为两个因数,每个因数也是多项式,即是有恒等式

$$F(x,y)=F_1(x,y)\cdot F_2(x,y)$$

这里 $F_1(x,y)$ 和 $F_2(x,y)$ 也是多项式(换句话说,即是变数 $x,y$ 的有理整函数). 由方程(1)得

$$F_1(x,y)\cdot F_2(x,y)=0 \tag{2}$$

凡适合于这个方程的变数 $x,y$,当然适合下面两个方程中的一个

$$F_1(x,y)=0 \text{ 或 } F_2(x,y)=0 \tag{3}$$

反过来说,凡适合(3)里一个方程的变数都适合方程(2). 这两个方程的每一个都是代数曲线的方程. 由此,曲线(2)上的点,显然属于曲线 $F_1(x,y)=0$ 或曲线 $F_2(x,y)=0$,反转来说也通.

换句话说,方程(2)所代表的曲线是由方程(3)所代表的两条曲线的集合所组成.



在这情形,方程(1)所代表的曲线叫作可约的或可分解的,因为它可以分解为两条代数曲线(3). 如果这两条曲线中的每一条再可以分解,那么,原曲线不只是分解为两条,而是可分解为许多条代数曲线.

例如,方程

$$x^2-y^2=0 \text{ 即 } (x-y)(x+y)=0$$

所表示的曲线,可以分解为两条直线,有如下的方程

$$x-y=0 \text{ 和 } x+y=0$$

如果多项式 $F(x,y)$ 不可能分解成两个多项式因子,那么,方程(1)所表示的曲线叫作不可分解的或不可约的.

由上所说,可分解曲线的研究显然可化为不可分解曲线的研究,因为它是由不可分解曲线所组成.

**注**　我们不可误会,以为凡是由两支曲线组成的代数曲线(例如第七章所说的双曲线,和§84 所论的蚌线),都是可约曲线. 可约的基本意义不在于曲线的分支,而要看曲线的方程,在已化为 $F(x,y)=0$ 的形式之后,它的左边是否可能分解成为几个多项式的因子.

---

① 关于这点,将来在下面(在§174)详细说明.

例如,我们不难证明,蚌线方程(§84)

$$(x+a)^2(x^2-l^2)+x^2y^2=0$$

的左边(当$a\neq 0,l\neq 0$)不能分解为这样的因子,所以,蚌线是不可约曲线,由代数的观点,这两条支线代表曲线的整体(第七章所论的双曲线,情形和此相同).

**§87. 关于两曲线的交点** 为了将来的需要,我们应该解决下面的问题:已给两条曲线的方程

$$\Phi(x,y)=0 \tag{1}$$

$$\Psi(x,y)=0 \tag{2}$$

求这些曲线的交点.所求的点的坐标(如果它们存在的话)应同时适合两个方程(1)和(2),因为所求的点应同时在这两个方程所代表的曲线上.因此,欲求交点的坐标就须解含有两个未知数①的方程系

$$\begin{cases}\Phi(x,y)=0\\ \Psi(x,y)=0\end{cases}$$



这两个方程有若干个解答,这两条曲线便有若干个交点,如果没有解答,那么,这两条曲线便不相交.

一条$m$级的和一条$n$级的代数曲线,它们的交点不能超过$mn$个.只有当一条曲线的全体为组成另一条曲线的一部分,或者当两条曲线都可分解,它们有一公共的部分②时,才有例外.下面(在§100)只就这命题的特例,即当所论的曲线之一为直线时,加以证明.一般情形的证明,在任何高等代数教程里,都可找到.

这里尚须声明(详细说明,参看下文§174),如果我们规定把"重"点一一重复地计算,并把"虚"点、"无穷远"点都算在内,那么,所得交点的数目总可说是等于$mn$.只有当这些曲线有公共部分时才是例外.又特例:$n$级代数曲线和直线(不是这曲线的一部分)相交,交点数目总是等于$n$(如果采用上文广义的观点来计算).因此,已知代数曲线的级,可以定义为它与任何直线的交点数目,只要直线不是曲线的一部分.

再说普通情形,两条曲线的交点问题,如果已知一条曲线的参数表示,便有特别简单的解法.

设已知一曲线的参数方程

① 参看§80习题12和13.

② "部分"的意义系指由已知曲线分解得来的一条代数曲线.

$$x=\varphi(t), y=\psi(t) \tag{3}$$

又已知另一曲线的方程为 $\Phi(x,y)=0$. 欲求它们的交点，把式(3)代入这方程，得到仅含一个未知数 $t$ 的方程

$$\Phi[\varphi(t),\psi(t)]=0 \tag{4}$$

求方程(4)的根. 代入(3)的 $t$，便得所求交点的坐标的数值.

**注**　由上面所说关于代数曲线交点的数目，可得一个特别的结论：如果所给曲线和任何直线有无穷多个交点(但那条直线仍然不是组成曲线的一部分)，那条曲线必定是超越曲线.

这个判别法立刻让我们得出结论：正弦曲线、旋转线、阿基米德螺线等都是超越曲线.

但反面的推论不能成立. 例如指函数曲线是超越曲线，但它和任何直线的交点不多于两点[①]，这很容易证明，并且从曲线的图形(图85)也可立刻看出.

### 习　题

求两圆的交点，已给方程

$$x^2+y^2=4 \quad 和 \quad (x-1)^2+y^2=3$$

答：$(1,\sqrt{3})$和$(1,-\sqrt{3})$.

我们见到交点(实点)的数目等于2. 如果引入虚点和无穷远点来讨论，那么我们也可证明，除已求得的两点外，还有两个交点(同时是虚点又是无穷远点).

## Ⅱ. 直线方程的各种格式

本段详细讨论在平面上用方程来表示直线的问题.

**§88. 直线方程的方向系数式. 参数表示式**　在§80，我们用直角坐标系引入直线的方程，用同样的方法也容易求得直线对于任何笛氏坐标系的方程. 但我们现在试用另一方法来推求它.

设(图90)$\Delta$ 是所给直线. 它的位置完全决定，如果已知它的一点 $M_0(x_0, y_0)$，和一个与它平行而不等于0的矢量 $\boldsymbol{P}=(X,Y)$.

换句话说，已给的是：点 $M_0$ 的坐标 $x_0, y_0$ 和矢量 $\boldsymbol{P}$ 的坐标 $X, Y$，矢量 $\boldsymbol{P}$ 叫

① 当然这里只就实点立论，我们暂时不考虑虚点.

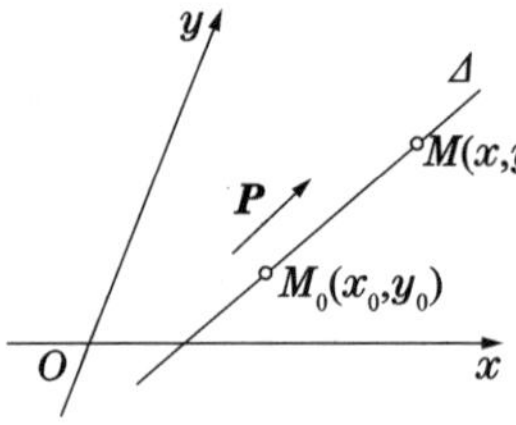


图 90

作所给直线的方向矢量.

显然地要使某点 $M(x,y)$ 在直线 $\Delta$ 上,必要且充分的条件是矢量$\overrightarrow{M_0M}=(x-x_0,y-y_0)$和矢量 $\boldsymbol{P}=(X,Y)$平行. 回忆矢量平行的条件(§37),便是条件方程

$$\frac{x-x_0}{X}=\frac{y-y_0}{Y} \tag{1}$$

因为方程(1)表示各点$(x,y)$在直线 $\Delta$ 上的必要且充分条件,所以它是这条直线的方程.

在(1)里的系数 $X,Y$ 叫作方向系数,因为它完全决定方向矢量 $\boldsymbol{P}$,因而决定了这条直线的方向,因此方程(1)叫作直线方程的方向系数式.

反过来说,也很显然,每个形如式(1)的方程代表一条经过 $M_0(x_0,y_0)$并与矢量 $\boldsymbol{P}$ 平行的直线.

现应注意,矢量 $\boldsymbol{P}$ 可用任何和它平行的矢量来代替(可以同向,也可反向). 换句话说,方程(1)里的系数 $X$ 和 $Y$ 可用任何与它们成比例的数量 $kX$ 和 $kY$ 来代替,这里 $k$ 是任意一个不等于 0 的数. 这当然是直接而显明的事,因为用任意数 $k$(不等于 0)除方程(1)的两边,得方程



$$\frac{x-x_0}{kX}=\frac{y-y_0}{kY} \tag{1a}$$

和上面的方程没有分别.

由上述可知,方程(1)所决定的直线 $\Delta$ 的方向,不是依赖于数量 $X$ 和 $Y$ 的本身,而只依赖于它们的比值. 例如

$$a=\frac{Y}{X} \tag{2}$$

这比值叫作所给直线的角系数,因为它决定这条直线的方向,因此也决定这条直线和轴 $Ox$ 的夹角(参看下节).

回到方程(1). 注意,由此可得这条直线的很简单的参数表示法. 事实上,用 $t$ 来表示(1)的公共比值,即设

$$\frac{x-x_0}{X}=\frac{y-y_0}{Y}=t$$

得

$$x=x_0+Xt,y=y_0+Yt \tag{3}$$

便是这条直线的参数表示. 参数 $t$ 有很简单的几何意义,由定义可以推知,$t$ 是平行矢量$\overrightarrow{M_0M}$和 $\boldsymbol{P}$ 的比值(参看§33).

我们当然可用单位矢量代替这条任意长的矢量 $\boldsymbol{P}$；设用 $\boldsymbol{e}$ 代表这个单位矢量，用 $l,m$ 代表它的坐标，即设

$$\boldsymbol{e}=(l,m)$$

数量 $l$ 和 $m$ 叫作所给直线的方向坐标①. 在这情形，它的方程可写为

$$\frac{x-x_0}{l}=\frac{y-y_0}{m} \tag{4}$$

这个方程叫作直线方程的方向坐标式.

在采用单位矢量 $\boldsymbol{e}$ 的情形下（代替了任意长的矢量 $\boldsymbol{P}$），参数表示式(3)化为

$$x=x_0+lt,y=y_0+mt \tag{5}$$

那时参数 $t$ 便简单地代表矢量 $\overrightarrow{M_0M}$ 对于方向 $\boldsymbol{e}$ 的代数值，也就是动点 $M$ 至定点 $M_0$ 的带有一定符号的距离.

**注**　如果直线 $\Delta$ 和一条坐标轴平行，那么，系数 $X,Y$ 有一个等于 0，因为矢量 $\boldsymbol{P}$ 也要和这一条轴平行. 例如，$\Delta$ 和轴 $Oy$ 平行，那么 $X=0$，方程(1)化为

$$\frac{x-x_0}{0}=\frac{y-y_0}{Y}$$

根据 §37 附注所说，这可作为与方程 $x-x_0=0$ 一致，而 $y-y_0$ 仍是任意的.

所以和轴 $Oy$ 平行的直线，有方程如下式

$$x-c=0 \tag{6}$$

这里 $c=x_0$ 是这条直线和轴 $Ox$ 的交点的横坐标（我们早已在 §80 得到这个结果，但那时用的是直角坐标，在现在所讲的情形，当然是不必要的）.

同样，我们可得和轴 $Ox$ 平行的直线的方程.

### 习　题

1. 求直线方程，经过点(0,3)又和矢量(2,5)平行.

答：$\dfrac{x}{2}=\dfrac{y-3}{5}$.

2. 求直线方程，经过点(3，-1)又和矢量(5,0)平行.

答：$\dfrac{x-3}{5}=\dfrac{y+1}{0}$，即（参看上面附记）$y+1=0$.



① 因为单位矢量 $\boldsymbol{e}$ 可用单位矢量 $-\boldsymbol{e}=(-l,-m)$ 替代. 故若 $l,m$ 为一直线的方向坐标，则 $(-l,-m)$ 也是这条直线的方向坐标.

**§89. 直线方程的简化式** 现在假定直线 $\Delta$ 和轴 $Oy$ 不平行,即前节方程(1)里的 $X\neq0$. 用 $Y$ 乘这个方程,可把它写作

$$y-y_0=a(x-x_0) \tag{1}$$

式中用简写记号

$$a=\frac{Y}{X} \tag{2}$$

方程(1)可写作

$$y=ax+b \tag{3}$$

式中 $b=y_0-ax_0$ 是常数.

这个方程叫作直线方程[①]的简化式.

最重要的是要弄明白并记住这个方程里的系数 $a$ 和 $b$ 的几何意义,如令 $x=0$,即由方程(3)得 $y=b$. 因此,$b$ 是这条直线和轴 $Oy$ 的交点的纵坐标,或可以说是纵截距(这个概念会在§80 引入).

关于系数 $a$,我们曾在前节说过,它决定这条直线的方向,因而叫作角系数.



在直角坐标系情形,正如在§80 所说,我们得斜率

$$a=\tan\alpha \tag{4}$$

式中 $\alpha$ 为直线 $\Delta$ 和轴 $Ox$ 的夹角. 这个重要关系(4)现在再次由公式(2)推得,并同时详细讨论角 $\alpha$ 的量法. 这个角由轴 $Ox$ 量起,它的符号要看正角方向[②]的规定.

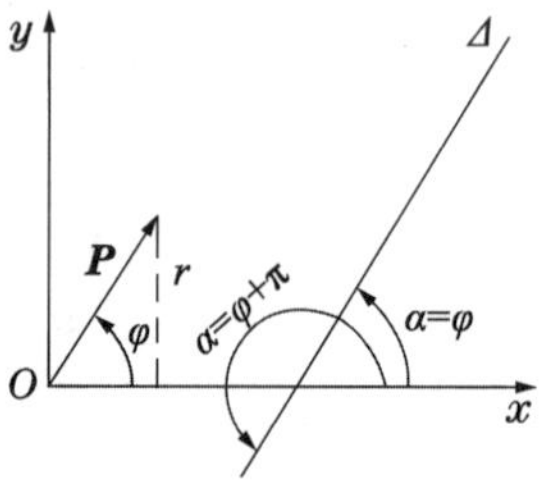


图 91

设 $\varphi$ 代表矢量 $\boldsymbol{P}$ 和轴 $Ox$ 的夹角,那么,角 $\alpha$ 显然是角 $\varphi$ 或 $\varphi+\pi$(或更广泛来说 $\varphi+k\pi$,这里 $k$ 是整数),因直线(和轴与矢量不同)没有一定的正向,把 $\varphi$ 改为 $\varphi+\pi$,仍是同一直线的方向(图 91).

现在回到 $a=\dfrac{Y}{X}$的表示式. 因为 $X$ 和 $Y$ 是矢量 $\boldsymbol{P}$ 的坐标,由§47 得(也显然可由图 91 推得)

$$a=\frac{Y}{X}=\tan\varphi$$

---

① 这个方程在§80 已经获得,但那时我们用直角坐标.

② 正角的方向按照我们的规定,总是由轴 $Ox$ 到轴 $Oy$ 最短路程的方向.

但因 $\varphi$ 和 $\alpha$ 可以相差 $\pi$ 的倍数,而函数 $\tan\varphi$ 有周期 $\pi$,那么 $\tan\varphi=\tan\alpha$,所以我们得到所求的公式(4).

由此,如果已给斜率 $a$,可由公式(4)得角 $\alpha$;由这个公式不只求得 $\alpha$ 的一个值,而且有无穷多个值,每个相差 $k\pi$,这差额不影响于 $\Delta$ 的方向. 因此,我们总可任意限制这些角的数值. 例如在 0 和 $\pi$ 之内.

在广义笛氏坐标情形,角系数取得下面公式

$$a=\frac{|\boldsymbol{v}|}{|\boldsymbol{u}|}\cdot\frac{\sin\alpha}{\sin(\nu-\alpha)} \tag{5}$$

这里如上面一样,$\alpha$ 代表直线 $\Delta$ 和轴 $Ox$ 所成的角,由 $Ox$ 量起. $\nu$ 代表坐标角,$|\boldsymbol{u}|$ 和 $|\boldsymbol{v}|$ 代表轴 $Ox$ 和 $Oy$ 上坐标矢量的长. 这公式留给读者自行证明. 参看图 92,图里 $X$ 和 $Y$ 代表线段,它们的代数值为 $|\boldsymbol{u}|X$ 和 $|\boldsymbol{v}|Y$.

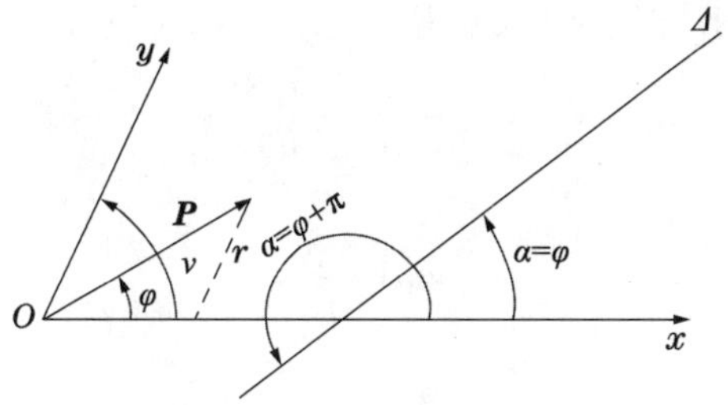


图 92

如果已知方程的简化式:$y=ax+b$. 我们总可写成方向系数式. 我们只需把它写作

$$x=\frac{y-b}{a}$$

或

$$\frac{x-0}{1}=\frac{y-b}{a} \tag{6}$$

可见这个方程,实际上就是方向系数式,式中的 $X=1$,$Y=a$.

**注**　我们在推求简化式时,假定这条直线和轴 $Oy$ 不平行,即 $X\neq0$. 如果 $X=0$,那么这条直线的方程当然不能表作 $y=ax+b$ 的形式,因为在这时候它的方程为 $x=c$(参看前节). 表示式 $a=\dfrac{Y}{X}$ 失去意义(化为无穷大). 但有时为便利计,也说角系数等于无穷大.

**§ 90. 直线方程的一般式**　我们知道所有直线的方程可写作

$$y-ax-b=0$$

如果它和轴 $Oy$ 不平行;或写作

$$x-c=0$$

如果它和轴 $Oy$ 平行. 这两个方程都是下面方程的特例

$$Ax+By+C=0 \tag{1}$$

这是一次方程的一般形式.

反过来说,我们容易知道,所有方程(1),即,所有一次方程都是直线的方程.

我们当然假定系数 $A$ 和 $B$ 不同时等于 0,否则方程(1)不含变数 $x$ 和 $y$,而这个算式不能表示它们的关系.

讨论两个可能情形.

1°首先设 $B\neq 0$. 解方程(1)求 $y$ 得

$$y=-\frac{A}{B}x-\frac{C}{B}$$



或

$$y=ax+b \tag{2}$$

这里设

$$a=-\frac{A}{B},b=-\frac{C}{B}$$

因此,方程(1)是一条直线的方程,纵截距为 $b$,角系数为 $a$.

2°设 $B=0$,此时方程式化为 $Ax+C=0$ 的形式,又因 $A\neq 0$,化为

$$x=c \tag{3}$$

这里设 $$c=-\frac{C}{A}$$

方程(3)显然代表平行于轴 $Oy$ 的直线,它和轴 $Ox$ 的交点的横坐标等于 $c$.

因此我们证明了所有直线都用一次方程来表示,反过来说,所有一次方程都代表直线.

方程(1)叫作直线方程的一般式. 由上所述,直线方程的一般式可以化为最简的形式(简化式). 如 $B\neq 0$,我们解式(1)求 $y$ 便得. 又如 $B=0$,那么,式(1)化为(3)的形式.

由简化式总是可推出方向系数式,在前节末段已经说过.

**注** 我们讨论时总把 $A=B=0$ 的情形除外. 如果这情形发生,那么,方程(1)化成下形

$$C = 0$$

当 $C$ 不是 0，无论 $x$ 和 $y$ 为任何有限的数值，都不能适合这个方程，即这个方程不能代表几何轨迹（从初等几何的观点立论）. 但有时也说这样的方程代表无穷远直线或假直线（参看第六章）.

这样的"假直线"我们作为在已知平面上，并和所有其他一切直线平行. 将来如没有反面的特别声明，在我们的直线方程里，$A$，$B$ 两个系数最低限度有一个不是 0.

有时在讨论中，$A = B = C = 0$ 的情形取得意义，那时我们说这个方程代表"不定"的直线.

### 习　题

1. 试把直线方程 $2x + 2y - 5 = 0$ 改为简化式.

答：$y = -x + \frac{5}{2}$.

2. 试把方程 $3x - 5y + 1 = 0$ 改为简化式；再改为方向系数式.

答：简化式为 $y = \frac{3}{5}x + \frac{1}{5}$.

由此改为方向系数式的一法为

$$\frac{y - \frac{1}{5}}{\frac{3}{5}} = \frac{x - 0}{1} \quad \text{或} \quad \frac{x - 0}{5} = \frac{y - \frac{1}{5}}{3}$$

3. 设题 1 里的 $x$，$y$ 是直角坐标，求这条直线和轴 $x$ 所成的角.

答：$\alpha = -\frac{\pi}{4}$，也一样可写作 $\alpha = -\frac{\pi}{4} + \pi = \frac{3\pi}{4}$；更普遍地可写作$\frac{3\pi}{4} + k\pi$.

**§91. 一般式直线方程的特例**　如果直线方程的一般式

$$Ax + By + C = 0$$

有一个系数等于 0，那便表示这条直线的位置有了特殊的地方. 现分述如下：

1°如果在一般式里，$C = 0$，这个方程得下式

$$Ax + By = 0$$

和这方程相当的直线经过坐标原点，因为数值 $x = 0$，$y = 0$ 适合这个方程.

2°如果在一般式里，$B = 0$，它便化为下式

$$x = -\frac{C}{A}$$

和这方程相当的直线平行于轴 $Oy$,正如前节所说.

3°如果在一般式里,$A=0$,它便化为下式

$$y=-\frac{C}{B}$$

和这方程相当的直线平行于轴 $Ox$.

还要注意,轴 $Ox$ 的方程为

$$y=0$$

又轴 $Oy$ 的方程为

$$x=0$$

**§92. 三项式 $Ax+By+C$ 的符号** 由直线方程的概念,我们知道三项式

$$Ax+By+C \tag{1}$$

化为0,当点$(x,y)$在

$$Ax+By+C=0 \tag{2}$$

所代表的直线 $\Delta$ 上,而不在 $\Delta$ 上的点一定使

$$Ax+By+C\neq 0$$



现在使我们产生兴趣的问题是:对于在平面上不同的点 $M(x,y)$,三项式(1)应取什么符号?

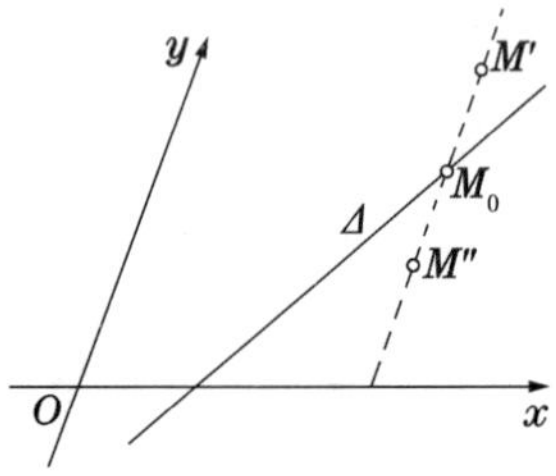

图 93

直线 $\Delta$ 划分平面为两部分. 当点 $M(x,y)$ 位于平面上的一部分时,三项式(1)保持一定的符号,因为要它改变符号,它要先变到0,那只有当点 $M(x,y)$走到直线 $\Delta$ 上才有可能. 现再证明在这条直线不同的两侧,这个三项式取得相反的符号. 事实上,为了明确起见设,$B>0$. 选取平行于轴 $Oy$ 的任意直线和所给直线相交①于某点 $M_0(x_0,y_0)$,又在所选定的直线上再取两点 $M'(x_0,y')$ 和 $M''(x_0,y'')$,$y'>y_0$ 和 $y''<y_0$(图 93). 因为点 $M_0(x_0,y_0)$在直线 $\Delta$ 上它的坐标应令三项式(1)化为0,即

$$Ax_0+By_0+C=0$$

如果用较大数量 $y'$来代替这个等式里的 $y_0$,显然等式不能成立,而得(因为 $B>0$)

$$Ax_0+By'+C>0$$

① 因为 $B$ 不等于0,直线 $\Delta$ 和轴 $Oy$ 不相平行.

同样也可求得

$$Ax_0+By''+C<0$$

这证明在直线 $\Delta$ 的不同侧,三项式取得相反的符号.

我们前设 $B>0$;如果 $B<0$,那么上面两个不等式适得反向,但所得结果依然成立.最后,如果 $B=0$,那么,$A$ 当然不等于0.如果我们把轴 $Ox$ 和轴 $Oy$ 互易位置,上面所说仍然成立.

**例**　设已给直线

$$2x+y-3=0 \tag{3}$$

用原点的坐标(即 $x=0,y=0$)来代入三项式

$$2x+y-3 \tag{4}$$

得负值($-3$).因此,和原点同在直线的一侧的各点,都令

$$2x+y-3<0$$

而在另一侧的各点,都令

$$2x+y-3>0$$

例如,点 $M(5,3)$ 的坐标令三项式(4)化为正值

$$2\times5+3-3=10$$

所以点 $M$ 和原点各在直线 $\Delta$ 的不同侧.

就一般来说,判别已给两点的位置在已给直线的同侧或异侧,应用本节所述,立即得到解决.



### 习　题

1. 求证点$(5,-1)$和点$(2,3)$同在直线 $x+3y-1=0$ 的一侧,而点$(-1,-5)$在另一侧.

2. 求证直线 $2y=2x+1$ 和联结两点 $A(-2,2)$,$B(4,1)$的直线相交于点 $A$ 和点 $B$ 的中间.

在方格纸上求作题内各点和直线(假定为直角坐标),检验所得的结果.

**§93. 截距式**　现在再说直线方程的又一种形式.由一般式

$$Ax+By+C=0 \tag{1}$$

化成此式,要当 $C\neq0$ 情形时,才有可能.

即用 $C$ 来除(1)的两边,又引用记号

$$-\frac{A}{C}=\frac{1}{p},\ -\frac{B}{C}=\frac{1}{q} \tag{2}$$

方程(1)便可写作

$$\frac{x}{p}+\frac{y}{q}=1 \tag{3}$$

在这个对称形式的方程里,数量 $p$ 和 $q$ 有简单的几何意义,$p$ 是这条直线在轴 $Ox$ 上所截的线段,用单位 $|\boldsymbol{u}|$(即轴 $Ox$ 上坐标矢量的长)来量的;$q$ 是这条直线在轴 $Oy$ 上所截的线段,用单位 $|\boldsymbol{v}|$(即轴 $Oy$ 上坐标矢量的长)来量的;又设这两条线段带有相当的符号①.

事实上,求方程(3)所表示的直线和轴 $Ox$ 的交点,就是说,求在直线(3)上纵坐标 $y$ 等于 0 的点,用 $y=0$ 代入方程(3),得

$$\frac{x}{p}=1$$

即 $x=p$,如所欲证. 同理可得 $q$ 的意义.

为了便于记忆 $p,q$ 的几何意义,方程(3)叫作截距式.

**注** 如果在一般式里,系数 $A$ 等于 0. 那么,根据(2),$\frac{1}{p}=0$(即 $p=\infty$);而方程(3)化为



$$\frac{y}{q}=1$$

这个方程,正如我们所料,代表一条和轴 $Ox$ 平行的直线,它在轴 $Oy$ 上截取线段 $q$(用单位 $|\boldsymbol{v}|$ 来量). 在这情形,我们也可以说,直线和坐标轴的截距为 $p=\infty$ 和 $q$.

对于 $B=0$ 时也有类似的情形.

**§94. 已知方程,求作直线的方法** 前节方程(3)所代表的直线有很简单的作图法. 只要在坐标轴上,由原点起,分别截取线段,使它们的代数值分别等于 $|\boldsymbol{u}|p$ 和 $|\boldsymbol{v}|q$,再作直线联结它们的终点便成.

如果所给的直线方程是一般式,而没有一个系数等于 0,我们只要把它写成式(3),便可运用所说的作图法.

**例** 已给直线的狭义坐标方程

$$x-3y-6=0$$

两边除以 6,把 1 移到右边,得

$$\frac{x}{6}+\frac{y}{-2}=1$$

因得这条直线在轴 $Ox$ 上的截距为 6,在轴 $Oy$ 上的截距为 $-2$.

---

① 这些线段的代数值分别等于 $|\boldsymbol{u}|p$ 和 $|\boldsymbol{v}|q$. 在狭义坐标系,它们就是 $p$ 和 $q$.

如果一般式里有一个系数 $A$ 或 $B$ 等于 0,那么,这条直线和一条坐标轴平行. 因此它的作图也很容易.

最后,如果 $C=0$,那么,这条直线经过原点;只要再得它的任一点,便可作图. 这一点的求法,可任给一个横坐标,然后计算它的对应纵坐标. 例如已知直线方程

$$3x-4y=0$$

那么,例如取 $x=4$,便得 $y=3$. 因此这条直线经过原点和点(4,3).

已给直线的方程,在一般情形,要作这直线的图,只要求得它的任意两点便够用,正如在 §80 所述.

**§95. 在一般式的方程里,系数 $A$ 和 $B$ 的几何意义**　再取直线方程的一般式

$$Ax+By+C=0 \tag{1}$$

并指出系数 $A$ 和 $B$ 的特别简单的几何意义. 这在解决许多问题时有很大的方便.



暂时假定 $B\neq 0$,解方程(1)求 $y$,得简化式

$$y=ax+b \tag{2}$$

这里角系数 $a=-\dfrac{A}{B}$. 在另一方面,我们知道(§89)$a=\dfrac{Y}{X}$,这里 $X,Y$ 代表这条直线的方向矢量的坐标. 因此

$$-\frac{A}{B}=\frac{Y}{X}\text{或}\frac{X}{B}=\frac{Y}{-A} \tag{3}$$

现讨论以 $B,-A$ 为坐标的矢量,即矢量 $(B,-A)$. 由公式(3)的第二式,可见这个矢量和所给直线的方向矢量平行,那便是说它和这条直线平行.

因此得结论:矢量 $(B,-A)$ 和方程(1)所代表的直线平行.

因直线的方向矢量,可任取一个和它平行的矢量,我们总可设矢量

$$\boldsymbol{P}=(B,-A) \tag{4}$$

为方程(1)所表示的直线的方向矢量. 显然地,我们取矢量 $-\boldsymbol{P}=(-B,A)$ 也无不可.

我们假定 $B\neq 0$. 但当 $B=0$ 的情形,这结果显然也成立①.

现在再举系数 $A,B$ 的另一个几何意义,但和上面的意义不同,它只限用于直角坐标的情形. 那就是,在这情形之下,以 $A,B$ 为坐标的矢量 $\boldsymbol{Q}$ 即矢量

① 事实上,在这情形,矢量 $\boldsymbol{P}=(0,-A)$ 和轴 $Oy$ 平行. 同时所给直线 $Ax+C=0$ 也和 $Oy$ 平行.

$$Q=(A,B) \tag{5}$$

显而易见和方程(1)所代表的直线垂直.

事实上,因 $\boldsymbol{P}\cdot\boldsymbol{Q}=B\cdot A+(-A)\cdot B=0$,即矢量 $\boldsymbol{Q}$ 垂直于矢量 $\boldsymbol{P}$,便得所要证明的关系.

后面那个结果,在广义笛氏坐标的情形下也成立,如果我们改述如下:以 $A,B$ 为协变坐标的矢量 $\boldsymbol{Q}$ 和直线(1)垂直.

证明时采用广义坐标的矢量的数积公式(§56),仍可推得 $\boldsymbol{P}\cdot\boldsymbol{Q}=0$. 这里的 $\boldsymbol{P}$ 代表 $\boldsymbol{P}=(B,-A)$,和上文一样,它也是用 $B$ 和 $-A$ 做常用(逆变)坐标的矢量.

**§96. 直线方程的标准式** 设用直角坐标系,又引用上面所述关于矢量 $\boldsymbol{Q}=(A,B)$ 的性质,我们可把直线方程

$$Ax+By+C=0 \tag{1}$$

改变另一形式如下:用某个(不是0的)因子 $\lambda$ 乘方程(1),即把它写作下式

$$\lambda Ax+\lambda By+\lambda C=0 \tag{2}$$


我们总可以选择 $\lambda$,使矢量 $\boldsymbol{v}=(\lambda A,\lambda B)$,由前节所述,成为单位矢量并垂直于所给定的直线. 欲达到这个目的,只需选取 $\lambda$ 使

$$(\lambda A)^2+(\lambda B)^2=1$$

即

$$\lambda=\frac{1}{\pm\sqrt{A^2+B^2}} \tag{3}$$

关于根号前面的正负号,我们规定选取那个符号,使乘积 $\lambda C$ 为负值(它的几何意义,将在下文说明);当 $C=0$ 的情形,方根前面的符号,可以任意选取.

用 $\psi$ 表示单位矢量 $\boldsymbol{v}=(\lambda A,\lambda B)$ 和轴 $Ox$ 所成的角(由轴 $Ox$ 量起),用 $-p$ 表示乘积 $\lambda C$,得

$$\lambda A=\cos\psi,\lambda B=\sin\psi,\lambda C=-p \tag{4}$$

因此,方程(2)取得形式

$$x\cos\psi+y\sin\psi-p=0 \tag{5}$$

这个方程叫作直线方程的标准式[黑塞(Hesse)标准式]

我们知道矢量 $\boldsymbol{v}=(\cos\psi,\sin\psi)$ 和这条直线 $\Delta$ 垂直. 现证明(当 $C\neq 0$)在我们选定 $\lambda$ 的符号的规定之下,如果在原点 $O$ 引矢量 $\boldsymbol{v}$,它便指向 $\Delta$ 那边,

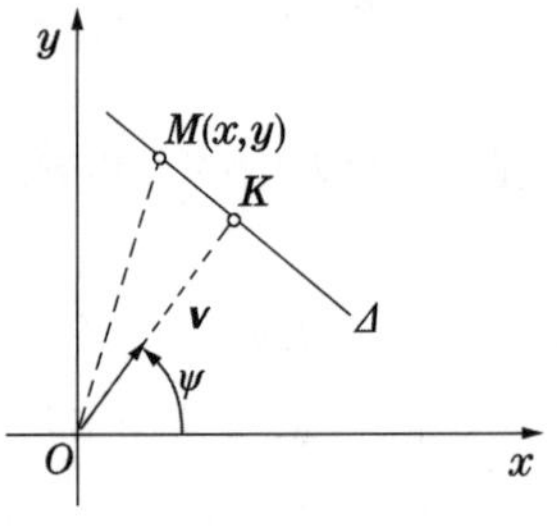


图 94

而使 $p=|OK|$ 为由原点到 $\Delta$ 的垂线的长(图94);这里 $K$ 代表那条垂线的垂足.

事实上,设 $M(x,y)$ 为 $\Delta$ 上的某一点,又用 $OK$ 表示矢量 $\overrightarrow{OK}$ 对于 $\boldsymbol{v}$ 的正向的代数值.那么,$OK=\boldsymbol{v}\cdot\overrightarrow{OM}$①.但 $\boldsymbol{v}=(\cos\psi,\sin\psi)$,$\overrightarrow{OM}=(x,y)$,因此,$OK=x\cos\psi+y\sin\psi$.因此根据(5),$OK=p$.因为由假设,$p>0$,矢量 $\overrightarrow{OK}$ 取得 $\boldsymbol{v}$ 的正向,而它的长等于 $p$,这便证明所述.

补说 $C=0$ 的情形,那时 $p=0$,而 $\boldsymbol{v}$ 的正向可以任意选定,正如前面所说.

注意要把方程(1)化作标准式,只需用公式(3)所定的 $\lambda$ 乘全式,而选取符号,使 $\lambda C\leqslant 0$.这个因子 $\lambda$ 叫作标准化因子.

在狭义斜角坐标系的情形,矢量 $\boldsymbol{v}$ 以 $\lambda A,\lambda B$ 为协变坐标,而垂直于 $\Delta$(参看前节).要使这个矢量为单位矢量,必须选择 $\lambda$,使(§57)

$$(\lambda A)^2+(\lambda B)^2-2(\lambda A)(\lambda B)\cos\nu=\sin^2\nu$$

所以

$$\lambda=\frac{\sin\nu}{\pm\sqrt{A^2+B^2-2AB\cos\nu}} \tag{6}$$



选择根号前面的符号使 $\lambda C\leqslant 0$.用 $\alpha,\beta$ 表示单位矢量 $\boldsymbol{v}$ 和轴 $Ox,Oy$ 所成的角,又用 $-p$ 表示乘积 $\lambda C$ 得②

$$\lambda A=\cos\alpha,\lambda B=\cos\beta,\lambda C=-p \tag{7}$$

而方程(2)取得形式

$$x\cos\alpha+y\cos\beta-p=0 \tag{8}$$

这便叫作标准式.

和上文一样,我们容易证明(只把上面的讨论复述一次便成),在原点 $O$ 引矢量 $\boldsymbol{v}$,它便指向 $\Delta$ 那边,而 $p$ 是由 $O$ 到 $\Delta$ 所作垂线的长.

在这里由公式(6)决定适合于条件 $\lambda C\leqslant 0$ 的因子 $\lambda$,也叫作标准化因子,用它来乘方程(1)便化为标准式.

## 习 题

1. 把下面各个方程(都是直角坐标系)化为标准式:

(a)$x-y+1=0$; (b)$x+y=0$; (c)$2x+3y-1=0$; (d)$x+4=0$.

---

① 事实上,$OK$ 为矢量 $\overrightarrow{OM}$ 在单位矢量 $\boldsymbol{v}$ 所定的方向上的直角投影的代数值.

② 代替两个角 $\alpha,\beta$ 可用靠近轴 $Ox$ 的一个角 $\psi$.这个角由 $Ox$ 量起,依照圆面的正向计算.因此

$$\cos\alpha=\cos\psi,\cos\beta=\cos(\nu-\psi)$$

答:(a)$\frac{x}{-\sqrt{2}}+\frac{y}{\sqrt{2}}-\frac{1}{\sqrt{2}}=0$ 或 $x\cos\frac{3\pi}{4}+y\sin\frac{3\pi}{4}-\frac{1}{\sqrt{2}}=0$;

(b)$\frac{x}{\pm\sqrt{2}}+\frac{y}{\pm\sqrt{2}}=0$ 或 $\pm x\cos\frac{\pi}{4}\pm y\sin\frac{\pi}{4}=0$;

(c)$\frac{2x}{\sqrt{13}}+\frac{3y}{\sqrt{13}}-\frac{1}{\sqrt{13}}=0$ 或 $x\cos\psi+y\sin\psi-\frac{1}{\sqrt{13}}=0$;

式中 $\cos\psi=\frac{2}{\sqrt{13}}$, $\sin\psi=\frac{3}{\sqrt{13}}$.

(d) $-x-4=0$ 或 $x\cos\pi-4=0$.

2. 求由原点到上述各题里各直线的垂直距离.

答:(a)$\frac{1}{\sqrt{2}}$;  (b)0;  (c)$\frac{1}{\sqrt{13}}$;  (d)4.

## Ⅲ. 关于直线的主要问题



在前段中,我们已详细讨论过用方程代表直线的问题,我们已知代表直线的方程是一次的. 因此,所有关于直线的几何问题,化为一次方程的讨论.

现在我们要来解决一连串最为简单而主要的问题. 首先解决关于直线的方程为已知的问题. 然后再解决一些,在不同的几何条件之下,求直线的方程的问题.

此后凡用"已知直线""求直线"等词句,是指"已知直线的方程""求直线的方程"等等.

为便利起见,也为了应用上的缘故,我们所用的直线方程,将取各种不同的格式.

附告读者,上面各节所述的一切,为解决下面各种问题所必须,读者掌握了以前各节的内容和下面所述(§106 和 §111)的一些简单的一般命题,就能毫无困难地独立解决下面那些问题. 我们原可大胆地把这些问题放在"习题"之列. 但我们不是这样做,因为这些解答的结果有普遍的重要性,必须特别加以注意.

**§97. 问题 1. 求两已知直线的平行和叠合条件** 设已知两直线的一般式方程为

$$A_1x+B_1y+C_1=0 \tag{1}$$

和

$$A_2x+B_2y+C_2=0 \tag{2}$$

要它们互相平行,显然必须且只需,它们的方向矢量(参看§95)$\boldsymbol{P}_1=(B_1,-A_1)$和$\boldsymbol{P}_2=(B_2,-A_2)$彼此平行. 应用矢量平行条件,得

$$\frac{A_2}{A_1}=\frac{B_2}{B_1} \tag{3}$$

即

$$A_1B_2-A_2B_1=0 \tag{3a}$$

即,已知两直线方程的一般式,它们平行的必要且充分条件是:两个方程里变数$x$,$y$的相应系数成比例.

上面的条件(3)也可写作

$$A_2=kA_1,B_2=kB_1 \tag{4}$$

这里$k$是常数[(3)的公共比值].

要两条直线互相叠合(叠合是平行的特例),除条件(3)或(4)外,尚须附加一个条件,可推求如下:设$(x,y)$为已知两直线上的任意点,则$x$,$y$同时适合方程(1)和(2). 用$k$乘(2)减去(1),应用关系(4)得$C_2=kC_1$. 161

因此,在叠合情形,我们有

$$A_2=kA_1,B_2=kB_1,C_2=kC_1 \tag{5}$$

或可化为

$$\frac{A_2}{A_1}=\frac{B_2}{B_1}=\frac{C_2}{C_1} \tag{6}$$

条件(5)显然也是充分的. 因为用一个常数乘(2),由这条件,它便化为(1),故(1)和(2)是同价的方程.

所以,已知两条直线方程的一般式,它们叠合的必要且充分条件是方程里三对相应的系数成比例.

由等式(5)得恒等式

$$A_2x+B_2y+C_2=k(A_1x+B_1y+C_1) \tag{5a}$$

即这个等式对于一切的$x$,$y$都适合. 反过来说,如果(5a)是恒等式,由此便可推得[①]等式(5).

---

① 显而易见,由恒等式

$$Ax+By+C=A'x+B'y+C' \tag{$*$}$$

便可推得$A=A'$,$B=B'$,$C=C'$. 事实上($*$)对于一切$x$,$y$的值都适合,那么,当$x=y=0$,它也适合,故得$C=C'$. 再在($*$)里,令$x=1$,$y=0$得$A=A'$,同样可得$B=B'$.

因此,我们可以说如果已知方程(1)和(2),则这两条直线叠合的必要且充分条件是常数 $k$ 的存在,使得(5a)成为恒等式.

如果已知直线方程的简化式

$$y=a_1x+b_1, y=a_2x+b_2 \tag{7}$$

那么,平行条件显然为角系数相等,即

$$a_2=a_1 \tag{8}$$

而叠合条件,化为等式

$$a_2=a_1, b_2=b_1 \tag{9}$$

这些条件可由上面已得的条件(3)(就平行来说)和(6)(就叠合来说)直接推得,只要把方程(7)写成 $a_1x-y-b_1=0, a_2x-y-b_2=0$ 的形式便成.

又如回忆简化式方程的系数的几何意义,则条件(8)和(9)便更加明显.

本节的结果可由一次方程的基本理论直接推出,关于这一点在解决下面的问题时,就可明白.

**§98. 问题 2. 求两直线的交点** 如果已知直线方程,如前节式(1)和式



(2)所表示,那么,求它们的交点,只需解含有两个未知数的一次方程的系

$$A_1x+B_1y+C_1=0, A_2x+B_2y+C_2=0 \tag{1}$$

事实上,所求的点的坐标$(x,y)$,应适合第一条直线的方程,也应适合第二条直线的方程.

由行列式论原理,我们知道①:

1°如果行列式

$$\begin{vmatrix} A_1 & B_1 \\ A_2 & B_2 \end{vmatrix}=A_1B_2-A_2B_1 \tag{2}$$

不等于0,系(1)有一个且只有一个解答. 因此,在这情形只有一交点.

2°如果行列式(2)等于0②,那么,我们有恒等式(对于一切 $x,y$ 的数值)

$$A_2x+B_2y=k(A_1x+B_1y) \text{ 即 } A_2=kA_1, B_2=kB_1 \tag{3}$$

这里 $k$ 为常数. 如果 $C_2 \neq kC_1$,那么,系(1)没有解答. 因此两直线平行,但不叠合.

3°最后,如果 $A_2=kA_1, B_2=kB_1, C_2=kC_1$ 即得恒等式

$$A_2x+B_2y+C_2=k(A_1x+B_1y+C_1) \tag{4}$$

---

① 参看附录 §7.

② 这个行列式的秩等于1. 它不能等于0,因为我们假定 $A_1$ 和 $B_1$ 不同时等于0,$A_2$ 和 $B_2$ 也如此.

那么,两个方程(1)同价,而两条直线叠合. 反过来说,如果两个方程(1)同价,定有关系(4).

因此,我们仍得前节所得的结果.

在讨论简单情形,当然不用行列式论也容易解决.

**注**　如果 $A_1B_2 - A_2B_1 \neq 0$,我们知道定有交点存在. 现在,如把一条直线固定,把另一条直线转动(绕着它的任何一点转动,交点除外),使它逐渐趋近和第一条直线平行的位置,那时交点趋向无穷远. 因此我们有时说两条平行直线也相交,但它们的交点在无穷远("假点"或"无穷远点").

## 习题和补充

1. 求下面两直线的交点

$$3x + 2y - 1 = 0, 2x + y + 5 = 0$$

答:交点$(-11, 17)$.

2. 求下面两直线的交点

$$5x - 2y = 5, 10x - 4y = 1$$

答:交点在无穷远(平行直线).

3. 求下面两直线的交点,已知一直线的参数表示

$$x = 2t, y = 1 - 3t$$

和其他一直线的方程 $2x - 6y - 5 = 0$.

答:$x = 1, y = -\frac{1}{2}$.

**§99. 问题 3. 求笛氏坐标的变换公式,已知新坐标轴的方程**　我们有时需要由已知笛氏坐标系变为另一笛氏坐标系,而后者的轴 $O'y'$, $O'x'$ 落在两条相交直线上,已知它们的方程分别为

$$A_1x + B_1y + C_1 = 0 \tag{1}$$

$$A_2x + B_2y + C_2 = 0 \tag{2}$$

两轴的正向和坐标矢量的长由我们任意选定. 解决这个问题以用下面的方法最方便:

我们有(§66)

$$x' = l_1'x + l_2'y + a', y' = m_1'x + m_2'y + b'$$

新轴 $O'y'$ 上的点,适合于方程 $x' = 0$ 即

$$l_1'x + l_2'y + a' = 0$$

因为这个方程要和方程(1)同价,所以根据前节所说

$$l_1'x+l_2'y+a'=k_1(A_1x+B_1y+C_1)$$

这里 $k_1$ 为不等于0的常数. 同样得

$$m_1'x+m_2'y+b'=k_2(A_2x+B_2y+C_2)$$

因此得下面的变换公式

$$x'=k_1(A_1x+B_1y+C_1),y'=k_2(A_2x+B_2y+C_2) \tag{3}$$

这里 $k_1,k_2$ 为不等于0的常数. $k_1,k_2$ 的数值和符号,显然要看新坐标矢量的数值和正向而定. 如果我们对于这些数值和符号没有成见,那么,$k_1,k_2$ 可以任意决定. 最简单的是令 $k_1=k_2=1$,即

$$x'=A_1x+B_1y+C_1,y'=A_2x+B_2y+C_2 \tag{3a}$$

解(3)和(3a),求 $x,y$,便得用 $x',y'$ 来表示 $x,y$ 的公式,这解法经常可能,因为已知直线(1),(2)是相交的,即

$$\begin{vmatrix} A_1 & B_1 \\ A_2 & B_2 \end{vmatrix} \neq 0$$

**§100. 问题4. 求已知直线和已知曲线的交点** 这个问题正如问题2一

 样,是§87所说的两条曲线的交点问题的特例.

设

$$\Phi(x,y)=0 \tag{1}$$

为已知曲线的方程. 已知直线的参数表示为(§88)

$$x=x_0+Xt,y=y_0+Yt \tag{2}$$

(这里 $x_0,y_0,X,Y$ 是常数). 那些和所求交点对应的参数 $t$ 的值,应适合方程(比较§87)

$$\Phi(x_0+Xt,y_0+Yt)=0 \tag{3}$$

把这个方程的根 $t_1,t_2$ 等代入(2),即得所求的点的坐标数值. 方程(3)的根可能有无穷多个.

现在讨论曲线(1)为 $n$ 级代数曲线的情形,即 $\Phi(x,y)$ 为多项式①

$$\Phi(x,y)=\sum_{k,l}a_{k,l}x^ky^l(k+l\leqslant n) \tag{4}$$

由此显见方程(3)里 $t$ 的次数为 $n$(在一般情形),或由于消去,而化成低于 $n$ 次.

更需考虑到方程(3)化为恒等式的情形,那时直线(2)上的点都属于曲线(1),即是直线(1)组成曲线(2)的一部分. 如果除去这个情形,那么,决定 $t$ 的

① $x^ky^l$ 的系数用两个下标 $k$ 和 $l$ 表示,使一看便知是哪一项的对应系数.

方程的次数小于或等于 $n$,因而交点不多于 $n$ 个. 如果把“虚点”“无穷远点”“重点”也加入讨论之列,根的数目总是等于 $n$. 关于这点,参看第六章,§174.

由上所述,可得如下的结论:如果直线和 $n$ 级曲线的交点多于 $n$ 个,那么,全条直线属于曲线的一部分.

这命题可证明如下:首先考虑当这条直线为轴 $Ox$ 的情形,即它的方程为 $y=0$. 把 $y=0$ 代入(1),则由(4)得方程

$$a_{n,0}x^{n}+a_{n-1,0}x^{n-1}+\cdots+a_{0,0}=0$$

它不能高于 $n$ 次. 如果它有多于 $n$ 个根,那么,它的各项系数都等于 0,即

$$a_{n,0}=a_{n-1,0}=\cdots=a_{1,0}=a_{0,0}=0$$

所以在多项式(4)里,不含 $y$ 的各项系数都等于 0,因此,多项式 $\Phi(x,y)$ 各项都含有 $y$.

把 $y$ 抽出括号外,得恒等式

$$\Phi(x,y)=y\Phi_1(x,y)$$

这里 $\Phi_1(x,y)$ 是 $(n-1)$ 次多项式. 因此曲线(1)的方程取得下式

$$y\cdot\Phi_1(x,y)=0 \tag{5}$$



这曲线分为两部分

$$y=0 \text{ 和 } \Phi_1(x,y)=0$$

如果已知直线方程是一般式

$$Ax+By+C=0 \tag{6}$$

那么,采取这条直线做新轴 $O'x'$,又任取另一直线(和前直线相交的)

$$A'x+B'y+C'=0$$

做新轴 $O'y'$ 即令(参看前节)

$$y'=Ax+By+C,\ x'=A'x+B'y+C' \tag{7}$$

引入这些新变数,方程(1)变成

$$\Psi(x',y')=0 \tag{8}$$

这里,如果把(7)的 $x',y'$ 代入,便有 $\Psi(x',y')=\Phi(x,y)$.

根据上面所说,如果直线(6)和曲线(1)相交多于 $n$ 点[因此,直线 $y'=0$ 和曲线(8)相交多于 $n$ 点],我们得恒等式

$$\Psi(x',y')=y'\Psi_1(x',y')$$

这里 $\Psi_1(x',y')$ 为 $(n-1)$ 次多项式. 再用 $x,y$ 来表示 $x',y'$,便得恒等式

$$\Phi(x,y)=(Ax+By+C)\Phi_1(x,y) \tag{9}$$

这里 $\Phi_1(x,y)$ 为多项式,由 $\Psi_1(x',y')$ 经过代换(7)得来.

因此,如果直线(6)和 $n$ 级曲线(1)有多于 $n$ 个公共点,那么,方程(1)的左

边依照公式(9)分解为两个因子,因而曲线(1)分解为直线(6)和某条$(n-1)$级曲线 $\Phi_1(x,y)=0$.

## 习题和补充

1. 求直线 $x=1+t, y=1-t$ 和下面的曲线[①]的交点

$$(x-1)^2+y^2=16$$

答:$\left(\frac{3+\sqrt{31}}{2},\frac{1-\sqrt{31}}{2}\right)$和$\left(\frac{3-\sqrt{31}}{2},\frac{1+\sqrt{31}}{2}\right)$.

2. 点对于圆的幂,已知圆的方程(直角坐标)

$$x^2+y^2+2Ax+2By+C=0 \tag{$*$}$$

和经过点 $M_0(x_0,y_0)$ 的直线的参数表示式

$$x=x_0+lt, y=y_0+mt \tag{$**$}$$

这里 $l,m$ 为方向坐标[我们知道,在这情形的 $t$ 表示由点$(x,y)$到点$(x_0,y_0)$带着符号的距离;参看 §88].



设 $M_1,M_2$ 是这条直线和圆的交点. 求证距离 $M_0M_1, M_0M_2$ 的乘积和 $l,m$ 无关,即它和由点 $M_0$ 所引的割线的方向无关[②]. 这个带着符号的乘积[它是正数,当$\overrightarrow{M_0M_1}$和$\overrightarrow{M_0M_2}$的正向相同;反之为负[③]]叫作点 $M_0$ 对于已知圆的幂. 求表示这个幂的算式.

解:把(* *)的值代入方程(*)得

$$(x_0+lt)^2+(y_0+mt)^2+2A(x_0+lt)+2B(y_0+mt)+C=0$$

又引用 $l^2+m^2=1$,上式化为

$$t^2+2(lx_0+my_0+Al+Bm)t+x_0^2+y_0^2+2Ax_0+2By_0+C=0$$

但由初等代数,我们知道这个二次方程的根 $t_1,t_2$ 的乘积,等于它的常数项,即

$$t_1t_2=x_0^2+y_0^2+2Ax_0+2By_0+C$$

但因 $t_1=M_0M_1$, $t_2=M_0M_2$,这里 $M_1,M_2$ 是和根 $t_1,t_2$ 相应的交点. 因此,点 $M_0(x_0,y_0)$对于已知圆的幂 $k$ 可表作

$$k=x_0^2+y_0^2+2Ax_0+2By_0+C \tag{$***$}$$

因为这式和 $l,m$ 无关,我们的命题得到证明.

从此我们可以看出,要得已知点对于圆的幂 $k$,只要在它的方程的左边化

---

① 如所用的是直角坐标系,这条曲线为一圆.

② 读者在初等几何,应已熟悉这条定理.

③ 如果 $M_0$ 在圆外,这乘积为正;如果 $M_0$ 在圆内,它为负(如果点 $M_0$ 在圆上,这乘积等于0).

成( * )的形式后,把已知点的坐标代入式里的 $x,y$ 便成.

3. 动点对于两个已知圆有相等的幂,求证它的轨迹是一条直线. 这条直线叫作已知两圆的根轴.

解:设已知圆的方程式为

$$x^2+y^2+2A_1x+2B_1y+C_1=0$$

和

$$x^2+y^2+2A_2x+2B_2y+C_2=0$$

设$(x_0,y_0)$为所求轨迹上一点,由于条件[参看前题,公式( * * * )]

$$x_0^2+y_0^2+2A_1x_0+2B_1y_0+C_1=x_0^2+y_0^2+2A_2x_0+2B_2y_0+C_2$$

经简化后为

$$2(A_1-A_2)x_0+2(B_1-B_2)y_0+C_1-C_2=0$$

因为轨迹上的点的坐标$(x_0,y_0)$适合含有这些坐标的一次方程,所以所求的轨迹为直线.

如果两个已知圆相交,那么,根轴是经过两交点的直线. 事实上,这些交点对于两个圆有相等的幂(同等于0).



**§101. 问题5. 求两条已知直线的夹角**　两条直线 $\Delta_1,\Delta_2$ 依照提出的次序所夹的角,是指把直线 $\Delta_1$(依照转动的正向)转动,使它和直线 $\Delta_2$ 叠合所必须经过的角(图95);这个角用$\widehat{\Delta_1,\Delta_2}$表示. 可见所给的直线的先后次序值得注意. 如果 $\boldsymbol{P}_1$ 和 $\boldsymbol{P}_2$ 表示已知直线的方向矢量,那便显然有

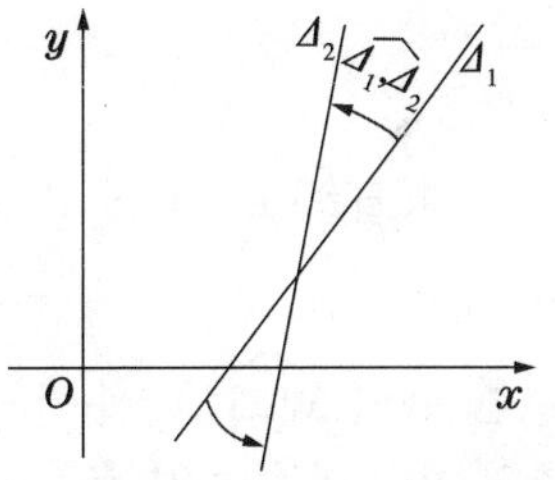


图95

$$\widehat{\Delta_1,\Delta_2}=\widehat{\boldsymbol{P}_1,\boldsymbol{P}_2}+k\pi$$

式中 $k$ 是整数,而$\widehat{\boldsymbol{P}_1,\boldsymbol{P}_2}$所表示的角,如§48所定. 事实上,把直线转过 π 角,它仍和它本身叠合(比较§89).

因此得

$$\tan(\widehat{\Delta_1,\Delta_2})=\tan(\widehat{\boldsymbol{P}_1,\boldsymbol{P}_2}) \tag{1}$$

反过来由公式(1)即得$\widehat{\Delta_1,\Delta_2}=\widehat{\boldsymbol{P}_1,\boldsymbol{P}_2}+k\pi$.

如果已知直线 $\Delta_1$ 和 $\Delta_2$ 的一般式方程

$$\begin{cases}A_1x+B_1y+C_1=0\\A_2x+B_2y+C_2=0\end{cases} \tag{2}$$

由此得

$$\boldsymbol{P}_1=(B_1,-A_1),\boldsymbol{P}_2=(B_2,-A_2) \tag{3}$$

现在采用直角坐标,便可应用§48公式(3),这里只需代入

$$\varphi=\widehat{\boldsymbol{P}_1,\boldsymbol{P}_2},X_1=B_1,Y_1=-A_1$$
$$X_2=B_2,Y_2=-A_2$$

这样,我们得所求的公式

$$\tan(\widehat{\Delta_1,\Delta_2})=\frac{A_1B_2-A_2B_1}{A_1A_2+B_1B_2} \tag{4}$$

如果已知直线方程的简化式

$$y=a_1x+b_1,y=a_2x+b_2 \tag{5}$$

那么,公式(4)化为(在这式里,令 $A_1=a_1,B_1=-1,A_2=a_2,B_2=-1$)

$$\tan(\widehat{\Delta_1,\Delta_2})=\frac{a_2-a_1}{1+a_1a_2} \tag{6}$$

这公式,要好好地记着,不要忘记式中字母的次序是有意义的:在分子里,所减去的斜率属于开始量角的那条直线.



## 习　题

(限用直角坐标)

1. 求直线 $\Delta_1$ 和 $\Delta_2$ 的夹角,已知方程

$$x-y-1=0 \quad 和 \quad 2x+3y+2=0$$

答:$\tan(\widehat{\Delta_1,\Delta_2})=-5$.

2. 求两直线的夹角

$$2x-5y+5=0,5x+2y+12=0$$

答:$\tan(\widehat{\Delta_1,\Delta_2})=\infty$,即这两条直线互相垂直.

3. 求两条直线 $\Delta_1$ 和 $\Delta_2$ 的夹角,已知方程

$$x-1=0 \quad 和 \quad 2x+2y+5=0$$

答:$\tan(\widehat{\Delta_1,\Delta_2})=1,\widehat{\Delta_1,\Delta_2}=\frac{\pi}{4}+k\pi$.

**§102. 问题6. 求两条直线垂直的条件**　设用直角坐标系,如果直线 $\Delta_1$ 和 $\Delta_2$ 互相垂直,那么

$$\tan(\Delta_1,\Delta_2)=\infty \tag{1}$$

由此根据前节公式(4),得

$$A_1A_2+B_1B_2=0 \tag{2}$$

这是两条直线 $\Delta_1$ 和 $\Delta_2$ 的垂直条件.

如果已知直线方程的简化式

$$y = a_1x + b_1, y = a_2x + b_2$$

那么,垂直条件得下式

$$a_1a_2 + 1 = 0 \tag{3}$$

即

$$a_1 = -\frac{1}{a_2} \tag{4}$$

条件(4)要好好地记住,用术语表达如下:如两条直线互相垂直,它们的斜率的数值互为倒数,且符号相反.

注意:由方向矢量 $\boldsymbol{P}_1 = (B_1, -A_1)$,$\boldsymbol{P}_2 = (B_2, -A_2)$ 的垂直条件,可直接推得公式(2). 事实上,因为 $\boldsymbol{P}_1 \cdot \boldsymbol{P}_2 = B_1B_2 + A_1A_2$,而矢量 $\boldsymbol{P}_1$ 和 $\boldsymbol{P}_2$ 相垂直的必要且充分条件为 $\boldsymbol{P}_1 \cdot \boldsymbol{P}_2 = 0$. 因此推得公式(2).

注意:本节和前节的公式都就直角坐标系来说,但平行条件则由广义坐标系求得(§97).

在广义笛氏坐标系,也不难推得垂直条件. 但须改用§56 里所述的两个矢量的数积公式,留给读者试把相应的公式写出来.



## 习题和补充

(用直角坐标系)

1. 求直线的斜率 $a$,设它和已知直线 $y = -3x + 1$ 垂直.

答:$a = +\frac{1}{3}$.

2. 求证直线 $x - 5y + 1 = 0$ 和 $5x + y - 8 = 0$ 互相垂直.

3. 求下面两条直线的垂直条件

$$Ax + By + C = 0$$

和

$$\frac{x - x_0}{X} = \frac{y - y_0}{Y}$$

答:$\frac{A}{X} = \frac{B}{Y}$.

4. 求下面两直线的垂直条件

$$\frac{x - x_1}{X_1} = \frac{y - y_1}{Y_1} \quad 和 \quad \frac{x - x_2}{X_2} = \frac{y - y_2}{Y_2}$$

答:$X_1X_2+Y_1Y_2=0$.

§**103. 问题 7. 求已知点到已知直线的距离** 首先假定所用的是直角坐标系. 所给直线 $\Delta$ 的方程为标准式(§96)

$$x\cos\psi+y\sin\psi-p=0 \tag{1}$$

设 $M(x_1,y_1)$ 为已知点(图 96),由它到直线 $\Delta$ 的距离,显然等于线段 $KH$ 的长. 这里 $K$ 是由 $O$ 到 $\Delta$ 所作垂线的垂足,而 $H$ 是点 $M$ 在这条垂线(或它的延长线)上的直角投影. 我们可把这个距离配上一定的符号:即点 $M$ 到直线 $\Delta$ 的距离 $h$,是指矢量 $\overrightarrow{KH}$ 对于单位矢量 $\boldsymbol{v}$ 的方向的代数值(沿用§96 的记法).

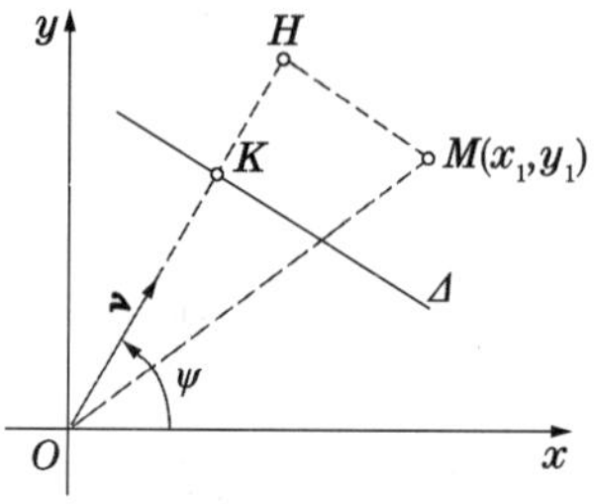

图 96

依此,当点 $M$ 和原点在直线的不同侧,距离 $h$ 为正值,在同侧为负值. 如果 $\Delta$ 经过 $O$,这个判别式失去效用. 但在任何情形之下,显然地,在直线同侧的各点,相应的 $h$ 值取同一的符号,在异侧的两点取相反的符号.



显然地,$OH=\overrightarrow{OM}\cdot\boldsymbol{v}$,这里 $OH$ 表示矢量 $\overrightarrow{OH}$ 对于方向 $\boldsymbol{v}$ 的代数值,更且 $OK=p$. 所以 $h=\overrightarrow{OM}\cdot\boldsymbol{v}-p$. 但因 $\overrightarrow{OM}=(x_1,y_1)$,$\boldsymbol{v}=(\cos\psi,\sin\psi)$. 因此 $\overrightarrow{OM}\cdot\boldsymbol{v}=x_1\cos\psi+y_1\sin\psi$. 由此,最后求得

$$h=x_1\cos\psi+y_1\sin\psi-p \tag{2}$$

故有下面的规则,求一点到一直线的距离,只要在已知直线的标准式方程的左边,把已知点的坐标代入流动坐标①.

如果已知直线方程的一般式

$$Ax+By+C=0 \tag{3}$$

要解决这个问题,只要把方程化为标准式:以标准化因子

$$\lambda=\frac{1}{\pm\sqrt{A^2+B^2}} \tag{4}$$

乘方程的两边,这里在根号前面正负的选择,依照§96 的规定.

因此,我们得公式

$$h=\lambda(Ax_1+By_1+C) \tag{5}$$

这里因子 $\lambda$ 和点 $M(x_1,y_1)$ 的坐标无关. 在广义笛氏坐标系,这个公式依然成

① 在任何曲线方程 $F(x,y)=0$ 里,所含的坐标 $x,y$ 常被叫作流动坐标.

立,不过在这(广义)情形,常数因子 $\lambda$ 不是用公式(4),而用较为繁复的公式来表示.

事实上,设(3)为任何笛氏坐标系里的直线方程,我们任取一个直角坐标系,用 $x'$,$y'$表示新系的坐标. 当改变为新系时,$Ax+By+C$ 变为 $A'x'+B'y'+C'$. 在这新系里,$h=\lambda(A'x_1{}'+B'y_1{}'+C')$,这里 $\lambda=\dfrac{1}{\pm\sqrt{A^{2\prime}+B^{2\prime}}}$,而 $x_1{}'$,$y_1{}'$为点 $M$ 的新坐标. 变回到旧系,仍得式(5).

## 习　题

1. 求坐标原点到直线 $x+2y-1=0$ 的距离(用直角坐标系).

答:$\dfrac{0+2\times0-1}{\sqrt{1^2+2^2}}=-\dfrac{1}{\sqrt{5}}$.

2. 求点(3,5)到直线 $2x+y+2=0$ 的距离(用直角坐标系).

答:$\dfrac{2\times3+5+2}{-\sqrt{2^2+1^2}}=-\dfrac{13}{\sqrt{5}}$.

3. 求两平行线

$$2x+3y+6=0,2x+3y-1=0$$

的距离(用直角坐标系).

(提示:在其中一条直线上任取一点,求这点到其他一条直线的距离 $h$.)

答:$h=\dfrac{7}{\sqrt{13}}$.

4. 求证:在狭义斜角坐标系

$$\lambda=\frac{\sin\nu}{\pm\sqrt{A^2+B^2-2AB\cos\nu}}$$

这里 $\nu$ 为坐标角.

**§104. 问题 8. 求联结两已知点的线段为已知直线所分割的比值**　设 $M_1(x_1,y_1)$,$M_2(x_2,y_2)$为已知点,而 $M$ 为直线 $M_1M_2$ 和已知直线 $\Delta$ 的交点,那么,所求的比值,显然是

$$k=\frac{M_1M}{MM_2}$$

这式带有符号如§41 所规定. 它的带着符号的数值等于算式 $-\dfrac{h_1}{h_2}$,这里 $h_1$ 和 $h_2$ 分别表示由点 $M_1$ 和 $M_2$ 到直线 $\Delta$ 的距离,而所带着的符号则依照前节的规

定. 如果这两点 $M_1$, $M_2$ 在直线 $\Delta$ 的不同侧,数量 $h_1$ 和 $h_2$ 应不同号(根据前节所讲),分数$\frac{h_1}{h_2}$就取负号,但在这情形,比值 $k$ 应为正数(§41);相反地,如果 $M_1$ 和 $M_2$ 在 $\Delta$ 的同侧,那么 $h_1$ 和 $h_2$ 同号,而比值 $k$ 应为负数.

但我们有(参看前节)$h_1=\lambda(Ax_1+By_1+C)$, $h_2=\lambda(Ax_2+By_2+C)$,这里 $Ax+By+C$ 为直线 $\Delta$ 的方程的左边式,而 $\lambda$ 为常数因子. 因此我们最后得

$$k=\frac{M_1M}{MM_2}=-\frac{Ax_1+By_1+C}{Ax_2+By_2+C} \tag{1}$$

**§105. 在直线方程里独立常数的个数** 在未解决由各种条件求作直线方程的问题之前先作下面几条一般性的观察.

直线方程的简化式

$$y=ax+b$$

含有两个常数 $a$, $b$. 它们完全决定了直线的位置. 换句话说,直线在平面上的位置,为两个独立常数所决定. 因此,一般地说,求定直线的问题,显然需要两个已知的条件来决定①(才能决定两个未知的常数 $a$, $b$).



相反地,直线方程的一般式

$$Ax+By+C=0$$

含有三个常数 $A$, $B$, $C$. 但实际发挥效力的不是三个数量,而是其中两个和第三个的比值. 这因为在一般式里的各个系数,如代以和它们成比例的数量,这式依然表示同一直线.

例如,如已知所求直线的系数适合于两个比例

$$\frac{A}{C}=3, \frac{B}{C}=5$$

亦即是

$$\frac{A}{3}=\frac{B}{5}=\frac{C}{1}$$

要满足这关系,只需把所求方程写作

$$3x+5y+1=0$$

但也可用一个常数因子来乘上式把它写作别样. 例如

$$6x+10y+2=0$$

① 这里所谓条件,是指那些可用方程来作分析表示的要求. 例如,我们要求直线 $y=ax+b$ 经过点(3,5),用等式 $5=a\cdot 3+b$ 表示,因此得到一个条件.

**§106. 线束**　由前节所述,很显然地,如果我们只用一个已知条件去解决求作直线的问题.这问题就没有确定的解答,即,就一般来说,它可能有无穷多个解答.但这些解答不是依赖于两个而只是依赖于一个独立常数.例如经过一已知点求作直线的问题,这问题便有无穷多个解答.

所有经过点 $M_0(x_0,y_0)$ 的直线的集合叫作以 $M_0$ 为中心的线束.

如果 $(X,Y)$ 代表直线的方向系数,这些直线属于以点 $M_0$ 为中心的线束.那么,它的方程为(§88)

$$\frac{x-x_0}{X}=\frac{y-y_0}{Y} \tag{1}$$

把 $X,Y$ 来变值,我们可得到在任何方向的直线的方向矢量,即得线束内的任何直线.因此,当 $X,Y$ 是任意数(不同时等于0),(1)是线束内直线的一般方程.当 $X\neq 0$,这方程可写作

$$y-y_0=a(x-x_0) \tag{2}$$

这里 $a=\frac{X}{Y}$ 为束内直线的角系数.当 $X=0$(即在束内和轴 $Oy$ 平行的直线),则得



$$x-x_0=0 \tag{3}$$

为便利起见,可把方程(3)作为方程(2)的特例,也就是规定方程(3)和 $a=\infty$ [①]的情形相应.

正如我们所预料,经过已知点的直线的方程依赖于一个任意的独立常数,如把方程写作式(2),这个常数便是角系数 $a$.

给予 $a$ 各个不同数值,便得经过同一点 $M_0$ 的各条不同的直线;如果我们也同意给予 $a$ 数值∞(照上面所说的意义),那么,我们得到结论:当系数 $a$ 通过所有的数值,方程(2)代表所有经过已知点的直线.

尚需注意,经过已知点 $(x_0,y_0)$ 的直线方程的一般式(1),可设 $Y=A,X=-B$,把它写作

$$A(x-x_0)+B(y-y_0)=0 \tag{4}$$

这里 $A$ 和 $B$ 为任意常数(不同时等于0).

**§107. 问题9. 求直线的方程,经过已知点又和已知方向平行**　设已知方向的角系数为 $a$,已知点为 $M_1(x_1,y_1)$,那么,所求的直线方程显然是

---

① 把方程(2)写作 $x-x_0=\frac{y-y_0}{a}$,又设 $a=\infty$,便得 $x-x_0=0$.

$$y-y_1=a(x-x_1) \tag{1}$$

如果已知方向不给予角系数,而给予方向系数$(X,Y)$,那么,所求的直线方程,可写作

$$\frac{x-x_1}{X}=\frac{y-y_1}{Y} \tag{2}$$

这在实际上和前式一致.

§**108. 问题 10. 求直线的方程,经过已知两点 $M_1(x_1,y_1)$ 和 $M_2(x_2,y_2)$** 解决这问题,只要在前节方程(2)里选取系数 $X,Y$,使这条直线过点 $M_2$ 便成. 由于矢量$\overrightarrow{M_1M_2}=(x_2-x_1,y_2-y_1)$在所求直线上,我们可取它来做方向矢量,即设 $X=x_2-x_1$,$Y=y_2-y_1$. 因此,所求直线的方程可写作

$$\frac{x-x_1}{x_2-x_1}=\frac{y-y_1}{y_2-y_2} \tag{1}$$

又由三点$(x,y)$,$(x_1,y_1)$,$(x_2,y_2)$共线的条件(参看 §38),也可立刻写出方程(1)(参阅 §38),所求直线方程可写成对称形式



$$\begin{vmatrix} x & y & 1 \\ x_1 & y_1 & 1 \\ x_2 & y_2 & 1 \end{vmatrix}=0 \tag{2}$$

§**109. 问题 11. 求直线的方程,经过已知点又和已知直线垂直**(用直角坐标) 设 $M_1(x_1,y_1)$为已知点,又

$$y=a_1x+b_1 \tag{1}$$

为已知直线. 经过 $M_1$ 的任何直线,应有方程如下式

$$y-y_1=a(x-x_1) \tag{2}$$

要使这条直线和直线(1)垂直,只需(§102)

$$a=-\frac{1}{a_1} \tag{3}$$

把(3)的 $a$ 值代入方程(2)得

$$y-y_1=-\frac{1}{a_1}(x-x_1) \tag{4}$$

问题便已解决.

如果直线用方向系数式的方程来表示

$$\frac{x-x_0}{X}=\frac{y-y_0}{Y} \tag{1a}$$

那么,所求的直线为

$$X(x-x_1)+Y(y-y_1)=0 \tag{2a}$$

这可由上面解答推得(在这情形, $a_1=\frac{Y}{X}$), 也可由矢量$(A, B)$和直线 $Ax+By+C=0$ 垂直的事实(§95)来推得.

§**110**. 问题 12. **求直线的方程, 经过已知点又和已知直线成已知角**(依前题解答, 用直角坐标)　前题和§107 的问题可作为特例包括在本问题内.

设 $\alpha$ 为所求直线和已知直线所成的角. 由已知直线量起, 依照(§101)正向计算. 用前节的符号, 我们应由下面的条件来决定 $a$(§101)

$$\tan\alpha=\frac{a-a_1}{1+aa_1}$$

解这个方程式求 $a$, 又把求得的数值代入前节方程(2), 即得所求方程

$$y-y_1=\frac{a_1+\tan\alpha}{1-a_1\tan\alpha}(x-x_1)$$

若不指定角的计算方向, 可用 $\pm\tan\alpha$ 代替 $\tan\alpha$. 在这情形, 本题有两个解答: $\alpha=0$ 或 $\alpha=\frac{\pi}{2}$ 的例外情形已在前面两点(§107, §109)讨论过, 那时本题只有一个解答.



## 习题和补充(§106 至§110)

1. 求直线, 经过点$(6, -2)$, 又平行于直线

$$3x-8y+2=0$$

答: $3(x-6)-8(y+2)=0$.

2. 求证经过点$(x_0, y_0)$又和直线 $Ax+By+C=0$ 平行的直线有方程如下式

$$A(x-x_0)+B(y-y_0)=0$$

3. 求证经过点$(x_0, y_0)$又和直线 $Ax+By+C=0$ 垂直的直线有方程(直角坐标)如下式

$$B(x-x_0)-A(y-y_0)=0$$

4. 求直线, 经过点$(2,3)$, 又和直线 $3x-8y+2=0$ 垂直(直角坐标).

答: $8(x-2)+3(y-3)=0$.

5. 求直线, 经过两点$(2,3)$和$(7,8)$.

答: $\frac{x-2}{7-2}=\frac{y-3}{8-3}$, 即 $x-y+1=0$.

6. 求直线, 经过点$(1,3)$, 又和直线 $2x-y+5=0$ 成 $60°$ 的角(直角坐标).

答:如果这个角由已知直线量起,所求直线的方程为

$$y-3=\frac{2+\sqrt{3}}{1-2\sqrt{3}}(x-1)$$

如果不指定这个角的计算方向,本题可有两个解答(用 $-\sqrt{3}$ 来代替第一个解答里的 $\sqrt{3}$ 便得第二个解答).

**§111. 直线的一般方程,经过两条已知直线的交点** 线束的中心,有时不是直接地给予,而是给予线束中两条直线. 这时欲知线束的中心只需求出所给的两直线的交点.

但最便利的方法,还是从所给的两条直线直接去求束内各直线的一般方程. 换句话说,即是求所有经过两已知直线的交点的直线的一般方程.

设

$$A_1x+B_1y+C_1=0 \tag{1}$$

$$A_2x+B_2y+C_2=0 \tag{2}$$

为两已知相交直线的方程.



考虑方程

$$l_1(A_1x+B_1y+C_1)+l_2(A_2x+B_2y+C_2)=0 \tag{3}$$

式中 $l_1$ 和 $l_2$ 代表不同时等于 0 的任意常数. 这个方程,是从方程(1)和(2)分别乘以常数 $l_1$ 和 $l_2$ 再行相加所得的结果.

方程(3),可以写作下式

$$(l_1A_1+l_2A_2)x+(l_1B_1+l_2B_2)y+(l_1C_1+l_2C_2)=0 \tag{3a}$$

这表示它是一条直线的方程,因为它是一次的. 事实上,在方程(3a)里,$x,y$ 的两个系数不能同时等于 0,否则行列式 $\begin{vmatrix} A_1 & A_2 \\ B_1 & B_2 \end{vmatrix}$ 须为 0,而直线(1)和(2)便不相交,这与我们的假设矛盾.

现证直线(3)适合所给的条件,能证明任意取定常数 $l_1$ 和 $l_2$,直线(3)都经过直线(1)和(2)的交点.

因为设 $x_0,y_0$ 代表直线(1)和(2)的交点的坐标,则得

$$A_1x_0+B_1y_0+C_1=0,A_2x_0+B_2y_0+C_2=0$$

所以

$$l_1(A_1x_0+B_1y_0+C_1)+l_2(A_2x_0+B_2y_0+C_2)=0$$

即这交点的坐标适合(3),换句话说,点 $(x_0,y_0)$ 落在直线(3)之上,而证明所求.

为简便起见引入记号

$$F_1(x,y)=A_1x+B_1y+C_1$$
$$F_2(x,y)=A_2x+B_2y+C_2$$

$F_1(x,y)$, $F_2(x,y)$表示变数 $x,y$ 的平直函数. 用这记号,把方程(3)写作

$$l_1F_1(x,y)+l_2F_2(x,y)=0 \tag{4}$$

给予 $l_1$ 和 $l_2$ 各个不同数值,我们得到经过直线(1)和(2)的交点的不同直线.

在实质上,直线(4)的位置不依赖于 $l_1$ 和 $l_2$ 的个别数量,而依赖于它们的比值

$$k=\frac{l_2}{l_1}$$

事实上,用 $l_1$ 除方程(4)得

$$F_1(x,y)+kF_2(x,y)=0 \tag{5}$$

显然只有在 $l_1\neq0$ 时才可这样做. 但若 $l_1=0$(因此 $l_2\neq0$,因为由假设 $l_1$ 和 $l_2$ 不能同时等于0),方程(4)化为 $F_2(x,y)=0$,即直线(2)的方程. 现在我们规定在方程(5)里,$k$ 可取数值∞,在这情形下,把方程(5)看作化为①方程 $F_2(x,y)=0$. 在这样的规定下,方程(4)就和方程(5)同价.



在下面一节,我们会看到如果适当地选择方程(4)里 $l_1,l_2$ 的数值[亦即适当地选择(5)里的 $k$],我们就能得到线束里的任意直线使得方程(4)或(5)实际上就是已知两直线所定的线束内各条直线的一般的方程.

截至现在,我们假定所给直线(1)和(2)相交于有穷远的一点. 现在要看当两已知直线平行而不叠合时,即当 $A_1=mA_2$, $B_1=mB_2$, $C_1=mC_2$,这里 $m$ 是不等于0的数,方程(4)表示了什么. 在这情形,方程(4)亦即方程(3a)可写作

$$A'x+B'y+C'=0 \tag{6}$$

这里 $A'=(ml_1+l_2)A_2$, $B'=(ml_1+l_2)B_2$, $C'=l_1C_1+l_2C_2$. 由第一第二两个等式可知无论 $l_1,l_2$ 为何数值,方程(6)的前两项的系数,和方程(2)的前两项的系数成比例. 那便是说,无论 $l_1,l_2$ 为何数值,方程(6)所表示的直线与方程(2)所

---

① 如果把方程 $F_1(x,y)+kF_2(x,y)=0$ 写作

$$\frac{1}{k}F_1(x,y)+F_2(x,y)=0$$

又设 $k=\infty$,即得 $F_2(x,y)=0$.

表示的直线平行,亦即和已知两直线平行①.

在下面一节,我们会看到凡与已知直线平行的直线,都可在(6)里通过 $l_1$ 和 $l_2$ 的适当选择而求得.

平行直线的集合也可叫作线束,但那时我们说线束的中心是在无穷远,或说那是一个假的线束.

最后,如果直线(1)和(2)叠合,则得 $A_1=mA_2, B_1=mB_2, C_1=mC_2$(这里 $m$ 是任何一数). 所以,方程(6)的三个系数全和方程(2),或和(2)相等的方程(1)的相应系数成比例. 因此,在这例外情形无论 $l_1, l_2$ 为何数值,方程(6)都表示同一直线(也就是所给的直线). 我们以后将假定已知直线是不叠合的.

**§112. 问题 13. 求直线,经过两条已知直线的交点又经过另一已知点** 沿用前节的记号,另外又设 $M_1(x_1,y_1)$ 代表已知点,不和已知直线的交点相叠合. 如果能在前节方程(5)里选择参数 $k$,使这个方程所表示的直线经过点 $M_1$,那么,我们的问题便得到解决. 把这条直线经过点 $M_1(x_1,y_1)$ 的条件写出,得

$$F_1(x_1,y_1)+kF_2(x_1,y_1)=0 \tag{1}$$

 或详细写作

$$A_1x_1+B_1y_1+C_1+k(A_2x_1+B_2y_1+C_2)=0 \tag{2}$$

这个关系可用来决定

$$k=-\frac{A_1x_1+B_1y_1+C_1}{A_2x_1+B_2y_1+C_2} \tag{3}$$

把所求得的 $k$ 代入前节方程(5),便得所求直线的方程.

只有当分母 $A_2x_1+B_2y_1+C_2=0$ 时,$k$ 才能取值 $\infty$. 但那时点 $M_1(x_1,y_1)$ 便在前节已知直线(2)上. 在另一方面,按照前节的规定,数值 $k=\infty$ 和直线 $A_2x+B_2y+C_2=0$ 相当. 这是当然的事,因在这情形,所求直线应和它叠合.

对于假的线束,即已知两直线互相平行(但不叠合),上面所述当然也都适用.

因此,这个问题总是有一个且只有一个解答②.

---

① 例外情形,当 $ml_1+l_2=0$ 即 $A'=B'=0$(在这情形,我们易见 $C'\neq 0$),但在这情形,我们可说(6)代表"假直线"(参看 §90 末段). 这条假直线和任何方向都平行.

② 注意,在上面,我们把已知点和两已知直线的交点叠合的情形,即同时当

$$A_1x_1+B_1y_1+C_1=0, A_2x_1+B_2y_1+C_2=0$$

的情形,作为例外而没有讨论. 如果遇到这种情形时,则如所预料,由公式(3)得出 $k$ 的一个不确定的值 $\frac{0}{0}$. 那时前节的方程(5)对于一切的 $k$ 都是本题的解答.

欲避免讨论常数 $k$ 的无穷大值,我们可采用前节方程(4).

这个已解决的问题也可说明前节所提的命题:线束内所有直线都可从一般方程

$$F_1(x,y)+kF_2(x,y)=0$$

求得,如果给常数 $k$ 以适宜的数值. 事实上,我们可以由 $k$ 的选择得到内束的一直线,使它经过平面上任意一点,因此,我们可得束内任何一条直线.

**§113. 三直线相交于一点的条件**　设已知三直线方程为

$$F_1(x,y)=0,F_2(x,y)=0,F_3(x,y)=0 \tag{1}$$

这里为简便起见引用记号

$$\begin{cases}F_1(x,y)=A_1x+B_1y+C_1\\F_2(x,y)=A_2x+B_2y+C_2\\F_3(x,y)=A_3x+B_3y+C_3\end{cases} \tag{2}$$

所有经过第一、第二两条直线的交点的各条直线,有方程如下式

$$l_1F_1(x,y)+l_2F_2(x,y)=0 \tag{3}$$

特别是,如果第三条已知直线经过这两条直线的交点,则通过常数 $l_1$ 和 $l_2$ 的适当选择,方程(3)应该代表这条直线. 这就是说,方程(3)的左边和 $F_3(x,y)=0$ 的左边只能相差一个常数因子(参看 §97);换句话说,我们应得恒等式 $l_1F_1(x,y)+l_2F_2(x,y)=kF_3(x,y)$,这里 $k$ 是不等于 0 的常数. 为了对称起见,用 $-l_3$ 代替 $k$,这个恒等式可写作

$$l_1F_1(x,y)+l_2F_2(x,y)+l_3F_3(x,y)=0 \tag{4}$$

反过来说,如果能够选得三个不同时为 0 的常数 $l_1,l_2,l_3$ 使恒等式(4)成立,那么,这三条已知直线便相交于同一的点.

所有上面所述,在已知直线中有两条相交于无穷远(即平行)时,一样有效. 那时条件(4)表示第三条直线和第一、第二两条相交于无穷远,即互相平行.

因此,三条直线(1)有公共点①(有穷远点或无穷远点)的必要且充分条件为:有可能选择三个不同时为零的数 $l_1,l_2,l_3$ 使方程(4)化为恒等式.

例如下面三个方程所代表的直线

$$x+2y-1=0,2x+y-4=0,4x+5y-6=0$$

经过同一的点,因为有恒等式

① 换句话说,这些直线属于同一线束.

$$2(x+2y-1)+1\cdot(2x+y-4)+(-1)(4x+5y-6)=0$$

我们容易直接验明上述的结论,对于三条直线互相叠合的情形时仍可适用.那时所论的公共点是无穷多点的集合.

最后,注意恒等式(4)和下面三个等式同价

$$\begin{cases}l_1A_1+l_2A_2+l_3A_3=0\\ l_1B_1+l_2B_2+l_3B_3=0\\ l_1C_1+l_2C_2+l_3C_3=0\end{cases}\tag{5}$$

这是由(4)里,令 $x,y$ 的系数和常数项等于0而求得的.因此,三条直线(2)有公共点的必要且充分条件为

$$\begin{vmatrix}A_1 & A_2 & A_3\\ B_1 & B_2 & B_3\\ C_1 & C_2 & C_3\end{vmatrix}=0\tag{6}$$

因为由行列式论[①]我们知道每当且只当在这情形下,才有不同时等于0的数量 $l_1,l_2,l_3$ 存在,它们适合齐次方程(5).



**§114. 问题14. 求直线方程,经过已知两直线的交点,并取得已知方向** 设 $a$ 为已知方向的角系数.用§111的记号,这问题化为求常数 $k$,使方程

$$F_1(x,y)+kF_2(x,y)=0\tag{1}$$

所代表的直线具有角系数 $a$.

把方程(1)写作下式

$$(A_1+kA_2)x+(B_1+kB_2)y+C_1+kC_2=0$$

所求的条件可用下面等式表达

$$-\frac{A_1+kA_2}{B_1+kB_2}=a$$

这便是含有 $k$ 的一次方程.解这方程,把所求得的 $k$ 的值代入(1),便得所求的方程[②].

同样,可解决下面的问题:求直线,经过已知两直线的交点,又和已知方向垂直(更可推广一步,使和已知方向成为已知角)(比较§109,110).

**§115. 常数 $k$ 的几何意义** 在方程

---

① 参看附录§6.

② 留为读者自行研究 $\frac{A_1}{A_2}=\frac{B_1}{B_2}$ 的情形,那时我们得平行线束.在这情形下,这问题可能没有解答,或有无穷多个解答.

$$F_1(x,y)+kF_2(x,y)=0 \tag{1}$$

里的参数 $k$,有很简单的几何意义,如果把直线方程 $F_1(x,y)=0$ 和 $F_2(x,y)=0$ 写成标准式便可说明.

在这情形,引用 §96 的记号,附加下标 1,2 以区别第一条和第二条直线. 设用直角坐标系,我们有

$$F_1(x,y)=x\cos\psi_1+y\sin\psi_1-p_1$$
$$F_2(x,y)=x\cos\psi_2+y\sin\psi_2-p_2$$

又用 $h_1$ 和 $h_2$ 表示由任意点 $M(x,y)$ 分别到 $F_1$ 和 $F_2$[①] 的距离(带上了符号的),则得(§103)

$$h_1=x\cos\psi_1+y\sin\psi_1-p_1$$
$$h_2=x\cos\psi_2+y\sin\psi_2-p_2$$

因此方程(1)可以写成

$$h_1+kh_2=0$$

即

$$k=-\frac{h_1}{h_2} \tag{2}$$



因此,如不详细考究符号,常数 $k$ 等于直线(1)上任何点到直线 $F_1(x,y)=0$,$F_2(x,y)=0$ 的距离的比值.

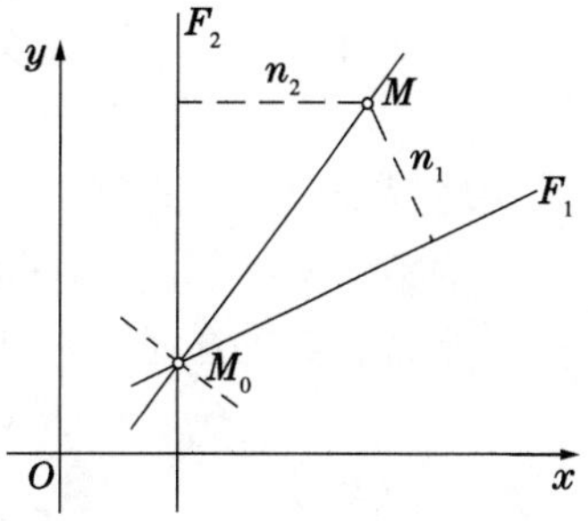

图 97

根据关于距离的符号的规定(§103),如果直线(1)通过直线 $F_1$ 和 $F_2$ 所夹的角,是原点所在的角,或这个角的对项角(在图 97 所示),那么 $k$ 显然是负值. 在相反的情况(如图 97 里虚线所示),$k$ 是正值[②].

在一般的情形,当直线 $F_1$ 和 $F_2$ 的已知方程为一般式,而且用广义笛氏坐标,则

$$h_1=\lambda_1F_1(x,y),h_2=\lambda_2F_2(x,y)$$

式中 $\lambda_1,\lambda_2$ 是常数(§103),而公式(2)化为

$$k=-\frac{\lambda_2}{\lambda_1}\cdot\frac{h_1}{h_2} \tag{3}$$

---

① 为简便记,直线 $F$ 即指方程 $F(x,y)=0$ 所代表的直线.

② 如果已知直线 $F_1=0$,$F_2=0$ 里有一条经过原点,这判别法失效.

## 习题和补充(§111 ~ 115)

1. 求直线:经过坐标原点和两直线 $3x+y-1=0$, $2x-8y+3=0$ 的交点.

答:$11x-5y=0$.

2. 求直线:经过两直线 $x+y+1=0$, $x+2y-2=0$ 的交点,又和直线 $x=3y+5$ 平行.

答:$x-3y+13=0$.

3. 求直线:经过两直线 $x-y-5=0$, $2x-3y-1=0$ 的交点,又和直线 $x+2y=0$ 垂直(用直角坐标).

答:$2x-y-19=0$.

4. 求两直线所夹的两角的平分线的方程,已知这两直线的标准式方程为(用直角坐标)

$$F_1(x,y)=0 \quad 和 \quad F_2(x,y)=0$$

解:直线 $F_1$ 和 $F_2$ 所成的两个角互为补角,故所求的分角线有两条. 在方程



$$F_1(x,y)+kF_2(x,y)=0$$

里,令 $k$ 取适宜的数值,便得它们的每一个方程.

因为角分线上每点,对于已知直线 $F_1$, $F_2$ 都有相等的距离,由§115,得

$$k=\pm 1$$

显明地,数值 $k=+1$ 和一条角分线相应(即它所经过的角,不包含坐标原点在内),而数值 $k=-1$ 和另一条角分线相应.

如果所给的直线方程是一般式,那么,角分线方程可写为(用直角坐标)

$$\frac{A_1x+B_1y+C}{\sqrt{A_1^2+B_1^2}}=\pm\frac{A_2x+B_2y+C_2}{\sqrt{A_2^2+B_2^2}}$$

两种可能的符号,分别和两条角分线相应.

5. 试用两直线的垂直条件,证明前题所说的两条角分线互相垂直.

6. 求证三角形三内角平分线相交于一点.

证:设用直线方程的标准式(用直角坐标)表示三角形的三边:$F_1(x,y)=0$, $F_2(x,y)=0$, $F_3(x,y)=0$. 如果坐标原点在三角形之内(这是我们总可假设的),那么,这三个内角的平分线方程为(参看习题4)

$$F_2(x,y)-F_3(x,y)=0, F_3(x,y)-F_1(x,y)=0, F_1(x,y)-F_2(x,y)=0 \quad (*)$$

但因我们有恒等式(为简便起见,省去 $x,y$)

$$1\cdot(F_2-F_3)+1\cdot(F_3-F_1)+1\cdot(F_1-F_2)=0$$

那么,根据§113,方程(*)所表示的各条直线经过同一点(在这情形,$l_1=l_2=l_3=1$).

7. 求证(比较前题)三角形两个外角的平分线,和不与它们相邻的内角的平分线相交于一点.

证:用上题记号,两边 $F_2,F_3$ 所成的外角和两边 $F_3,F_1$ 所成的外角的平分线方程分别为

$$F_2+F_3=0 \quad 和 \quad F_3+F_1=0$$

两边 $F_1,F_2$ 所成的内角的平分线方程为 $F_1-F_2=0$. 但由恒等式

$$1\cdot(F_2+F_3)+(-1)\cdot(F_3+F_1)+1\cdot(F_1-F_2)=0$$

本题便得证明.

8. 求证:三个圆两两相成的三条根轴(§100 习题3)相交于一点. 这个交点叫作已知三圆的根心.

证:设三个已知圆的直角坐标方程为

$$x^2+y^2+2A_1x+2B_1y+C_1=0$$
$$x^2+y^2+2A_2x+2B_2y+C_2=0$$
$$x^2+y^2+2A_3x+2B_3y+C_3=0$$

那么,根轴的方程为(§100 习题3)

$$2(A_1-A_2)x+2(B_1-B_2)y+C_1-C_2=0\text{(第一、二两圆根轴)}$$
$$2(A_2-A_3)x+2(B_2-B_3)y+C_2-C_3=0\text{(第二、三两圆根轴)}$$
$$2(A_3-A_1)x+2(B_3-B_1)y+C_3-C_1=0\text{(第三、一两圆根轴)}$$

把各式的左边相加,显然可得一个等于0的恒等式. 因此,命题便得证明.

# 第五章　空间的直线和平面

## Ⅰ.曲面的方程. 曲线的方程系

我们在前章学习了平面几何的基本问题,即用方程表示平曲线的问题.

在三元度空间,我们将同时讨论一元度的图形(曲线)和二元度的图形(曲面).

我们首先讨论曲面,因为它的分析表示和平面曲线的,或多或少有相同的形式.



本章全章采用笛氏坐标系,有时为了公式简化,我们也用直角坐标系,但遇此种情形,总有特别声明.

**§116. 曲面的方程**　在初等几何里,对于"曲面"的概念,没有一般性的解释,那里通常只讨论曲面的特例,例如:平面、球面、圆柱面、圆锥面. 我们现在给曲面下一般性的定义.

曲面即指动点的几何轨迹动点的坐标(对于所给坐标系)适合一个方程

$$\Phi(x,y,z)=0 \tag{1}$$

这里 $\Phi(x,y,z)$ 表示三个变数 $x,y,z$ 的函数[①].

方程(1)叫作这曲面对于所给坐标系的方程. 我们可假定方程(1)所含的变数 $x,y,z$ 最低限度有一个可以解出. 例如解(1)求变数 $z$,方程(1)便可写作下式

$$z=\varphi(x,y) \tag{1a}$$

这里 $\varphi(x,y)$ 是变数 $x,y$ 的单值或多值函数.

由定义得知:已知曲面的方程是一个含有三个变数[②]的方程每当且只当把这曲面上点的坐标代以这些变数时才能适合这个方程.

上面对于"曲面"这个概念的定义,太为广泛. 在这定义下,可以遇到某些

---

① 这定义可施用于空间的任何坐标系.

② 实际上,方程里不一定含有三个变数(参看下面 §118).

图形，和习惯上所谓"曲面"相去甚远. 因此，在曲面的较详细研究中，对于函数 $\Phi(x,y,z)$ 和 $\varphi(x,y)$ 应分别加以某些补充假设（参看微分几何教程）.

如果已知一个曲面对于某个已定坐标系的方程，那么，要求作这个曲面对于另一个坐标系的方程，只需用新坐标代换已知方程里的旧坐标便成.

例如设

$$\Phi(x,y,z)=0$$

代表关于任何笛氏系 $Oxyz$ 的曲面方程. 那么，欲求这曲面对于另一个笛氏系 $O'x'y'z'$ 的方程，就用 $x'y'z'$ 来代替原方程里的 $x,y,z$，这个代换的表示如下式

$$x=a+l_1x'+l_2y'+l_3z'$$

$$y=b+m_1x'+m_2y'+m_3z'$$

$$z=c+n_1x'+n_2y'+n_3z'$$

因此，原方程变为下式

$$\Phi_1(x',y',z')=0$$

这里为简便起见引入记号

$$\Phi(a+l_1x'+l_2y'+l_3z',b+m_1x'+m_2y'+m_3z',c+n_1x'+n_2y'+n_3z')$$
$$=\Phi_1(x',y',z')$$

（比较§82）.



现在仍待证明，初等几何所讨论的曲面，实际上都被包括在上述曲面的一般定义里，即是说，这些曲面的每一个，都可用方程(1)的形式表示，每当且只当把这个面上任一点的坐标代入式中的 $x,y,z$，才能适合这个方程. 我们只举球面，圆柱面，圆锥面的方程为例；平面方程留待下面特别讨论.

为了推求所需要的方程，我们将就个别情形而选用适宜的坐标系，因为根据上述结果，不难把它变到其他任何坐标系.

**§117. 在直角坐标系里，球面和圆锥面的方程**　1. 设已知球半径为 $r$，球心在点 $C(a,b,c)$. 由定义，球面为动点 $M(x,y,z)$ 的轨迹，由 $M$ 至 $C$ 的距离等于 $r$.

为简便起见，我们采用直角坐标用分析方法来表达这个定义，便得

$$\sqrt{(x-a)^2+(y-b)^2+(z-c)^2}=r$$

即

$$(x-a)^2+(y-b)^2+(z-c)^2=r^2 \tag{1}$$

这是用笛氏直角坐标时的球面方程. 若球心在坐标原点，则 $a=b=c=0$，而上式化简为

$$x^2+y^2+z^2=r^2 \tag{2}$$

2. 锥面是指直线(母线)所组成的曲面. 这些直线经过一固定点(顶点)且和一条固定曲线(准线)相交.

如果准线为圆 $\Gamma$. 又顶点 $O$ 在通过圆 $\Gamma$ 的中心 $O'$ 而垂直于圆面的垂线上(图 98),那么,这个锥面叫作圆锥面,而直线 $OO'$ 叫作锥面的轴. 所有锥面都有两叶,分布在顶点的两旁(在初等几何里,习惯上只讨论其中之一叶,或甚至只讨论这叶锥面夹于顶点和准线中间的一部分).

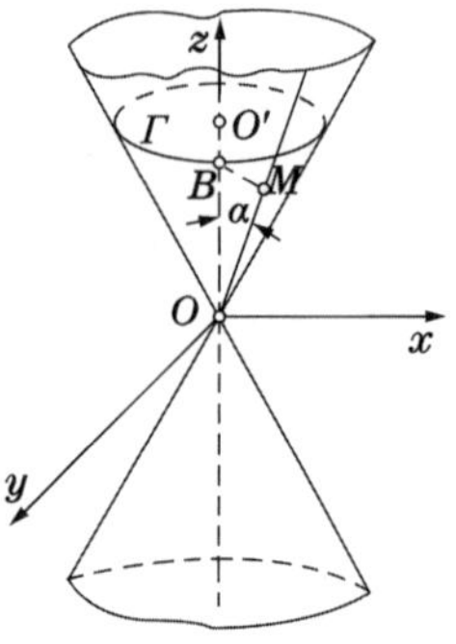

图 98

求圆锥面的方程,取顶点做坐标原点,取锥轴做 $Oz$ 轴.

设 $\alpha$ 为锥面的母线和轴 $Oz$ 的正向所成的锐角,这个角显然是常量. 点 $M(x,y,z)$ 在锥面上的充分且必要条件为:直线 $OM$ 和 $Oz$ 所成的锐角等于 $\alpha$. 用分析方法表示这条件,设 $B$ 为点 $M$ 在 $Oz$ 上的直角投影,则这条件表达为



$$\frac{|BM|}{|OB|}=\tan\alpha$$

又因点 $B$ 的坐标为 $(0,0,z)$,得 $|OB|=|z|$,又

$$|BM|=\sqrt{(x-0)^2+(y-0)^2+(z-z)^2}=\sqrt{x^2+y^2}$$

把这些数值代入上面的等式,得

$$\frac{\sqrt{x^2+y^2}}{|z|}=\tan\alpha$$

两边平方,消去分母得

$$x^2+y^2=k^2z^2 \tag{3}$$

这里写为:$k=\tan\alpha$.

方程(3)为所求的方程. 当然所得方程只适用于这个特别选定的坐标系.

## 习题和补充

1. 求证球面的方程(直角坐标)都有如下的形式

$$x^2+y^2+z^2+2Ax+2By+2Cz+D=0 \tag{1a}$$ ①

---

① 这方程可写成更普遍的形式,如

$$A_0(x^2+y^2+z^2)+2Ax+2By+2Cz+D=0$$

这里 $A_0\neq0$. 事实上,两边除以 $A_0$,便得方程(1a)的形式.

（且 $A^2+B^2+C^2-D>0$）. 又反过来说，方程（1a）表示一个球面，半径 $r=\sqrt{A^2+B^2+C^2-D}$，球心为点（$-A,-B,-C$）（比较§80 注）.

2. 求圆锥面的方程，它的顶点为坐标原点，它的轴取单位矢量 $\boldsymbol{e}=(l,m,n)$ 的方向（用直角坐标）.

解：要使点 $M(x,y,z)$ 在锥面上，必须且只需 $\overrightarrow{OM}$ 和 $\boldsymbol{e}$ 所成的角 $\vartheta$ 等于 $\alpha$ 或 $\pi-\alpha$，这里 $\alpha$ 依照上面一样意义. 因此，$\cos\vartheta=\pm\cos\alpha$，$\cos^2\vartheta=\cos^2\alpha$. 但（§45）$\cos\vartheta=\dfrac{lx+my+nz}{\sqrt{x^2+y^2+z^2}}$. 因此

$$\frac{(lx+my+nz)^2}{x^2+y^2+z^2}=a^2$$

这里设 $\cos\alpha=a$，即

$$(lx+my+nz)^2=a^2(x^2+y^2+z^2) \tag{4}$$

这为所求的方程. 当 $l=m=0$，$n=\pm1$，则显然地我们仍旧回到方程（3）.

**§118. 柱面的方程**　柱面是指一个曲面，由平行直线（母线）所组成，这些平行直线和一固定曲线（准线）相交.



如果准线为一个圆，而母线和圆面垂上，那么，这个柱面叫作圆柱面.

我们现在导出一般柱面的方程（不限于圆柱面）.

用笛氏坐标系，取轴 $Oz$ 平行于柱面的母线. 设 $\Gamma$ 为柱面和平面 $xOy$ 的交线（图 99）. 又设

$$\Phi(x,y)=0 \tag{1}$$

为曲线 $\Gamma$ 在平面 $xOy$ 上的方程. 要使空间任意点 $M(x,y,z)$ 落在柱面上的必要且充分条件是这点在平面 $xOy$ 上的投影（取平行于 $Oz$ 的投影）$m$，落在 $\Gamma$ 上. 故要使点 $M(x,y,z)$ 落在已知柱面上的必要且充分条件是：这点的坐标 $x,y$ 有方程（1）的关系（不论第三个坐标取任何数值）. 换句话说，如果把方程（1）作为空间点坐标的方程，这便是所给柱面的方程.

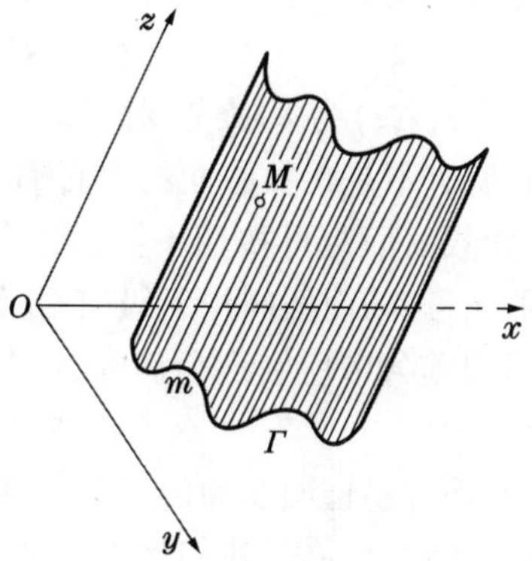

图 99

这类方程是§116 方程（1）的特例形式；它的特征就是不含有坐标 $z$.

反过来说，所有方程如（1）的形式显然是柱面方程，它的母线和 $Oz$ 平行，

又它和平面 $xOy$ 的交线,在这个平面上①用方程(1)来表示.

依同理,方程

$$\Phi(x,z)=0 \quad 和 \quad \Phi(y,z)=0$$

表示两个柱面,它们的母线分别和轴 $Oy$,$Ox$ 平行.

所以,如果曲面方程里有一个坐标不出现,这个曲面就是平行于相应坐标轴的柱面.

现在讨论几条特例.

1°圆柱面　设采用直角坐标系,又设 $\Gamma$ 为圆,那么,方程(1)化为平行于轴 $Oz$ 的圆柱面的方程.设这圆在平面 $xOy$ 上的圆心为$(a,b)$,半径为 $r$,那么,这柱面的方程可写作(参看§80)

$$(x-a)^2+(y-b)^2-r^2=0 \tag{2}$$

2°方程

$$Ax+By+C=0 \tag{3}$$

显然代表在空间的一个平面.它和轴 $Oz$ 平行,而它和平面 $xOy$ 的交线在 $xOy$ 平面上的方程也以(3)来表示.(平面为柱面的特例,相当于准线 $\Gamma$ 为直线的情形)



**§119. 曲面的分类**　用笛氏坐标系的方程,曲面也可分类为代数的和超越的,像平曲线的分类一样(比较§85).如果曲面的方程能写作下式

$$F(x,y,z)=0 \tag{1}$$

这里 $F(x,y,z)$为多项式(对于 $x,y,z$ 是有理整函数),那么,这个曲面叫作代数曲面.所有不是代数曲面的曲面都叫作超越曲面.

代数曲面更可按照不同的级分类.即,如果曲面方程(1)的多项式是 $n$ 次的,那么,这曲面便叫作 $n$ 级曲面.例如球面、圆锥面、圆柱面都是二级代数曲面(参看以前各节所引入它们的方程).平面为一级曲面,由前节方程(3)可以推知.

我们容易证明曲面的级别,和笛氏坐标系的选择无关.这证法和§85所引用的证法完全一样,我们将不在这处复述.

而且,关于用较低次的方程来代替方程 $F(x,y,z)=0$ 的可能性,也可把§85所说的直接移用到现在的情形(参看下文§174较为详细).

代数曲面有可分解的(可约的),有不可分解的(不可约的),随多项式

① 特别提明“在这个平面上”一句,因须特别注意,方程 $\Phi(x,y)=0$ 不可简称为曲线 $\Gamma$ 的方程;这个方程在空间代表柱面,而只当 $z=0$ 时,这个柱面上的点才和曲线 $\Gamma$ 上的点叠合.

$F(x,y,z)$能否分解为多项因式而定(详见下面§174).

**§120. 曲线的方程系**　空间曲线,可作为两个曲面的交线,也就是同时位于两个曲面上的点的轨迹.设$\Phi(x,y,z)=0$,$\Psi(x,y,z)=0$为两个曲面的方程,它们的交线为所给的曲线.这条曲线上每点的坐标显然同时适合这两个方程;反之,一点的坐标,若能同时适合这两个方程,这点便在所给曲线之上.简言之,所给的曲线就是一点的几何轨迹,它的坐标同时适合两个方程的系.

$$\begin{cases}\Phi(x,y,z)=0\\ \Psi(x,y,z)=0\end{cases} \tag{1}$$

方程系(1)叫作所给曲线的方程系.

注意,表示这条曲线的两个方程,可能有无穷多种样式:事实上,任何一对相交于这条曲线的曲面,都可用来代替已给的两个曲面.在分析上的相应意义是系(1)可用任何一个同价的系来替代.

例如,就一般来说,可以由系(1)解出变数中的任何两个,例如$x$和$y$;由此,得到和系(1)同价的方程系



$$\begin{cases}x=\varphi(z)\\ y=\psi(z)\end{cases} \tag{2}$$

系(2)的方程代表两个柱面,其中一个柱面和轴$Oy$平行,其他一个和轴$Ox$平行.显见这些柱面分别用平行于轴$Oy$和$Ox$的投影,把所给曲线分别投到平面$zOx$和$yOz$上(图100).

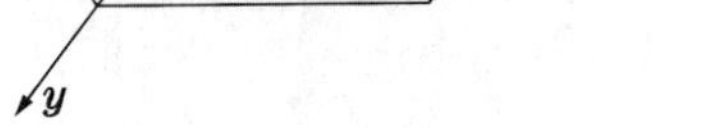

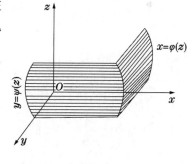

图100

例如,取方程系

$$\begin{cases}x^2+y^2+z^2=r^2\\ x=a\end{cases} \tag{3}$$

在直角坐标,这系的第一个方程代表以坐标原点为中心,$r$为半径的球面,而第二个方程代表一平面,它和平面$yOz$平行,且截轴$Ox$得线段$a$.这两个面的交线显然是一个圆,圆心在轴$Ox$上,圆面和这条轴垂直并在其上截得线段$a$.显然地,只有当$a\leqslant r$时,这条交线才存在.

系(3)可用同价系数来替代

$$\begin{cases}y^2+z^2=r^2-a^2\\ x=a\end{cases} \tag{4}$$

这系的第一个方程代表圆柱面,以$Ox$为轴,而截口半径等于

$$\sqrt{r^2-a^2}$$

所论的圆便是这个柱面和平面 $x=a$ 的交线.

如果一条曲线可以作为两个代数曲面的交线,也就是可用两个方程来表示

$$F_1(x,y,z)=0, F_2(x,y,z)=0 \tag{5}$$

这里 $F_1$ 和 $F_2$ 为 $x,y,z$ 的多项式,那么,它便叫作代数曲线.

曲线的级就是指系(5)的两个方程的次数的乘积.

所有不是代数曲线的曲线都叫作超越曲线.

**§121. 曲线和曲面的参数表示** 在前节我们把曲线看作两个曲面的交线.但我们也可从另一观点来论曲线,即把它看作一点按照一定规律而运动时所经行的路径,这样我们可得曲线的参数表示法,即把坐标 $x,y,z$ 表作辅助变数 $t$ 的函数

$$x=\varphi_1(t), y=\varphi_2(t), z=\varphi_3(t) \tag{1}$$

这里 $\varphi_1(t),\varphi_2(t),\varphi_3(t)$ 为在已知区间内的连续函数. 若 $t$ 在这区间内变值,则点$(x,y,z)$在空间连续运动,画成一条曲线.



从方程(1)消去 $t$,便可证实曲线的新定义实际上和前述的定义一致. 例如解(1)的第三个方程求 $t$,即用 $z$ 表示 $t$,然后把所得的表示式代入(1)的前面两个方程,则 $x,y$ 可用 $z$ 表示

$$x=\varphi(z), y=\psi(z) \tag{2}$$

这便是前节的方程(2).

反过来说,设已知曲线的方程系如(2)的形式,那么,任取函数 $\varphi_3(t)$,设 $z=\varphi_3(t)$便得方程如(1)的形式

$$x=\varphi[\varphi_3(t)], y=\psi[\varphi_3(t)], z=\varphi_3(t)$$

即

$$x=\varphi_1(t), y=\varphi_2(t), z=\varphi_3(t)$$

这里引入记号

$$\varphi[\varphi_3(t)]=\varphi_1(t), \psi[\varphi_3(t)]=\varphi_2(t)$$

例如,设已知曲线由方程

$$\begin{cases} y^2+z^2=r^2 \\ x=a \end{cases}$$

表示(在直角坐标,这是一个圆,圆面和平面 $yOz$ 平行且圆心在轴 $Ox$ 上),那么,设 $z=r\sin t$,得

$$y=\sqrt{r^2-r^2\sin^2 t}=r\cos t$$

便得这条曲线的简单参数表示

$$w=a, y=r\cos t, z=r\sin t$$①

同样曲面也可用参数表示,只要令坐标 $x,y,z$ 为两个参数的函数.事实上,设已知曲面的方程为

$$z=f(x,y) \tag{3}$$

设 $x=\varphi(p,q)$, $y=\psi(p,q)$,这里 $\varphi(p,q)$, $\psi(p,q)$ 为两个这样任意选定的函数,使得从它们可以解出 $p,q$(即可反转来用 $x,y$ 表示 $p,q$).把这些用 $p,q$ 表 $x,y$ 的算式收入(3),得到 $z=f[\varphi(p,q),\psi(p,q)]$.用 $\omega(p,q)$ 表示这函数,我们就得

$$x=\varphi(p,q), y=\psi(p,q), z=\omega(p,q) \tag{4}$$

反过来说,所有方程如(4)的形式,其中有任何两个式对于 $p,q$ 为可解的,这便代表一个曲面.事实上,例如设第一、第二两个对于 $p,q$ 为可解的,那么,解这两个方程得 $p=f_1(x,y)$, $q=f_2(x,y)$.把这些值代入方程(4)的第三个式,便得方程如(3)的形式,即是曲面的方程.

简括地说,要由(4)的参数表示来推得曲面方程,只要由(4)的三个方程消去两个变数 $p,q$;由此得到一个含有三个变数 $x,y,z$ 的方程,这就是曲面的方程. 

**例**　设已知球心为直角坐标系的原点,半径等于 $r$,则球面的方程为

$$x^2+y^2+z^2=r^2$$

设 $x=r\sin\vartheta\cos\varphi$, $y=r\sin\vartheta\sin\varphi$(这里 $\varphi$ 和 $\vartheta$ 充当参数 $p,q$ 的地位)代入上面方程,得 $r^2\sin^2\vartheta+z^2=r^2$,因此,$z^2=r^2\cos^2\vartheta$,或 $z=r\cos\vartheta$②.所以,球面可用参数表示如下式

$$x=r\sin\vartheta\cos\varphi, y=r\sin\vartheta\sin\varphi, z=r\cos\vartheta \tag{5}$$

读者易知参数 $\vartheta$ 和 $\varphi$ 的几何意义(参看§61).根据这些几何意义,显然地,假设 $0\leqslant\varphi\leqslant2\pi$, $0\leqslant\vartheta\leqslant\pi$,便能求得球面上一切的点.

**§122. 空间曲线和曲面的交点**　已知两个曲面的方程 $F_1(x,y,z)=0$, $F_2(x,y,z)=0$,这两曲面的交点的坐标适合这两个方程的系.因为这里有两个方程三个未知数,就一般来说,这些交点组成一个无穷集合,正如已经指出,它组成某一曲线.

---

① 在 $y$ 的表示式里根号之前,不要取两歧符号,因为 $\cos t$ 之前若有两歧符号,也没有新的作用;事实上,点 $x=a$, $y=-r\cos t$, $z=r\sin t$,在将 $t$ 改为 $\pi-t$ 后,仍得本文的方程.

② 在 $\cos\vartheta$ 之前,我们不用两歧符号,因为这没有新的作用(参看前节注脚).

三个曲面

$$F_1(x,y,z)=0, F_2(x,y,z)=0, F_3(x,y,z)=0$$

的交点的坐标,适合这三个方程的系,因为这里有三个方程三个未知数;就一般来说,这些交点彼此相隔有限的距离,这些交点可能是有穷多个,也可能是无穷多个,但它们通常不能组成连续曲线. 关于曲面 $F(x,y,z)=0$ 和曲线的交点:如果已知曲线的方程系为 $\Phi(x,y,z)=0, \Psi(x,y,z)=0$,这些交点和上面一样;又如果已知曲线的参数表示为 $x=\varphi_1(t), y=\varphi_2(t), z=\varphi_3(t)$,那么,它和曲面 $F(x,y,z)=0$的交点,可由方程 $F[\varphi_1(t),\varphi_2(t),\varphi_3(t)]=0$ 来决定(比较 §87).

最后讨论空间两条曲线的交点的坐标. 已知它们的方程为 $\Phi_1(x,y,z)=0$, $\Psi_1(x,y,z)=0$, $\Phi_2(x,y,z)=0$, $\Psi_2(x,y,z)=0$. 这时它们交点的坐标,须适合所有四个方程. 但因为方程数目多于未知数的数目,一般来说,这些方程,没有解答,即空间两条曲线,就一般来说是不相交的.

## Ⅱ. 平面的方程



**§123. 平面方程的一般式,参数表示式** 我们现在要求推求平面的方程,即是要证明命题:设 $x,y,z$ 为对于任何系 $Oxyz$ 的笛氏坐标. 那么,所有一次方程

$$Ax+By+Cz+D=0 \tag{1}$$

代表平面. 反过来说,一切代表平面的方程都是一次的;我们假设 $A,B,C$ 不同时为0.

用下面方法证明最为简单. 设 $\Pi$ 为已知平面,选取新的笛氏坐标系 $O'x'y'z'$使轴 $O'x'$和 $O'y'$都在这平面上. 于是在新系里,方程 $z'=0$ 显然是平面 $\Pi$ 的方程. 回到旧系 $Oxyz$,用下列的变换公式

$$z'=Ax+By+Cz+D$$

(还有两个类似的公式表示 $x'$和 $y'$),式中 $A,B,C,D$ 是常数①,且 $A,B,C$ 不同时为0,因而方程 $z'=0$ 变成方程(1).

反过来说,如果已知一个一次方程(1),采用新坐标系 $O'x'y'z'$使变换公式为

$$\begin{cases} x'=l_1'x+l_2'y+l_3'z+a' \\ y'=m_1'x+m_2'y+m_3'z+b' \\ z'=Ax+By+Cz+D \end{cases} \tag{*}$$

① 参看 §66 公式(1a).

(这里第一第二两行系数可以任意选取,只要这代换不是特殊代换便行[①]). 那时(1)变为

$$z'=0$$

的形式. 由此可见方程(1)表示一个平面.

要能构成平面的方程,须先给定它在空间的位置. 给定这种条件的一个方法是给予平面上任意一点 $M_0(x_0,y_0,z_0)$ 和两条不相平行而各自平行于这个平面的矢量:$\boldsymbol{P}_1=(X_1,Y_1,Z_1)$,$\boldsymbol{P}_2=(X_2,Y_2,Z_2)$(图 101). 依照这些已知条件来求平面的方程.

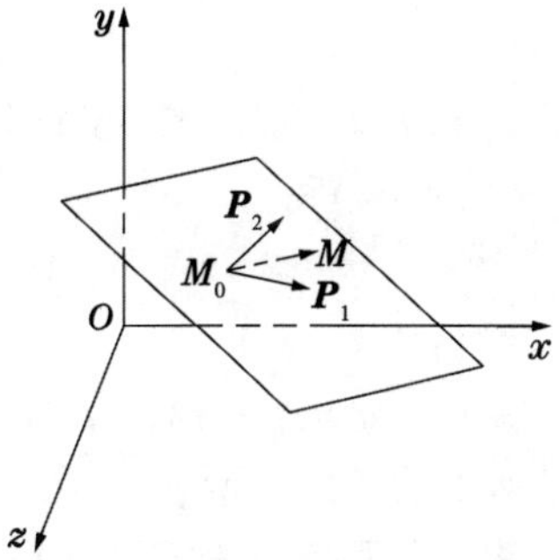


图 101

设 $M(x,y,z)$ 为空间任意点. 使它在平面上的必要且充分条件为矢量

$$\overrightarrow{M_0M}=(x-x_0,y-y_0,z-z_0) \quad (**)$$

和矢量 $\boldsymbol{P}_1,\boldsymbol{P}_2$ 共面,即使(§39)

$$\begin{vmatrix} x-x_0 & y-y_0 & z-z_0 \\ X_1 & Y_1 & Z_1 \\ X_2 & Y_2 & Z_2 \end{vmatrix}=0 \tag{2}$$

这是所给平面的方程. 按着第一行各元展开,方程(2)可表作下式

$$A(x-x_0)+B(y-y_0)+C(z-z_0)=0 \tag{3}$$

这里设

$$A=\begin{vmatrix} Y_1 & Z_1 \\ Y_2 & Z_2 \end{vmatrix},B=\begin{vmatrix} Z_1 & X_1 \\ Z_2 & X_2 \end{vmatrix},C=\begin{vmatrix} X_1 & Y_1 \\ X_2 & Y_2 \end{vmatrix}$$

① 这就是令行列式

$$\Delta=\begin{vmatrix} l_1' & l_2' & l_3' \\ m_1' & m_2' & m_3' \\ A & B & C \end{vmatrix}$$

不等于 0. 那总是可能做到的. 事实上,由假设,系数 $A,B,C$ 中最低限度有一个不等于 0. 假设 $C\neq0$,那么,我们取 $l_1'=1,l_2'=0,l_3'=0,m_1'=0,m_2'=1,m_3'=0$,因为行列式

$$\Delta=\begin{vmatrix} 1 & 0 & 0 \\ 0 & 1 & 0 \\ A & B & C \end{vmatrix}=C\neq0$$

由 $\Delta\neq0$,我们可解坐标系(*)求 $x,y,z$ 得用新坐标表示旧坐标的变换式,正如§66 公式(1)的形式;这些变换式完全决定新原点的位置和新的坐标矢量.

数量 $A,B,C$ 不同时等于 0,因为由已知条件,矢量 $\boldsymbol{P}_1$ 和 $\boldsymbol{P}_2$ 是不平行的①.

最后,去掉括号,用 $D$ 代表常数项,则得方程(1).

我们也容易求得平面的参数表示.事实上,因为矢量 $\overrightarrow{M_0M}$ 和 $\boldsymbol{P}_1,\boldsymbol{P}_2$ 共面,我们有[ §39 公式(1)]

$$\overrightarrow{M_0M}=\lambda\boldsymbol{P}_1+\mu\boldsymbol{P}_2 \tag{4}$$

这里 $\lambda$ 和 $\mu$ 是数字(参数),把 $\lambda$ 和 $\mu$ 变值,可得平面上任意点 $M$.又应用( * * ),由(4)得

$$x-x_0=\lambda X_1+\mu X_2,y-y_0=\lambda Y_1+\mu Y_2,z-z_0=\lambda Z_1+\mu Z_2$$

即

$$x=x_0+\lambda X_1+\mu X_2,y=y_0+\lambda Y_1+\mu Y_2,z=z_0+\lambda Z_1+\mu Z_2 \tag{5}$$

这是所求的参数表示式,$\lambda$ 和 $\mu$ 为参数.

**注** 上面的一般式里,当 $A=B=C=0$ 时,我们把这情形作为例外,但在这情形(设 $D\neq0$)也可说是代表平面的方程,即代表无穷远平面或假平面②;关于这点的详细说明参看第六章,在下文如果没有相反的声明,我们总是照前一样,



假定三个数量 $A,B,C$ 不全是 0,我们对于 $A=B=C=D=0$ 的情形,不感兴趣,但有时论及这情形,也可取得意义("不定平面").

**§124. 系数 $A,B,C$ 的几何意义** 在直角坐标系,一般式方程

$$Ax+By+Cz+D=0 \tag{1}$$

里,系数 $A,B,C$ 有很简单的几何意义.我们容易证明矢量

$$\boldsymbol{P}=(A,B,C)$$

和平面(1)垂直.为了说明这句话,只需证明矢量 $\boldsymbol{P}$ 和平面上任何线段 $M_1M_2$ 垂直.设 $M_1$ 的坐标为 $x_1,y_1,z_1$,而 $M_2$ 的坐标为 $x_2,y_2,z_2$,因为这两点在平面(1)上,故

$$Ax_1+By_1+Cz_1+D=0,Ax_2+By_2+Cz_2+D=0$$

相减得

$$A(x_2-x_1)+B(y_2-y_1)+C(z_2-z_1)=0$$

由此得知矢量$(A,B,C)$和矢量$\overrightarrow{M_1M_2}=(x_2-x_1,y_2-y_1,z_2-z_1)$垂直.矢量 $\boldsymbol{P}$ 叫

---

① 设 $A=B=C=0$,即 $Y_1Z_2-Y_2Z_1=0,Z_1X_2-Z_2X_1=0,X_1Y_2-X_2Y_1=0$,那么

$$\frac{X_2}{X_1}=\frac{Y_2}{Y_1}=\frac{Z_2}{Z_1}$$

这即是说两个矢量是平行的.

② 比较 §90 附记.

作平面 $\boldsymbol{\Pi}$ 的方向矢量.

在广义笛氏坐标系,如果 $\boldsymbol{P}$ 所表示的矢量是协变坐标为 $A,B,C$ 的矢量,那么,所有上面所说的都有效.

**§125. 特例**　在平面方程的一般式

$$Ax+By+Cz+D=0 \tag{1}$$

里,如果有一个或几个系数等于0,这就表现它和坐标轴有了特殊的位置关系. 现在分论如下:

1°设在方程(1)里,常数项 $D=0$,那么,这方程取得形式

$$Ax+By+Cz=0 \tag{2}$$

显然地,和这相应的平面经过坐标原点[因为数值 $x=y=z=0$ 适合方程(2)].

2°设在方程(1)里,有一个变数的系数等于0. 例如设 $C=0$,那时这个方程取得形式

$$Ax+By+D=0 \tag{3}$$

这时相应的平面和 $Oz$ 平行,而且和平面 $xOy$ 相交于一条直线,这直线在平面 $xOy$ 上用方程(3)表示(参看§118 的2°点).



这些结果,显然可以表达如下:如果平面方程缺少了含有某个坐标的一项,那么,这个平面就和相应的坐标轴平行.

3°设有两个变数的系数等于0,例如 $B=C=0$,依照前例,推知这个平面和平面 $yOz$ 平行.

这结果显然由方程

$$Ax+D=0$$

的讨论也可以推得. 这方程可写作

$$x=-\frac{D}{A}$$

如果在 $Ox$ 上取 $|\boldsymbol{u}|$ 做长的单位,显然地这个平面截轴 $Ox$ 所得的线段等于 $-\frac{D}{A}$.

特别是,方程 $x=0$ 代表平面 $yOz$,方程 $y=0$ 和 $z=0$ 也有类似的意义.

**§126. 四项式 $Ax+By+Cz+D$ 的符号**　依照§92 一样,容易推断:平面

$$Ax+By+Cz+D=0$$

划分整个空间为两部分. 在一部分,这个四项式

$$Ax+By+Cz+D$$

取得正值,在其他部分它取得负值. 在这平面上,这式化为0.

**§127. 平面方程的截矩式**[①] 如果在平面方程

$$Ax+By+Cz+D=0$$

里,系数 $D$ 不等于0,那么,用 $-D$ 除这方程的两边,又设

$$-\frac{A}{D}=\frac{1}{p},\ -\frac{B}{D}=\frac{1}{q},\ -\frac{C}{D}=\frac{1}{r} \tag{1}$$

它可化为

$$\frac{x}{p}+\frac{y}{q}+\frac{z}{r}=1 \tag{2}$$

在方程(2)里,系数 $p,q,r$ 有简单的几何意义.

事实上,求平面(2)和轴 $Ox$ 的交点,这点是平面(2)的点,它的 $y=z=0$. 把这两个数值代入方程(2),得

$$\frac{x}{p}=1$$

即 $x=p$. 对于其他两条轴照样进行,推得 $p,q,r$ 分别表示这个平面在轴 $Ox,Oy,Oz$ 上所截得的线段. 这里在各条轴上的单位线段,分别采取各坐标矢量 $|\boldsymbol{u}|$, $|\boldsymbol{v}|$, $|\boldsymbol{w}|$ 的长.



**注** 如果系数 $A,B,C$ 之中,有一个等于0,例如 $C=0$,方程(2)显然化为

$$\frac{x}{p}+\frac{y}{q}=1 \tag{3}$$

这里 $p$ 和 $q$ 仍取数值(1)而且有相同的几何意义. 如果设 $r=\infty$,就由方程(2)得方程(3),这是很明显的,因为在 $C=0$ 时这个平面和轴 $Oz$ 平行,即是它在这条轴上截得无限长的线段.

**§128. 已知方程,求作平面的图** 已知方程

$$Ax+By+Cz+D=0 \tag{1}$$

求作平面的图,只要求得它的任何三点(不在同一直线上的)便够. 欲求平面上的任一点,只需给予它的方程里两个坐标(例如 $x$ 和 $y$)以任意数值,然后由这方程计算第三个坐标.

在一般情形,最简便的方法是求这个平面和轴 $Ox,Oy,Oz$ 的交点,再由这三个交点作平面.

例如,设已知方程

$$2x+4y-z-8=0 \tag{2}$$

---

① 比较 §93.

设 $y=z=0$,求得 $x=4$;又设 $z=x=0$,求得 $y=2$;最后,设 $x=y=0$,求得 $z=-8$.

因此这个平面和坐标轴的交点为 $M_1(4,0,0)$,$M_2(0,2,0)$,$M_3(0,0,-8)$(图 102).

把方程(2)写成下式

$$\frac{x}{4}+\frac{y}{2}+\frac{z}{-8}=1$$

也可求得同一的结果. 因此,显然可知这个平面在各条轴上所截取的线段为 $4|\boldsymbol{u}|$,$2|\boldsymbol{v}|$,$-8|\boldsymbol{w}|$.

再取平面方程

$$2x-3y+12=0 \qquad (3)$$

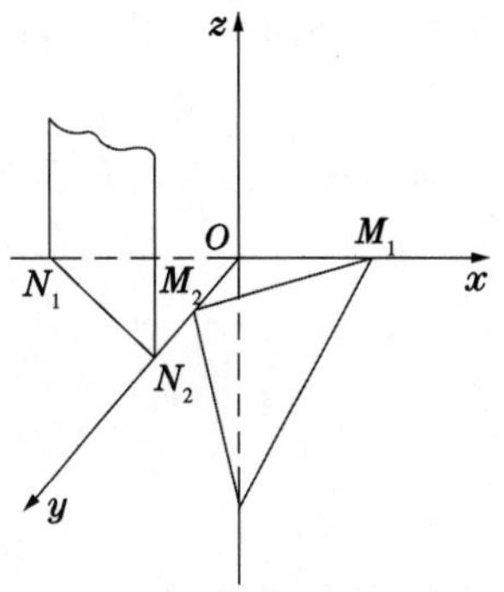

图 102

这平面和轴 $Oz$ 平行. 在式(3)里,设 $y=0$,求得 $x=-6$;又设 $x=0$,求得 $y=4$. 因此,这平面经过点 $N_1(-6,0,0)$,$N_2(0,4,0)$,又和轴 $Oz$ 平行,如上面所说(图 102).

如果把方程(3)写成下式

$$\frac{x}{-6}+\frac{y}{4}=1$$

我们也得相同的结果,由此可见这平面在各条轴上所截取的线段为 $-6|\boldsymbol{u}|$,$4|\boldsymbol{v}|$及$\infty$.

如果平面经过坐标原点 $O$,那么,它和各条轴的三个交点都叠合于 $O$. 欲再求得它的两点,最简便的就是求它在坐标面上的点.

例如,设已知方程为

$$x-y+2z=0$$

设 $x=0$,$y=2$,求得 $z=1$;又设 $z=0$,$x=1$,求得 $y=1$. 因此,这平面经过点 $O(0,0,0)$,$M(0,2,1)$,$N(1,1,0)$(图 103).

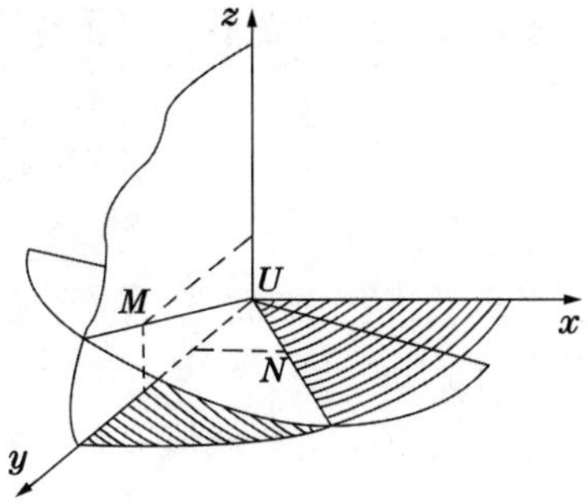

图 103

**§129. 平面在坐标平面上的截痕**　求作平面

$$Ax+By+Cz+D=0 \qquad (1)$$

的图,也可利用这个平面在坐标平面上的截痕,即已知平面和各个平面 $yOz$,$zOx$,$xOy$ 相交的直线.

例如平面(1)和平面 $xOy$ 的交线,显然是点的几何轨迹,这点的坐标,同时

适合方程(1)和条件 $z=0$. 因此,在平面 $xOy$ 上所求的截痕的方程为

$$Ax+By+D=0 \tag{2}$$

同样在平面 $yOz$ 上($x=0$)的截痕方程为

$$By+Cz+D=0 \tag{3}$$

又在平面 $zOx$ 上($y=0$)的截痕方程为

$$Ax+Cz+D=0 \tag{4}$$

**注** 实质上,在平面 $xOy$ 上的截痕应当写成

$$\begin{cases}Ax+By+D=0\\ z=0\end{cases}$$

因为方程(2)本身代表一个平面,和轴 $Oz$ 平行,附加这一个 $z=0$ 的方程,代替了上面的声明:即方程(2)是对于平面 $xOy$ 上的点来说的.

关于方程(3)和(4)也有同样的情形.

上节所论的平面截痕,留给读者自行作图,并应用这些截痕,来作出平面的图.



## 习 题

1. 求平面 $4x+7y+3z+5=0$ 在坐标平面上的截痕.

答:$7y+3z+5=0$;$4x+3z+5=0$;$4x+7y+5=0$.

2. 求平面 $x+y+1=0$ 在坐标平面上的截痕(又用这些截痕,作所给平面的图).

答:$y+1=0$;$x+1=0$;$x+y+1=0$.

**§130. 两个平面平行或叠合的条件** 由前节所讲,可以求得两个平面

$$\begin{cases}A_1x+B_1y+C_1z+D_1=0\\ A_2x+B_2y+C_2z+D_2=0\end{cases} \tag{1}$$

的平行条件.

事实上,两个平面平行的必要且充分条件,就是它们在各个坐标面上的截痕平行(图104).

在平面 $xOy$ 上的截痕

$$A_1x+B_1y+D_1=0, A_2x+B_2y+D_2=0 \tag{2}$$

是平行直线的条件(比较§97)为

$$\frac{A_2}{A_1}=\frac{B_2}{B_1}$$

在其他两个坐标面上,也有同样的条件,归结得两个平面的平行条件

$$\frac{A_2}{A_1}=\frac{B_2}{B_1}=\frac{C_2}{C_1} \tag{3}$$

因此,两个平面平行的必要且充分条件,就是在它们的方程里相应变量的系数成比例.

平行的特例为叠合.

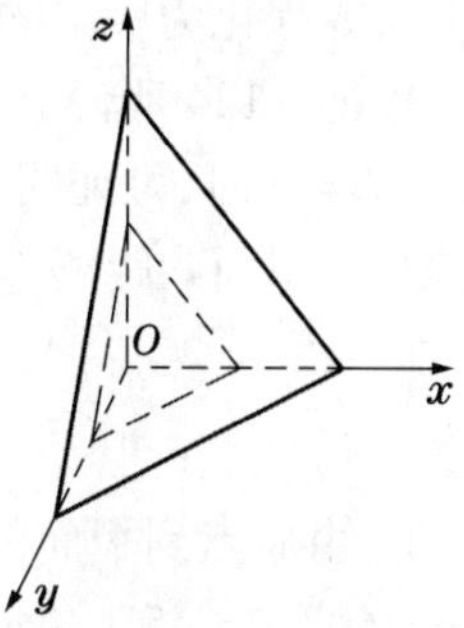

图 104

两个平面叠合的必要且充分条件就是它们在各个坐标面上的截痕叠合. 在平面 $xOy$ 上截痕叠合的条件[参看方程(2)]为等式

$$\frac{A_2}{A_1}=\frac{B_2}{B_1}=\frac{D_2}{D_1}$$

在其他两个坐标面,也得同样的等式,归结得所求的条件

$$\frac{A_2}{A_1}=\frac{B_2}{B_1}=\frac{C_2}{C_1}=\frac{D_2}{D_1} \tag{4}$$

因此,两个平面叠合的必要且充分条件就是它们的方程里所有的相应系数都成比例.

如果 $k$ 表示(4)的公比值,那么,上面条件可写成

$$A_2=kA_1, B_2=kB_1, C_2=kC_1, D_2=kD_1 \tag{5}$$

由此推得(比较 §97)所给方程(1)的两个平面叠合的必要且充分条件就是有常数 $k$ 存在,适合下面的恒等式(即对于 $x,y,z$ 的任何数值都能够成立)

$$A_2x+B_2y+C_2z+D_2=k(A_1x+B_1y+C_1z+D_1) \tag{5a}$$

**§131. 平面方程的标准式**　完全依照 §96 一样,我们可以把平面在直角坐标系的方程

$$Ax+By+Cz+D=0 \tag{1}$$

化作所谓标准式

$$x\cos\alpha+y\cos\beta+z\cos\gamma-p=0 \tag{2}$$

式中 $\cos\alpha, \cos\beta, \cos\gamma$ 为方向余弦,而且 $p\geqslant 0$. 欲加证明,只需用常数 $\lambda$ 乘(1)的两边,$\lambda$ 的选择要使矢量

$$\boldsymbol{v}=(\lambda A, \lambda B, \lambda C) \tag{3}$$

为单位矢量,并且使 $\lambda D\leqslant 0$. 由第一要求,推得 $(\lambda A)^2+(\lambda B)^2+(\lambda C)^2=1$,则

$$\lambda=\frac{1}{\pm\sqrt{A^2+B^2+C^2}} \tag{4}$$

根据第二要求,选定符号(当 $D=0$,符号任便). 设

$$\lambda A=\cos\alpha, \lambda B=\cos\beta, \lambda C=\cos\gamma \tag{5}$$

便把这方程化为所求的形式(2);$\lambda$ 叫作标准化因子.

根据§124 所说,(3)所代表的单位矢量 $\boldsymbol{v}$ 和平面(1)垂直. 完全和§96 同样,当 $D\neq 0$ 时,可证明单位矢量 $\boldsymbol{v}$ 是由坐标原点指向着这个平面,而 $p$ 是由原点到这个平面的距离.

### 习　题

1. 由原点到平面的垂线 $OK$ 之长等于 3;矢量 $\overrightarrow{OK}$ 和轴 $Ox$,轴 $Oy$ 分别组成角 $\alpha=60°$,$\beta=45°$,和轴 $Oz$ 组成锐角. 求平面方程的标准式(直角坐标).

解:先求矢量 $\overrightarrow{OK}$ 和轴 $Oz$ 所成的角 $\gamma$,由公式

$$\cos^2\alpha+\cos^2\beta+\cos^2\gamma=1$$

因为 $\cos\alpha=\frac{1}{2}$,$\cos\beta=\frac{\sqrt{2}}{2}$,得 $\cos\gamma=+\frac{1}{2}$(我们取 + 号,因为由假设,角 $\gamma$ 是锐角). 因此,所求的标准式方程为

$$\frac{1}{2}x+\frac{\sqrt{2}}{2}y+\frac{1}{2}z-3=0$$



2. 把平面方程 $x+3y+3z+1=0$ 化为标准式.

答:$\frac{x+3y+3z+1}{-\sqrt{19}}=0$.

## Ⅲ. 空间直线的方程系

**§132. 直线方程系的方向系数式. 参数表示式**　现在推求空间直线的方程系,所用的方法和§88 的方法相类似. 设 $\Delta$ 为已知直线. 若已知它的一点 $M_0(x_0,y_0,z_0)$,和与它平行的一个不等于 0 的矢量 $\boldsymbol{P}=(X,Y,Z)$,则这直线的位置便完全确定(图 105). 这个矢量叫作直线 $\Delta$ 的方向矢量. 要使点 $M(x,y,z)$ 落在直线 $\Delta$ 上,必须且只需矢量 $\overrightarrow{M_0M}=(x-x_0,y-y_0,z-z_0)$ 和矢量 $\boldsymbol{P}$ 平行,因此得(§37)

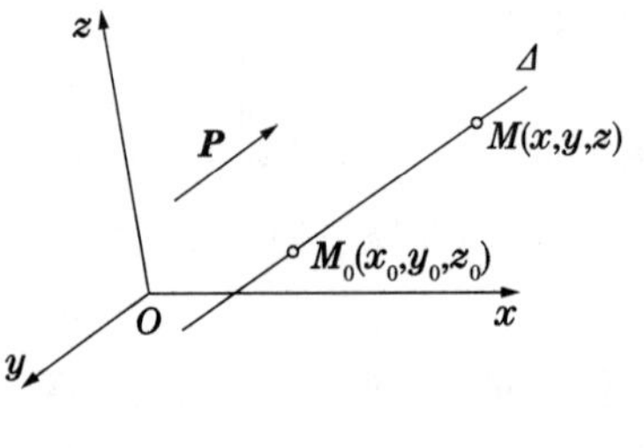


图 105

$$\frac{x-x_0}{X}=\frac{y-y_0}{Y}=\frac{z-z_0}{Z} \tag{1}$$

条件(1)是包括两个方程的系,例如,它们可以写成下式

$$\frac{x-x_0}{X}=\frac{z-z_0}{Z},\frac{y-y_0}{Y}=\frac{z-z_0}{Z} \tag{1a}$$

因为这些方程表示点$(x,y,z)$在已知直线上的必要且充分条件,故它们便是代表直线的方程系.

我们可见空间直线要用两个方程表示,这和上面所说空间曲线的分析表示(§120)当然是一致的. 直线的特征就是这两个方程都是一次方程.

数量$X,Y,Z$完全决定这条直线的方向;因此叫作这条直线的方向系数,和这些系数相应的方程(1)叫作方向系数式的方程系.

反过来说,任何方程系具有(1)的形式,式中$X,Y,Z$不同时为0,它们一起代表经过点$(x_0,y_0,z_0)$而平行于矢量$(X,Y,Z)$的直线.

因此矢量$\boldsymbol{P}$可用其他任何平行矢量代替,那么,数量$X,Y,Z$可用和它们成比例的任何数量代替. 由此推得,直线方向不依靠个别数量$X,Y,Z$,而是依靠它们的比值,例如下面两个比值(比较§88)

$$a=\frac{X}{Z},b=\frac{Y}{Z} \tag{2}$$

这些比值叫作已知直线的角系数(参看下节).

由方程(1)容易求得直线的参数表示. 为了这个目的,只需用$t$表示(1)的公比值,便得(比较§88)

$$x=x_0+Xt,y=y_0+Yt,z=z_0+Zt \tag{3}$$

参数$t$的几何意义和§88一样.

如果单位矢量$\boldsymbol{e}=(l,m,n)$代替任意长的矢量$\boldsymbol{P}$,可把方程(1)写成

$$\frac{x-x_0}{l}=\frac{y-y_0}{m}=\frac{z-z_0}{n} \tag{4}$$

数量$l,m,n$叫作直线$\Delta$的方向坐标,方程系(4)叫作方向坐标式的方程系.

和这相应的参数表示如下式

$$x=x_0+lt,y=y_0+mt,z=z_0+nt \tag{5}$$

在这情形,参数$t$代表动点$M(x,y,z)$到定点$M_0(x_0,y_0,z_0)$且带有符号的距离(比较§88).

**注**　如果已知直线$\Delta$的方向系数$X,Y,Z$,那么,用某个因子$k$乘数量$X,Y,Z$,使矢量$(kX,kY,kZ)$的长等于1,便可求得方向坐标$l,m,n$.

在直角坐标情形,则得

$$(kX)^2+(kY)^2+(kZ)^2=1$$

由此

$$k = \pm \frac{1}{\sqrt{X^2 + Y^2 + Z^2}}$$

又

$$\begin{cases} l = \pm \dfrac{X}{\sqrt{X^2 + Y^2 + Z^2}} \\ m = \pm \dfrac{Y}{\sqrt{X^2 + Y^2 + Z^2}} \\ n = \pm \dfrac{Z}{\sqrt{X^2 + Y^2 + Z^2}} \end{cases} \tag{6}$$

两歧符号①的意义是说:如 $l,m,n$ 为直线的方向坐标,那么, $-l$, $-m$, $-n$ 也是这条直线的方向坐标.

回忆我们所论的情形(直角坐标),$l,m,n$ 同时也是方向余弦,即

$$l = \cos\alpha, m = \cos\beta, n = \cos\gamma \tag{7}$$



这里 $\alpha,\beta,\gamma$ 代表单位矢量 $\boldsymbol{e} = (l,m,n)$ 和坐标轴所成的角. 单位矢量 $-\boldsymbol{e} = (-l, -m, -n)$ 和角 $\pi-\alpha,\pi-\beta,\pi-\gamma$ 相应.

关于直线 $\Delta$ 和坐标轴所成的角,我们可看为是单位矢量 $\boldsymbol{e}$ 和这些轴所成的角(即角 $\alpha,\beta,\gamma$),或看为是单位矢量 $-\boldsymbol{e}$ 和这些轴所成的角(即角 $\pi-\alpha,\pi-\beta,\pi-\gamma$),并无分别.

因此,已知直线的方程系(1),可用公式(6)求得它和各条坐标轴所组成的角.

## 习题和补充

1. 求直线的方程系,通过点(1,0,1),且和矢量 $\boldsymbol{P} = (3,2,1)$ 平行.

答:$\dfrac{x-1}{3} = \dfrac{y}{2} = z-1$.

2. 求直线的方程系,通过点(2,3,2),且和矢量(0,3,5)平行.

答:$\dfrac{x-2}{0} = \dfrac{y-3}{3} = \dfrac{z-2}{5}$,即 $x=2$,$\dfrac{y-3}{3} = \dfrac{z-2}{5}$.

3. 求一般直线的方程系,它们和平面 $xOy$ 平行.

---

① 要同时取上号,或同时取下号.

答：$\frac{x-x_0}{X}=\frac{y-y_0}{Y}=\frac{z-z_0}{0}$，即$\frac{x-x_0}{X}=\frac{y-y_0}{Y}$，$z=z_0$.

4. 求一般直线的方程系，它们和轴 $Oz$ 平行.

答：$\frac{x-x_0}{0}=\frac{y-y_0}{0}=\frac{z-z_0}{Z}$，即 $x=x_0$，$y=y_0$.

5. 求直线$\frac{x-1}{1}=\frac{y-5}{2}=\frac{z-8}{3}$和各条（直角）坐标轴所成的角.

答：$\cos\alpha=\pm\frac{1}{\sqrt{14}}$，$\cos\beta=\pm\frac{2}{\sqrt{14}}$，$\cos\gamma=\pm\frac{3}{\sqrt{14}}$.

**§133. 直线方程系的简化式**　设 $Z\neq 0$，前节方程（1a）可写成

$$x-x_0=a(z-z_0),\ y-y_0=b(z-z_0) \tag{1}$$

这里 $a,b$ 照前一样，代表常数

$$a=\frac{X}{Z},b=\frac{Y}{Z} \tag{2}$$

（1）又可写成

$$\begin{cases}x=az+p\\ y=bz+q\end{cases} \tag{3}$$



这里 $p,q$ 代表常数（即 $p=x_0-az_0$，$q=y_0-bz_0$）. 方程系（3）叫作直线方程系的简化式.

这两个方程的每一个，例如方程 $x=az+p$，就本身而论，代表一个平面（因为它是一次方程）. 因为直线 $\Delta$ 上点的坐标适合两个方程，故这条直线同时属于两个平面，即为它们的交线.

因第一个平面不含 $y$，第二个不含 $x$，所以，第一个平面和轴 $Oy$ 平行，第二个和轴 $Ox$ 平行，因此，方程系（3）里两个平面分别相当于两个投影平面，把所给直线投到平面 $zOx$ 和 $yOz$ 上去（分别和轴 $Oy$，$Ox$ 平行的投影）（图 106）.

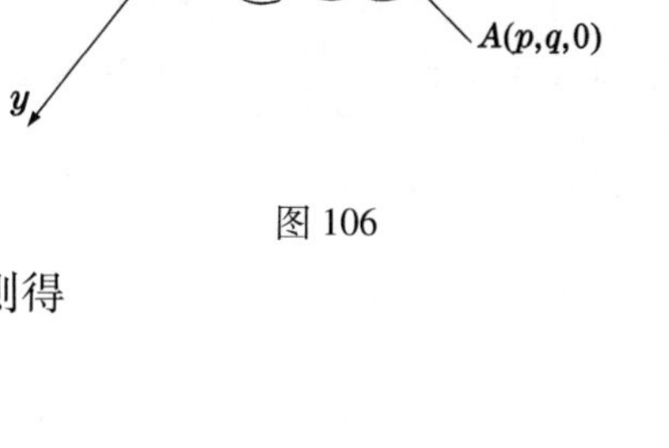

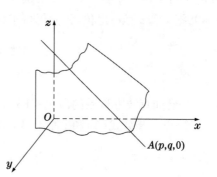

图 106

方程系（3）所含的系数 $a,b,p,q$ 有很简单的几何意义. $p$ 和 $q$ 不是别的，正是直线（3）在平面 $xOy$ 上的截痕的坐标. 因为欲求这截痕的坐标即直线（3）和平面 $xOy$ 交点 $A$ 的坐标，须在方程系（3）里令 $z=0$，则得

$$x=p,y=q$$

欲说明系数 $a,b$ 的几何意义,限于直角坐标情形来论,在这情形,用前节的记号

$$a=\frac{X}{Z}=\frac{l}{n},b=\frac{Y}{Z}=\frac{m}{n}$$

即

$$a=\frac{\cos\alpha}{\cos\gamma},b=\frac{\cos\beta}{\cos\gamma} \tag{4}$$

这里 $\alpha,\beta,\gamma$ 代表直线 $\Delta$ 和坐标轴所成的角. 注意:如把 $\alpha,\beta,\gamma$ 同时改为 $\pi-\alpha,\pi-\beta,\pi-\gamma$,数值 $a,b$ 仍不改变.

如果已知直线方程系的简化式(3),那么,总可把它们变为方向系数式;把方程系(3)写作下面的形式便是

$$\frac{x-p}{a}=\frac{y-q}{b}=\frac{z-0}{1} \tag{5}$$

由上式便知,方程系(3)总是代表直线,经过点$(p,q,0)$而具有方向系数 $a$, $b$,1(或和 $a,b$,1 成比例的任何三个数).



**注 1** 在特别的情况下,数量 $a,b$ 之中可能有一个或两个等于 0,例如,设 $a=0$直线方程化为 $x=p,y=bz+q$,那时这条直线在和平面 $yOz$ 平行的平面 $x=p$之上,即这条直线和平面 $yOz$ 平行. 又如 $a=b=0$,这条直线化为 $x=p,y=q$ 的形式,那时它和轴 $Oz$ 平行.

**注 2** 我们求方程系(3)时,暂设 $Z\neq0$,如果 $Z=0$,那么,最低限度有一个数量 $X$ 或 $Y$ 不等于 0(因为根据条件,三个数量 $X,Y,Z$ 不能都变为 0). 设有 $X\neq0$,把 $x$ 和 $z$ 互易地位,我们仍可求得简化式.

## 习题和补充

(直角坐标)

1. 已知直线方程系的简化式(3),求这条直线和各条坐标轴的夹角.

答:由本节公式(5)和前节公式(6)推得

$$\cos\alpha=\pm\frac{a}{\sqrt{a^2+b^2+1}},\cos\beta=\pm\frac{b}{\sqrt{a^2+b^2+1}},\cos\gamma=\pm\frac{1}{\sqrt{a^2+b^2+1}}$$

2. 已知直线方程 $x=z+2,y=-2z+3$,求它和轴 $Oz$ 所成的锐角.

答:$\cos\gamma=+\frac{1}{\sqrt{6}}$.

**§134. 两条直线平行和叠合的条件**　已知两条直线的方程系

$$\frac{x-x_1}{X_1}=\frac{y-y_1}{Y_1}=\frac{z-z_1}{Z_1}\text{和}\frac{x-x_2}{X_2}=\frac{y-y_2}{Y_2}=\frac{z-z_2}{Z_2} \tag{1}$$

由方向系数的定义,推得这两条直线平行的必要且充分条件,为方向矢量$(X_1, Y_1, Z_1)$和$(X_2, Y_2, Z_2)$平行,即

$$\frac{X_2}{X_1}=\frac{Y_2}{Y_1}=\frac{Z_2}{Z_1} \tag{2}$$

这个等式表示两条直线(1)的平行条件.

如果已知直线方程系的简化式

$$\begin{cases}x=a_1z+p_1\\y=b_1z+q_1\end{cases}\text{和}\begin{cases}x=a_2z+p_2\\y=b_2z+q_2\end{cases} \tag{3}$$

那么,把这些方程写成前节方程(5)的形式,又应用条件(2),则平行条件为等式

$$a_1=a_2, b_1=b_2 \tag{4}$$

根据系数$p, q$的几何意义(参看前节),我们显见两条直线叠合的必要且充分条件为

$$a_1=a_2, b_1=b_2, p_1=p_2, q_1=q_2 \tag{5}$$

**§135. 直线方程系的一般式**　直线方程系的简化式

$$\begin{cases}x=az+p\\y=bz+q\end{cases} \tag{1}$$

把这条直线作为两个平面的交线. 这两个平面:$x-az-p=0$与$y-bz-q=0$,分别和轴$Oy, Ox$平行. 当然,任何两个相交于已知直线的平面(只要不相叠合)都可用来做直线的分析表示. 设

$$\begin{cases}A_1x+B_1y+C_1z+D_1=0\\A_2x+B_2y+C_2z+D_2=0\end{cases} \tag{2}$$

为这两个平面的方程,这两个方程的集合代表已知直线的一般式方程系.

反过来说,两个方程(2)总是代表一条直线,假如这两个方程所代表的两个平面不相平行(也不叠合),这是很明显的,因为我们知道方程系(2)代表这两个平面的交线,它是一条直线.

方程系(2)显然可用无穷多种和它同价的系来替代. 即是说,我们可用相交于已知直线的任何两个平面来替代原来两个平面,特别是,方程系(2)总可写成简化式(1)(或类似的形式,用$z$来代替$x$或$y$的地位). 欲得这个形式,解方程系(2)求变数$x, y, z$中的任何两个便成. 这是我们总可做到的事,证明

如下:

首先注意各个行列式[①]

$$B_1C_2-B_2C_1,C_1A_2-C_2A_1,A_1B_2-A_2B_1 \tag{3}$$

它们中最低限度有一个不等于0,因为如果这三个数量都等于0,则得

$$\frac{A_1}{A_2}=\frac{B_1}{B_2}=\frac{C_1}{C_2}$$

而方程系(1)所表示的两个平面,互相平行,与条件不符.

为确定起见设(3)里的第三个数量不等于0,即

$$A_1B_2-A_2B_1\neq 0 \tag{4}$$

由此解系(2),求变数 $x,y$,则得方程如(1)的形式.

因此,欲由一般式求得简化式,只要解一般式的方程,求其中的两个变数.

再进一步,方程系的简化式,总可立即化为方向系数式(参看前节).

**注** 如果方程(2)所代表的平面是平行的,我们为方便计,有时也说,这些平面相交于一条直线,但这条直线为无穷远直线或假直线.



## 习 题

1. 已知直线方程系的一般式

$$\begin{cases}x+y+z+5=0\\2x-y-2z+1=0\end{cases}$$

求这方程系的简化式和方向系数式.

答:简化式 $x=\frac{1}{3}z-2,y=-\frac{4}{3}z-3$,方向系数式有如

$$\frac{x+2}{\frac{1}{3}}=\frac{y+3}{-\frac{4}{3}}=\frac{z}{1} \text{即} \frac{x+2}{1}=\frac{y+3}{-4}=\frac{z}{3}$$

2. 照前一样做,已知直线

$$\begin{cases}x+2y+z=0\\2x+4y-z+6=0\end{cases}$$

答:简化式(解这系求 $x$ 和 $z$)$x=-2y-2,z=2$,方向系数式有如

---

① 这是用下表来组成的行列式

$$\begin{matrix}A_1 & B_1 & C_1\\A_2 & B_2 & C_2\end{matrix}$$

$$\frac{x+2}{-2}=\frac{y}{1}=\frac{z-2}{0}$$

3. 已知直线的直角坐标方程

$$\begin{cases}4x+3y-2z+5=0\\4x+4y-z+2=0\end{cases}$$

求它和坐标轴所成的角.

解:这个直线方程系的简化式为

$$x=\frac{5}{4}z-\frac{7}{2},y=-z+3$$

故,方向系数为$(\frac{5}{4},-1,1)$即$(5,-4,4)$,由此得

$$\cos\alpha=\pm\frac{5}{\sqrt{57}},\cos\beta=\mp\frac{4}{\sqrt{57}},\cos\gamma=\pm\frac{4}{\sqrt{57}}$$

# Ⅳ.关于直线和平面的主要问题



现在要解决一连串关于空间直线和平面的分析表示的主要问题,我们本可像解决平面上直线的问题时一样,先列举一些准备事项,但为避免重复,不再赘述.

在下文常用术语"已知平面""已知直线""求平面"等,所指的当然是"已知平面的方程"等等.

**§136. 问题1. 求两个平面的交线**　已知两个平面的方程

$$A_1x+B_1y+C_1z+D_1=0 \tag{1}$$

$$A_2x+B_2y+C_2z+D_2=0 \tag{2}$$

这两个平面或相交(有公共直线),或平行(有公共无穷远直线),或叠合(所有的点都是公共的).

在§130我们已能确定这两个平面是相交的,还是平行或叠合的. 在第一种情形(当两平面的交线在有穷远处时),这条直线便用方程系(1),(2)来决定. 如需要时,我们可把这个方程系变成简化式或方向系数式(参看前节).

**§137. 问题2. 求三个平面的交点**　已知三个平面的方程

$$\begin{cases}A_1x+B_1y+C_1z+D_1=0\\A_2x+B_2y+C_2z+D_2=0\\A_3x+B_3y+C_3z+D_3=0\end{cases} \tag{1}$$

它们的交点的坐标,应当同时适合这三个一次方程.

当行列式

$$\Delta=\begin{vmatrix}A_1 & B_1 & C_1\\ A_2 & B_2 & C_2\\ A_3 & B_3 & C_3\end{vmatrix}$$

不等于0时,方程系(1)有一个,且只有一个确定的解答;在这情形且只在这情形,三个平面(1)相交于一个确定的点(在有穷远处),我们只把从熟知的平面性质直接推出的几点写在下面,至于其余可能的各情形[①]留给读者去作简单的代数分析.

除了上面所述,当$\Delta\neq0$,即当有一个交点存在的情形之外,还有下列的情形(在所有这些情形$\Delta=0$):

(1)所给的三个平面可能没有公共点,即是:它们也许组成三棱柱面(三个平面不相交于一直线,但和同一直线平行)或是三个互相平行而不叠合的平面.在这情形(且只在这情形),方程系(1)不相容.



(2)所给的三个平面,交于同一直线或叠合为一个平面.那时(且只当那时)方程系(1)可有无穷多个解答.

在解方程系(1)时,总可找出我们所遇到的是上列情形中的哪一种.

### 习　题

1. 求三个平面的交点

$$x+y-z=0,2x-y+z-3=0,x-y-2z+1=0$$

答:点(1,0,1).

2. 求三个平面的交点

$$x+2y+3z-1=0,x+y+z+1=0,2x+3y+4z=0$$

答:第三个方程,可由前面两个推得(由前两个相加得来),因此,第三个方程可以省去.余下只要适合第一和第二个方程.这两个方程决定一条直线

$$\begin{cases}x+2y+3z-1=0\\ x+y+z+1=0\end{cases}$$

那便是三个平面的交线.

3. 求三个平面的交点

① 在后面(§168),我们将用齐次坐标完满地解决这个问题.

$$x+2y+3z-1=0,x+y+z+1=0,2x+3y+4z+5=0$$

答:把第一第二两个方程相加,再由所得的方程减去第三个方程则得 $-5=0$,这是不可能的等式,因此,所给的三个平面不相交(相交于无穷远点)我们容易验明,这些平面两两不相平行,因此它们组成三棱柱面.

**§138. 问题3. 求笛氏坐标系的变换公式,已知新坐标平面的方程**　设已知新坐标平面的方程为前节的式(1)(而且第一个方程表平面 $y'O'z'$,第二个表平面 $z'O'x'$,第三个表平面 $x'O'y'$),那么,所求的变换公式为(比较§99)

$$\begin{cases}x'=k_1(A_1x+B_1y+C_1z+D_1)\\y'=k_2(A_2x+B_2y+C_2z+D_2)\\z'=k_3(A_3x+B_3y+C_3z+D_3)\end{cases}\tag{1}$$

这里 $k_1,k_2,k_3$ 是常数. 如果对于新坐标矢量的正向和长没有成见,这些常数可以任意选定(它们当然都不是0),最后我们还须假设这些所给的平面相交于一点,即 $\Delta\neq0$. 公式(1)的证明和§99的公式的证法,完全相仿.

**§139. 问题4. 求平面和直线的交点**　设已知直线和平面的方程都为一般式(例如直线用§137方程系(1)的第一、第二两个方程表示,平面用同系的第三个方程表示). 那么,我们所得的问题,在§137已经解决.



解法可能有较简单的形式,例如:已知直线的参数表示,设

$$x=x_0+Xt,y=y_0+Yt,z=z_0+Zt\tag{1}$$

为已知直线的参数表示,又设

$$Ax+By+Cz+D=0\tag{2}$$

为已知平面的方程,把式(1)代入式(2)得

$$(AX+BY+CZ)t+Ax_0+By_0+Cz_0+D=0\tag{3}$$

如果 $t$ 的系数不等于0,则由(3)可求得 $t$ 的完全确定数值把这数值代入(1),便得交点的坐标 $x,y,z$.

但如果

$$AX+BY+CZ=0\tag{4}$$

而那时方程(3)的常数项 $Ax_0+By_0+Cz_0+D$ 不等于0,则它们没有交点(有时也说它们相交于无穷远点),此时,直线和平面平行.

最后,如果除了式(4)成立之外,还有

$$Ax_0+By_0+Cz_0+D=0\tag{5}$$

那时方程(3)化为恒等式 $0=0$,因此对于所有的 $t$ 值都适合,故直线不只是和平面平行,而且是在平面上.

如果已知直线方程系的方向系数式

$$\frac{x-x_0}{X}=\frac{y-y_0}{Y}=\frac{z-z_0}{Z} \tag{1a}$$

我们也得同样的结果.

注意等式(4)表示直线(1),也即是直线(1a)和平面(2)平行的条件.

方程(4)和(5)的集合,表示直线在平面上的条件.

我们也可以说:方程(4)是平面(2)和矢量$(X,Y,Z)$平行的条件.

如果直线方程用简化式表示

$$x=az+p, y=bz+q \tag{6}$$

那么,把它改为下式

$$\frac{x-p}{a}=\frac{y-q}{b}=\frac{z-0}{1}$$

便知直线和平面平行的条件为

$$Aa+Bb+C=0 \tag{4a}$$

而直线在平面上的条件为(4a)和下面的等式



$$Ap+Bq+D=0 \tag{5a}$$

## 习 题

1. 求直线 $x=3z+1, y=z-2$ 和平面 $4x+y-11z+2=0$ 的交点.

答:$(-5, -4, -2)$.

2. 用 $k$ 取什么数值,可使直线 $x=kz+2, y=2kz+4$ 和平面 $x+y+z=0$ 平行?

答:$k=-\frac{1}{3}$.

**§140. 问题 5. 求:**

**1°已知曲面和已知平面的交线;**

**2°已知曲面和已知直线的交点;**

**3°已知曲线和已知平面的交点.**

1°曲面

$$\Phi(x,y,z)=0 \tag{1}$$

和平面

$$Ax+By+Cz+D=0 \tag{2}$$

相交于平曲线,它的方程系为(1)和(2),如果曲面(1)为 $n$ 级代数曲面,那么,平面和它相交的代数曲线，不超过 $n$ 级，否则全个平面在曲面之上，组成它的一部分，欲加说明，先讨论曲面(1)和平面 $xOy$(即平面 $z=0$)的交线，这条交线在平面 $xOy$ 上的方程为

$$\Phi(x,y,0)=0$$

显然地，只要这式不化为恒等式，它就是一个不超过 $n$ 级的代数曲线的方程，如果 $\Phi(x,y,0)=0$ 为恒等式，那么，多项式[①] $\Phi(x,y,0)$ 的各项都含有 $z$，即 $\Phi(x,y,z)=z\cdot\Phi_1(x,y,z)$，这里 $\Phi_1$ 为 $(n-1)$ 级多项式，因而在这情形，方程(1)分解为两部分：$z=0$ 和 $\Phi_1(x,y,z)=0$. 欲求曲面(1)和任意平面(2)的交线，只需取平面(2)作为新坐标平面 $xOy$ 便成. 根据刚才所说的，仍得同一的结果，并且，由这讨论，如果全个平面(2)组成曲面(1)的一部分，将有

$$\Phi(x,y,z)=(Ax+By+Cz+D)\Phi_1(x,y,z)$$

这里 $\Phi_1$ 为 $(n-1)$ 次多项式而曲面(1)分解为两部分：平面(2)和 $(n-1)$ 级曲面 $\Phi_1(x,y,z)=0$.

注意：引进某些一般的概念[②]可以断定这条交线总是 $n$ 级的(如果把可分解的情形作为例外). 这样，上面的结果便不会在空间代数曲线的级的一般定义[③]相矛盾，空间代数曲线的级，等于相交在这条曲线上的两个曲面的级的乘积. 

2°现在讨论曲面(1)和直线的交点，这条直线的参数表示为

$$x=x_0+Xt,y=y_0+Yt,z=z_0+Zt \tag{3}$$

和交点相应的参数 $t$ 的数值，由下面方程决定

$$\Phi(x_0+Xt,y_0+Yt,z_0+Zt)=0 \tag{4}$$

如果曲面(1)是 $n$ 级代数曲面，那么，方程(4)是 $n$ 次的或低于 $n$ 次的；它也可化为恒等式. 因此，如果把直线全部在曲面上的情形作为例外，那么，它们相交不会多于 $n$ 点. 比较 §100.

由熟知的推广方法[④]我们可作断定：如果直线不在曲面上，它和曲面的交点数目总是等于 $n$. 这样，代数曲面的级可以规定为任何直线和这曲面相交的点数，假定这条直线不是全在曲面上.

3°最后讨论空间曲线和平面的交点，已知曲线的方程系

---

① 比较 §100 里相类似的讨论.

② 参看下面 §174.

③ 参看 §120.

④ 参看下面 §174.

$$\Phi(x,y,z)=0, \Psi(x,y,z)=0 \qquad (5)$$

因为任何平面都可取作平面 $xOy$，不妨碍于普遍性，我们只论曲线和平面 $xOy$ 的交点

把 $z=0$ 代入方程系(5)，则得系

$$\Phi(x,y,0)=0, \Psi(x,y,0)=0 \qquad (6)$$

这些方程分别代表两个曲面(5)和平面 $xOy$ 的交线. 这两条曲线的交点就是曲线(5)和平面 $xOy$ 的交点，如果两个曲面(5)为 $m$ 级和 $n$ 级的代数曲面，那么，两条曲线(6)为 $m$ 级和 $n$ 级或较低级的代数曲线，当方程(6)中有一个化为恒等式，即当全个平面 $xOy$ 属于一个曲面(5)时，我们把它作为例外情形. 因此，曲线(5)和平面相交的点数等于 $m\cdot n$(即是这条曲线的级)或少于此数，但当两条曲线(6)有公共部分的情形，也作为例外.

在引进熟知的一般概念之后，我们可以断定平面和代数曲线相交的点数，总是等于它的级，如果把交点组成无穷集合的情形作为例外.

**习题和补充**



1. 一点对于球面的幂的定义，和圆幂的定义相仿(参看 §100 习题 2)，已知球面方程为

$$x^2+y^2+z^2+2Ax+2By+2Cz+D=0$$

求证点 $M_0(x_0,y_0,z_0)$ 对于这个球面的幂 $k$ 等于在这方程的左边用 $x_0,y_0,z_0$ 替代 $x,y,z$ 所得的结果.

2. 求证对于两球面有相同的幂的点的轨迹，为一个平面，这个平面叫作已知两球面的根面(比较 §100 习题 3).

**§141. 问题 6. 求已知平面或已知直线所成的角**(设用直角坐标)　所谓两直线 $\Delta_1$ 和 $\Delta_2$ 所成的角 $\widehat{\Delta_1,\Delta_2}$，我们指由一点引它们的平行线，所成两个邻角(即互为补角)中的任一个，这个角等于这两直线的方向矢量 $\boldsymbol{P}_1,\boldsymbol{P}_2$ 所成的角 $\vartheta$，或等于 $\vartheta$ 的补角.

所谓两个平面 $\Pi_1$ 和 $\Pi_2$ 所成的角 $\widehat{\Pi_1,\Pi_2}$ 是指它们所成的两个二面角中的任一个，这个角等于这两个平面的方向矢量[①] $\boldsymbol{Q}_1,\boldsymbol{Q}_2$ 所成的角 $\vartheta$(图 107)或等于 $\vartheta$ 的补角.

最后，所谓直线 $\Delta$ 和平面 $\Pi$ 所成的角 $\widehat{\Delta,\Pi}$，是指直线 $\Delta$ 和它在平面 $\pi$ 上

① 即是垂直于已知平面的矢量.

的直角投影所成的两个互补邻角中的任一个. 这个角和直线与平面的方向矢量 **P**,**Q** 所成的角 $\vartheta$,如果不计 $\pi$ 的倍数的差额,有如下的关系(图 108)

$$\widehat{\Delta,\Pi}=\frac{\pi}{2}\pm\vartheta$$

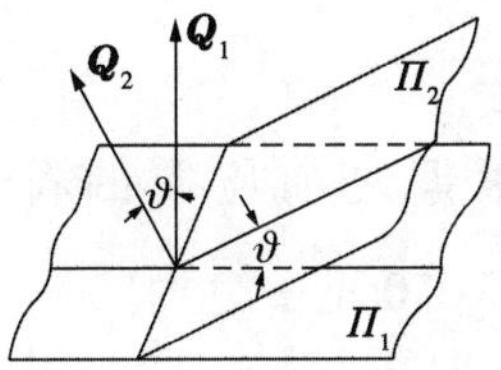


图 107

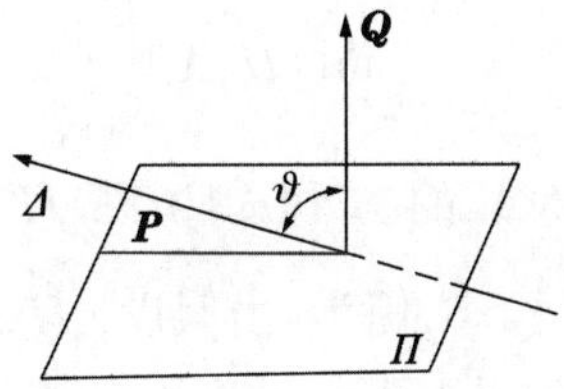


图 108

现设已知直线的方程系为

$$\frac{x-x_0}{X}=\frac{y-y_0}{Y}=\frac{z-z_0}{Z} \tag{1}$$

它的方向矢量为 $\boldsymbol{P}=(X,Y,Z)$(或一切和它平行的矢量),又平面

$$Ax+By+Cz+D=0 \tag{2}$$

的方向矢量为 $\boldsymbol{Q}=(A,B,C)$(或一切和它平行的矢量). 那么,已知平面和直线的方程,求它们的夹角的问题,立刻化为两个矢量夹角的问题,这是我们已经在 §45 解决了的. 应用那节的公式,立得结果如下:

1°两条直线 $\Delta_1,\Delta_2$ 所成的角,若已知方程为

$$\begin{cases}\dfrac{x-x_1}{X_1}=\dfrac{y-y_1}{Y_1}=\dfrac{z-z_1}{Z_1}\\[2ex]\dfrac{x-x_2}{X_2}=\dfrac{y-y_2}{Y_2}=\dfrac{z-z_2}{Z_2}\end{cases} \tag{3}$$

则得公式

$$\cos(\widehat{\Delta_1,\Delta_2})=\pm\frac{X_1X_2+Y_1Y_2+Z_1Z_2}{\sqrt{X_1^2+Y_1^2+Z_1^2}\sqrt{X_2^2+Y_2^2+Z_2^2}} \tag{4}$$

(取两歧符号,因为 $\widehat{\Delta_1,\Delta_2}$ 等于 $\vartheta$ 或 $\pi-\vartheta$,这里 $\vartheta$ 是两直线的方向矢量所成的角).

2°两个平面 $\Pi_1,\Pi_2$ 所成的角,若已知方程为

$$A_1x+B_1y+C_1z+D_1=0,A_2x+B_2y+C_2z+D_2=0 \tag{5}$$

则得公式

$$\cos(\widehat{\Pi_1,\Pi_2}) = \pm\frac{A_1A_2+B_1B_2+C_1C_2}{\sqrt{A_1^2+B_1^2+C_1^2}\sqrt{A_2^2+B_2^2+C_2^2}} \tag{6}$$

(取两歧符号,理由同上文).

3°直线 $\Delta$ 和平面 $\Pi$ 所成的角,得公式

$$\sin(\widehat{\Pi,\Delta}) = \pm\frac{AX+BY+CZ}{\sqrt{A^2+B^2+C^2}\sqrt{X^2+Y^2+Z^2}} \tag{7}$$

这里已知 $\Delta$ 的方程(1)和 $\Pi$ 的方程(2). 根据之前应取的符号,使 $\sin(\widehat{\Pi,\Delta})\geqslant 0$,因为,由假设, $\widehat{\Pi,\Delta}$ 的两个数值,都在 0 至 $\pi$ 之内.

**注** 如果上面所讨论的直线有一条或两条的方程系为简化式

$$x=az+p, y=bz+q$$

那么,只要取矢量$(a,b,1)$做这条直线的方向矢量,便得相应的公式,因为在这情形

$$X=a, Y=b, Z=1$$

应用§56 的公式,我们容易把本节的公式,推广到广义笛氏坐标的情形.只是不要忘记 $A,B,C$ 是垂直于平面(2)的矢量 $\boldsymbol{Q}$ 的协变坐标.



### 习 题

1. 求直线 $x=2z+1, y=-z+5$ 和平面 $x-3y+z-5=0$ 所成的角 $\theta$.

答:$\sin\theta=\frac{\sqrt{66}}{11}$.

2. 求两个平面 $x+y+z+2=0$ 和 $x-y+z+4=0$ 所成的角 $\theta$.

答:$\cos\theta=\pm\frac{1}{3}$.

3. 求两条直线 $x=5z+1, y=2$ 和 $x=z+3, y=4z-3$ 所成的角 $\theta$.

答:$\cos\theta=\pm\frac{1}{\sqrt{13}}$.

**§142. 问题 7. 求已知直线和已知平面的垂直条件**(设用直角坐标系) 应用前节的公式,或曾经熟识的两个矢量垂直或平行的条件,沿用前节记号,立即可得:

1. 两条直线 $\Delta_1$ 和 $\Delta_2$ 互相垂直的条件

$$X_1X_2+Y_1Y_2+Z_1Z_2=0 \tag{1}$$

2. 两个平面 $\Pi_1$ 和 $\Pi_2$ 互相垂直的条件

$$A_1A_2+B_1B_2+C_1C_2=0 \tag{2}$$

3. 直线 $\Delta$ 和平面 $\Pi$ 互相垂直的条件

$$\frac{A}{X}=\frac{B}{Y}=\frac{C}{Z} \tag{3}$$

为了便于比较,我们把平行条件再行提出,这是我们早已推得,而且也适用于广义笛氏坐标的:

两直线平行

$$\frac{X_2}{X_1}=\frac{Y_2}{Y_1}=\frac{Z_2}{Z_1} \tag{1a}$$

两平面平行

$$\frac{A_1}{A_2}=\frac{B_1}{B_2}=\frac{C_1}{C_2} \tag{2a}$$

直线和平面平行

$$AX+BY+CZ=0 \tag{3a}$$

应用两个矢量平行和垂直的条件,也容易推得这些公式(1a)~(3a). 留意这些条件在形式上的区别:直线和平面间的条件与两条直线间或两个平面间的条件是不相同的.



**§143. 问题 8. 求已知点到已知平面的距离** 这问题的解法和§103 的问题相仿.

完全仿照§103 的讨论,可以证明:如果已知平面在直角坐标的标准式为

$$x\cos\alpha+y\cos\beta+z\cos\gamma-p=0$$

那么,由点 $M(x_1,y_1,z_1)$ 到这平面的距离 $h$ 的公式为

$$h=x_1\cos\alpha+y_1\cos\beta+z_1\cos\gamma-p \tag{1}$$

即 $h$ 是把已知点的坐标代入平面方程的标准式的左边所得的结果.

如果已知平面方程的一般式

$$Ax+By+Cz+D=0 \tag{2}$$

则

$$h=\lambda(Ax_1+By_1+Cz_1+D) \tag{3}$$

式中 $\lambda$ 为标准化因式

$$\lambda=\frac{1}{\pm\sqrt{A^2+B^2+C^2}} \tag{4}$$

在广义笛氏坐标的情形,结果(3)仍然适用,只是常数 $\lambda$ 是用比(4)较为繁复的公式来表示

公式(1)和(3)给予距离 $h$ 以一定的符号,如 §103 一样,我们只需留意,在平面不同侧的两点,$h$ 取得不同的符号.

## 习　题

(用直角坐标)

1. 求点(2,3,1)到平面 $3x+2y+z+5=0$ 的距离.

答:$h=-\dfrac{18}{\sqrt{14}}$.

2. 求下列两个平行平面的距离

$$2x+3y+2z-3=0 \quad 和 \quad 4x+6y+4z-1=0$$

(提示:在其中一个平面上任取一点,求这点到其他一个平面的距离)

答:$\dfrac{5\sqrt{17}}{34}$.

**§144. 问题 9. 求联结两已知点的线段被已知平面所分割的比值**　设 $M_1(x_1,y_1,z_1)$ 和 $M_2(x_2,y_2,z_2)$ 为已知两点,而



$$Ax+By+Cz+D=0$$

为已知平面的方程,那么,依照 §104 一样讨论,可得公式

$$k=\frac{M_1M}{MM_2}=-\frac{Ax_1+By_1+Cz_1+D}{Ax_2+By_2+Cz_2+D} \tag{1}$$

这里 $M$ 表示已知平面和点 $M_1$,$M_2$ 的连线的交点.

**§145. 决定平面和直线在空间的位置所需的独立常数的数目**　我们即将根据一定的条件求直线或平面在空间的位置. 在未解决这些问题之前,仿照 §105 先作同样的证明

平面的方程

$$Ax+By+Cz+D=0 \tag{1}$$

可以写成

$$z=ax+by+c \tag{2}$$

这里令

$$a=-\frac{A}{C},b=-\frac{B}{C},c=-\frac{D}{C} \tag{3}$$

(假设 $C\neq 0$;如果 $C=0$,那么,我们可以解方程(1)求 $x$ 或 $y$).

因此,欲写出平面方程,只要知道三个数量 $a,b,c$ 便够. 按照这样来说,平面的位置依赖于三个独立常数[在方程(2),这些常数为 $a,b,c$].

平面方程的一般式(1)和这原则并不冲突,因为在这个式里起实际作用的不是四个系数 $A,B,C,D$ 本身,而是其中三个和第四个的比值,这是显而易见的,如果把方程(1)里各个系数换为和它们成比例的数量,则所得的方程仍表示同一个平面(比较§105).

空间直线的位置,为四个独立常数所决定,这可见于直线方程系的简化式

$$x=az+p,y=bz+q \tag{4}$$

根据这些常数 $a,b,p,q$ 的几何意义,显然这四个常数,都是基本的,因为改变其中任何一个常数,直线的位置便改变.

关于方向系数式的方程

$$\frac{x-x_0}{X}=\frac{y-y_0}{Y}=\frac{z-z_0}{Z}$$

式中的常数 $x_0,y_0,z_0,X,Y,Z$,则不能作同样的讨论.事实上,如果把点($x_0,y_0,z_0$)改为直线上其他任何一点,例如用这条直线和平面 $xOy$ 的交点($p,q,0$),那么,经过代替之后所得的方程,依然不改变直线的位置.此外,还有 $X,Y,Z$ 的数量,也可改用和它们成比例的数量,例如$\frac{X}{Z},\frac{Y}{Z}$,1 来代替.



结果仍然只有四个数量 $p,q,a,b\left(这里 a=\frac{X}{Z},b=\frac{Y}{Z}\right)$,这四个数量给定后,直线便完全决定.

由上文显然可知,欲决定平面的位置,就一般地说,需要三个条件;欲决定空间直线的位置,需要四个条件①.

**§146.线把和面把.面束**　经过已知点 $M_0(x_0,y_0,z_0)$的空间直线的集合,叫作线把.在同一平面上线把内的直线组成线束(§106).点 $M_0$ 叫作把的中心.

以点 $M_0(x_0,y_0,z_0)$为中心的线把内任何直线,它的方程显然可以写作下式

$$\frac{x-x_0}{X}=\frac{y-y_0}{Y}=\frac{z-z_0}{Z} \tag{1}$$

式中 $X,Y,Z$ 为直线的方向系数.给予 $X,Y,Z$ 各种不同的数值(不同时等于0的),我们取得任何方向的直线(1),即线把内的任何直线.

---

①　参看§105,注脚.注意:在各种要求中,要使空间直线经过已知点 $x_0,y_0,z_0$,这种要求是用两个条件来表示

$$x_0=az_0+p,y_0=bz_0+q$$

方程(1)也可写成下式(当 $Z\neq0$)

$$\begin{cases}x-x_0=a(z-z_0)\\y-y_0=b(z-z_0)\end{cases}\tag{1a}$$

这里 $a=\dfrac{X}{Z}, b=\dfrac{Y}{Z}$. 因此,直线在线把内的位置,依赖于两个独立常数.

回忆(§106)直线在线束内的位置,依赖于一个常数.

经过已知点 $M_0(x_0,y_0,z_0)$ 的所有平面的集合,叫作面把,点 $M_0$ 叫作面把的中心.

现在求面把内各个平面方程的一般式.

欲使平面

$$Ax+By+Cz+D=0\tag{2}$$

经过点 $M_0$,必须且只需使这点的坐标适合方程(2),即使

$$Ax_0+By_0+Cz_0+D=0$$

这是四个未定系数 $A,B,C,D$ 间唯一的关系,这关系可以写作



$$D=-Ax_0-By_0-Cz_0$$

把 $D$ 的值代入式(2),便得到适合于这个问题的条件的一个方程

$$A(x-x_0)+B(y-y_0)+C(z-z_0)=0\tag{3}$$

在方程(3)里,给系数 $A,B,C$ 以各种不同的数值,即得经过点 $M_0$ 的各个不同的平面.

面把内每个平面的位置,被方程(3)的系数 $A,B,C$ 的数值所决定,但在实际上起作用的,不是这些系数本身,而是它们的比值. 这可另加说明,例如解方程(3)求 $z-z_0$ 得

$$z-z_0=a(x-x_0)+b(y-y_0)$$

这里令

$$a=-\frac{A}{C}, b=-\frac{B}{C}$$

因此,在已知中心的面把内,每个平面的位置,为两个常数所完全决定,这和线把内每条直线的位置情形相同.

经过已知直线 $\Delta$ 的所有平面的集合,叫作面束,这条直线 $\Delta$ 叫作面束的轴.

试求面束内平面方程的一般式.

设

$$\begin{cases}A_1x+B_1y+C_1z+D_1=0\\A_2x+B_2y+C_2z+D_2=0\end{cases}\tag{4}$$

为直线Δ(即束轴)的方程. 上列方程中每一个,就它个别来说,表示一个平面. 用 $\Pi_1$ 和 $\Pi_2$ 表示这两个平面. 直线Δ为平面 $\Pi_1,\Pi_2$ 的交线,因而 $\Pi_1,\Pi_2$ 也属于面束.

因此,我们的问题便成为:求经过两个已知平面的交线的各平面的一般式方程. 这样说法,和 §111 所论的问题,完全相仿.

构成方程

$$l_1(A_1x+B_1y+C_1z+D_1)+l_2(A_2x+B_2y+C_2z+D_2)=0\tag{5}$$

这里 $l_1$ 和 $l_2$ 是不同时为 0 的任意常数. 方程(5)可写作

$$(l_1A_1+l_2A_2)x+(l_1B_1+l_2B_2)y+(l_1C_1+l_2C_2)z+l_1D_1+l_2D_2=0$$

这是平面的方程,因为它是一次的.

这个平面适合问题的条件,即经过平面 $\Pi_1$ 和 $\Pi_2$ 的交线. 事实上,这两个平面的交线上任一点的坐标,同时适合(4)的两个方程,因此把方程(5)左边两个括号内的式都化为 0,因而左边全部为 0. 所以,平面 $\Pi_1$ 和 $\Pi_2$ 的任何交点都在平面(5)上,这就是所要求证明的.



为简明起见,用记号

$$F_1(x,y,z)=A_1x+B_1y+C_1z+D_1$$
$$F_2(x,y,z)=A_2x+B_2y+C_2z+D_2$$

由此,方程(5)可以写作

$$l_1F_1(x,y,z)+l_2F_2(x,y,z)=0\tag{6}$$

给予数量 $l_1$ 和 $l_2$ 各种不同数值,我们就得到经过直线(4)的各个不同的平面,用这样的方法就可取得所有这些平面,关于这一点,要在解决 §152 的问题时,才会明白.

两个常数 $l_1$ 和 $l_2$,可以改为一个常数

$$k=\frac{l_2}{l_1}$$

而将方程(6)改作下式

$$F_1(x,y,z)+kF_2(x,y,z)=0\tag{7}$$

我们可见平面在面束里的位置,依赖于一个常数(正如平面上线束的情形一样).

如果平面的方程 $F_1(x,y,z)=0$ 和 $F_2(x,y,z)=0$ 取标准式,那么,常数 $k$ 有很简单的意义,留给读者自行解释(比较 §115).

我们易见,如果平面 $F_1(x,y,z)=0$ 和 $F_2(x,y,z)=0$ 平行,那么,方程(6)或(7)所表示的一切平面都平行. 在这情形,我们仍可说是一个面束,它的轴在无穷远("假轴").

完全和§113 相仿,我们容易证明[①]三个平面

$$F_1(x,y,z)=0,F_2(x,y,z)=0,F_3(x,y,z)=0 \tag{8}$$

属于同一面束的必要且充分条件如下:有三个不同时为 0 的数 $l_1,l_2,l_3$ 存在,使下面的恒等式成立(即对于一切的 $x,y,z$ 都适合)

$$l_1F_1(x,y,z)+l_2F_2(x,y,z)+l_3F_3(x,y,z)=0 \tag{9}$$

同理,四个平面

$$\begin{cases}F_1(x,y,z)=A_1x+B_1y+C_1z+D_1=0\\F_2(x,y,z)=A_2x+B_2y+C_2z+D_2=0\\F_3(x,y,z)=A_3x+B_3y+C_3z+D_3=0\\F_4(x,y,z)=A_4x+B_4y+C_4z+D_4=0\end{cases} \tag{10}$$

属于同一面把(即有一个公共交点[②])的必要且充分条件,为有不同时为 0 的四



个数 $l_1,l_2,l_3,l_4$ 存在,使

$$l_1F_1(x,y,z)+l_2F_2(x,y,z)+l_3F_3(x,y,z)+l_4F_4(x,y,z)=0$$

这个条件相当于下面的条件

$$\begin{vmatrix}A_1 & B_1 & C_1 & D_1\\A_2 & B_2 & C_2 & D_2\\A_3 & B_3 & C_3 & D_3\\A_4 & B_4 & C_4 & D_4\end{vmatrix}=0 \tag{11}$$

**§147. 问题 10. 求直线,经过已知点且和已知直线(或矢量)平行** 设 $M_1(x_1,y_1,z_1)$ 为已知点,$X,Y,Z$ 为已知直线的方向系数(或已知矢量的坐标). 所求直线的方程显然是

$$\frac{x-x_1}{X}=\frac{y-y_1}{Y}=\frac{z-z_1}{Z}$$

**§148. 问题 11. 求直线,经过已知点 $M_1(x_1,y_1,z_1)$ 且和已知平面 $Ax+By+Cz+D=0$ 垂直**(用直角坐标) 这问题和前题相同,因为所求的直线应当

---

① 本节余下的几个命题,将在下文(第六章§168)证明.

② 这里包含公共点在无穷远("假点")的情形. 即当所有四个平面平行于同一直线时也适用,参看第六章§168 详论.

和矢量$(A,B,C)$平行.

**§149. 问题 12. 求经过两个已知点的直线** 设$M_1(x_1,y_1,z_1)$和$M_2(x_2,y_2,z_2)$为两已知点,那么,方程

$$\frac{x-x_1}{x_2-x_1}=\frac{y-y_1}{y_2-y_1}=\frac{z-z_1}{z_2-z_1}$$

显然表所求的直线(比较§108).

这个结果可从三点$(x,y,z)$,$(x_1,y_1,z_1)$,$(x_2,y_2,z_2)$共线的条件直接推得(参看§38).

**§150. 问题 13. 求平面,经过已知点$M(x_1,y_1,z_1)$且和已知平面平行** 设

$$A_1x+B_1y+C_1z+D_1=0 \tag{1}$$

为已知平面方程.

解决这个问题,只要在经过已知点的平面方程的一般式

$$A(x-x_1)+B(y-y_1)+C(z-z_1)=0 \tag{2}$$

里(参看§146),选择系数$A,B,C$,使方程(2)所表示的平面和平面(1)平行. 但要适合这个要求,必要且充分的条件,为系数$A,B,C$和系数$A_1,B_1,C_1$成比例. 在方程(2)里,把它的系数$A,B,C$改为它们的比例数量$A_1,B_1,C_1$,即得所求的平面



$$A_1(x-x_1)+B_1(y-y_1)+C_1(z-z_1)=0$$

**§151. 问题 14. 求平面,经过已知点$M_1(x_1,y_1,z_1)$且和已知直线或矢量垂直**(用直角坐标) 设$X,Y,Z$为已知直线的方向系数(或已知矢量的坐标),则依照前节的记号,这里的系数$A,B,C$应当和这些量成比例(参见§142 的3°). 因此这问题可照上面的问题一样解决(只需用$X,Y,Z$替代$A_1,B_1,C_1$).

在广义笛氏坐标,也得同样的解答,如果我们把$X,Y,Z$当作已知矢量的协变坐标.

**§152. 问题 15. 求平面,经过已知直线和已知点** 设$F_1(x,y,z)=0$,$F_2(x,y,z)=0$为已知直线的方程系,我们知道方程

$$F_1(x,y,z)+kF_2(x,y,z)=0 \tag{1}$$

代表经过已知直线的某一个平面(§146),现在我们要选择$k$,使这个平面经过不在已知直线上的已知点$M_1(x_1,y_1,z_1)$. 把$M_1$在平面(1)上的情形写出

$$F_1(x_1,y_1,z_1)+kF_2(x_1,y_1,z_1)=0$$

由此得

$$k=-\frac{F_1(x_1,y_1,z_1)}{F_2(x_1,y_1,z_1)} \tag{2}$$

把 $k$ 的这个数值代入(1),即得所求的平面的方程. 当点 $M_1$ 在平面 $F_2(x,y,z)=0$ 上的情形(且只在这个情形),$k$ 得 $\infty$ 的值. 因为在这情形(且只在这情形),$k$ 的表示式的分母 $F_2(x_1,y_1,z_1)$ 化为 0①. 如果我们同意,当 $k=\infty$ 时,把方程(1)作为方程 $F_2(x,y,z)=0$ 来看,那么,这问题总是有一个确定的解答.

特别是由此可以推知,若在方程(1)里,给予常数 $k$ 以适宜的数值,我们可求得经过已知直线的任何一个平面.

**例** 求作平面经过直线

$$x=2z-1,y=z+5$$

又经过点 $M_1(1,3,2)$.

经过已知直线的平面,它的方程的一般式为

$$(x-2z+1)+k(y-z-5)=0$$

要使这个平面经过点(1,3,2),应当使 $(1-2\times2+1)+k(3-2-5)=0$ 适合,由此得 $k=-\frac{1}{2}$. 把这数值代入上面方程,化简后便得所求平面的方程



$$2x-y-3z+7=0$$

**§153. 问题 16. 求平面,经过不共线的三个已知点** 如果 $M_1(x_1,y_1,z_1)$,$M_2(x_2,y_2,z_2)$,$M_3(x_3,y_3,z_3)$ 为已知的三点,那么,所求平面上任意点 $M(x,y,z)$ 和已知三点共面的表示式,便直接提供了这个问题的解答,这就是(§40)

$$\begin{vmatrix} x & y & z & 1 \\ x_1 & y_1 & z_1 & 1 \\ x_2 & y_2 & z_2 & 1 \\ x_3 & y_3 & z_3 & 1 \end{vmatrix}=0 \tag{1}$$

在(1)的左边的行列式,按着第一行各元展开,即得一个一次方程,也就是平面的方程,这个方程显然适合问题的条件.

我们容易看到,由于已知的三点不在同一直线上,所以在这方程里 $x,y,z$ 的系数不能同时等于 0.

这个问题也可化为前节的问题. 只需依下法进行:先求出经过已知三点中的两个点的直线的方程(我们在§149 已经做过),再求经过这条直线和第三个已知点的平面的方程(这便成为前节所解决的问题).

① 因为,由假设,点 $M_1$ 不在已知直线上,所以分子 $F_1(x_1,y_1,z_1)$ 和分母 $F_2(x_1,y_1,z_1)$ 不能同时等于 0.

现举例说明.

求平面,经过三点 $M_1(1,3,7)$,$M_2(2,3,8)$,$M_3(0,1,2)$. 经过两点 $M_1$ 和 $M_2$ 的直线方程为

$$\frac{x-1}{1}=\frac{y-3}{0}=\frac{z-7}{1}$$

即

$$\begin{cases}y-3=0\\x-z+6=0\end{cases}$$

经过这条直线的平面方程的一般式为

$$(y-3)+k(x-z+6)=0$$

现在要选择 $k$,使这个方程代表经过点 $M_3(0,1,2)$ 平面. 这条件表作

$$-2+k\cdot 4=0$$

即 $k=\frac{1}{2}$. 把 $k$ 的这个数值代入上面的方程,即得所求平面的方程

$$x+2y-z=0$$



§**154**. 问题 17. **求平面,经过已知直线,且和另一已知直线或矢量平行**(假定这两条已知直线是不平行的,否则这问题显然是不定问题)　设

$$\frac{x-x_0}{X}=\frac{y-y_0}{Y}=\frac{z-z_0}{Z}$$

为已知直线的方程系,这是所求平面经过的直线. 而 $(X',Y',Z')$ 为另一条已知直线的方向矢量. 那么,把平面方程,写作经过一点 $M_0(x_0,y_0,z_0)$ 而平行于两个矢量 $(X,Y,Z)$,$(X',Y',Z')$,便得这个问题的解答. 在 §123 我们已经得到这方程如下式

$$\begin{vmatrix}x-x_0 & y-y_0 & z-z_0\\X & Y & Z\\X' & Y' & Z'\end{vmatrix}=0 \tag{1}$$

这问题也可用另一解法:先写出经过已知直线的平面的一般式方程[§146,方程(7)],再选择常数 $k$ 的值,使这个平面和另一直线(或矢量)平行.

**例**　求经过直线

$$4x=5z-2,y=-3z-1$$

作一平面,和矢量 $\boldsymbol{P}=(2,6,1)$ 平行.

经过已知直线的任一个平面,有方程如下式

$$(4x-5z+2)+k(y+3z-1)=0$$

即

$$4x+ky+(3k-5)z+2+k=0 \qquad (*)$$

这个平面和矢量 **P** 平行的条件为

$$2\times4+6k+1\cdot(3k-5)=0$$

由此得 $k=-\frac{1}{3}$. 把这个值代入( * ),即得所求的方程

$$12x-y-18z+5=0$$

**§155. 问题 18. 求平面,经过已知直线且和已知平面垂直** 解法(在直角坐标系)完全和前题相仿.

**§156. 问题 19. 求两已知直线共同(相交)的条件** 空间两条直线,就一般来说,不相交也不共面(即不在一个平面上).

如果两条直线共面,那么,它们相交于有穷远或无穷远的点(后面的情形,总是指两条直线平行). 试求条件,使两条直线

$$\frac{x-x_1}{X_1}=\frac{y-y_1}{Y_1}=\frac{z-z_1}{Z_1} \qquad (1)$$



和

$$\frac{x-x_2}{X_2}=\frac{y-y_2}{Y_2}=\frac{z-z_2}{Z_2} \qquad (2)$$

共面(即相交于有穷远或无穷远处).

为此目的,作经过直线(1)且和直线(2)平行的平面. 根据 §154 公式(1),它的方程如下式

$$\begin{vmatrix} x-x_1 & y-y_1 & z-z_1 \\ X_1 & Y_1 & Z_1 \\ X_2 & Y_2 & Z_2 \end{vmatrix}=0 \qquad (3)$$

要使这两条直线共同必须且只需直线(2)不仅和平面(3)平行,并须全部在这个平面上,而要合于这样的情形必须且只需直线(2)有一点在平面(3)上. 把点$(x_2,y_2,z_2)$在平面(3)上的关系用式子表达出来,便得所求的条件

$$\begin{vmatrix} x_2-x_1 & y_2-y_1 & z_2-z_1 \\ X_1 & Y_1 & Z_1 \\ X_2 & Y_2 & Z_2 \end{vmatrix}=0 \qquad (4)$$

如果已知的直线方程为简化式

$$\begin{cases} x=a_1z+p_1 \\ y=b_1z+q_1 \end{cases} \qquad (5)$$

和

$$\begin{cases}x=a_2z+p_2\\y=b_2z+q_2\end{cases} \tag{6}$$

那么,可取

$$(X_1,Y_1,Z_1)=(a_1,b_1,1),(X_2,Y_2,Z_2)=(a_2,b_2,1)$$
$$x_1=p_1,y_1=q_1,z_1=0,x_2=p_2,y_2=q_2,z_2=0$$

条件(4)化为下式

$$\begin{vmatrix}p_2-p_1 & q_2-q_1 & 0\\ a_1 & b_1 & 1\\ a_2 & b_2 & 1\end{vmatrix}=0$$

由此,从第三行减去第二行,我们就得

$$\begin{vmatrix}p_2-p_1 & q_2-q_1\\ a_2-a_1 & b_2-b_1\end{vmatrix}=0 \tag{4a}$$

**§157. 问题 20. 求垂线的方程系,通过已知点 $M$ 垂直于已知直线 $\Delta$**(用直角坐标)　所求的垂线,可以作为两个平面的交线:其中一个平面经过点 $M$ 和直线 $\Delta$;另一个平面经过点 $M$ 而垂直于直线 $\Delta$. 这两个平面的方程,我们都已知道如何求得(§152 和 §151). 这两个方程的集合,代表所求的直线.



### 习题和补充

(关于 §146 至 §157)

1. 求直线,经过点(5,6,0)且平行于直线

$$y=9x-1,z=2x+5$$

答:$x-5=\dfrac{y-6}{9}=\dfrac{z}{2}$.

2. 求直线,经过点(−3,2,1),且垂直于平面 $x+3z-1=0$(直角坐标).

答:$\dfrac{x+3}{1}=\dfrac{y-2}{0}=\dfrac{z-1}{3}$,即

$$y-2=0,3x-z+10=0$$

3. 求直线,经过两点(1,3,5)和(2,3,7).

答:$\dfrac{x-1}{1}=\dfrac{y-3}{0}=\dfrac{z-5}{2}$,即

$$y-3=0,2x-z+3=0$$

4. 求平面,经过点$(0,-3,1)$,且垂直于矢量$(6,8,10)$(直角坐标).

答:$6x+8(y+3)+10(z-1)=0$,即

$$6x+8y+10z+14=0$$

5. 求平面,经过直线

$$y=2x+4,z=-x+1$$

且经过点$(2,0,0)$.

答:$6x+y+8z-12=0$.

6. 求平面,经过三点$(-1,1,1)$,$(1,-1,1)$,$(1,1,-1)$.

答:$x+y+z-1=0$.

7. 求平面,经过直线

$$x+y+1=0,x+2y+2z=0$$

且垂直于平面$2x-y-z=0$(直角坐标).

答:$3x+4y+2z+2=0$.

8. 求直线的方程系(用直角坐标系),经过点$(1,0,1)$,且和直线



$$x=3z+2$$
$$y=2z$$

垂直. 并求这条垂线的垂足.

答:垂线方程为

$$x-2y+z-2=0$$
$$3x+2y+z-4=0$$

垂足的坐标为$\left(\frac{11}{7},-\frac{2}{7},-\frac{1}{7}\right)$.

9. 求$p$的数值,使直线$x=z+p,y=-z$和直线$x=2z+1,y=3z+2$相交,并求交点.

答:$p=\frac{1}{2}$,交点的坐标为$\left(0,\frac{1}{2},-\frac{1}{2}\right)$.

**§158. 问题 21. 求已知点到已知直线的距离**[①](用直角坐标) 所谓点$M_1(x_1,y_1,z_1)$到直线$\Delta$的距离,当然是指最短的距离,即是由$M_1$到$\Delta$的垂线的长,用下面的方法容易求得这长度:先求经过点$M_1$且和$\Delta$垂直的平面的方程. 这个平面和$\Delta$的交点$K$,就是所说的垂线的垂足,即可求得点$K$,便可求得距离

① 初次阅读,可省去本节.

$|M_1K|$.

另一方法更为便捷. 设

$$\frac{x-x_0}{X}=\frac{y-y_0}{Y}=\frac{z-z_0}{Z} \qquad (1)$$

为已知直线 $\Delta$ 的方程. 为了清楚起见,我们总可把矢量 $\boldsymbol{P}=\overrightarrow{M_0M}=(X,Y,Z)$ 安放在直线 $\Delta$ 上,而以这条直线上的点 $M_0(x_0,y_0,z_0)$ 做起点(图 109),用 $\boldsymbol{Q}$ 表矢量$\overrightarrow{M_1M_0}$与 $\boldsymbol{P}$ 的矢积[①],即设

$$\boldsymbol{Q}=\overrightarrow{M_1M_0}\times\boldsymbol{P} \qquad (2)$$

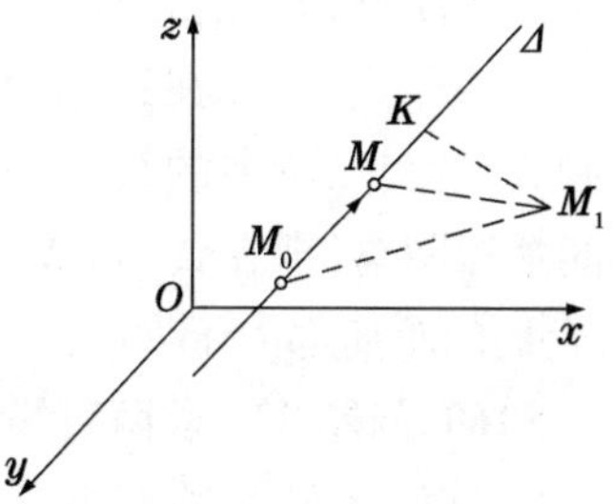


图 109

我们知道(§25) $|\boldsymbol{Q}|=2S_{\triangle M_0MM_1}=|\boldsymbol{P}|\cdot h$,这里 $h$ 为所求的距离. 因此

$$h=\frac{|\boldsymbol{Q}|}{|\boldsymbol{P}|} \qquad (3)$$



但矢量 $\boldsymbol{Q}$ 为两个矢量

$$\overrightarrow{M_1M_0}=(x_0-x_1,y_0-y_1,z_0-z_1)\text{ 和 }\boldsymbol{P}=(X,Y,Z)$$

的矢积,所以 $\boldsymbol{Q}$ 的坐标,分别等于行列式(§51)

$$\begin{vmatrix} y_0-y_1 & z_0-z_1 \\ Y & Z \end{vmatrix},\begin{vmatrix} z_0-z_1 & x_0-x_1 \\ Z & X \end{vmatrix},\begin{vmatrix} x_0-x_1 & y_0-y_1 \\ X & Y \end{vmatrix}$$

因此,长度$|\boldsymbol{Q}|$等于这些行列式的平方和的平方根. 故由公式(3)得

$$h=\frac{\sqrt{\begin{vmatrix} y_0-y_1 & z_0-z_1 \\ Y & Z \end{vmatrix}^2+\begin{vmatrix} z_0-z_1 & x_0-x_1 \\ Z & X \end{vmatrix}^2+\begin{vmatrix} x_0-x_1 & y_0-y_1 \\ X & Y \end{vmatrix}^2}}{\sqrt{X^2+Y^2+Z^2}}$$

**§159. 问题 22. 求两直线的公共垂线的方程系**[②]　我们知道,空间两条直线就一般来说是不相交的[③]. 我们容易证明,有一条且只一条直线存在,它和这两条直线相交而且分别和它们垂直(公共垂线),这条公共垂线可用下法求得.

经过直线 $\Delta_1$ 作平面 $\Pi_0$ 和直线 $\Delta_2$ 平行(图 110). 再作两个平面和 $\Pi_0$ 垂直:一个($\Pi_1$)经过 $\Delta_1$,另一个($\Pi_2$)经过 $\Delta_2$. 这两个平面 $\Pi_1$ 和 $\Pi_2$ 的交线就是

---

① $\boldsymbol{Q}$ 就是矢量 $\boldsymbol{P}$ 对于点 $M_1$ 的矢矩;参看 §25,习题 1.

② 初次阅读,可以省去本节.

③ 当两条已知直线平行,则为例外情形,那时有无穷多条公共垂线.

所求的公共垂线.如用直角坐标,很容易求得它的方程系,因为我们已能求得上述各个平面,特别是平面 $\Pi_1$ 和 $\Pi_2$ 的方程.

我们容易验明,在这条公共垂线上,它与 $\Delta_1$ 和 $\Delta_2$ 的交点所夹的线段 $h$ 应为两直线 $\Delta_1$, $\Delta_2$ 间最短距离(即在 $\Delta_1$ 和 $\Delta_2$ 上分别取任何两点,它们的距离都大于 $h$).

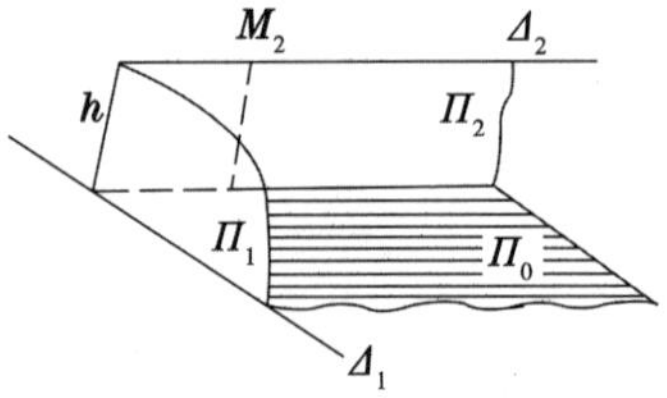

图 110

**§160. 问题 23. 求两直线间的最短距离**[①](用直角坐标) 我们沿用前节的记号,欲计算 $h$,无须求得公共垂线的方程,只要求平面 $\Pi_0$ 的方程,然后在 $\Delta_2$ 上任取一点,求这点到平面 $\Pi_0$ 的距离便成.这距离恰好等于 $h$,因为直线 $\Delta_2$ 和平面 $\Pi_0$ 平行,设

$$\frac{x-x_1}{X_1}=\frac{y-y_1}{Y_1}=\frac{z-z_1}{Z_1}\text{和}\frac{x-x_2}{X_2}=\frac{y-y_2}{Y_2}=\frac{z-z_2}{Z_2} \tag{1}$$

为直线 $\Delta_1$ 和 $\Delta_2$ 的方程系.



经过 $\Delta_1$ 且和直线 $\Delta_2$ 平行的平面方程为(参看 §154)

$$\begin{vmatrix} x-x_1 & y-y_1 & z-z_1 \\ X_1 & Y_1 & Z_1 \\ X_2 & Y_2 & Z_2 \end{vmatrix}=0 \tag{2}$$

按着第一行各元展开,得

$$(x-x_1)\begin{vmatrix} Y_1 & Z_1 \\ Y_2 & Z_2 \end{vmatrix}+(y-y_1)\begin{vmatrix} Z_1 & X_1 \\ Z_2 & X_2 \end{vmatrix}+(z-z_1)\begin{vmatrix} X_1 & Y_1 \\ X_2 & Y_2 \end{vmatrix}=0 \tag{3}$$

现在还须求直线 $\Delta_2$ 上任意一点到平面(2)的距离.最简便的办法是取点 $M_2(x_2,y_2,z_2)$.

根据一般法则,先把方程(2)化为标准式,再用点 $M_2$ 的坐标代入 $x,y,z$,即求得这距离[②]

① 初次阅读,可以省去本节.

② 要把方程(3)化为标准式,我们只需用 $\lambda=\frac{1}{\pm\sqrt{A^2+B^2+C^2}}$ 乘它便可.这里 $A,B,C$ 表示在方程(3)里 $x,y,z$ 的系数,在式(4)里已把它们完全写出.

$$h=\frac{\begin{vmatrix} x_2-x_1 & y_2-y_1 & z_2-z_1 \\ X_1 & Y_1 & Z_1 \\ X_2 & Y_2 & Z_2 \end{vmatrix}}{\pm\sqrt{\begin{vmatrix} Y_1 & Z_1 \\ Y_2 & Z_2 \end{vmatrix}^2+\begin{vmatrix} Z_1 & X_1 \\ Z_2 & X_2 \end{vmatrix}^2+\begin{vmatrix} X_1 & Y_1 \\ X_2 & Y_2 \end{vmatrix}^2}} \tag{4}$$

选择根号前的正负号，使 $h>0$.

# 第六章 虚元素和假元素. 齐次笛氏坐标和投影坐标. 投影变换

本章目的在于扩充某些基本的几何概念,以加强代数曲线和代数曲面在理论上的普遍性和统一性(特别是关于后面各章所讨论的二次曲线和二次曲面).

## Ⅰ. 几何上的虚元素

**§161. 虚点和虚矢量** 在解析几何里引入虚元素(虚点,虚直线,虚平面,等等)和在代数里引入复(虚)数的目的相同. 如果我们在代数里只以讨论实数为限,在研究一次方程时尚无困难,但一经遇到二次及高次方程,数的概念便需要推广,复数的引进,就成为自然的要求. 读者熟知在代数里限用实数时可能引起的困难:许多关于二次和高次方程的普遍定理,都将因此失效. 例如定理:"一切 $n$ 次的方程都有 $n$ 个根",亦将不能成立.



同样,在解析几何里,从一次以上曲线的交点问题开始,便有了引进虚元素的必要. 正如在代数里一样,如果我们只论实点,就不得不放弃很多一般的命题,而去讨论一些繁复的特例,因而失去了普遍性和简单性,读者看到后面各章,自会明白此点.

虚元素概念的引进,并不是一件难事.

为明确起见,先从与平面几何里有关的概念说起.

我们知道,设在平面上给定一个坐标系 $xOy$,每一对实数 $x,y$ 完全决定平面上的一点 $M(x,y)$.

我们同意下面的说法:任一数偶$(x,y)$亦完全决定平面 $xOy$ 上的一点 $M(x,y)$. 如果两个数 $x,y$ 都是实数,这点叫作实点,如果数字 $x,y$ 里至少有一个是虚数,这点叫作虚点. 这样,我们是用纯粹形式化的方法来定义虚点的. 除了定义之外,不应在这个概念里加插任何别的意义.

因此"在已给坐标平面 $xOy$ 上有一虚点 $M(x,y)$"这句话纯然只是一个条件,而不需在这平面上找这点的位置来作图. 我们更须记得所谓平面 $xOy$ 上的

"虚点"这个概念实质上就是"复数偶$(x,y)$"这个概念.

设平面上有两个不同的坐标系 $xOy$ 和 $x'O'y'$,我们将说两个数偶$(x,y)$和$(x',y')$代表同一的点,如果它们适合坐标变换公式所表示的关系,正如实点的情形一样,例如,在直角坐标系我们有

$$x = a + x'\cos\varphi \mp y'\sin\varphi$$
$$y = b + x'\sin\varphi \pm y'\cos\varphi$$

我们更将说:两点 $M_1(x_1,y_1)$和 $M_2(x_2,y_2)$决定一线段 $M_1M_2$. 如果这两点中有一点或两点是虚的,那么 $M_1M_2$ 便叫作虚线段. 点 $M(x,y)$用数字

$$\begin{cases} x = \dfrac{x_1 + x_2}{2} \\ y = \dfrac{y_1 + y_2}{2} \end{cases} \tag{1}$$

来做坐标的,我们叫它做线段 $M_1M_2$ 的中点,在这情形,点 $M_1$ 和点 $M_2$ 也可能是虚点.

两点 $M_1(x_1,y_1)$和 $M_2(x_2,y_2)$叫作共轭虚点,如果 $x_1$ 和 $x_2$,$y_1$ 和 $y_2$ 是两对共轭复数①.

"联结"两个共轭虚点 $M_1$,$M_2$ 的线段的中点是实点,因为在这情形 $x_1+x_2$ 和 $y_1+y_2$ 都是实数②,故由公式(1)决定了一个实点$(x,y)$.

大部分关于实点的概念,可以(公式化地)推广到虚点的情形,正如我们对于线段的"中点"和"联结"两个虚点一样的做法. 因此,我们可以引入两点间的"距离"$r$ 的概念,用下面公式来做定义(在平面上直角坐标系的情形)

$$r = \sqrt{(x_1 - x_2)^2 + (y_1 - y_2)^2} \tag{2}$$

别的例子,依此类推.

同样,可以讨论在平面上的虚矢量,用它的两个"坐标"$X$,$Y$ 为两个复数来做定义. 两个虚矢量叫作相等,如果它们的坐标分别相等;两个矢量的和也叫作矢量,它的坐标等于已知矢量的相应坐标的和;矢量的"长"是数量

$$\sqrt{X^2 + Y^2}$$

(设所用的是直角坐标系);两个矢量叫作"平行",如果它们的坐标成比例. 余类此.



---

① 复数的表式为 $a+ib$,式中 $a$ 和 $b$ 是实数. 两个复数 $a+ib$ 和 $a-ib$ 叫作共轭复数. 两个共轭复数的和是实数. 因为$(a+ib)+(a-ib)=2a$ 是实数.

② 参看前面注脚.

注意:在虚矢量的情形,它的长可等于 0,而矢量本身不等于 0 矢量(即是说,不需要它的两个坐标都等于 0).

事实上,由下面等式(我们总是用直角坐标)

$$X^2+Y^2=0$$

只需要

$$Y=\pm\mathrm{i}X \tag{3}$$

这里 $\mathrm{i}=\sqrt{-1}$.

可见这个矢量的"斜率"$\frac{Y}{X}$等于 $\pm\mathrm{i}$. 具有这样的斜率的矢量叫作迷向矢量. 这个名词的意义是说这种矢量的"斜率",不因坐标轴的转动而改变.

事实上,例如先说斜率等于 $+\mathrm{i}$ 的情形. 设坐标轴经过了 $\alpha$ 角的转动,则用矢量的旧坐标来表示新坐标,有下面的公式①

$$X'=X\cos\alpha+Y\sin\alpha, Y'=-X\sin\alpha+Y\cos\alpha$$

这个矢量的斜率等于



$$\frac{Y'}{X'}=\frac{-X\sin\alpha+Y\cos\alpha}{X\cos\alpha+Y\sin\alpha}$$

用 $X$ 来除右边的分子分母,再用$\frac{Y}{X}=\mathrm{i}$ 代入,得

$$\frac{Y'}{X'}=\frac{-\sin\alpha+\mathrm{i}\cos\alpha}{\cos\alpha+\mathrm{i}\sin\alpha}=\frac{\mathrm{i}(\cos\alpha+\mathrm{i}\sin\alpha)}{\cos\alpha+\mathrm{i}\sin\alpha}=\mathrm{i}$$

这便是所要证明的.

这便是说:这个矢量的"方向"对于旧系的坐标轴和对于转动后的坐标轴没有分别.

所有关于平面上虚点和虚矢量所叙述的,可以直接推广到空间. 因为事理明显,我们不再赘述(关于空间的迷向直线留待后面另详).

**§162. 虚直线和虚平面** 前节所述的一切,自然地推广到"虚"直线和"虚"平面.

例如平面 $xOy$ 上的虚直线,是指一切点 $(x,y)$ 的集合(包括虚点和实点在内),它们的坐标适合一个一次方程

$$Ax+By+C=0$$

---

① 这和虚点的情形相同. 我们规定对于两个不同系的坐标轴,数偶 $(X,Y)$ 和 $(X',Y')$ 代表同一个矢量,如果它们适合坐标变换公式所表示的关系,正如实矢量的坐标一样.

这里 $A$ 和 $B$ 不同时等于零，而 $A,B,C$ 代表复数（不能消去一个公因子把它们化为三个实数，如有这样的可能，便得一条实直线）.

解上面的方程求 $y$（设 $B\neq 0$），得下式

$$y=ax+b$$

$a$ 叫作角系数（取与实直线情形一致）. 两条直线（虚的或实的）叫作平行，如果它们的角系数相等. 两条虚直线或实直线的"交点"是指坐标适合两个直线方程的点.

两条直线叫作共轭，如果用某个适宜的因子来乘其中的一个方程之后，两个方程里的相应系数，两两互相共轭. 很易证明，两条共轭虚直线相交于实点（设它们不是平行的；参看习题）. 共轭直线的例子，可用下面的直线

$$y-y_0=a\mathrm{i}(x-x_0)\text{ 及 }y-y_0=-a\mathrm{i}(x-x_0)$$

这里 $a,x_0,y_0$ 都是实数. 这两条直线相交于实点 $(x_0,y_0)$.

在直角坐标系的情形，且当 $a=1$ 时，有两条共轭直线

$$y-y_0=\mathrm{i}(x-x_0),y-y_0=-\mathrm{i}(x-x_0) \tag{1}$$

它们叫作由点 $(x_0,y_0)$ 出发的迷向直线. 它们的特征是具有斜率 $\pm\mathrm{i}$（比较§161）. 

这两条直线也叫作"零长直线"，因为很易证明，在每条直线上，任何两点间的距离都等于 0.

用同样方法，我们可推得空间虚平面和虚直线的定义.

## 习题和补充

1. 求证两条共轭直线相交于实点（如果它们不平行）.

证：设

$$Ax+By+C=0\text{ 和 }A'x+B'y+C'=0 \tag{$*$}$$

是所给直线的方程，而且数量 $A',B',C'$ 依次和 $A,B,C$ 成共轭. 解系（$*$）得

$$x=\frac{C'B-CB'}{AB'-A'B},y=\frac{A'C-AC'}{AB'-A'B}$$

数量 $AB'-A'B$ 是纯虚数，因为 $AB'$ 和 $A'B$ 是共轭复数. 同样，$C'B-CB'$ 和 $A'C-AC'$ 也是纯虚数. 但因两个纯虚数的比值为实数，所以 $(x,y)$ 是实点.

2. 求证两条共轭虚直线的集合，可用一个二次方程

$$ax^2+2bxy+cy^2+dx+ey+f=0$$

来表示，式中各条数都是实数.

证：前题的线偶（$*$）可用下面的方程表示

$$(Ax+By+C)(A'x+B'y+C')=0$$

把因子相乘后,便得所给的形式.

## Ⅱ. 齐次坐标和假元素. 直线坐标和平面坐标

许多解析几何上的命题,通过"无穷远"元素即"假"元素(点,直线,平面)的引入,也加强了普遍性和简单性. 在这方面我们最好用齐次坐标做工具. 现在开始讲述它们的定义.

**§163. 直线上的齐次笛氏坐标** 我们曾经不止一次地在用数量表示某种几何性质时,为了保持理论的一致性,而容许它的数值趋向无穷大(例如直线的斜率). 在每次遇到要让某个公式里的数量趋向无穷大时,我们必须对于那个公式加上一些附带条件. 这些往往相当冗赘的附带条件是可以避免的,如果先把那个要趋于无穷大的数量表成两个有限数量的比值. 例如我们讲到平面上直线的斜率,可把它表成两个数量比值的形式$\frac{Y}{X}$,式中 $X$ 和 $Y$ 是直线的方向系数. 斜率$\infty$ 相当于方向系数 $X=0, Y\neq 0$.



点的坐标,无论在直线上,或在平面上,或在空间,都有与此完全相类似的情形. 为易于明了起见,先论直线上点的坐标.

点 $M$ 在轴 $Ox$ 上的位置,截止现在为止,我们用一个数来决定. 即笛氏横坐标 $x$,现在引入两个数 $x_1, x_2$ ($x_2\neq 0$)来代替一个数 $x$,这两个数适合条件

$$x=\frac{x_1}{x_2} \tag{1}$$

数量 $x_1, x_2$ 叫作点 $M$ 的齐次笛氏坐标. 显明地,如果给定了两个数 $x_1, x_2$ 而且 $x_2\neq 0$,那么,点 $M$ 就完全决定. 反过来说,如果给定点 $M$,即是给定它的坐标 $x$,那么,齐次坐标仍未决定,而只决定了它们的比值$\frac{x_1}{x_2}$. 换句话说,如果 $x_1, x_2$ 是点 $M$ 的齐次坐标,那么两个数 $\lambda x_1$ 和 $\lambda x_2$ 也决定同一的点 $M$,这里 $\lambda$ 是不等于 0 的任意数.

到此为止,我们暂设 $x_2\neq 0$. 现在把上面所述齐次坐标的定义更加推广,改作如下的规定:

1°任何两个数 $x_1$ 和 $x_2$,不同时等于 0,在轴 $Ox$ 上决定一点且只决定一点 $M(x_1, x_2)$.

2°若 $\lambda$ 是不等于 0 的任意数,两个数 $\lambda x_1$ 和 $\lambda x_2$ 所决定的一点和 $x_1, x_2$ 所

决定的点相同. 换句话说,只是它们的比值$\frac{x_1}{x_2}$或$\frac{x_2}{x_1}$才有意义(如果两个数 $x_1,x_2$ 中有一个等于0,那么,所取的比值,要它的分母不是0).

3°如果 $x_2\neq 0$,那么,点 $M(x_1,x_2)$ 是轴 $Ox$ 上的点,有横坐标 $x=\frac{x_1}{x_2}$.

4°如果 $x_2=0$,那么,点 $M(x_1,0)$ 叫作轴 $Ox$ 上的无穷远点或叫作假点(为了和实际存在的"真点"有所区别).

"无穷远"的名称是很自然的,因为这点的横坐标 $x=\frac{x_1}{x_2}$趋向无穷大,当 $x_2$ 趋向0.

针对这个情形,我们有时也说:假点的横坐标 $x=\infty$(而且假定 $+\infty$ 和 $-\infty$ 没有区别).

注意:根据规定的条件,在所给直线上,只有一个无穷远点(直线在无穷远处是封闭的);这由条件2°得来,因为两个记号$(x_1,0)$和$(\lambda x_1,0)$代表同一点;而 $\lambda$ 可以随便选择使 $\lambda x_1$ 得到任意的数值. 那便是说记号$(x_1,0)$代表同一点,只要 $x_1$ 不等于0.



**注**　在直线上只有一个无穷远点的事实,不是绝对的规律,而只是我们在条件1°~4°之下所规定的,如果我们选用别的条件,便可得到别的结果. 例如有时为了某种方便,也可假定直线上有两个无穷远点,相当于两个数值 $x=+\infty$ 和 $x=-\infty$.

**§164. 应用于代数方程求根的问题**　上面所述,自然联系到代数方程的"无穷大"根的问题. 为明了起见,先讨论二次方程

$$ax^2+2bx+c=0 \tag{1}$$

我们将来常常碰着这种情形,当一个几何问题在一般情况时的解答化成二次方程(1)之后,在某些特殊的假定下可能变为一次方程

$$2bx+c=0 \tag{2}$$

这是由于系数 $a$ 变为0而得来的,若 $b\neq 0$,方程(2)只有一个根,但为保留理论的一般性,我们常把方程(2)看作二次方程(1)的特殊情形,处理这种情形最简便的办法,是把 $x$ 作为轴 $Ox$ 上一点的横坐标,再引入齐次坐标,令(暂设 $x_2\neq 0$)

$$x=\frac{x_1}{x_2} \tag{3}$$

代入等式(1),得方程

$$a\left(\frac{x_1}{x_2}\right)^2+2b\frac{x_1}{x_2}+c=0 \tag{1a}$$

用 $x_2^2$ 乘全式,得到

$$ax_1^2+2bx_1x_2+cx_2^2=0 \tag{4}$$

(“齐次二次方程”),这个方程里含有两个未知数 $x_1,x_2$,但不能个别予以决定,而只能决定它们的比值

$$x=\frac{x_1}{x_2}(当\ x_2\neq0)或\frac{1}{x}=\frac{x_2}{x_1}(当\ x_1\neq0)$$

求第一个比值用方程(1a),求第二个比值所用的方程,是由式(4)除以 $x_1^2$ 得来的

$$a+2b\frac{x_2}{x_1}+c\left(\frac{x_2}{x_1}\right)^2=0 \tag{1b}$$

现在我们同意说:在一切情形下(包括 $x_2=0$)方程(1)和方程(4)完全同价,这句话包含两个意思:当 $x_2\neq0$ 时方程(4)的一切解答,便是方程(1)的寻



常解答 $x=\frac{x_1}{x_2}$. 又当 $x_2=0$ 时(但根据条件 $x_1\neq0$),它的解答给出方程(1)的一个“无穷大解答”. 这个无穷大根可以用等式 $x=\infty$ 来表示,把它看作和下面的等式同价

$$\frac{1}{x}=\frac{x_2}{x_1}=0$$

$x_2=0$ 作为方程(4)的解答,只当 $a=0$ 时有意义. 因为如果 $a\neq0$,我们将有 $ax_1^2=0$ 即 $x_1=0$. 但 $x_1$ 和 $x_2$ 同时为0,是我们永远不考虑的. 所以在 $a=0$ 时,方程(4)化为

$$x_2(2bx_1+cx_2)=0$$

我们得两个解答如下(设 $b\neq0$):

1° $x_1=$任意数量,$x_2=0$,即$\frac{x_2}{x_1}=0$;

2° $\frac{x_1}{x_2}=-\frac{c}{2b}$.

依照这样讲法,我们有下面的结果:如果在方程(1)里 $a=0,b\neq0$,那么,它有两个解答如下

$$x=-\frac{c}{2b}和\ x=\infty$$

如果在方程(1)里 $a=b=0, c\neq 0$，那么，(4)变为 $cx_2^2=0$，而得一个二重根 $x_2=0$($x_1$ 可以任意)．依照这样来讲，当 $a=b=0, c\neq 0$，方程(1)有一个二重根 $x=\infty$，亦即它有两个无穷大根.

如令方程(1)的系数 $a, b$ 有一个或两个趋向 0，而考察它的根所趋向的极限，可以得到同样的结果；参看下面习题.

和上面的讨论完全类似，我们得到下面的规定，这个规定我们以后一贯遵守.

设有 $n$ 次方程

$$a_0x^n+a_1x^{n-1}+\cdots+a_{n-1}x+a_n=0 \tag{5}$$

如果 $a_0=a_1=\cdots=a_{k-1}=0$，但 $a_k\neq 0$，那么，我们说，这个 $n$ 次方程有一个 $k$ 重根等于无穷大(亦即 $k$ 个根都等于无穷大).

## 习 题

设二次方程 $ax^2+2bx+c=0$ 的系数 $a, b, c$ 都是变数，分别趋向极限

$$\lim a=a_0, \lim b=b_0, \lim c=c_0$$



求证：如果 $a_0=0, b_0\neq 0$，则这个方程有一个根趋向∞[①]，而另一个根趋近 $-\dfrac{c_0}{2b_0}$. 如果 $a_0=0, b_0=0, c_0\neq 0$，则两个根都趋向∞.

**§165. 平面上的齐次笛氏坐标** 现在进行讨论平面上的坐标. 设 $x, y$ 是点 $M$ 的笛氏坐标，引进三个不同时等于 0 的数 $x_1, x_2, x_3$ 来代替 $x, y$，它们叫作齐次笛氏坐标，由下面的条件所规定(比较§163 相类似的条件)：

1°任何不同时等于 0 的三个数 $x_1, x_2, x_3$ 决定平面上的一点且只决定一点 $M(x_1, x_2, x_3)$.

2°数字 $\lambda x_1, \lambda x_2, \lambda x_3$ 这里 $\lambda\neq 0$，所决定的点和 $x_1, x_2, x_3$ 所决定的点相同. 因此，只是各数 $x_1, x_2, x_3$ 彼此间的比值才有意义.

3°如果 $x_3\neq 0$，那么，$M(x_1, x_2, x_3)$ 是平面 $xOy$ 上一点，它的不齐次坐标(即常用坐标)为

$$x=\frac{x_1}{x_3}, y=\frac{x_2}{x_3} \tag{1}$$

---

① 所谓 $x$ 趋向∞，我们仅了解为 $\lim \dfrac{1}{x}=0$. 因此，我们对于它趋向 $+\infty$ 或趋向 $-\infty$，不作任何区别，甚至 $x$ 在变值时通过实数的情形，也不加理会.

4°如果 $x_3=0$,那么,点 $M(x_1,x_2,0)$ 叫作平面上的无穷远点或假点.

从上面采用的条件可推得在平面上的假点(即无穷远点)组成一个无穷集合,集合里每一点用两个不同时等于0的数 $x_1,x_2$ 的比值来决定.

详细说明如下:设 $M(x_1,x_2,0)$ 是已给的假点;不损害理论的普遍性,我们可设 $x_1\neq 0$(因为在相反情形,可把 $x_1$ 和 $x_2$ 的地位互易),作任意矢量 $\boldsymbol{P}(X,Y)$,令它的角系数为

$$\frac{Y}{X}=\frac{x_2}{x_1}=k \tag{2}$$

设 $\Delta$ 是平行于矢量 $\boldsymbol{P}$ 的任意直线,又设 $M'(x_1',x_2',x_3')$ 为 $\Delta$ 上一个移动的真点(图111). 当点 $M'$ 沿 $\Delta$ 上移动而趋向无穷远(向此一端或彼一端),根据(1),显见比值 $\frac{x_2'}{x_1'}$ 等于矢量 $\overrightarrow{OM'}$ 的角系数 $\frac{y'}{x'}$(用 $x',y'$ 表示点 $M'$ 的不齐次坐标),并且跟着点 $M'$ 变值而趋近于矢量 $\boldsymbol{P}$ 的角系数 $k$,即

$$\lim\frac{x_2'}{x_1'}=k=\frac{x_2}{x_1} \tag{3}$$

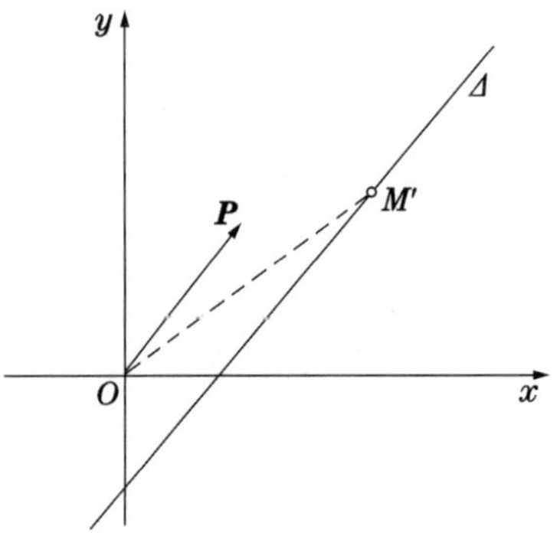


图111



因为点 $M'$ 的齐次坐标 $x_1',x_2',x_3'$ 在决定时还有一个(不等于0的)公因数可以任意选取,故我们可以假定 $\lim x_1'=x_1$[①]. 再由(3)跟着得 $\lim x_2'=x_2$. 显然 $\lim x_3'=0$.

因此,我们可以假定,当 $M'$ 趋向无穷远时

$$\lim x_1'=x_1,\lim x_2'=x_2,\lim x_3'=0$$

依照这个观点,我们可以说:点 $M'$ 趋向假点 $M(x_1,x_2,0)$,即假点[②] $M(X,Y,0)$. 也可以说假点 $M(x_1,x_2,0)$ 是取矢量 $\boldsymbol{P}(X,Y)$ 的方向或直线 $\Delta$ 的方向趋向无穷远. 我们将说:$M(x_1,x_2,0)$ 是直线 $\Delta$ 上的无穷远点或假点. 因此,依照§163所述,在给定的直线上只有一个无穷远点. 而且显然可见,互相平行的直线有同一的无穷远点.

我们已经讨论在给定直线上,点 $M'(x_1',x_2',x_3')$ 趋向无穷远的情形. 现在

① 例如,我们可以经常假定 $x_1'=x_1$.

② 点 $M(x_1,x_2,0)$ 和点 $M(X,Y,0)$ 叠合,因为数字 $x_1,x_2$ 和数字 $X,Y$ 成比例.

更取一般的情形.设动点$M'$的齐次坐标$x_1'$,$x_2'$,$x_3'$不断变值,使$\lim x_1'=x_1$,$\lim x_2'=x_2$,$\lim x_3'=0$,这里$x_1$和$x_2$是确定的数字,不同时等于0.在这情形,我们也说点$M'$趋向无穷远点,或假点$M(x_1,x_2,0)$.

**注**　如果$x_1'$,$x_2'$,$x_3'$不分别趋近一定的极限,我们仍然不能说点$M'$不趋近任何极限.事实上,当然可能遇到这样的情形,即$x_1'$,$x_2'$,$x_3'$不分别趋近任何极限,但也许适宜地选取(变量的)因子$\lambda$,可使$\lambda x_1'$,$\lambda x_2'$,$\lambda x_3'$三数各趋向一定的极限,而不同时等于0.那么,点$M'$显然趋向一定的极限位置,因为$(\lambda x_1',\lambda x_2',\lambda x_3')$和$(x_1',x_2',x_3')$代表同一点.

**§166.在平面上用齐次坐标时直线的方程**　试看方程

$$a_1x+a_2y+a_3=0 \tag{a}$$

式中$a_1$,$a_2$,$a_3$是常数系数:我们知道,如果$a_1$和$a_2$不同时等于0,则这方程代表平面$xOy$上的直线.

现在引入齐次坐标,设

$$x=\frac{x_1}{x_3},y=\frac{x_2}{x_3}$$



得方程

$$a_1\frac{x_1}{x_3}+a_2\frac{x_2}{x_3}+a_3=0 \tag{b}$$

如果限于讨论平面上的真点$(x_3\neq0)$,则用$x_3$来乘方程(b),即把它化为“齐次形式”

$$a_1x_1+a_2x_2+a_3x_3=0 \tag{1}$$

这条直线上一切真点的齐次坐标都适合方程(1),反过来说,一切适合方程(1)的三个数$(x_1,x_2,x_3)$,当$x_3\neq0$时,代表这直线上所有的真点.

现在我们同意说:一般地,一切的点(真的和假的),属于抑或不属于这条直线,要看它的坐标适合抑或不适合这个方程来决定;这里所用的方程是齐次式(1),不是不齐次式(b).

特别是在这条直线上假点的坐标$(x_1,x_2,0)$要适合方程

$$a_1x_1+a_2x_2=0$$

这个等式完全决定了$\frac{x_2}{x_1}$的值

$$\frac{x_2}{x_1}=-\frac{a_1}{a_2} \tag{2}$$

(在$a_2=0$的情形,这个等式可改为:$x_1=0$,$x_2$任意).

因此,我们见到,依照上述条件,在给定的直线上有一个且只有一个无穷远点.它的齐次坐标可举$(a_2,-a_1,0)$为例,或任何和它们成比例的两数.这里所述,和前节完全一致.

而且更可见到,依照上述条件,所有互相平行的直线,只有一个公共的无穷远点,即它们经过一个且同一个假点.事实上,在所给直线上的无穷远点由系数$a_1,a_2$的比值来决定,即是用直线的角系数来决定.

现在更进一步推广已经引进的概念.到现在为止,我们暂设$a_1$和$a_2$不同时为0.现在把这假设撤销,如果$a_1=a_2=0$更且$a_3=0$,那么,我们得到一个恒等式$0=0$,对于平面上一切的点坐标都适合.一般地说,我们对于这个情形不感兴趣,但有时也认为它有意义,并且说:当$a_1=a_2=a_3=0$时,方程(1)代表"不定直线".

以后如果没有相反的声明,我们总是假定数量$a_1,a_2,a_3$中最低限度有一个不是0.

现在讨论$a_1=a_2=0$但$a_3\neq0$的情形,由方程(1)得



$$a_3x_3=0$$

即

$$x_3=0 \tag{3}$$

在这情形,一望而知,唯有假点的坐标才能适合方程(3).显明地,一切假点都适合它.我们说:方程(3)代表一条假直线即无穷远直线.

因此,根据我们的条件:在平面上,无穷远点的集合,组成一条无穷远直线①.

这样,我们把点和直线的概念推广,引进了假点和假直线.我们立即体会到推广后的定义,依然保留着点和直线的基本性质,特别是经过两个不同的点有一条而且只有一条直线.另外一个基本性质"两条不同的直线也许互相平行也许相交于一点",因此可以简单地说成:两条不同的直线总是相交于一点(交点可是真点,可是假点).

现在欲证明这两种性质,试行解决两个问题:(一)通过两个已知点求作直线;(二)已知两条直线,求交点.

先做下面的准备工作.由点的齐次坐标定义,点$M'(x_1',x_2',x_3')$和点

---

① 我们要留意:由于采用上述的条件,才得到这个结论(像其他相类似的结论一样),我们尽可采用另一些条件,而得到另一种结论(比较§163后面的注).例如在复变函数论里,我们采取不同的条件,根据那些条件,平面上只有一个无穷远点.

$M''(x_1'', x_2'', x_3'')$相叠合每当且只当

$$x_1''=\lambda x_1',x_2''=\lambda x_2',x_3''=\lambda x_3' \tag{4}$$

这里 $\lambda$ 是不等于0的数. 换句话说,每当且只当数字 $x_1'', x_2'', x_3''$和 $x_1', x_2', x_3'$成比例.

由此得,两点 $M'(x_1', x_2', x_3')$ 和 $M''(x_1'', x_2'', x_3'')$ 相叠合的充分且必要条件,就是下面的表

$$\begin{matrix} x_1' & x_2' & x_3' \\ x_1'' & x_2'' & x_3'' \end{matrix} \tag{5}$$

的秩等于1. 事实上,由(4),显然推得表(5)里所有的行列式

$$\begin{vmatrix} x_2' & x_3' \\ x_2'' & x_3'' \end{vmatrix} \quad \begin{vmatrix} x_1' & x_3' \\ x_1'' & x_3'' \end{vmatrix} \quad \begin{vmatrix} x_1' & x_2' \\ x_1'' & x_2'' \end{vmatrix}$$

都等于0,故知表(5)的秩小于2. 它的秩也不能是0,因为表中的元不能全是0. 反过来,我们也容易验明,由于上面各个行列式等于0,即由关系式

$$x_2'x_3''-x_3'x_2''=0, x_3'x_1''-x_1'x_3''=0, x_1'x_2''-x_2'x_1''=0$$

便得数字 $x_1'', x_2'', x_3''$和数字 $x_1', x_2', x_3'$成比例①. 

以上所述,恰和下文成很好的对照. 设已知两条直线,它们的方程用齐次坐标为

$$a_1'x_1+a_2'x_2+a_3'x_3=0 \text{ 和 } a_1''x_1+a_2''x_2+a_3''x_3=0 \tag{6}$$

这两条直线叠合的充分且必要条件,就是它们的方程的系数成比例,即是

$$a_1''=ka_1', a_2''=ka_2', a_3''=ka_3' \tag{7}$$

这里 $k$ 是不等于0的数②.

因此,完全仿照上面,可得结论:两条直线(6)相叠合的充分且必要条件是表:

$$\begin{matrix} a_1' & a_2' & a_3' \\ a_1'' & a_2'' & a_3'' \end{matrix} \tag{8}$$

的秩等于1.

回到上面提出的第一个问题的解法. 通过两个不同的点 $M'(x_1', x_2', x_3')$ 和

---

① 这是很明显的,如果数字 $x_1', x_2', x_3'$里没有一个等于0. 但当其中有一个或两个等于0时,读者也容易直接验明这个命题的真实性.

② 当两直线都是真的,这情形已在前面(§97)证明. 若两条叠合直线都是假的,它们的方程化为:$a_3'x_3=0$ 和 $a_3''x_3=0$,这里 $a_3'\neq 0, a_3''\neq 0$. 故等式(7)依然成立,只要令 $k=\frac{a_3''}{a_3'}$.

$M''(x_1'',x_2'',x_3'')$求作一直线.

设 $a_1,a_2,a_3$ 是所求直线方程的系数,而 $M(x_1,x_2,x_3)$ 是这条直线上的点.由假设,我们同时得

$$\begin{cases}a_1x_1+a_2x_2+a_3x_3=0\\ a_1x_1'+a_2x_2'+a_3x_3'=0\\ a_1x_1''+a_2x_2''+a_3x_3''=0\end{cases}\tag{9}$$

因为 $a_1,a_2,a_3$ 不能同时都等于 0,故得等式

$$\begin{vmatrix}x_1 & x_2 & x_3\\ x_1' & x_2' & x_3'\\ x_1'' & x_2'' & x_3''\end{vmatrix}=0\tag{10}$$

现在证明这是所求直线的方程.事实上,把(10)的左边的行列式按着第一行各元来展开,且用不等于 0 的任意数 $k$ 来乘方程的两边①便得一次方程

$$a_1x_1+a_2x_2+a_3x_3=0\tag{10a}$$

式中



$$a_1=k(x_2'x_3''-x_2''x_3'),a_2=k(x_3'x_1''-x_3''x_1'),a_3=k(x_1'x_2''-x_1''x_2')\tag{11}$$

系数 $a_1,a_2,a_3$ 不同时等于 0,因为由假设,这两点 $M',M''$不相叠合②.因此,(10)代表一条确定的直线.显然这直线适合所规定条件,即通过两点 $M'$ 和 $M''$③,所以经过两个不相叠合的点(真点或假点)有一条完全决定的直线.

还要注意,方程(10)表示三点

$$M(x_1,x_2,x_3),M'(x_1',x_2',x_3'),M''(x_1'',x_2'',x_3'')$$

共线的充分且必要条件.它们的公共直线,可能是真线也许是假线.事实上,等式(10)表示有三个不同时等于 0 的数字 $a_1,a_2,a_3$ 存在,适合条件(9).

条件(10)适用于所有的情形,即点 $M,M',M''$可能是真点,可能是假点,可能是各不相同的,也可能是叠合的.

现在转到第二个问题:求两直线的交点.设已给两条不相叠合的直线

---

① 当然不用因子 $k$ 来乘也可以,我们所以这样做,为了要加强公式(11)的普遍性.

② 如果 $a_1=a_2=a_3=0$,那么,表:

$$\begin{matrix}x_1' & x_2' & x_3'\\ x_1'' & x_2'' & x_3''\end{matrix}$$

的秩就会小于 2(等于 1).

③ 事实上,用点 $M'$和 $M''$的坐标直接代入,便知它们适合方程(10).

$$\begin{cases} a_1'x_1 + a_2'x_2 + a_3'x_3 = 0 \\ a_1''x_1 + a_2''x_2 + a_3''x_3 = 0 \end{cases} \tag{12}$$

解这系求 $x_1, x_2, x_3$ 得[①]

$$x_1 = k(a_2'a_3'' - a_2''a_3'), x_2 = k(a_3'a_1'' - a_3''a_1'), x_3 = k(a_1'a_2'' - a_1''a_2') \tag{13}$$

这里 $k$ 是不等于 0 的任意函数. 各式的右边不同时等于 0，因为，由假设，直线(12)是不相叠合的. 因此，我们得一个且只得一个交点，由公式(13)决定.

如果

$$a_1'a_2'' - a_1''a_2' = 0 \tag{14}$$

那么 $x_3 = 0$，在这情形，而且只在这情形，这些直线的交点是假点. 因此，条件(14)是直线(12)互相平行的条件，这是从前已得的结果.

如果已给直线有一条是假线，例如，设 $a_1'' = a_2'' = 0, a_3'' \neq 0$，那么由(13)，消去公因数 $ka_3''$，得

$$x_1 = a_2', x_2 = -a_1', x_3 = 0$$



即是直线 $a_1'x_1 + a_2'x_2 + a_3'x_3 = 0$ 的假点，与我们的意料符合.

现在谈谈三条直线

$$\begin{cases} a_1x_1 + a_2x_2 + a_3x_3 = 0 \\ a_1'x_1 + a_2'x_2 + a_3'x_3 = 0 \\ a_1''x_1 + a_2''x_2 + a_3''x_3 = 0 \end{cases} \tag{15}$$

相交于一点(真点或假点)的充分且必要条件，即三条直线属于同一线束的条件. 这个条件显然便是等式

$$\begin{vmatrix} a_1 & a_2 & a_3 \\ a_1' & a_2' & a_3' \\ a_1'' & a_2'' & a_3'' \end{vmatrix} = 0 \tag{16}$$

因为这个等式表示系(15)的 $x_1, x_2, x_3$，除了 $x_1 = x_2 = x_3 = 0$ 之外，还有其他解答.

如果引用一次方式的概念(参看附录 §4)，上文的结论可用不同的形式重新推得

为书写简便起见，引入记号

① 参看附录 §6a.

$$f=a_1x_1+a_2x_2+a_3x_3, f_1=a_1'x_1+a_2'x_2+a_3'x_3, f_2=a_1''x_1+a_2''x_2+a_3''x_3$$

这里$f, f_1, f_2$代表三个变数$x_1, x_2, x_3$的一次方式.

要方程$f_1=0, f_2=0$所表示的两条直线叠合必要且充分地这两个方程同价,因而必要且充分地两个方式$f_1, f_2$有如下的关系

$$f_2=kf_1$$

这里$k$是常数(参看附录§6推论).在这情形$k\neq0$,因为方式$f_1$和$f_2$都不恒等于0.我们说上面这个关系表示方式$f_1$和$f_2$是平直相关的.在另一方面来说,要方式$f_1$和$f_2$平直相关的必要且充分条件,就是表(8)的秩小于2(参看附录§5).但它的秩不能等于0(因为表里定有些元不是0),所以它的秩等于1.这和上面所得的结果相同.

转到讨论三条直线相交的问题.要使方程

$$f=0, f_1=0, f_2=0 \tag{17}$$

所定的三条直线有公共点(真点或假点),必要且充分地,三个方程(17)中要有一个方程可由其他两个推出来①.换句话说,三个方式$f, f_1, f_2$中,要有一个方式

是其他两个的平直组合(参看附录§6推论).也就是说,三个方程$f, f_1, f_2$平直相关,即

$$kf+k_1f_1+k_2f_2=0 \tag{18}$$

是一个恒等式,式中$k, k_1, k_2$是常数,且不全是0.从另一方面,欲使方式$f, f_1, f_2$平直相关,必要且充分的条件是:表

$$\begin{matrix} a_1 & a_2 & a_3 \\ a_1' & a_2' & a_3' \\ a_1'' & a_2'' & a_3'' \end{matrix} \tag{19}$$

的秩小于3(参看附录§5),由此得条件(16),就是上文所得的结果.

现在设直线$f_1=0$和$f_2=0$不叠合.欲使直线$f=0$经过它们的交点的充分且必要条件包括在表(19)的秩等于2的条件内.事实上,这个秩应小于3,已如刚才所说,但它也不能小于2,因为表中底下两行所组成的表的秩为2,否则直线$f_1=0$和$f_2=0$就会叠合.由此并可推得特别的结果,即表(19)的第一行是其他两行的平直组合(参看附录§5推论),即

---

① 如果三条直线叠合,那么,方程(17)中的任一个,都可由其余的每一个推出来.又如直线$f_1=0$和$f_2=0$不相同,而直线$f=0$经过它们的交点,那么,方程(17)中,第一个可由其余两个推出来,因为适合后面两个方程的$x_1, x_2, x_3$也必适合第一个方程.

$$a_1 = \lambda a_1' + \mu a_1'', a_2 = \lambda a_2' + \mu a_2'', a_3 = \lambda a_3' + \mu a_3'' \tag{20}$$

这里 $\lambda$ 和 $\mu$ 是不同时等于 0 的两个数.

公式(20)是直线 $f=0$ 的系数的一般表示式,这条直线经过两直线 $f_1=0$, $f_2=0$ 的交点.

## 习　题

1. 研究经过两个已知点作直线的问题,讨论个别情形:(1)两真点,(2)一假点一真点,(3)两假点.

解:如果两点 $M'$,$M''$ 都是真点,就容易验明直线(10)是真直线①.

如果有一点 $M''$ 是假点,但 $M'$ 是真点. 即 $x_3''=0, x_3'\neq 0$,那么,用 $x_3'$ 来除式(10),得

$$-x_2''x_1 + x_1''x_2 + \frac{x_1'x_2'' - x_1''x_2'}{x_3'}x_3 = 0$$

或用不齐次坐标得

$$-x_2''x + x_1''y + \frac{x_1'x_2'' - x_1''x_2'}{x_3'} = 0$$



这个方程所代表的直线,经过点 $M'$ 而和矢量 $(x_1'', x_2'')$ 平行. 这个结果本可预料,因为经过假点 $(x_1'', x_2'', 0)$ 的直线,就是和矢量 $(x_1'', x_2'')$ 平行的直线.

如果两点 $M'$ 和 $M''$ 都是假点($x_3' = x_3'' = 0$),那么,方程(10)变为

$$(x_1'x_2'' - x_1''x_2')x_3 = 0$$

即

$$x_3 = 0$$

就是说所求的直线正如我们所预料是一条假直线(真直线上只能有一个假点).

2. 当直线(15)里有一条是假线,说明条件(16)的意义.

解:例如设(15)里第三条是假直线,即 $a_1''=0, a_2''=0, a_3''\neq 0$. 那么,条件(16)化为

$$\begin{vmatrix} a_1 & a_2 & a_3 \\ a_1' & a_2' & a_3' \\ 0 & 0 & a_3'' \end{vmatrix} = a_3''(a_1a_2' - a_1'a_2) = 0$$

① 因为在这情形,$x_3'\neq 0, x_3''\neq 0$,按比例改换坐标,我们可以取 $x_3' = x_3'' = 1$. 假如我们所得的是 $a_1 = a_2 = 0$,那么,就根据(11)得 $x_1' = x_1'', x_2' = x_2''$,即两点 $M, M'$ 叠合.

即

$$a_1a_2'-a_1'a_2=0$$

此即两直线平行的条件,正如我们所预料.

**§167. 在平面上用齐次坐标时,直线的参数表示式** 在平面上以齐次坐标方程来表示的直线,也很容易用参数方程系来表示.直线的位置,可用已给的两个不同点来决定,如 $M'(x_1',x_2',x_3')$ 和 $M''(x_1'',x_2'',x_3'')$. 这条直线上任意点 $M(x_1,x_2,x_3)$ 要受前节条件(10)的约束.这条件现在可改述如下表

$$\begin{matrix} x_1 & x_2 & x_3 \\ x_1' & x_2' & x_3' \\ x_1'' & x_2'' & x_3'' \end{matrix} \tag{1}$$

的秩等于2(它不能小于2,因为底下两行所组成的表的秩等于2,这由于假定 $M'$ 和 $M''$ 是不相同的点).因此,第一行是后面两行的平直组合,即[①]

$$x_1=\lambda x_1'+\mu x_1'',x_2=\lambda x_2'+\mu x_2'',x_3=\lambda x_3'+\mu x_3'' \tag{2}$$

这里 $\lambda,\mu$ 是不同时等于0的数(因为 $x_1,x_2,x_3$ 不全是0).



如果 $x_1,x_2,x_3$ 已给定[②],那么,$\lambda,\mu$ 就完全决定[③].事实上,在各个行列式 $x_i'x_j''-x_i''x_j'$ $(i,j=1,2,3)$ 之中,最低限度有一个不等于0.例如,设行列式 $x_1'x_2''-x_1''x_2'$ 不等于0.解(2)里的第一、第二方程,求 $\lambda,\mu$,得数值

$$\lambda=\alpha x_1+\beta x_2,\mu=\gamma x_1+\delta x_2 \tag{3}$$

这里 $\alpha,\beta,\gamma,\delta$ 是完全确定的数量(读者可自行写出它们的表示式).

我们把式(2)的 $\lambda,\mu$ 变值,便得这条直线上一切的点,包括假点在内.当 $\lambda=0$,得点 $M''$;当 $\mu=0$,得点 $M'$;如果取 $\lambda$ 和 $\mu$ 使 $\lambda x_3'+\mu x_3'=0$,那么,$x_3=0$,便得这条直线上的假点.

点的位置,不是受 $\lambda$ 和 $\mu$ 个别的影响,而只是受比值 $\frac{\lambda}{\mu}$ 或 $\frac{\mu}{\lambda}$ 的影响.事实上,暂设 $\mu\neq0$,即设点 $M$ 和点 $M'$ 不相叠合.那么,我们可把方程(2)写作

$$x_1=\mu(hx_1'+x_1''),x_2=\mu(hx_2'+x_2''),x_3=\mu(hx_3'+x_3'') \tag{4}$$

这里

$$h=\frac{\lambda}{\mu}$$

---

① 参看附录§5,推论.

② 当然假定这些数要使表(1)的秩小于3(因而它就等于2).

③ 这也由附录(§5,推论)所述得来,但为了更清楚起见,我们把这里的特别情形直接证明出来.

因为同时用一个不等于 0 的数，乘遍各个齐次坐标，不改变这点的位置，那么，我们可以消去上面公式的因数 $\mu$，把它们写作

$$x_1 = hx_1' + x_1'', x_2 = hx_2' + x_2'', x_3 = hx_3' + x_3'' \tag{4a}$$

由此得：点 $M$ 的位置只和比值 $h$ 有关．从(4a)可知，$h$ 的每个数值对应于在这条直线上一个完全确定的点．

反过来说，显而易见，直线上每点对应于一个完全确定的数值 $h$（暂把点 $M'$ 除外）．事实上，设 $M(x_1, x_2, x_3)$ 是直线上的任意点．这个点（对于同一坐标系）的一切齐次坐标都可由 $x_1, x_2, x_3$ 乘以一个不等于 0 的任意数 $k$ 而求得．但这样做法，就是用同一个数来乘 $\lambda$ 和 $\mu$，这可由式(3)推知．因此对于同一的点来讲，比值 $\frac{\lambda}{\mu} = h$ 并不改变．

在上面我们暂时把 $\mu = 0$ 即 $h = \infty$ 的情形除外，现在我们同意允许(4a)的参数 $h$ 取 $\infty$ 值，那时式(2)的 $\mu = 0$．因此，$h = \infty$ 值和点 $M'$ 相对应．反转来说也对．

这样，我们可以说，给予 $h = \frac{\lambda}{\mu}$ 所有可能的数值，包括 $\infty$ 在内，我们便得直线上所有的点，由此，直线上每一点对应于 $h$ 的每一个数值，$h$ 的每一值对应于直线上每一点． 

**注 1**　由公式(4a)容易推得，用不齐次坐标时直线的参数表示式和从前所得的一致．设取点 $M'$ 作为直线上的假点，即设 $x_3' = 0$，那么，矢量 $(X, Y)$ 和这直线同方向，这里 $X = x_1'$，$Y = x_2'$．由公式(4a)得 $x_1 = x_1'' + hX$，$x_2 = x_2'' + hY$，$x_3 = x_3''$．改用不齐次坐标，关于点 $M$ 有：$x = \frac{x_1}{x_3}$，$y = \frac{x_2}{x_3}$；关于点 $M''$ 有：$x_0 = \frac{x_1''}{x_3''}$，$y_0 = \frac{x_2''}{x_3''}$，便得

$$x = x_0 + tX, y = y_0 + tY \tag{5}$$

这里令 $t = \frac{h}{x''_3}$，便是 §88 的公式．

**注 2**　现在把 §41 的公式(2a)写作

$$x = \frac{x' + mx''}{1 + m}, y = \frac{y' + my''}{1 + m} \tag{6}$$

这里 $x, y$ 代表点 $M$ 的坐标，它把线段 $M'M''$ 分割成比值 $m$．这里的 $M'$ 和 $M''$ 都是真点，它们的坐标为 $(x', y')$ 和 $(x'', y'')$．这公式也可当作经过 $M'$ 和 $M''$ 的直线的参数表示式，式中的参数为 $m$．当 $m = -1$，得假点；当 $m = 0$，得点 $M'$；当 $m = \infty$，

得点 $M''$. 这两个公式也容易由公式(2)推得.

事实上,设 $M'$和 $M''$为真点,便可假定 $x_3' = x_3'' = 1$,那么,$x_1' = x'$,$x_2' = y'$和 $x_1'' = x''$,$x_2'' = y''$就是点 $M'$和点 $M''$的不齐次坐标. 用等式(2)的第三式来除第一第二两式,又设

$$\frac{x_1}{x_3} = x, \frac{x_2}{x_3} = y$$

便得

$$x = \frac{\lambda x' + \mu x''}{\lambda + \mu}, y = \frac{\lambda y' + \mu y''}{\lambda + \mu} \tag{6a}$$

再用 $\lambda$ 来除分子和分母,便得式(6).

**§ 168. 空间的齐次笛氏坐标** 要把上面的讨论推广到三元度空间并没有什么困难.

设 $M(x,y,z)$是空间的点,用四个不同时等于 0 的数 $x_1,x_2,x_3,x_4$ 来替代 $x$, $y,z$,规定它们的关系如下



$$x = \frac{x_1}{x_4}, y = \frac{x_2}{x_4}, z = \frac{x_3}{x_4} \tag{1}$$

数字 $x_1,x_2,x_3,x_4$ 叫作点 $M$ 的齐次笛氏坐标,用记号 $M(x_1,x_2,x_3,x_4)$表示. 点 $M$ 的位置不是受齐次坐标个别的影响,而是依靠前三个坐标和第四个的比值来决定. 对于空间的寻常点(真点),我们应设 $x_4 \neq 0$. 同样,在引进$x_4 = 0$的值时,我们把点的概念推广,同意说,数集$(x_1,x_2,x_3,0)$代表假点或无穷远点. 我们也可以说,这个点是取矢量

$$\boldsymbol{P} = (X,Y,Z)$$

的方向趋向无穷远处,这里 $X = \lambda x_1$,$Y = \lambda x_2$,$Z = \lambda x_3$,而 $\lambda$ = 任意数(但不是0),例如 $\lambda = \pm 1$.

和矢量 $\boldsymbol{P} = (X,Y,Z)$平行的一切直线含有同一的无穷远点 $M(x_1,x_2,x_3,0)$,也即是 $M(X,Y,Z,0)$,比较 § 165 和 § 166 所述.

平面的方程

$$a_1x + a_2y + a_3z + a_4 = 0 \tag{2}$$

用齐次坐标表示,化为

$$f \equiv a_1x_1 + a_2x_2 + a_3x_3 + a_4x_4 = 0 \tag{3}$$

当 $a_1 = a_2 = a_3 = 0$ 的情形,我们同意采取如下的说法:如果 $a_4$ 也等于 0,我们得恒等式 $0 = 0$,对于空间一切的点都适合. 我们对这情形,不感兴趣,但有时在形式上说它代表一个“不定平面”.

以后如果没有相反的声明,我们总是假定 $a_1,a_2,a_3,a_4$ 不同时等于 0.

如果 $a_1=a_2=a_3=0$,因而 $a_4\neq0$,方程(3)化为

$$a_4x_4=0 \text{ 即 } x_4=0$$

只有假点的坐标才能适合它. 我们说它代表假平面或无穷远平面. 因此,依照我们的条件,在空间假点的集合组成一个假平面.

已给两个平面的方程

$$f_1\equiv a_1'x_1+a_2'x_2+a_3'x_3+a_4'x_4=0 \tag{4}$$

和

$$f_2\equiv a_1''x_1+a_2''x_2+a_3''x_3+a_4''x_4=0 \tag{5}$$

它们互相叠合(即一个平面上所有的点都在其他一个平面上)的充要条件为方式 $f_1$ 和 $f_2$ 平直相关,即两个方式的系数成比例.

设(4)和(5)代表两个不相叠合的平面,如果它们是不平行的真平面,那么,它们公共点的集合组成一直线.

如果它们里边有一个是假平面,例如 $a_1''=a_2''=a_3''=0,a_4''\neq0$,那么,这两个方程变成下式

$$a_1'x_1+a_2'x_2+a_3'x_3+a_4'x_4=0 \text{ 或 } x_4=0$$

我们同样说,这两个方程代表平面(4)和假平面的交线. 这条交线由平面(4)上的假点所组成,故可叫作这个平面上的假直线或无穷远直线. 这句话和§166 的条件完全一致,即平面上的假点的集合,组成这平面上一条(假的)直线.

平面(4)上的假点$(x_1,x_2,x_3,0)$所成的集合由下面的条件来决定

$$a_1'x_1+a_2'x_2+a_3'x_3=0,x_4=0$$

和平面(4)平行的任意平面为

$$a_1''x_1+a_2''x_2+a_3''x_3+a_4''x_4=0$$

它上面的假点所成的集合也是用下面条件来决定

$$a_1''x_1+a_2''x_2+a_3''x_3=0,x_4=0$$

在这两个平面上,所有的假点都相同,因为,它们是平行的平面,系数 $a_1',a_2',a_3'$ 和 $a_1'',a_2'',a_3''$ 成比例,所以两个方程式

$$a_1'x_1+a_2'x_2+a_3'x_3=0 \text{ 和 } a_1''x_1+a_2''x_2+a_3''x_3=0$$

是同价的.

故两个平行平面有公共的假直线.

因此可以说:任何两个不相叠合的平面,决定一条且只一条直线(真直线和假直线).

现在容易证明:经过任何两点(真点或是假点)必有一条且只有一条直线(真直线或假直线).

事实上,设 $M'(x_1',x_2',x_3',x_4')$ 和 $M''(x_1'',x_2'',x_3'',x_4'')$ 是两个不相同的点.首先求经过这两点的一切平面. 欲使平面

$$f\equiv a_1x_1+a_2x_2+a_3x_3+a_4x_4=0$$

通过点 $M'$ 和 $M''$,它的方程的系数要适合两个条件

$$\begin{cases}a_1x_1'+a_2x_2'+a_3x_3'+a_4x_4'=0\\ a_1x_1''+a_2x_2''+a_3x_3''+a_4x_4''=0\end{cases}\tag{6}$$

这些系数的表:

$$\begin{matrix}x_1' & x_2' & x_3' & x_4'\\ x_1'' & x_2'' & x_3'' & x_4''\end{matrix}$$

的秩等于2,因为点 $M'$ 和点 $M''$ 不相叠合①. 因此,方程系(6)可有两个平直无关的解答②,我们用



$$\begin{matrix}a_1', & a_2', & a_3', & a_4'\\ a_1'', & a_2'', & a_3'', & a_4''\end{matrix}$$

来代表它,方程系(6)所有的解答,都是这两个解答的平直组合,即

$$\begin{cases}a_1=\lambda a_1'+\mu a_1'', a_2=\lambda a_2'+\mu a_2''\\ a_3=\lambda a_3'+\mu a_3'', a_4=\lambda a_4'+\mu a_4''\end{cases}\tag{7}$$

(这里 $\lambda,\mu$ 不同时等于0),故得所求的平面为

$$f\equiv(\lambda a_1'+\mu a_1'')x_1+(\lambda a_2'+\mu a_2'')x_2+(\lambda a_3'+\mu a_3'')x_3+(\lambda a_4'+\mu a_4'')x_4=0$$

即

$$\lambda f_1+\mu f_2=0\tag{8}$$

这里沿用前面的记号

$$f_1\equiv a_1'x_1+a_2'x_2+a_3'x_3+a_4'x_4, f_2\equiv a_1''x_1+a_2''x_2+a_3''x_3+a_4''x_4$$

把 $\lambda$ 和 $\mu$ 变值,我们可得经过两点 $M',M''$ 的所有可能的平面. 这些平面都经过两个平面

$$f_1=0, f_2=0\tag{9}$$

的交线. 那便决定了经过两点 $M'$ 和 $M''$ 的直线,而且,由上面所述,只有一条这样的直线.

---

① 比较在平面上关于点的类似命题(§166).

② 参看附录§6.

**推广**　三个平面

$$f=0, f_1=0, f_2=0$$

相交于一条直线(真的或是假的)的充分且必要条件,是三个方式$f_1, f_2, f_3$平直相关①,即要恒等式

$$kf+k_1f_1+k_2f_2=0 \tag{10}$$

成立,这里$k, k_1, k_2$是不同时等于0的常数,而要有这样的条件成立,必须且只需下面所列的表:

$$\begin{matrix} a_1 & a_2 & a_3 & a_4 \\ a_1' & a_2' & a_3' & a_4' \\ a_1'' & a_2'' & a_3'' & a_4'' \end{matrix} \tag{11}$$

的秩小于3(参看附录§5).

如果两个平面$f_1=0$和$f_2=0$不相同,而平面$f=0$通过它们的交线,那么,表(11)的秩等于2. 因为底下两行所组成的表的秩等于2(否则平面$f_1=0$和$f_2=0$相叠合).



因此,表(11)第一行是后面两行的平直组合(参看附录§5推论),即

$$\begin{cases} a_1=\lambda a_1'+\mu a_1'', a_2=\lambda a_2'+\mu a_2'' \\ a_3=\lambda a_3'+\mu a_3'', a_4=\lambda a_4'+\mu a_4'' \end{cases} \tag{12}$$

这里$\lambda$和$\mu$是不同时等于0的数. 式(12)是一个平面方程的系数的一般表示式,这个平面经过两个不相叠合的已知平面的交线.

上文所述的结果,恰和下面的命题相对照:三点$M(x_1, x_2, x_3, x_4)$, $M'(x_1', x_2', x_3', x_4')$, $M''(x_1'', x_2'', x_3'', x_4'')$共线的必要且充分条件是表:

$$\begin{matrix} x_1 & x_2 & x_3 & x_4 \\ x_1' & x_2' & x_3' & x_4' \\ x_1'' & x_2'' & x_3'' & x_4'' \end{matrix} \tag{13}$$

的秩小于3.

事实上,要使所给的点共线必须且只需有两个平面存在,经过所有三点. 任何经过这些点的平面,它的方程系数$a_1, a_2, a_3, a_4$要适合下面三个方程

---

① 如果三个平面$f=0, f_1=0, f_2=0$相叠合,那么,它们之中每一个方程可由其他任一个推得. 例如,设在后的两个平面不相同,那么,方程$f=0$可由在后的两个推得(因为适合方程$f_1=0$和$f_2=0$的数值$x_1, x_2, x_3, x_4$都适合$f=0$). 因此(附录§6,推论)方式$f$是两个方程$f_1$样和$f_2$的平直组合.

$$a_1x_1+a_2x_2+a_3x_3+a_4x_4=0$$
$$a_1x_1'+a_2x_2'+a_3x_3'+a_4x_4'=0$$
$$a_1x_1''+a_2x_2''+a_3x_3''+a_4x_4''=0$$

如果表(13)的秩等于3,那么,这个系只有一个平直无关的解答[①],因此,只决定一个平面.所以,表(13)的秩要小于3.反过来说,如果这个表的秩小于3,那么,这个系最低限度有两个平直无关的解答,因而这些点共线.

最后,求四个平面

$$f_1=0, f_2=0, f_3=0, f_4=0 \tag{14}$$

属于同一面把的条件,即四个平面有一公共点(真点或假点).要使方程(14)有一个不全为0的解答必须且只需各个方式$f_1, f_2, f_3, f_4$的系数所组成的行列式

$$\begin{vmatrix} a_1 & a_2 & a_3 & a_4 \\ a_1' & a_2' & a_3' & a_4' \\ a_1'' & a_2'' & a_3'' & a_4'' \\ a_1''' & a_2''' & a_3''' & a_4''' \end{vmatrix} \tag{15}$$


等于0,这便是必要且充分的条件.这条件等于说:方式$f_1, f_2, f_3, f_4$平直相关,即有一个恒等式存在(对于变数$x_1, x_2, x_3, x_4$来讲)

$$\lambda_1 f_1+\lambda_2 f_2+\lambda_3 f_3+\lambda_4 f_4=0 \tag{16}$$

式中$\lambda_1, \lambda_2, \lambda_3, \lambda_4$是不完全为0的数.这样,我们又把§146所说的结果推广一步.

再谈四点$M(x_1, x_2, x_3, x_4)$,$M'(x_1', x_2', x_3', x_4')$,$M''(x_1'', x_2'', x_3'', x_4'')$,$M'''(x_1''', x_2''', x_3''', x_4''')$共面的条件,这包括在等式

$$\begin{vmatrix} x_1 & x_2 & x_3 & x_4 \\ x_1' & x_2' & x_3' & x_4' \\ x_1'' & x_2'' & x_3'' & x_4'' \\ x_1''' & x_2''' & x_3''' & x_4''' \end{vmatrix}=0 \tag{17}$$

之内.证明的方法完全和上面类似(比较§166,平面上三点共线的条件).

**§169.空间直线的参数表示式** 设所讨论的直线用已给的两点(不相同的点)$M'$和$M''$来决定.直线上任何一点$M(x_1, x_2, x_3, x_4)$和$M'$,$M''$共线,因而前节表(13)的秩小于3,但它的底下两行所成的表的秩等于2,因为点$M'$和点$M''$是

① 参看附录§6.

不同的点. 所以,①第一行是其他两行的平直组合

$$\begin{cases} x_1 = \lambda x_1{}' + \mu x_1{}'', x_2 = \lambda x_2{}' + \mu x_2{}'' \\ x_3 = \lambda x_3{}' + \mu x_3{}'', x_4 = \lambda x_4{}' + \mu x_4{}'' \end{cases} \tag{1}$$

这里 $\lambda,\mu$ 是不同时等于 0 的数. 令参数 $\lambda,\mu$ 通过一切可能的数值(数值 $\lambda=\mu=0$除外),我们获得这线上一切的点. 其余的结论,可和 §167 所述的一样推得,特别是直线上点的位置,完全决定于比值

$$h = \frac{\lambda}{\mu}$$

反过来说,每一个数值 $h$ 相当于直线上一点且只一点,数值 $h=\infty$ 也不是例外.

**§170. 平面上的直线坐标. 点和直线的对偶**　我们现在引入一些新的概念,为了简单起见,先从二元度的情形开始.

我们已经晓得,平面上点的位置,可用它的三个齐次坐标 $x_1,x_2,x_3$ 的比值作完全的决定. 又平面上直线的位置,可用它的方程

$$a_1x_1 + a_2x_2 + a_3x_3 = 0 \tag{1}$$

的三个系数 $a_1,a_2,a_3$ 的比值做完全的决定.

因此,我们可以把数量 $a_1,a_2,a_3$ 叫作直线的齐次笛氏坐标,因为坐标的一般意义,是指用来决定所给图形的数量(在齐次坐标情形,只是它们的比值有意义). 正如我们说点 $M(x_1,x_2,x_3)$,我们也可以说直线 $\Delta(a_1,a_2,a_3)$.

如果在方程(1)里,把 $x_1,x_2,x_3$ 作为常数,而 $a_1,a_2,a_3$ 作为变数,那么,这个方程式代表经过点$(x_1,x_2,x_3)$的所有直线的集合,因而决定这点 $x_1,x_2,x_3$ 为线束的中心. 所以,把 $x_1,x_2,x_3$ 看作常数时,方程(1)叫作点的方程式,它是用直线坐标来表示的.

除了齐次直线坐标外,也可用不齐次的坐标. 引入点的不齐次坐标 $\left(x=\frac{x_1}{x_3}, y=\frac{x_2}{x_3}\right)$,先把方程(1)写成

$$a_1x + a_2y + a_3 = 0$$

再用 $a_3$ 来除两边(设 $a_3\neq 0$),又令

$$\frac{a_1}{a_3} = u, \frac{a_2}{a_3} = v \tag{2}$$

便得

$$ux + vy + 1 = 0 \tag{3}$$

① 参看附录 §5 推论.

数量 $u,v$ 叫作直线的不齐次笛氏坐标①. 不齐次坐标有一个缺陷,因为它们不能表示一切的直线,即是如果只用 $u,v$ 的有限数值,那么,方程(3)所代表的直线,不会经过坐标的原点.

很明显地,方程(1)或(3),把点 $M(x_1,x_2,x_3)$ 和直线 $\Delta(a_1,a_2,a_3)$ 结合②的关系表现出来. 这个关系对于点和直线的坐标是完全相对称的.

由于这个完全对称的情况,凡是根据方程(1)或(3),或和它们同效的方程系而成立的每一条命题,都有一条相应的"对偶"命题,这样的两条命题可用调换"点"和"直线"两个名词而彼此互相调换. 这叫作平面上直线和点的"对偶原则".

我们不拟探究这个原则的基础,虽然它在投影几何上起了很大的作用③. 我们在后面也有时应用对偶的性质,以便作几何事实的分类和互相对照,在下面我们将遇到一连串互相对照的例子,现在先举几条如下:

平面上的直线和点,可从两个不同的观点来讨论,第一个方法,把点作为基本的几何元素,而把直线作为结合许多点(即在这直线上的点)的"底线";所有在底线上的点,组成一个"点列". 第二个方法,把直线作为基本元素,而把点作为结合许多直线(即通过这点的直线)的"中心";所有通过中心的直线,组成一个"线束". 所以点列和线束配成对偶,"直线作为点列的底线"和"点作为线束的中心"也配成对偶. 依照这样说法,平面也可用两个不同的观点来讨论,可以把它看作点场的底面,也可把它看作线场的底面.



---

① 直线坐标齐次的和不齐次的也叫作伯吕格坐标(由德国数学家 J. Plücker 而得名),又叫作切线坐标,后一名词的来源,后面将有说明(参看 §223 和推论).

我们采用"直线的笛氏坐标"这个名词,只因为这些坐标建立在笛氏坐标的基础上(直线坐标的引进,远在笛氏死后很久).

② 我们有时用这个名词来代表点 $M$ 在直线 $\Delta$ 上,又代表线 $\Delta$ 经过点 $M$. 引用这个名词的目的,在使词句上得到对称. 为了相同的目的,我们也用"闲聊"这个名词(线和点"闲聊",如果点在线上).

③ 对偶原则的基础,可以不用解析几何的工具来建立. 这个基础是在分析几何学的公设,把那些仅以点和直线占有对称地位的公设为根据的几何真理挑选出来. 显然对于这些几何真理,对偶原则可以成立.

现在列举几条对偶的例子①.

1. 不同时等于 0 的三个数 $x_1, x_2, x_3$ 决定平面上一点. 两点 $(x_1, x_2, x_3)$ 和 $(x_1', x_2', x_3')$ 叠合的必要且充分条件是表:

$$\begin{matrix} x_1 & x_2 & x_3 \\ x_1' & x_2' & x_3' \end{matrix}$$

的秩等于 1.

2. 坐标适合齐次平直方程

$$a_1x_1 + a_2x_2 + a_3x_3 = 0 \qquad (*)$$

的点($a_1, a_2, a_3$ 为常数),组成以直线 $(a_1, a_2, a_3)$ 为底线的点列,方程(*)叫作这直线的方程.

3. 两个不同的点 $M'(x_1', x_2', x_3')$ 和 $M''(x_1'', x_2'', x_3'')$ 决定一条且只一条直线和它们结合. 所有和这直线结合的各点的坐标,适合公式

$$x_1 = \lambda x_1' + \mu x_1''$$
$$x_2 = \lambda x_2' + \mu x_2''$$
$$x_3 = \lambda x_3' + \mu x_3''$$

式中 $\lambda$ 和 $\mu$ 不同时等于 0,而且点的位置,只受比值 $\frac{\lambda}{\mu}$ 的影响;每一个比值,对应于在点列上一个完全确定的点的位置,反过来说也如此.

4. 三点

$$M(x_1, x_2, x_3), M'(x_1', x_2', x_3'),$$
$$M''(x_1'', x_2'', x_3'')$$

和某一条直线相结合的必要且充分条件:

1a. 不同时等于 0 的三个数 $a_1, a_2, a_3$ 决定平面上一条直线,两条直线 $(a_1, a_2, a_3)$ 和 $(a_1', a_2', a_3')$ 叠合的必要且充分条件,是表:

$$\begin{matrix} a_1 & a_2 & a_3 \\ a_1' & a_2' & a_3' \end{matrix}$$

的秩等于 1.

2a. 坐标适合齐次平直方程

$$a_1x_1 + a_2x_2 + a_3x_3 = 0 \quad (**)$$

的直线($x_1, x_2, x_3$ 为常数),组成以点 $(x_1, x_2, x_3)$ 为中心的线束. 方程(**)叫作点的方程.

3a. 两条不同直线 $\Delta'(a_1', a_2', a_3')$ 和 $\Delta''(a_1'', a_2'', a_3'')$ 决定一点且只一点和它们结合. 所有和这点结合的各条直线的坐标,适合公式②

$$\begin{cases} a_1 = \lambda a_1' + \mu a_1'' \\ a_2 = \lambda a_2' + \mu a_2'' \\ a_3 = \lambda a_3' + \mu a_3'' \end{cases}$$

式中 $\lambda$ 和 $\mu$ 不同时等于 0,而且直线的位置,只受比值 $\frac{\lambda}{\mu}$ 的影响. 每一个比值,对应于线束里一条完全确定的直线的位置,反过来说也如此③.

4a. 三条直线

$$\Delta(a_1, a_2, a_3), \Delta'(a_1', a_2', a_3')$$
$$\Delta''(a_1'', a_2'', a_3'')$$

和某一点相结合的必要且充分条件



① 这里列举的性质,在前面各节都已证明.

② 这根据 § 166 所述[参看公式(20)].

③ 这命题的证明,完全仿照左边的对偶命题,证法见 § 167 末尾.

$$\begin{vmatrix} x_1 & x_2 & x_3 \\ x_1' & x_2' & x_3' \\ x_1'' & x_2'' & x_3'' \end{vmatrix}=0$$

这条件可以表达如下:一次方式

$$\begin{cases} \varphi_1 \equiv a_1x_1+a_2x_2+a_3x_3 \\ \varphi_2 \equiv a_1x_1'+a_2x_2'+a_3x_3' \\ \varphi_3 \equiv a_1x_1''+a_2x_2''+a_3x_3'' \end{cases}$$

其中 $a_1,a_2,a_3$ 看作变数是三个平直相关的方式.

$$\begin{vmatrix} a_1 & a_2 & a_3 \\ a_1' & a_2' & a_3' \\ a_1'' & a_2'' & a_3'' \end{vmatrix}=0$$

这条件可以表达如下:一次方式

$$f_1 \equiv a_1x_1+a_2x_2+a_3x_3$$
$$f_2 \equiv a_1'x_1+a_2'x_2+a_3'x_3$$
$$f_3 \equiv a_1''x_1+a_2''x_2+a_3''x_3$$

其中 $x_1,x_2,x_3$ 看作变数是三个平直相关的方式.

建议读者自行构造其他相类似的例子.

注意:命题 3a(在右边的)显然可以解说如下:公式

$$a_1=\lambda a_1'+\mu a_1'',a_2=\lambda a_2'+\mu a_2'',a_3=\lambda a_3'+\mu a_3'' \tag{4}$$

式中 $\lambda$ 和 $\mu$ 为不同时等于0的参变数,是线束的参数表示式,这线束是由两条给定的直线 $\Delta'(a_1',a_2',a_3')$,$\Delta''(a_1'',a_2'',a_3'')$ 所决定,这里用 $a_1,a_2,a_3$ 代表线束内任意直线 $\Delta$ 的坐标. 每个比值 $\dfrac{\lambda}{\mu}$ 对应于一条直线,每条直线对应于一个比值;比较直线的参数表示法(§167)那是和它完全类似的(对偶的).



**§171. 空间的平面坐标. 点和平面的对偶** 现在讨论空间的平面方程

$$a_1x_1+a_2x_2+a_3x_3+a_4x_4=0 \tag{1}$$

和平面上的直线坐标相类似,数量 $a_1,a_2,a_3,a_4$ 叫作平面的齐次笛氏坐标. 具有坐标 $a_1,a_2,a_3,a_4$ 的平面 $\Pi$,我们用记号 $\Pi(a_1,a_2,a_3,a_4)$ 来代表它.

如果在(1)里,把 $x_1,x_2,x_3,x_4$ 作为常数,而 $a_1,a_2,a_3,a_4$ 作为变数. 那么,方程(1)代表经过给定点$(x_1,x_2,x_3,x_4)$的一切平面,即面把. 当 $x_1,x_2,x_3,x_4$ 是常数,方程(1)叫作点的方程,它是用平面坐标来表示的.

这里亦可引用不齐次的平面坐标① $u,v,w$,把平面的方程写如下式

$$ux+vy+wz+1=0 \tag{2}$$

由于方程(1)和(2)的完全对称形式,我们又有空间的对偶原则(参看前节),但现在对偶的元素是点和平面. 空间直线通常不算作独立元素,只作为点列的底线或作为面束(所有通过这直线的平面)的轴. 在空间点列和面束成对

---

① 平面坐标(齐次的或不齐次的),正如直线坐标一样,有时也叫作伯吕格坐标或切面坐标(参看§170 的注脚①).

应,在前者,直线表现为点列的底线. 而在后者,直线表现为面束的轴.

读者容易自己去构造一些对偶命题的例子,特别是在 § 168 所得到的一连串的命题和公式,一对一对成对偶. 我们建议读者依照已指出的观点,把该节再行翻阅一遍.

尚须注意,关于 § 169 的公式的对偶,那时所得的公式为空间直线的参数表示(即点列的参数表示). 空间点列的对偶为面束,面束被它的两个平面 $\Pi'(a_1', a_2', a_3', a_4')$ 和 $\Pi''(a_1'', a_2'', a_3'', a_4'')$ 所完全决定,正如点列被它的两点 $M'(x_1', x_2', x_3', x_4')$ 和 $M''(x_1'', x_2'', x_3'', x_4'')$ 所完全决定. 这个面束里任意平面的坐标 $a_1, a_2, a_3, a_4$ 由 § 168 公式(12)决定

$$a_1 = \lambda a_1' + \mu a_1'', a_2 = \lambda a_2' + \mu a_2'', a_3 = \lambda a_3' + \mu a_3'', a_4 = \lambda a_4' + \mu a_4'' \quad (3)$$

式中 $\lambda$ 和 $\mu$ 是不同时为 0 的参数.

显而易见(比较 § 167 末尾的类似的讨论),每一个比值 $\frac{\lambda}{\mu}$ 对应于面束内一个平面 $\Pi$,反过来也如此.

公式(3)给出面束的参数表示式.



**§ 172. 投影几何的基本形**　在上面两节,我们在平面上成立点和直线的对偶,在空间成立点和平面的对偶. 关于其他的图形,也可成立相类似的对偶,例如线把内的直线和面把内的平面,平面上的点和平面上的直线. 我们现在不再详细讨论,只拟略提一提,在投影几何学(它的意义,下面再说明)里,把几何的基本形按照不同元度来分类. 在同元度的基本形之间,可以成立对偶关系(依照上述的意义). 在投影几何范围内对于任何性质,都可施用对偶原则. 所以,投影几何的命题,如果对于某个基本形已有证明,当然可以推及同元度的其他基本形,无须再加证明.

现在把基本形和它们的分类列举如下:

基本形的基本元素为:点,直线,平面.

Ⅰ. 一元度基本形. 1°点列(直线上的点集合). 2°线束(平面上通过一点的直线集合). 3°面束.

Ⅱ. 二元度基本形. 1°点场(平面上的点集合). 2°线场(平面上的直线集合). 3°线把. 4°面把.

Ⅲ. 三元度基本形. 1°点空间(空间的点集合). 2°平面空间(空间的平面集合).

**§ 173. 齐次笛氏坐标的变换**　为了简单起见,先从直线(轴) $Ox$ 上点的坐标开始.

设点 $M$ 的齐次坐标为 $x_1,x_2$. 暂设它是真点,它的横坐标 $x$ 便是比值

$$x=\frac{x_1}{x_2} \tag{1}$$

在直线上变换笛氏坐标系,即是把原点由 $O$ 移到另一点 $O'$,又把坐标矢量 $\boldsymbol{u}$ 改变为另一个坐标矢量 $\boldsymbol{u}'$(矢量 $\boldsymbol{u}$ 和 $\boldsymbol{u}'$的正向可以相同或相反),点 $M$ 的新坐标 $x'$和旧坐标 $x$ 有如下的关系[ §66,公式(3)]

$$x=lx'+a \tag{2}$$

这里 $l$ 和 $a$ 是常数,且 $l\neq0$,设 $x_1',x_2'$代表点 $M$ 在新系的齐次坐标,那么

$$x'=\frac{x_1'}{x_2'} \tag{1a}$$

由关系(2)得

$$\frac{x_1}{x_2}=l\frac{x_1'}{x_2'}+a$$

但因为 $x_1',x_2'$可以用同一数(不等于 0 的)来乘,我们总可认为 $x_2'=x_2$,由此,上面公式化为下式



$$x_1=lx_1'+ax_2',x_2=x_2' \tag{3}$$

用旧坐标来表新坐标,得

$$x_1'=mx_1+bx_2,x_2'=x_2 \tag{3a}$$

这里 $m=\frac{1}{l}\neq0,b=-\frac{a}{l}$.

直至现在我们仍设 $M$ 是真点. 但当 $M$ 为假点,即当 $x_2=0$(因而 $x_1\neq0$)的情形,我们不难推知公式(3)和(3a)依然继续有效.

再说平面上点的坐标. 设点 $M$ 的齐次坐标是 $x_1,x_2,x_3$,不齐次坐标是 $x,y$. 暂设 $M$ 是真点,便有关系式

$$x=\frac{x_1}{x_3},y=\frac{x_2}{x_3} \tag{4}$$

把坐标系 $xOy$ 换为另一系 $x'O'y'$,点 $M$ 的新坐标$(x',y')$和旧坐标$(x,y)$的关系如下[ §66,公式(2)]

$$\begin{cases}x=l_1x'+l_2y'+a\\y=m_1x'+m_2y'+b\end{cases} \tag{5}$$

设用 $x_1',x_2',x_3'$来代表点 $M$ 对于新系 $x'O'y'$的齐次坐标,那么

$$x'=\frac{x_1'}{x_3'},y'=\frac{x_2'}{x_3'}$$

而关系式(5)化为

$$\frac{x_1}{x_3}=l_1\frac{x_1'}{x_3'}+l_2\frac{x_2'}{x_3'}+a,\frac{x_2}{x_3}=m_1\frac{x_1'}{x_3'}+m_2\frac{x_2'}{x_3'}+b$$

但因坐标 $x_1',x_2',x_3'$ 可用同一个(不等于0)的数来乘,我们总可认为 $x_3'=x_3$,因此,上面公式化成更简单的形式

$$\begin{cases}x_1=l_1x_1'+l_2x_2'+ax_3'\\x_2=m_1x_1'+m_2x_2'+bx_3'\\x_3=x_3'\end{cases}\tag{6}$$

设公式对于假点,即当 $x_3=x_3'=0$ 仍能成立. 事实上,在这情形,假点 $M$ 系在平面 $xOy$ 上依矢量$(x_1,x_2)$的方向趋向无穷远,这个矢量在新系的坐标$(x_1',x_2')$和原有的坐标有关系式如

$$x_1=l_1x_1'+l_2x_2',x_2=m_1x_1'+m_2x_2'$$

如果用 $x_3=x_3'=0$ 代入式(6),所得的结果便和上式相同. 因此,在适合关系式(6)的两个系,齐次坐标$(x_1,x_2,0)$和$(x_1',x_2',0)$代表同一假点.

在空间的情形,我们已经知道不齐次坐标的变换公式为[§66,公式(1)]



$$\begin{cases}x=l_1x'+l_2y'+l_3z'+a\\y=m_1x'+m_2y'+m_3z'+b\\z=n_1x'+n_2y'+n_3z'+c\end{cases}\tag{7}$$

照前一样,求得空间的齐次点坐标的变换公式如下

$$\begin{cases}x_1=l_1x_1'+l_2x_2'+l_3x_3'+ax_4'\\x_2=m_1x_1'+m_2x_2'+m_3x_3'+bx_4'\\x_3=n_1x_1'+n_2x_2'+n_3x_3'+cx_4'\\x_4=x_4'\end{cases}\tag{8}$$

我们由此见到新的和旧的齐次坐标彼此的联系,是一个非特殊的[①]齐次平直代换(这对于在直线和平面上,空间的坐标一律通用).

再讨论平面上直线的齐次坐标的变换. 设

---

① 代换式(8)是非特殊的,因为它的行列式

$$\begin{vmatrix}l_1&l_2&l_3&a\\m_1&m_2&m_3&b\\n_1&n_2&n_3&c\\0&0&0&1\end{vmatrix}=\begin{vmatrix}l_1&l_2&l_3\\m_1&m_2&m_3\\n_1&n_2&n_3\end{vmatrix}\neq0$$

依同理,得证在直线上和平面上的情形.

$$a_1x_1+a_2x_2+a_3x_3=0 \tag{9}$$

是直线在旧坐标系的齐次点坐标方程. 用式(6)代入 $x_1,x_2,x_3$,则得这条直线对于新系的方程

$$a_1'x_1'+a_2'x_2'+a_3'x_3'=0 \tag{10}$$

这里

$$\begin{cases} a_1'=l_1a_1+m_1a_2 \\ a_2'=l_2a_1+m_2a_2 \\ a_3'=aa_1+ba_2+a_3 \end{cases} \tag{11}$$

数量 $a_1',a_2',a_3'$(或所有和它们成比例的三个数量)代表这直线对于新系的齐次坐标. 所以,公式(11)代表平面上直线坐标的变换公式.

我们可见这里和点坐标的情形一样,新旧坐标是用非特殊的齐次平直代换来联系着.

关于空间的平面坐标,我们也可得类似的公式.

**§174. 代数曲线和代数曲面的齐次坐标方程. 几个一般性的命题** 我们首先注意所有上面所说关于齐次坐标和假元素,当然也可以扩展到虚点,虚直线,虚平面的情形. 我们将说:在平面上齐次坐标 $x_1,x_2,x_3$ 决定一个虚点,它的不齐次坐标为 $x=\frac{x_1}{x_3},y=\frac{x_2}{x_3}$,如果数量 $x_1,x_2,x_3$ 是复数,并且不能够用同一的公因数来遍乘它们,使它们同时化成实数(否则这点便是实点). 对于空间虚点的齐次坐标,我们也作同样的规定.



平面上的虚直线,空间的虚平面,关于它们的坐标我们也都分别作了同样的规定.

在以前各节已经提到直线和平面的齐次坐标方程,同样我们也可推得任何代数曲线和曲面的情形,现在先从平曲线的方程开始. 设

$$F(x,y)=0 \tag{1}$$

为平面上 $n$ 级曲线的方程,这里 $F(x,y)$ 是 $n$ 次多项式. 把 $x,y$ 改为齐次坐标

$$x=\frac{x_1}{x_3},y=\frac{x_2}{x_3}$$

得方程

$$F\left(\frac{x_1}{x_3},\frac{x_2}{x_3}\right)=0 \tag{2}$$

由多项式 $F(x,y)$ 得来的各项均有变数 $x_3$ 在分母中出现. 例如,由项

$$Ax^py^q$$

便得项

$$\frac{Ax_1^p x_2^q}{x_3^{p+q}}$$

因为多项式 $F(x,y)$ 最低限度有一个 $n$ 次的项，即如 $Ax^l y^m$ 的项，式中 $l+m=n$，所以这项变成如下的形式

$$\frac{Ax_1^l x_2^m}{x_3^n}$$

高于 $n$ 次的 $x_3$ 不会在任何其他分母里出现. 现用 $x_3^n$ 来乘(2)的两边，显然得方程如下的形式

$$\Phi(x_1,x_2,x_3)=0 \tag{3}$$

这里

$$\Phi(x_1,x_2,x_3)=x_3^n F\left(\frac{x_1}{x_3},\frac{x_2}{x_3}\right) \tag{4}$$

是 $x_1,x_2,x_3$ 的 $n$ 次齐次多项式(又叫作方式)，那便是说它是各项 $Ax_1^p x_2^q x_3^r$ 的总和，在每项里 $p+q+r=n$①. 我们容易见到这个多项式 $\Phi$ 可用下面的法则组成：在多项式 $F(x,y)$ 的每一项 $Ax^p y^q$ 中，用 $x_1,x_2$ 来替代 $x,y$ 而且还要乘以 $x_3$ 的某次方，使各项分别达到 $n$ 次.



换句话说，在 $\Phi(x_1,x_2,x_3)$ 里，令 $x_3=1$，用 $x,y$ 分别来替代 $x_1,x_2$ 便得多项式 $F(x,y)$ 即

$$F(x,y)=\Phi(x,y,1) \tag{5}$$

例如方程 $x^2+y^2-2x+1=0$ 改用齐次坐标得 $x_1^2+x_2^2-2x_1x_3+x_3^2=0$. 又由后式，令 $x_3=1$，$x_1=x$，$x_2=y$ 便恢复原式.

注意，如果任意给定一个 $n$ 次齐次多项式 $\Phi(x_1,x_2,x_3)$，那么，令 $x_3=1$，$x_1=x$，$x_2=y$，我们可能得到一个低于 $n$ 次的多项式 $F(x,y)$. 显然只有当 $x_3$ 是多项式 $\Phi$ 的各项的公因子时，才有这样的情形发生. 但在我们所论的方程，不可能有这样的情况出现，因为在多项式 $\Phi$ 里，最低限度有一项不含 $x_3$(这样的项是从 $F$ 里达到 $n$ 次的各项得来).

再看方程(3)，它是用 $x_3^n$ 乘(2)而得来的. 这样乘法是完全合理的，如果我

---

① 事实上，用 $x_3^n$ 来乘 $\frac{Ax_1^p x_2^q}{x_3^{p+q}}$ 得

$$Ax_1^p x_2^q x_3^{n-p-q}=Ax_1^p x_2^q x_3^r$$

这里 $r=n-p-q$，即 $p+q+r=n$.

们以讨论真点为限,因为在这情形 $x_3 \neq 0$.

对于假点,我们同意说它属于所给的曲线,每当且只当它的齐次坐标适合于曲线的方程,在那个方程已经化作齐次多项式(3)的形式之后.

现在再行详细讨论代数曲线的可分解和不可分解的问题,这在 §86 已稍有涉及.

所谓可分解的多项式,是指那些可分解为因子的多项式,它的因子仍是多项式而不是常数①.

我们容易见到,如果多项式 $F(x,y)$ 可分解,那么,和它对应的齐次多项式也可分解. 反过来说也成立. 事实上,由恒等式

$$F(x,y)=F_1(x,y)\cdot F_2(x,y) \tag{6}$$

这里 $F_1$ 和 $F_2$ 是 $n_1$ 次和 $n_2$ 次的多项式(且 $n_1+n_2=n$). 显然由此可得恒等式

$$F\left(\frac{x_1}{x_3},\frac{x_2}{x_3}\right)=F_1\left(\frac{x_1}{x_3},\frac{x_2}{x_3}\right)\cdot F_2\left(\frac{x_1}{x_3},\frac{x_2}{x_3}\right)$$

用 $x_3^n=x_3^{n_1}\cdot x_3^{n_2}$ 来乘两边,且令



$$\begin{cases} x_3^n F\left(\dfrac{x_1}{x_3},\dfrac{x_2}{x_3}\right)=\Phi(x_1,x_2,x_3) \\ x_3^{n_1} F_1\left(\dfrac{x_1}{x_3},\dfrac{x_2}{x_3}\right)=\Phi_1(x_1,x_2,x_3) \\ x_3^{n_2} F_2\left(\dfrac{x_1}{x_3},\dfrac{x_2}{x_3}\right)=\Phi_2(x_1,x_2,x_3) \end{cases}$$

就得恒等式

$$\Phi(x_1,x_2,x_3)=\Phi_1(x_1,x_2,x_3)\cdot\Phi_2(x_1,x_2,x_3) \tag{6a}$$

这里 $\Phi_1$ 和 $\Phi_2$ 是 $n_1$ 次和 $n_2$ 次的齐次多项式. 反过来说,如果有(6a)的分解式,那么,在它的两边令 $x_3=1, x_1=x, x_2=y$,又改用记号 $\Phi_1(x,y,1)=F_1(x,y)$,$\Phi_2(x,y,1)=F_2(x,y)$,我们得分解式(6),这里,$F_1$ 和 $F_2$ 是 $n_1$ 次和 $n_2$ 次的多项式②.

根据上面所述,分解问题的讨论,充分地适用于齐次坐标的方程.

在代数③上已经证明下面的命题:如果多项式 $\Phi(x_1,x_2,x_3)$ 可分解,那么,只能用唯一的样式把它分解为不可分解的因子,即把它分解为如下形式

---

① 常数也可以当作多项式的特例(零次多项式),但现在我们把它除外.

② 次数不能降低,因为如果降低,它们的和便会小于 $n$.

③ 参看,例如 M. Bôcher. 高等代数引论(吴大任译,商务印书馆版——译者注).

$$\Phi(x_1,x_2,x_3)=\varphi_1^{\alpha_1}\varphi_2^{\alpha_2}\cdots\varphi_k^{\alpha_k} \tag{7}$$

这里 $\varphi_i=\varphi_i(x_1,x_2,x_3)(i=1,2,\cdots,k)$ 是各不相同①的不可分解的齐次多项式，而 $\alpha_1,\alpha_2,\cdots,\alpha_k$ 是正整数．各个多项式 $\varphi_1,\cdots,\varphi_k$ 是 $\Phi$ 的不可分解的因子；且 $\varphi_1$ 叫作 $\alpha_1$ 重因子，$\varphi_2$ 是 $\alpha_2$ 重因子，等等．

所谓分解式(7)只能有唯一的样式，我们是指多项式 $\Phi$ 的所有其他的分解式，都与上面的分解式相同，如果把 $\varphi_1,\varphi_2,\cdots,\varphi_k$ 算作和 $A_1\varphi_1,\cdots,A_k\varphi_k$ 无区别的话，这里 $A_1,\cdots,A_k$ 是常数（而且有 $A_1^{\alpha_1}\cdots A_k^{\alpha_k}=1$）．

设多项式 $\Phi$ 为 $n$ 次的，$\varphi_1,\cdots,\varphi_k$ 依序为 $n_1,\cdots,n_k$ 次的，那么，显然得 $n=\alpha_1n_1+\cdots+\alpha_kn_k$．

在代数里，又已证明下面的命题：如果两个方程

$$\Phi(x_1,x_2,x_3)=0 \text{ 和 } \Psi(x_1,x_2,x_3)=0$$

同价（适合它们的变数值②是相同的），那么，$\Phi$ 和 $\Psi$ 有相同的不可分解因子（但同一因子在 $\Psi$ 和 $\psi$ 里重复出现的次数，当然可以不相同）．特别是，如果多项式 $\Psi$ 不可分解，那么，它就是 $\Phi$ 的因子．又如果 $\Phi$ 和 $\Psi$ 两个都不可分解，那么它们分别只有一个常数因子．

（以上两个代数命题，对于任意多个变数都成立．）

现在回到代数曲线的级的问题（参看§85）．设代数曲线是用齐次坐标，给定方程(3)

$$\Phi(x_1,x_2,x_3)=0$$

式中 $\Phi$ 是 $n$ 次齐次多项式，如果多项式 $\Phi$ 不可分解，那么曲线(3)也叫作不可分解的曲线．如果多项式 $\Phi$ 可分解，那么它可表作(7)的形式而曲线方程取下式

$$\varphi_1^{\alpha_1}\cdot\varphi_2^{\alpha_2}\cdot\cdots\cdot\varphi_k^{\alpha_k}=0 \tag{8}$$

式中 $\varphi_1,\cdots,\varphi_k$ 是不可分解的齐次多项式．这个等式显然也和下面的等式

$$\varphi_1\cdot\varphi_2\cdot\cdots\cdot\varphi_k=0 \tag{9}$$

同价，而所给的曲线便分解为 $k$ 条不可分解的曲线

$$\varphi_1=0,\varphi_2=0,\cdots,\varphi_k=0 \tag{10}$$

如果所有 $\alpha_1,\cdots,\alpha_k$ 不完全都是1，那么，方程(9)的次数显然低于方程(8)的次数．又容易看出，方程(9)再不能用更低次数的同价方程 $\Psi=0$ 来代替，因



① 两个多项式，不仅是只有一个常数因子的分别，我们才说它们是不相同的多项式．例如多项式 $x_1^2-x_2^2-x_3^2$ 和 $3(x_1^2-x_2^2-x_3^2)$ 不能说是不相同．

② 可取实数值，也可取虚数值．

为根据上面所说,多项式 $\Psi$ 应含有同样的不可分解的因数 $\varphi_1,\varphi_2,\cdots,\varphi_k$.

因此,所给曲线的级似乎自然不应说是 $n$ 级,而是(9)的左边多项式的级.

但在大多数的情形,当我们讨论方程(3)时,最好还是说它代表一条 $n$ 级的曲线.即按照所给的方程来定曲线的级;在这里,我们说所给的曲线是由不可分解部分 $\varphi_1=0,\varphi_2=0,\cdots,\varphi_k=0$,分别用 $\alpha_1$ 重,$\alpha_2$ 重,$\cdots$,$\alpha_k$ 重来组成的.

例如方程

$$(a_1x_1+a_2x_2+a_3x_3)^2=0 \tag{11}$$

所代表的曲线,和直线 $a_1x_1+a_2x_2+a_3x_3=0$ 由一样的点所组成,但通常我们仍说曲线(11)是二级曲线,代表二重直线或“两条叠合的直线”.初次看来,似为无谓的冗赘,但经过细致的讨论之后,反复这样的表达方式异常适应.主要理由如下:有许多普遍性的命题和公式,能应用于所有用二次方程代表的曲线,而和这些方程的系数的特别数值无关.那么,当方程的系数使多项式 $\Phi(x_1,x_2,x_3)$ 具有$(a_1x_1+a_2x_2+a_3x_3)^2$ 的形式,即是当这曲线化为两条叠合直线的特别情形下,这些命题仍然有效.但如果我们开始便把这些特别情形摒出讨论之外,那么,在这些普遍命题的叙述上,每次需要插入一番繁冗的声明,而且损害了这些命题的普遍性.



对于一般情形,也需要同样的解说:当我们所研究的只是一条给定的曲线,[用方程(8)来表示的],那么我们当然用较低次的方程(9)来替代(8).方程(9)和(8)代表同一的曲线(即由相同的点组成),而曲线的级便是指方程(9)左边的次.

但如果我们所研究的是一般的 $n$ 级曲线,又如果这些曲线之中,发现有一条可以用方程(8)来表示,式中的整数 $\alpha_1,\cdots,\alpha_k$ 有些大于 1 的,那么,用低次方程(9)来替代(8),因而使这条曲线的级低于 $n$ 便是不适当了.

将来当我们讨论方程(3),且 $\Phi$ 是 $n$ 次多项式,我们总把它的对应曲线,作为 $n$ 级的曲线,而不管这个方程是否可以化为低于 $n$ 次的方程.

我们再看下面的情况.前面已经提过,用上述方法由多项式 $F(x,y)$ 变为 $\Phi(x_1,x_2,x_3)$,不能每项都含因子 $x_3$,因此,设 $x_3=1,x_1=x,x_2=y$,从 $n$ 次多项式 $\Phi(x_1,x_2,x_3)$ 所得的多项式 $F(x,y)$ 也是 $n$ 次的.但在很多问题里,曲线的方程是直接用齐次坐标式(3)来表达,而且可能发现 $x_3$ 是各项的公因子,那时曲线的方程取下式

$$x_3^{\alpha}\Phi_1(x_1,x_2,x_3)=0$$

式中 $\Phi_1$ 是 $n-\alpha$ 次齐次多项式,它的各项不含公因子 $x_3$.

在 $\Phi_1$ 里,如令 $x_3=1,x_1=x,x_2=y$,便得 $n-\alpha$ 次方程

$$\Phi_1(x,y,1)=0$$

在这情形，我们说所给的曲线分解为两部分：假直线 $x_3=0$（算作 $\alpha$ 重的直线）和 $n-\alpha$ 级曲线 $\Phi_1=0$.

所有上面所述，关于代数曲线的可分解和不可分解，经过明显的修改，便可用于代数曲面的情形. 差别之处，只在改用四个变数的齐次多项式

$$\Phi(x_1,x_2,x_3,x_4)$$

来替代三个变数的齐次多项式，而用方程

$$\Phi(x_1,x_2,x_3,x_4)=0 \tag{12}$$

来替代方程(3).

有了上文所引入的一般的概念，我们就能把以前所说过的，关于代数曲线和直线的相交，代数曲面和直线或和平面的相交（§100 和 §140）等等情形归纳为一般的命题，显出它们的完全普遍的性质.

我们开始讨论 $n$ 级曲面和平面的相交，只要这个平面不是所给曲面的一部分，这条交线总是 $n$ 级曲线，这是很容易明白的，首先假定所讨论的平面是真平面，设它是平面 $xOy$，在(12)里，令 $x_3=0$，我们便得所求的交线的方程式 $\Phi(x_1,x_2,0,x_4)=0$. 引用记号 $\Phi(x_1,x_2,0,x_4)=\Psi(x_1,x_2,x_4)$，得 

$$\Psi(x_1,x_2,x_4)=0$$

如果它不是恒等式[①]，它便是 $n$ 次齐次方程.

因此我们在平面 $xOy$ 上得一条 $n$ 级曲线（设把齐次坐标 $x_4$ 来替代坐标 $x_3$ 的作用）.

可能发生这样的情形，$x_4$ 是齐次多项式 $\Psi(x_1,x_2,x_4)$ 里各项的公因子，那么，这个方程有如下的形式

$$x_4^{\alpha}\Psi_1(x_1,x_2,x_4)=0$$

即交线分解为两部分：假直线 $x_4=0$ 算作 $\alpha$ 重的直线，和 $n-\alpha$ 级曲线

$$\Psi_1(x_1,x_2,x_4)=0$$

如果我们开始使用不齐次坐标，那么，这条线的方程只是 $n-\alpha$ 次的

$$\Psi_1(x,y,1)=0$$

由此，我们可以解释为什么交线有时会低于 $n$ 级，如果不用齐次坐标的话：因为在这情形，其中一部分的 $\alpha$ 重假直线，不计算在内.

曲面(12)和假平面的各个交点，适合下面的联立方程

① 恒等式的情形，这个平面 $xOy$ 组成所讨论的曲面的一部分.

$$\Phi(x_1, x_2, x_3, 0) = 0, x_4 = 0$$

这两个方程里的第一个,可能化为恒等式,那便表示假平面组成曲面的一部分.如果没有这样的情形,则第一个方程总是 $n$ 次的,我们便说它们决定一条 $n$ 级的假曲线.

现在我们讨论(在平面上)$n$ 级代数曲线和直线相交的问题. 设(3)是所给曲线的方程. 这个问题可以和前面完全一样的来解决. 若所给的直线是真直线,就用它做轴 $Oy$,而把所给直线为假直线的情形分别处理. 留给读者照此办法去讨论这个问题. 我们在下面采用另一个方法,它的好处是可以同时用来解决曲面和直线相交的问题.

在所给的直线上,任意取两个不同的点

$$M'(x_1', x_2', x_3') \text{和} M''(x_1'', x_2'', x_3'')$$

由此,这直线上的各点有表示式(§167)

$$x_1 = \lambda x_1' + \mu x_1'', x_2 = \lambda x_2' + \mu x_2'', x_3 = \lambda x_3' + \mu x_3'' \tag{13}$$

直线上每一点和一定的比值$\frac{\lambda}{\mu}$成可逆对应. 把(13)代入(3),便得一个方程,和



交点对应的数值 $\lambda, \mu$ 都应适合这个方程. 因为 $\Phi(x_1, x_2, x_3)$ 是 $n$ 次齐次式,故所说的方程,显然有如下形式

$$A_0\lambda^n + A_1\lambda^{n-1}\mu + \cdots + A_{n-1}\lambda\mu^{n-1} + A_n\mu^n = 0 \tag{14}$$

式中 $A_0, A_1, \cdots, A_n$ 是常数.

可能发生的情形是:这个方程的所有条数都等于 0,即 $A_0 = A_2 = \cdots = A_n = 0$,那么,一切数值 $\lambda, \mu$ 都适合这个方程. 在这情形,所给的直线全条属于曲线,即组成它的一部分. 我们知道在这情形,所给曲线可以分解.

如果系数 $A_0, A_1, \cdots, A_n$ 不全是0,那么,用$\mu^n$ 来除方程(14)的两边,便得含比值 $h = \frac{\lambda}{\mu}$的 $n$ 次方程

$$A_0h^n + A_1h^{n-1} + \cdots + A_{n-1}h + A_n = 0 \tag{14a}$$

它恰有 $n$ 个根,这些根可能是实数或复数,相同的或不相同的. 方程(14a)也可能有无穷大根,单的或重的. 例如它有 $\alpha$ 重根 $h = \infty$,如果 $A_0 = A_1 = \cdots = A_{\alpha-1} = 0, A_\alpha \neq 0$(参看§164). 每个根 $h$ 和一个完全确定的交点对应. 如果 $h$ 是 $\alpha$ 重根,我们说这个根和 $\alpha$ 个"叠合"的交点或 $\alpha$ 重交点对应. 特别是 $\alpha$ 重根 $h = \infty$,表明点 $M'(x_1', x_2', x_3')$为 $\alpha$ 重交点(当 $h = \infty$,有 $\mu = 0, \lambda \neq 0$,而这些数值和点 $M'$对应).

所以平面上 $n$ 级代数曲线和任何直线相交,恰得 $n$ 个交点. 只有一个可能

的例外情形,即所给的曲线可分解,而所给的直线组成曲线的一部分.

用完全类似的方法,并可说明 $n$ 级代数曲面和任意直线相交,恰得 $n$ 个交点. 只有一个可能的例外情形,即全条直线属于这个曲面①.

**§175. 假虚圆点和假虚圆**　现在讨论上文所介绍的一般概念的某些应用. 开始讨论一个圆周和假直线相交的问题.

用直角坐标,我们已知以$(a,b)$为心、$r$ 为半径的圆的方程为

$$(x-a)^2+(y-b)^2-r^2=0$$

或

$$x^2+y^2+2Ax+2By+C=0 \tag{1}$$

这里　$A=-a, B=-b, C=a^2+b^2-r^2$

改用齐次坐标,这个方程化为下式

$$x_1^2+x_2^2+2Ax_1x_3+2Bx_2x_3+Cx_3^2=0$$

这个圆和假直线的交点,用方程

$$x_1^2+x_2^2=0, x_3=0$$

来决定,因得两个解答



$$\frac{x_2}{x_1}=+\mathrm{i}, x_3=0, \text{或} \frac{x_2}{x_1}=-\mathrm{i}, x_3=0$$

因为我们不着眼于个别的 $x_1,x_2,x_3$,而只取它们的比值,所以可令 $x_1=1$,由此得 $x_2=\pm\mathrm{i}$,而所求的交点为

$$J_1(1,\mathrm{i},0), J_2(1,-\mathrm{i},0) \tag{2}$$

我们看出,在平面 $xOy$ 上所有的圆都经过这两点,它们既是虚点又是假点. 所以把它们叫作假虚圆点. 我们容易推知,这两个假虚圆点是迷向直线上的假点. 迷向直线即斜率为 $+\mathrm{i}$ 和 $-\mathrm{i}$ 的直线(§162)

$$y=\mathrm{i}x+k \text{ 和 } y=-\mathrm{i}x+k$$

我们现在才明白,为什么在平面上两个圆只能有两个(实)交点,虽就一般来说,两条二级曲线相交于四点. 事实上,任何两个圆都有公共的两个假虚圆点,因此,它们只能再有两个其他公共点.

现在解决两圆的交点问题. 用齐次坐标,它们的方程是

$$\begin{cases} x_1^2+x_2^2+2A_1x_1x_3+2B_1x_2x_3+C_1x_3^2=0 \\ x_1^2+x_2^2+2A_2x_1x_3+2B_2x_2x_3+C_2x_3^2=0 \end{cases} \tag{3}$$

① 曲面可以含有全条直线在内(甚而含有无穷多的直线),而曲面是不可分解的. 例如,锥面柱面.

要解决这个方程系,从第一式减第二式得

$$x_3\{2(A_1-A_2)x_1+2(B_1-B_2)x_2+(C_1-C_2)x_3\}=0$$

由此知道,所求的交点应在下列两条直线中的一条上

$$x_3=0$$

和

$$2(A_1-A_2)x_1+2(B_1-B_2)x_2+(C_1-C_2)x_3=0 \tag{4}$$

在第一条线上的交点,我们已经知道就是两个假虚圆点 $J_1$ 和 $J_2$. 除了这两点之外,即 $x_3\neq0$,我们把方程(4)写成寻常形式

$$2(A_1-A_2)x+2(B_1-B_2)y+(C_1-C_2)=0 \tag{4a}$$

它是这两个圆的根轴(§100 习题 3). 这直线和所给两个圆中任何一个的交点,便是所求的其他两个交点.

这两个交点,可能是两个不相同的实点,或虚点,也许是相叠合的实点(当两圆相切的时候).

最后讨论球面



$$(x-a)^2+(y-b)^2+(z-c)^2-r^2=0$$

或

$$x^2+y^2+z^2+2Ax+2By+2Cz+D=0$$

和假平面 $x_4=0$ 相交的问题.

在球面的方程里改用齐次坐标,再令 $x_4=0$,便知所求的几何轨迹,由下面的方程系来决定

$$x_1^2+x_2^2+x_3^2=0,x_4=0 \tag{5}$$

这两个方程的系,代表一条亦假亦虚的曲线,我们把它叫作假虚面,我们知道所有的球面,都经过这条曲线.

我们更易推知,这个虚圆和任何真平面的交点就是这个平面上的假虚圆点.

### 习题和补充

1. 求证平面上的相似变换保持假虚圆点个别不变,或只把它们彼此互易.

证:在变换之前,假虚圆点的齐次坐标 $x_1',x_2',x_3'$用下面方程(设用直角坐标表示)来决定

$$x_1'^2+x_2'^2=0,x_3'=0$$

我们容易见到,平面上的透射变换可用齐次坐标来表示如下

$$x_1-ax_3=k(x_1'-ax_3'),x_2-bx_3=k(x_2'-bx_3')$$

$$x_3=x_3'$$

对于假直线($x_3=0, x_3'=0$)上的点,这些式化作

$$x_1=kx_1', x_2=kx_2'$$

由此

$$x_1^2+x_2^2=k^2(x_1'^2+x_2'^2), x_3=x_3'=0$$

所以当 $x_1'^2+x_2'^2=0$,便有 $x_1^2+x_2^2=0$,故对于透射变换,这个命题成立.

又在运动的情形

$$x_1=x_1'\cos\varphi\mp x_2'\sin\varphi+ax_3'$$
$$x_2=x_1'\sin\varphi\pm x_2'\cos\varphi+bx_3'$$

令 $x_3=x_3'=0$,得

$$x_1^2+x_2^2=x_1'^2+x_2'^2$$

因此,对于运动,这命题也成立.

因为相似变换,由于透射变换和运动所合成,故这命题完全证明.

2. 求证经过空间相似变换后,假虚圆(用直角坐标来表示)

$$x_1'^2+x_2'^2+x_3'^2=0$$
$$x_4'=0$$

保持不变.



证:证法和前题完全一样.

3. 我们不难证明逆定理:所有保持假虚圆(或在二元度情形,保持假虚圆点)的仿射变换都是相似变换.

## Ⅲ. 投影坐标和投影变换

应用广义笛氏坐标去研究图形的仿射性质最为适当,因为我们决定具有哪些坐标的点的位置时,所有的数量和性质都是在仿射变换下的变量和不变性(如直线间的平行性,或平行矢量的比值).

我们此后将要去认识所谓投影变换,它比仿射变换更为广泛. 和仿射变换一样,经过这些变换,直线还是变作直线,但直线的平行性不再保留,平行矢量的比值也要改变. 我们暂时只注意到所谓点的投影变换.

为了研究那些不为投影变换所改变的性质,我们需要适宜地引进一种比笛氏坐标更为普遍的坐标. 而制定这些坐标时所根据的性质,也是要不为投影变换所改变的性质.

在下面各节(§176～179)我们对于投影点坐标和投影点变换,先作概念上的准备. 掌握了(虽然只是一个大概)这些节的内容,便足够去了解本书此后

所有的主要材料(即用大字排印的).本文其余各节,用小字排印的,则拟献给那些希望对几何的体系要有比较深入的认识的读者们.

**§176. 分式平直代换(直射代换)** 我们在下面将用到所谓分式平直代换或直射代换.关于这个名词,略为说明如下:

如果变数 $x,y$ 有如下的关系

$$y=\frac{\alpha x+\beta}{\gamma x+\delta} \tag{1}$$

式中 $\alpha,\beta,\gamma,\delta$ 是常数(实数或复数),那么,我们说 $y$ 是从 $x$ 经过分式平直代换或直射代换而得来.

代换(1)叫作非特殊的,如果行列式

$$\Delta=\begin{vmatrix}\alpha & \beta\\ \gamma & \delta\end{vmatrix}=\alpha\delta-\beta\gamma$$

不是0;在相反情形,便说这个代换是特殊的.

以后我们只讨论非特殊代换,因为特殊代换没有讨论的价值[①].



在这条件下,代换(1)是单值可逆的,即关系式(1)有用 $y$ 表 $x$ 的单值解答.解方程(1)求 $x$,得

$$x=\frac{\delta y-\beta}{-\gamma y+\alpha} \tag{2}$$

所以,$x$ 也是从 $y$ 经过非特殊的直射代换得来的.

在所讨论的直射代换里,我们不宜把 $x=\infty$,$y=\infty$ 除外.我们可以说,$x=\infty$ 和 $y=\frac{\alpha}{\gamma}$ 对应,而 $y=\infty$ 和 $x=-\frac{\delta}{\gamma}$ 对应.这两个数值,是在公式(1)和(2)里,当 $x\to\infty$ 和 $y\to\infty$ 时,它们分别趋近的极限值.

如果在代换(1)里,取 $\gamma=0$(那就要 $\alpha\neq0,\delta\neq0$,否则 $\Delta=0$),这个代换化为平直(一般来说是不齐次的)代换

$$y=\frac{\alpha}{\delta}x+\frac{\beta}{\delta}$$

平直代换将来有时也叫作整式平直代换,如果要它和分式平直代换有所区别的话.

---

① 在特殊代换的情形,即当 $\alpha\delta-\gamma\beta=0$,数字 $\alpha,\beta$ 和数字 $\gamma,\delta$ 成比例,因此,方程(1)的右边,实际上不含有 $x$ 在内.

## 习题和补充

1. 试研究变数 $y$ 和变数 $x$ 在公式(1)里的关系，设 $\alpha,\beta,\gamma,\delta$ 都是实数.

解：解决这问题，要用微商概念(虽然不用微商也容易解决). 因有

$$\frac{\mathrm{d}y}{\mathrm{d}x}=\frac{\alpha\delta-\beta\gamma}{(\gamma x+\delta)^2}$$

如 $\alpha\delta-\beta\gamma>0$，$y$ 总是跟着 $x$ 的递增而递增，如 $\alpha\delta-\beta\gamma<0$，$y$ 便永远递减. 我们暂时不谈数值 $x=-\dfrac{\delta}{\gamma}$，因为那时 $y=\infty$. 在特殊代换($\alpha\delta-\beta\gamma=0$)情形，$y$ 恒为常数.

试详论 $\alpha\delta-\beta\gamma>0$ 的情形($\alpha\delta-\beta\gamma<0$的情形，可照样讨论). 我们可设 $\gamma\neq0$，因为在相反的情形，便得整式平直代换，它的讨论极为简单. 当 $x$ 由 $-\infty$ 递增到 $-\dfrac{\delta}{\gamma}$，$y$ 的数量由$\dfrac{\alpha}{\gamma}$递增到 $+\infty$；当 $x$ 经过数值 $-\dfrac{\delta}{\gamma}$，$y$ 由 $+\infty$ 值转到 $-\infty$ 值. 接着，$x$ 递增，$y$ 的值也递增；当 $x$ 趋于 $+\infty$ 时 $y$ 的值恢复到$\dfrac{\alpha}{\gamma}$. 因此，我们得 $y$ 的变值的图解，如图 112 所表示.

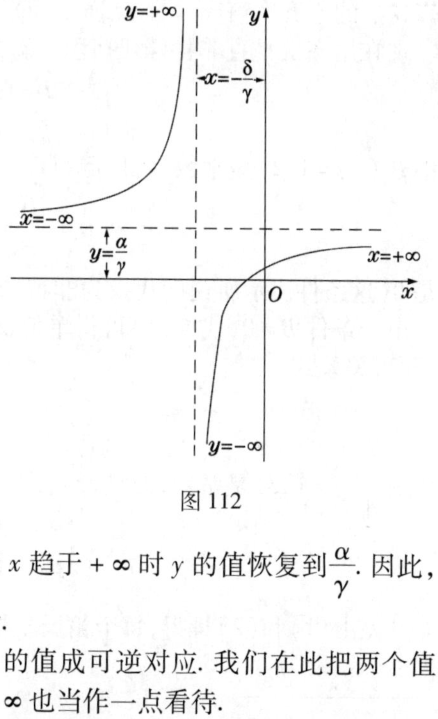


图 112

我们看见每一个 $x$ 的值和每一个 $y$ 的值成可逆对应. 我们在此把两个值 $x=+\infty,-\infty$ 当作一点看待，$y=+\infty,-\infty$ 也当作一点看待.

2. 求证非特殊的直射代换的集合组成一群(参看 §78).

证：上面已经证明，直射代换的反代换也是直射代换. 尚需证明两个非特殊的直射代换继续举行的结果，仍是非特殊直射代换，这可用直接验算来证明：设 $y=\dfrac{\alpha x+\beta}{\gamma x+\delta}$是直射代换，跟着它举行另一个直射代换 $z=\dfrac{\alpha' y+\beta'}{\gamma' y+\delta'}$，把后式代入前式得

$$z=\frac{\alpha'\dfrac{\alpha x+\beta}{\gamma x+\delta}+\beta'}{\gamma'\dfrac{\alpha x+\beta}{\gamma x+\delta}+\delta'}=\frac{(\alpha'\alpha+\beta'\gamma)x+(\alpha'\beta+\beta'\delta)}{(\gamma'\alpha+\delta'\gamma)x+(\gamma'\beta+\delta'\delta)}$$

这也是直射代换，而且是非特殊的，因为

$$\begin{vmatrix} \alpha'\alpha+\beta'\gamma & \alpha'\beta+\beta'\delta \\ \gamma'\alpha+\delta'\gamma & \gamma'\beta+\delta'\delta \end{vmatrix} = \begin{vmatrix} \alpha' & \beta' \\ \gamma' & \delta' \end{vmatrix} \cdot \begin{vmatrix} \alpha & \beta \\ \gamma & \delta \end{vmatrix} \neq 0$$

**§177. 点的投影坐标 1°点在直线上的投影坐标** 在直线上点 $M$ 的位置,照我们所知,可用齐次笛氏坐标 $x_1, x_2$ 来决定. 它们的比值

$$\frac{x_1}{x_2} = x$$

代表这点的不齐次笛氏坐标 $x$(横坐标).

现在用齐次平直非特殊代换引入新的数量 $y_1, y_2$ 来代替旧的数量 $x_1, x_2$. 有

$$\begin{cases} y_1 = \beta_{11}x_1 + \beta_{12}x_2 \\ y_2 = \beta_{21}x_1 + \beta_{22}x_2 \end{cases} \tag{1}$$

式中 $\beta_{ij}(i,j=1,2)$ 是常数,而且行列式

$$B = \begin{vmatrix} \beta_{11} & \beta_{12} \\ \beta_{21} & \beta_{22} \end{vmatrix}$$

不是0(这条件表示所说的代换为非特殊的).

由于条件 $B \neq 0$,代换(1)可得单值反解,即从方程(1)可得 $x_1, x_2$ 的单值解答,而得关系式



$$\begin{cases} x_1 = \alpha_{11}y_1 + \alpha_{12}y_2 \\ x_2 = \alpha_{21}y_1 + \alpha_{22}y_2 \end{cases} \tag{2}$$

式中 $\alpha_{ij}(i,j=1,2)$ 是常数,而且行列式

$$A = \begin{vmatrix} \alpha_{11} & \alpha_{12} \\ \alpha_{21} & \alpha_{22} \end{vmatrix} = \frac{1}{B}$$

不是0[①]. 由(1)和(2)推得,每个笛氏坐标 $x = \frac{x_1}{x_2}$ 的数值和一个完全确定的比值

---

① 参看附录§8,在两个变数的简单情形,我们容易用直接验算来证明这个命题. 证法如下:解方程系(1)求 $x_1, x_2$ 得

$$x_1 = \frac{\beta_{22}y_1 - \beta_{12}y_2}{B}, x_2 = \frac{-\beta_{21}y_1 + \beta_{11}y_2}{B} \tag{*}$$

由此得

$$\alpha_{11} = \frac{\beta_{22}}{B}, \alpha_{12} = -\frac{\beta_{12}}{B}, \alpha_{21} = -\frac{\beta_{21}}{B}, \alpha_{22} = \frac{\beta_{11}}{B} \tag{**}$$

行列式 $A$ 可表式如下

$$A = \begin{vmatrix} \alpha_{11} & \alpha_{12} \\ \alpha_{21} & \alpha_{22} \end{vmatrix} = \frac{1}{B^2} \begin{vmatrix} \beta_{22} & -\beta_{12} \\ -\beta_{21} & \beta_{11} \end{vmatrix} = \frac{1}{B}$$

所以,$A \neq 0$. 还要注意,根据(**),公式(3)的第二式可以写作

$$x = \frac{\beta_{22}y - \beta_{12}}{-\beta_{21}y + \beta_{11}} \tag{***}$$

$\frac{y_1}{y_2}=y$ 成对应，而且这个对应是可逆的. 即

$$y=\frac{\beta_{11}x+\beta_{12}}{\beta_{21}x+\beta_{22}},x=\frac{\alpha_{11}y+\alpha_{12}}{\alpha_{21}y+\alpha_{22}} \tag{3}$$

数量 $y$ 可以用做点 $M$ 的坐标，因为它完全决定点 $M$ 的位置. 这个数量叫作在已知直线上点 $M$ 的不齐次投影坐标；数量 $y_1,y_2$ 叫作这点的齐次投影坐标.

所以，在直线上同一点的齐次投影坐标和齐次笛氏坐标，有齐次平直非特殊代换的关系，而它的不齐次坐标间，有分式平直非特殊代换的关系. 特别是：分式平直代换(3)可以化成整式平直代换（当 $\beta_{21}=0$，这才可能；并且那时 $\alpha_{21}=0$）. 在这情形，显然地，投影坐标 $y$ 就是笛氏坐标①，$x$ 也如此，故笛氏坐标是投影坐标的特例.

投影坐标具有很简单的几何意义，留在下文再说（§186）.

现在我们说到投影坐标变换的问题，在同一直线上，我们可选取无穷多个投影坐标系. 选择方法是取决于在直线上原来笛氏坐标系的选取（即原点和坐标矢量的选取）和在代换(1)里各个系数 $\beta_{ij}$ 的选取. 我们可以假设开始时所用的是一个固定的笛氏坐标系而不妨碍普遍性. 事实上，当决定投影坐标 $y_1,y_2$ 时，把任意新的笛氏坐标系作为基础，即用公式 273

$$y_1=\beta_{11}'x_1'+\beta_{12}'x_2',y_2=\beta_{21}'x_1'+\beta_{22}'x_2'$$

来替代公式(1)，式中 $\beta_{ij}'$ 都是常数，且它们所组成的行列式不是0，而且 $x_1',x_2'$ 代表点 $M$ 的新笛氏坐标. 那么，把用旧的笛氏坐标来表达新坐标的表示式[§173，公式(3a)]：$x_1'=mx_1+bx_2,x_2'=x_2$，代入上面的关系式，所得的结果显然仍有公式(1)的形式，而且式中常数 $\beta_{ij}$ 的值，将使 $B\neq0$.

因此，当讨论投影坐标变换的问题，我们可假定所根据的笛氏坐标，总是固定不变的.

设第一个投影坐标系用非特殊代换(1)来决定；再设第二个系，用下面的非特殊代换来决定.

$$y_1'=\gamma_{11}x_1+\gamma_{12}x_2,y_2'=\gamma_{21}x_1+\gamma_{22}x_2$$

将公式(2)代入后式，显然得下面的公式

$$\begin{cases}y_1'=m_{11}y_1+m_{12}y_2\\y_2'=m_{21}y_1+m_{22}y_2\end{cases} \tag{4}$$

而且容易知道行列式

---

① 事实上，在这情形，公式(3)化为直线上笛氏坐标的变换公式.

$$\begin{vmatrix} m_{11} & m_{12} \\ m_{21} & m_{22} \end{vmatrix}$$

不是0[①]. 解方程系(4)求 $y_1, y_2$ 得公式

$$\begin{cases} y_1 = l_{11}y_1' + l_{12}y_2' \\ y_2 = l_{21}y_1' + l_{22}y_2' \end{cases} \tag{4a}$$

这里行列式 $\begin{vmatrix} l_{11} & l_{12} \\ l_{21} & l_{22} \end{vmatrix}$ 也不是0.

因此,直线上同一点对于两个不同系的齐次投影坐标,彼此间有齐次平直非特殊代换的关系.

**2°点在平面上和空间的投影坐标** 在平面上和在空间的情形不难推广.

设 $x_1, x_2, x_3$ 是平面上一点的齐次笛氏坐标,由下面的齐次平直代换的关系引入新数量 $y_1, y_2, y_3$



$$\begin{cases} y_1 = \beta_{11}x_1 + \beta_{12}x_2 + \beta_{13}x_3 \\ y_2 = \beta_{21}x_1 + \beta_{22}x_2 + \beta_{23}x_3 \\ y_3 = \beta_{31}x_1 + \beta_{32}x_2 + \beta_{33}x_3 \end{cases} \tag{5}$$

式中 $\beta_{ij}(i,j=1,2,3)$ 是常数系数,而且它们的行列式不是0. 由这条件,即知代换(5)有单值反解,故可用 $y_1, y_2, y_3$ 来表示 $x_1, x_2, x_3$,如

$$\begin{cases} x_1 = \alpha_{11}y_1 + \alpha_{12}y_2 + \alpha_{13}y_3 \\ x_2 = \alpha_{21}y_1 + \alpha_{22}y_2 + \alpha_{23}y_3 \\ x_3 = \alpha_{31}y_1 + \alpha_{32}y_2 + \alpha_{33}y_3 \end{cases} \tag{6}$$

平面上每点 $M$ 的位置,可用三个数量 $x_1, x_2, x_3$ 中任意两个对于第三个的比值来决定. 由(5),点 $M$ 的位置也可用三个数量 $y_1, y_2, y_3$ 中任意两个对于第三个的比值[②]来完全决定.

数量 $y_1, y_2, y_3$ 叫作点 $M$ 的齐次投影坐标. 不齐次投影坐标可说是这三个数量 $y_1, y_2, y_3$ 中任意两个对于第三个的比值.

同样,我们可规定空间点的投影坐标. 设 $x_1, x_2, x_3, x_4$ 是点的齐次笛氏坐标,而数量 $y_1, y_2, y_3, y_4$ 和它们有平直非特殊代换关系

---

① 参看附录§9.

② 数量 $y_1, y_2, y_3$ 不会同时等于0,否则如果 $y_1 = y_2 = y_3 = 0$,由(6)得 $x_1 = x_2 = x_3 = 0$ 便与所设矛盾.

$$\begin{cases} y_1 = \beta_{11}x_1 + \beta_{12}x_2 + \beta_{13}x_3 + \beta_{14}x_4 \\ y_2 = \beta_{21}x_1 + \beta_{22}x_2 + \beta_{23}x_3 + \beta_{24}x_4 \\ y_3 = \beta_{31}x_1 + \beta_{32}x_2 + \beta_{33}x_3 + \beta_{34}x_4 \\ y_4 = \beta_{41}x_1 + \beta_{42}x_2 + \beta_{43}x_3 + \beta_{44}x_4 \end{cases} \tag{7}$$

式中 $\beta_{ij}(i,j=1,2,3,4)$ 是常数,且它们的行列式不是 0. 那么,$y_1,y_2,y_3,y_4$ 叫作空间点的齐次投影坐标,而这四个数量中任意三个对于第四个的比值叫作空间点的不齐次投影坐标.

因代换(7)是非特殊的,故有反变换

$$\begin{cases} x_1 = \alpha_{11}y_1 + \alpha_{12}y_2 + \alpha_{13}y_3 + \alpha_{14}y_4 \\ x_2 = \alpha_{21}y_1 + \alpha_{22}y_2 + \alpha_{23}y_3 + \alpha_{24}y_4 \\ x_3 = \alpha_{31}y_1 + \alpha_{32}y_2 + \alpha_{33}y_3 + \alpha_{34}y_4 \\ x_4 = \alpha_{41}y_1 + \alpha_{42}y_2 + \alpha_{43}y_3 + \alpha_{44}y_4 \end{cases} \tag{8}$$

平面上和空间投影坐标的几何意义将在 § 191 详述. 现在我们只限于对投影坐标的变换做下面的说明.



在平面上和空间内,我们可能选取无穷多个投影坐标系. 选择的方法取决于原来笛氏坐标系的选取和代换(5)或(7)的系数 $\beta_{ij}$ 的选取. 显而易见(比较直线上点坐标情形),原来的笛氏坐标可假设为一个固定的,而不妨碍普遍性.

依照直线上坐标的情形一样,很容易证明在用一个投影坐标系替代另一个系时,新的和旧的齐次投影坐标间有齐次平直非特殊代换的关系.

所以,设 $y_1',y_2',y_3'$ 和 $y_1,y_2,y_3$ 分别代表平面上同一点的新旧投影坐标,那么

$$\begin{cases} y_1' = m_{11}y_1 + m_{12}y_2 + m_{13}y_3 \\ y_2' = m_{21}y_1 + m_{22}y_2 + m_{23}y_3 \\ y_3' = m_{31}y_1 + m_{32}y_2 + m_{33}y_3 \end{cases} \tag{9}$$

反变换

$$\begin{cases} y_1 = l_{11}y_1' + l_{12}y_2' + l_{13}y_3' \\ y_2 = l_{21}y_1' + l_{22}y_2' + l_{23}y_3' \\ y_3 = l_{31}y_1' + l_{32}y_2' + l_{33}y_3' \end{cases} \tag{9a}$$

式中 $m_{ij}$ 和 $l_{ij}$ 都是常数,而且 $m_{ij}$ 或 $l_{ij}$ 所构成的行列式,都不是 0.

在空间也有同样的公式. 设 $y_1',y_2',y_3',y_4'$ 和 $y_1,y_2,y_3,y_4$ 分别代表空间点的新旧投影坐标,那么

$$\begin{cases} y_1' = m_{11}y_1 + m_{12}y_2 + m_{13}y_3 + m_{14}y_4 \\ y_2' = m_{21}y_1 + m_{22}y_2 + m_{23}y_3 + m_{24}y_4 \\ y_3' = m_{31}y_1 + m_{32}y_2 + m_{33}y_3 + m_{34}y_4 \\ y_4' = m_{41}y_1 + m_{42}y_2 + m_{43}y_3 + m_{44}y_4 \end{cases} \tag{10}$$

反变换

$$\begin{cases} y_1 = l_{11}y_1' + l_{12}y_2' + l_{13}y_3' + l_{14}y_4' \\ y_2 = l_{21}y_1' + l_{22}y_2' + l_{23}y_3' + l_{24}y_4' \\ y_3 = l_{31}y_1' + l_{32}y_2' + l_{33}y_3' + l_{34}y_4' \\ y_4 = l_{41}y_1' + l_{42}y_2' + l_{43}y_3' + l_{44}y_4' \end{cases} \tag{10a}$$

式中 $m_{ij}$和 $l_{ij}$是常数,而且它们所构成的行列式都不是0.

关于平面和空间投影坐标变换的几何意义将在 §192 说明.

**注** 因为点的位置只和齐次坐标相互间的比值有关,所以作为投影坐标的定义的公式,可以写成比上面所说的更普遍的公式. 例如,我们可用下面的公式代替公式(5)来规定平面上点的齐次投影坐标



$$\begin{cases} y_1 = \lambda(\beta_{11}x_1 + \beta_{12}x_2 + \beta_{13}x_3) \\ y_2 = \lambda(\beta_{21}x_1 + \beta_{22}x_2 + \beta_{23}x_3) \\ y_3 = \lambda(\beta_{31}x_1 + \beta_{32}x_2 + \beta_{33}x_3) \end{cases} \tag{5a}$$

这里 $\lambda$ 是任意(常数或变数)因子,但不为0. 不过在大多数情形,引入这个因子只是无用的冗赘,因为在公式(5a)的右边,原可简单地用 $x_1,x_2,x_3$ 来替代 $\lambda x_1,\lambda x_2,\lambda x_3$(我们可以这样做,因为 $x_1,x_2,x_3$ 和 $\lambda x_1,\lambda x_2,\lambda x_3$ 代表同一点的坐标),因此我们仍然沿用公式(5).

关于齐次投影坐标的变换公式,也有同样情形,例如关于平面上投影坐标的变换式(9).

**§178. 代数曲线和曲面的齐次投影坐标方程** 设

$$\Phi(x_1,x_2,x_3)=0 \tag{1}$$

是平面上代数曲线的齐次笛氏坐标方程,这里 $\Phi$ 是齐次多项式. 由 §177 公式(6),把用齐次投影坐标 $y_1,y_2,y_3$ 的表示式

$$\begin{cases} x_1 = \alpha_{11}y_1 + \alpha_{12}y_2 + \alpha_{13}y_3 \\ x_2 = \alpha_{21}y_2 + \alpha_{22}y_2 + \alpha_{23}y_3 \\ x_3 = \alpha_{31}y_1 + \alpha_{32}y_2 + \alpha_{33}y_3 \end{cases} \tag{2}$$

代入式(1)的 $x_1,x_2,x_3$,得方程

$$\Psi(y_1,y_2,y_3)=0$$

这里 $\Psi$ 是齐次多项式,与 $\Phi$ 同次. 因此,曲线的级的定义不仅是在笛氏坐标有效,在投影坐标也有效.

同理,代数曲面的齐次投影坐标方程为

$$\Psi(y_1,y_2,y_3,y_4)=0 \tag{3}$$

这里 $\Psi$ 是齐次多项式,它的次就是曲面的级.

在 §174 里所说关于曲线和曲面方程的一切,都可适用于投影坐标,毋须改变.

特别是平面上直线的方程,在齐次笛氏坐标为

$$a_1x_1+a_2x_2+a_3x_3=0 \tag{4}$$

式中 $a_1,a_2,a_3$ 是不同时为 0 的常数. 经过代换(2)之后,仍得同样形式的方程

$$b_1y_1+b_2y_2+b_3y_3=0 \tag{5}$$

式中

$$\begin{cases} b_1=\alpha_{11}a_1+\alpha_{12}a_2+\alpha_{13}a_3\\ b_2=\alpha_{21}a_2+\alpha_{22}a_2+\alpha_{23}a_3\\ b_3=\alpha_{31}a_1+\alpha_{32}a_2+\alpha_{33}a_3 \end{cases} \tag{6}$$



数量 $b_1,b_2,b_3$ 不能同时等于 0,因为 $a_1,a_2,a_3$ 不同时等于 0,而且系数 $\alpha_{ij}$ 的行列式不是 0.

关于在空间平面的方程也有完全类似的结果:设

$$a_1x_1+a_2x_2+a_3x_3+a_4x_4=0 \tag{7}$$

是用齐次笛氏坐标的平面方程. 那么,用齐次投影坐标来表示 $x_1,x_2,x_3,x_4$,公式(8),§177,便得这平面的齐次投影坐标方程如下

$$b_1y_1+b_2y_2+b_3y_3+b_4y_4=0 \tag{8}$$

式中

$$\begin{cases} b_1=\alpha_{11}a_1+\alpha_{12}a_2+\alpha_{13}a_3+\alpha_{14}a_4\\ b_2=\alpha_{21}a_2+\alpha_{22}a_2+\alpha_{23}a_3+\alpha_{24}a_4\\ b_3=\alpha_{31}a_1+\alpha_{32}a_2+\alpha_{33}a_3+\alpha_{34}a_4\\ b_4=\alpha_{41}a_1+\alpha_{42}a_2+\alpha_{43}a_3+\alpha_{44}a_4 \end{cases} \tag{9}$$

和上面情形一样,这些数量 $b_1,b_2,b_3,b_4$ 不能同时等于 0.

在方程(5)里的数量 $b_1,b_2,b_3$ 叫作平面上直线的齐次投影坐标,而在方程式(8)里的数量 $b_1,b_2,b_3,b_4$ 叫作在空间平面的齐次投影坐标.

必须注意,在平面上,方程 $y_3=0$ 就一般来说不是代表假直线,而在空间,方程 $y_4=0$ 就一般来说也不是代表假平面.

就一般来说用投影坐标时,假元素和真元素,无法分辨.

最后,谈谈在平面上直线的投影坐标的变换公式和在空间平面的投影坐标的变换公式.

设在平面上直线的方程(5),把 $y_1,y_2,y_3$ 换做新坐标 $y_1',y_2',y_3'$,如前节公式(9a),这个方程变作下式

$$b_1'y_1'+b_2'y_2'+b_3'y_3'=0 \tag{5a}$$

式中

$$\begin{cases} b_1'=l_{11}b_1+l_{21}b_2+l_{31}b_3 \\ b_2'=l_{12}b_2+l_{22}b_2+l_{32}b_3 \\ b_3'=l_{13}b_1+l_{23}b_2+l_{33}b_3 \end{cases} \tag{10}$$

公式(10)是用旧的直线投影坐标来表示新的.由此可见直线的新旧投影坐标间有齐次平直非特殊代换的关系.

把公式(10)和前节公式(9)互相比较,可知道坐标和直线坐标,互为逆变坐标(§68).



空间的平面坐标也有完全类似的情形.

**注** 设 $\Pi_1,\Pi_2,\Pi_3,\Pi_4$ 是空间不相交于一点(真点或假点)的四个平面,那么,我们总可选择一个投影坐标系,使在这系里平面 $\Pi_1,\Pi_2,\Pi_3,\Pi_4$ 依次得到下面的方程

$$y_1=0,y_2=0,y_3=0,y_4=0$$

事实上,设

$$\begin{cases} f_1(x_1,x_2,x_3,x_4)\equiv a_{11}x_1+a_{12}x_2+a_{13}x_3+a_{14}x_4=0 \\ f_2(x_1,x_2,x_3,x_4)\equiv a_{21}x_1+a_{22}x_2+a_{23}x_3+a_{24}x_4=0 \\ f_3(x_1,x_2,x_3,x_4)\equiv a_{31}x_1+a_{32}x_2+a_{33}x_3+a_{34}x_4=0 \\ f_4(x_1,x_2,x_3,x_4)\equiv a_{41}x_1+a_{42}x_2+a_{43}x_3+a_{44}x_4=0 \end{cases}$$

是各个平面 $\Pi_1,\Pi_2,\Pi_3,\Pi_4$ 的齐次笛氏坐标方程.各个系数 $a_{ij}$ 所构成的行列式不等于0,因为这些平面不相交于一点(§168).

显然,我们可得所求的投影坐标,例如,它们可用下面公式①来决定

$$y_1=f_1(x_1,x_2,x_3,x_4),y_2=f_2(x_1,x_2,x_3,x_4)$$
$$y_3=f_3(x_1,x_2,x_3,x_4),y_4=f_4(x_1,x_2,x_3,x_4)$$

这便是前节的公式(7),如果取 $\beta_{ij}=a_{ij}$.

---

① 这个问题,可用稍为不同的形式,在下面§191里再作讨论.

在二元度和一元度情形．也有同样的结果．

**§178a．点列和线束用投影坐标的参数表示**　我们在§167已经知道平面上直线的参数表示法：设 $M'$ 和 $M''$ 是直线上两个不相同的固定点，又设 $x_1'$，$x_2'$，$x_3'$ 和 $x_1''$，$x_2''$，$x_3''$ 是这两点的齐次笛氏坐标．那么，这直线的每一点 $M$ 的齐次笛氏坐标可表式如下

$$x_1=\lambda x_1'+\mu x_1'',x_2=\lambda x_2'+\mu x_2'',x_3=\lambda x_3'+\mu x_3'' \tag{1}$$

式中 $\lambda$ 和 $\mu$ 是不同时等于0的参数．把式(1)代入§177公式(5)的 $x_1,x_2,x_3$，显然可得完全类似的公式

$$y_1=\lambda y_1'+\mu y_1'',y_2=\lambda y_2'+\mu y_2'',y_3=\lambda y_3'+\mu y_3'' \tag{2}$$

这里 $y_1,y_2,y_3$；$y_1',y_2',y_3'$；$y_1'',y_2'',y_3''$ 分别代表各点 $M,M',M''$ 的齐次投影坐标．

注意，关于点 $M$ 的参数 $\lambda,\mu$，在公式(1)和(2)是一样的．

公式(1)的对偶公式便是线束（参看§170后段）的参数表示式

$$a_1=\lambda a_1'+\mu a_1'',a_2=\lambda a_2'+\mu a_2'',a_3=\lambda a_3'+\mu a_3'' \tag{3}$$

这里 $a_1',a_2',a_3'$ 和 $a_1'',a_2'',a_3''$ 是线束里两条固定直线 $\Delta',\Delta''$ 的齐次笛氏坐标，$a_1,a_2,a_3$ 是线束里任意直线 $\Delta$ 的齐次笛氏坐标，而 $\lambda,\mu$ 是不同时等于0的参数． 

把 $a_1,a_2,a_3$ 的各数值代入前节公式(6)，所得的公式和(3)完全同样

$$b_1=\lambda b_1'+\mu b_1'',b_2=\lambda b_2'+\mu b_2'',b_3=\lambda b_3'+\mu b_3'' \tag{3}$$

这里 $b_1,b_2,b_3$；$b_1',b_2',b_3'$；$b_1'',b_2'',b_3''$ 分别代表直线 $\Delta,\Delta',\Delta''$ 的投影坐标．

同样，由空间直线的齐次笛氏坐标的参数表示（§169）

$$\begin{cases}x_1=\lambda x_1'+\mu x_1'',x_2=\lambda x_2'+\mu x_2''\\x_3=\lambda x_3'+\mu x_3'',x_4=\lambda x_4'+\mu x_4''\end{cases} \tag{5}$$

可得投影坐标的参数表示，如

$$\begin{cases}y_1=\lambda y_1'+\mu y_1'',y_2=\lambda y_2'+\mu y_2''\\y_3=\lambda y_3'+\mu y_3'',y_4=\lambda y_4'+\mu y_4''\end{cases} \tag{6}$$

同样，由空间面束的齐次笛氏坐标的参数表示（§171）

$$a_1=\lambda a_1'+\mu a_1'',a_2=\lambda a_2'+\mu a_2'',a_3=\lambda a_3'+\mu a_3'',a_4=\lambda a_4'+\mu a_4'' \tag{7}$$

可得平面的投影坐标的参数表示

$$b_1=\lambda b_1'+\mu b_1'',b_2=\lambda b_2'+\mu b_2'',b_3=\lambda b_3'+\mu b_3'',b_4=\lambda b_4'+\mu b_4'' \tag{8}$$

这些记号不待解释，一望便知．

**§179．投影点变换**　1°直线上的投影点变换．设 $\Delta$ 和 $\Delta'$ 是空间任意两条直线，在特别情形，它们也可互相叠置．在每条直线上，任意选定一个投影坐标

系(在特别情形,它们也可能是笛氏坐标系). 设 $x_1,x_2$ 为 $\Delta$ 上点 $M$ 的齐次投影坐标,而 $x_1',x_2''$为 $\Delta'$上点 $M'$的齐次投影坐标. 现设两点 $M$ 和 $M'$的坐标间,有非特殊的齐次平直代换的关系,如

$$\begin{aligned} x_1' &= l_{11}x_1 + l_{12}x_2 \\ x_2' &= l_{21}x_1 + l_{22}x_2 \end{aligned} \tag{1}$$

这里 $l_{ij}(i,j=1,2)$是常数,而且它们的行列式不是 0.

这个代换既然假定为非特殊的,定有单值反变换存在,即也可用一非特殊齐次平直代换. 用 $x_1',x_2'$唯一地表示 $x_1,x_2$,如下

$$\begin{cases} x_1 = m_{11}x_1' + m_{12}x_2' \\ x_2 = m_{21}x_1' + m_{22}x_2' \end{cases} \tag{2}$$

点 $M$ 和点 $M'$的不齐次投影坐标

$$x = \frac{x_1}{x_2}, x' = \frac{x_1'}{x_2'}$$

可由(1)和(2)分别求得关系



$$x' = \frac{l_{11}x + l_{12}}{l_{21}x + l_{22}}, x = \frac{m_{11}x' + m_{12}}{m_{21}x' + m_{22}} \tag{3}$$

即坐标 $x$ 和坐标 $x'$间有(可逆的)分式平直(或直射)非特殊代换的关系(§176).

因此,有了关系(1),便可推得关系(2)和(3),关系(1)使直线 $\Delta$ 上每一点 $M$ 各和 $\Delta'$上一点 $M'$相对应,反过来也如此,在这里真点和假点并无区别.

如上所述两条直线 $\Delta$ 和 $\Delta'$上点和点的关系叫作点的投影对应或直射对应.

我们也可以说,直线 $\Delta'$的点,可由直线 $\Delta$ 的点经过投影变换(或直射)得来. 反过来说也可以.

"投影对应"或"投影变换"的命名来源如下:我们容易证明(详见后面§185),有了上述点点对应关系的两条直线 $\Delta$ 和 $\Delta'$,可以把它们放在(移动它们)相当的位置,使有某点 $C$ 存在,用 $C$ 作中心把直线 $\Delta$ 的各点 $M_1,M_2,M_3,\cdots$ 投影到 $\Delta'$上,而得和它们相对应的各点 $M_1',M_2',M_3',\cdots$. 点 $M$ 由中心 $C$ 投到直线 $\Delta'$上的中心投影,是指射线 $CM$ 和直线 $\Delta'$的交点 $M'$(图 113). 投影中心 $C$ 可以在无穷远,那时便得平行投影,这在第一章已加详述.

正如以前所讲,投影变换对于真点和假点不加区别. 直线 $\Delta$ 的假点就一般来说,投到直线 $\Delta'$成为真点,反过来也如此. 例如图 113,直线 $\Delta$ 的假点 $M_0$(它的射线 $CM_0'$和直线 $\Delta$ 平行)变成直线 $\Delta'$的真点 $M_0'$.

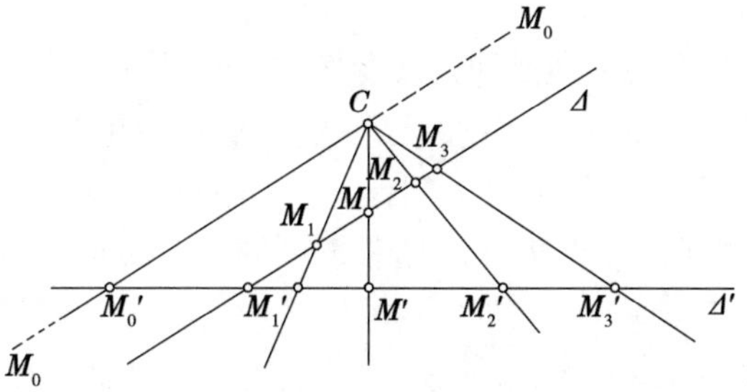


图 113

直线的投影变换在本章后面各节将再加详细讨论.

**注**　公式(1)是用来决定这两条直线 $\Delta$ 和 $\Delta'$ 上点与点间的直射对应. 但不碍理论的普遍性,我们总可把公式里的 $x_1,x_2$ 和 $x_1',x_2'$ 看作直线 $\Delta$ 和 $\Delta'$ 上的齐次笛氏坐标(而不一定要看作一般的投影坐标). 事实上,如果在公式(1)里 $x_1$, $x_2$ 和 $x_1',x_2'$ 是代表投影坐标的话,那么,用直线 $\Delta$ 和 $\Delta'$ 上的齐次笛氏坐标来表这些坐标(根据投影坐标的定义,这些都不过是齐次平直非特殊代换),我们容易见到,所得的公式如(1)同样,但所用的坐标已换为笛氏坐标. 

2°平面上的和空间的投影点变换. 现定义两个平面上点的投影对应. 这便是两个(不同的或叠合的)平面 $\Pi$ 和 $\Pi'$ 间的单值可逆对应,即一个平面上的点的齐次投影坐标通过齐次平直非特殊代换,变成另一个平面上的对应点的齐次投影坐标.

因此,设 $M(x_1,x_2,x_3)$ 和 $M'(x_1',x_2',x_3')$ 是在平面 $\Pi$ 和 $\Pi'$ 上互相对应的点,则

$$\begin{cases} x_1' = l_{11}x_1 + l_{12}x_2 + l_{13}x_3 \\ x_2' = l_{21}x_1 + l_{22}x_2 + l_{23}x_3 \\ x_3' = l_{31}x_1 + l_{32}x_2 + l_{33}x_3 \end{cases} \tag{4}$$

这里 $l_{ij}$ 是常数,而且它们构成的行列式不等于 0,用 $x_1',x_2',x_3'$ 来表示 $x_1,x_2,x_3$ 也有同样的公式,只需解方程系(4)求 $x_1,x_2,x_3$ 便得

$$\begin{cases} x_1 = m_{11}x_1' + m_{12}x_2' + m_{13}x_3' \\ x_2 = m_{21}x_1' + m_{22}x_2' + m_{23}x_3' \\ x_3 = m_{31}x_1' + m_{32}x_2' + m_{33}x_3' \end{cases} \tag{4a}$$

这里 $m_{ij}$ 是常数而且它们的行列式不等于 0.

显然易见(比较点 1°后面的注),无碍于理论的普遍性,我们可把公式(4)里的 $x_1,x_2,x_3$ 和 $x_1',x_2',x_3'$ 看作齐次笛氏坐标,而不一定要看作一般的投影坐

标.

投影点对应也叫作直射变换和共线变换. 共线变换命名的来源是因为它把一个平面上共线的点变为另一个平面上共线的点,这将在本节后面加以证明.

平面 $\Pi$ 上每一个图形和平面 $\Pi'$ 上一个确定的图形对应,反过来也如此. 这两个图形叫作互为直射(或共线)对应,也可说一个图形由直射(共线)变换变成第二个图形.

注意下面直射变换的基本性质:

(a)两个直射变换,继续举行,仍得直射变换. 直射变换的反变换,也是直射变换①. 这些性质,可由平直代换的性质,直接推证得来(参看附录 §9). 它们说明直射变换的集合组成一个群(参看 §78).

(b)平面上每一条直线对应于其他平面上的一条直线. 事实上,设

$$a_1x_1+a_2x_2+a_3x_3=0 \tag{5}$$

是平面 $\Pi$ 上的直线. 用(4a)将(5)里的 $x_1,x_2,x_3$ 换为 $x_1',x_2',x_3'$ 便得平面 $\Pi'$ 上对应直线的方程



$$a_1'x_1'+a_2'x_2'+a_3'x_3'=0 \tag{5a}$$

式中 $a_1',a_2',a_3'$ 是用下面公式来决定

$$\begin{cases} a_1'=m_{11}a_1+m_{21}a_2+m_{31}a_3 \\ a_2'=m_{12}a_1+m_{22}a_2+m_{32}a_3 \\ a_3'=m_{13}a_1+m_{23}a_2+m_{33}a_3 \end{cases} \tag{6}$$

因为 $a_1,a_2,a_3$ 不同时等于0(它们是确定的直线方程的系数),那么,$a_1'$,$a_2'$,$a_3'$ 也不同时等于0(因为代换的行列式不等于0). 所以,直线(5)和直线(5a)对应.

(c)由于两个平面 $\Pi$ 和 $\Pi'$ 的直射对应,引起在两条互相对应的直线 $\Delta$ 和 $\Delta'$ 上的各点,也成直射对应. 换句话说,设平面 $\Pi$ 和 $\Pi'$ 的直射对应关系,使平面 $\Pi$ 上任意直线 $\Delta$ 变成平面 $\Pi'$ 上的直线 $\Delta'$. 根据公式(4)和(4a)的关系,直线 $\Delta$ 上每一点,在直线 $\Delta'$ 上有一点且只有一点和它对应,反过来说也如此. 在直线 $\Delta$ 和 $\Delta'$ 上,点和点间这样的对应,是直射对应,和本节第 1°点所说直线上的直射对应定义一致. 这命题将在下面( §193 第 2°点)证明. 刚才提到的性质(还有其他性质,将来在 §193 第 3°点证明)仅用以解释"投影对应"的命名的用意.

---

① 这些性质对于点 1°所说直线上的直射变换情形也有效.

直射对应的概念(即投影点对应)可以自然地推广到空间的情形. 两个空间图形叫作直射(或共线)对应,如果对应点的齐次坐标间有齐次平直非特殊代换的关系.

这里和以前一样,直射变换显然也组成一群.

读者容易自行证明,空间的直射变换把平面变成平面,直线变成直线.

我们也不难证明,上文所述的性质(c),可以推广到空间直射变换的情形,而得类似的性质,即由空间直射变换引起两个对应平面的直射变换.

仿射变换组成直射群的子群. 在二元度情形,仿射子群的特征为:平面 $\Pi$ 的假直线和平面 $\Pi'$的假直线对应(如果 $\Pi$ 和 $\Pi'$叠合,那么,假直线和它自己本身对应). 事实上,如用齐次笛氏坐标,平面 $\Pi$ 上假直线的方程为

$$x_3=0$$

由(4a),它的对应直线的方程为

$$m_{31}x_1'+m_{32}x_2'+m_{33}x_3'=0$$

欲使这条直线为假直线,即欲使它的方程为 $x_3'=0$,必须且只需使 $m_{31}=m_{32}=0$,$m_{33}\neq0$,但那时代换(4a)化为下面的形式(我们可设 $m_{33}=1$,因为各个数量 $x_1',x_2',x_3'$,可用和它们成比例的齐次坐标来替代) 

$$\begin{aligned}x_1&=m_{11}x_1'+m_{12}x_2'+m_{13}x_3'\\x_2&=m_{21}x_1'+m_{22}x_2'+m_{23}x_3'\\x_3&=x'\end{aligned}$$

这显然是仿射变换.

依同理,空间仿射变换也是直射变换的特例,经过仿射之后假平面变为它的本身.

图形的性质在直射变换下,保留不变的叫作投影性质. 投影几何的目标是研究图形的投影性质.

在投影几何里,假元素和其他元素没有分别. 相反地,在仿射几何里,假元素要起特别的作用.

针对这点来说,通过仿射变换后,平行直线和平行平面仍旧平行,但对于投影变换,一般来说,平行性完全消失它的意义.

所以,平行性不是投影性质.

在同一直线上两个线段的比值,在任何仿射变换之下,都不改变. 但在投影变换,一般来说,这个比值是要改变的,那便是说它不是不变量.

因此,如果详细地研究图形的投影性质,我们需要引入别的对于投影变换

不变的数量. 这个数量是共线的四点的交比,我们将在下一节里讨论,它在投影几何上起了基本的作用.

**§180. 四点的交比** 前节的末尾提过,四个共线点的交比,在投影几何上起了基本的作用,现在详述如下:

先从直线上三点的单比的定义开始,实质上这是我们曾经遇见过的(§41). 设 $M_1,M_2,M$ 是直线 $\Delta$ 上的三点. 在直线上任意选取一个正向(不拘哪一个),线段 $M_1M$ 和 $MM_2$ 的代数值组成比值

$$m=\frac{M_1M}{MM_2}$$

这个比值有一定的符号,但它的符号和在 $\Delta$ 上所选取的正向无关(因为若把正向反转来,分子和分母同时变号). 例如当 $M$ 介于 $M_1,M_2$ 之间,$m>0$,又当 $M$ 在线段 $M_1M_2$ 之外,$m<0$. 这样的比值,我们曾在§41 讨论过("点 $M$ 分割线段 $M_1M_2$ 的比值"). 现在我们把它叫作三点 $M_1,M_2,M$ 的单比(依照这里提出的次序),用记号$(M_1,M_2,M)$来表示



$$m=(M_1,M_2,M)=\frac{M_1M}{MM_2} \tag{1}$$

设 $M_1,M_2$ 不动,而 $M$ 沿直线 $\Delta$ 移动,只要直接观察便可得 $m$ 的变化如下(图 114):当 $M$ 通过线段 $M_1M_2$ 时,$m$ 由 0 变到 $+\infty$;当 $M$ 越过 $M_2$,$m$ 由 $+\infty$ 突变到 $-\infty$;此后当 $M$ 趋向无穷远处时,$m$ 连续递增趋近 $-1$. 最后,当点 $M$ 由 $M_1$ 起,取相反的方向趋向无穷远,$m$ 由 0 递减至 $-1$. 因此,直线上的假点和数值 $m=-1$对应. 一般地说,每个数值 $m$ 和点 $M$ 的一个位置成可逆对应. 特例当 $m=\pm\infty$ 只得一点 $M_2$. 因此数值 $m=+\infty$ 和 $m=-\infty$ 不需要区别.

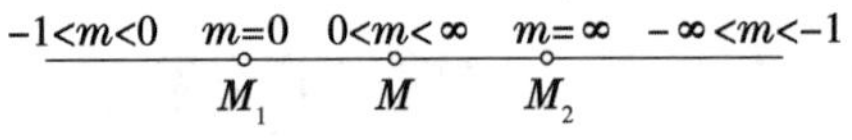


图 114

设在 $\Delta$ 上选取确定的笛氏坐标系,则 $\Delta$ 上任何点 $M$ 的位置由横坐标 $x$ 所决定. 设 $x_1,x_2,x$ 是三点 $M_1,M_2,M$ 的横坐标,显然得

$$m=(M_1,M_2,M)=\frac{x-x_1}{x_2-x} \tag{2}$$

这个数量也叫作三个数的单比,用$(x_1,x_2,x)$来表示,如

$$(x_1,x_2,x)=\frac{x-x_1}{x_2-x} \tag{2a}$$

这个公式再一次说明了:点 $M$ 的每一个位置,即每一个数值 $x$ 和每一个数

值 $m$ 成可逆对应.

现在再说在一直线上四点 $M_1, M_2, M_3, M_4$ 的交比(或泛调和比)的定义. 这是由下面方法所得到的一个数量:先求前面两点和第三点的单比$(M_1, M_2, M_3)$,再求前面两点和第四点的单比$(M_1, M_2, M_4)$,最后以第二单比除第一单比. 四点 $M_1, M_2, M_3, M_4$ 的交比为 $\lambda$,我们用记号$(M_1, M_2, M_3, M_4)$来表示,这样,根据定义

$$\lambda = (M_1, M_2, M_3, M_4) = \frac{(M_1, M_2, M_3)}{(M_1, M_2, M_4)} \tag{3}$$

即

$$\lambda = (M_1, M_2, M_3, M_4) = \frac{M_1M_3}{M_3M_2} : \frac{M_1M_4}{M_4M_2} \tag{4}$$

亦即

$$\lambda = (M_1, M_2, M_3, M_4) = \frac{M_1M_3}{M_3M_2} \cdot \frac{M_4M_2}{M_1M_4} \tag{4a}$$

我们容易辨明数量 $\lambda$ 的符号,式(3)的分子和分母同时为正或同时为负,当两点 $M_3$ 和 $M_4$ 同时在线段 $M_1M_2$ 之内或外. 但如果两点 $M_3$ 和 $M_4$ 有一个在线段 $M_1M_2$ 之内,而另一个在 $M_1M_2$ 之外,那么,(3)的分子分母不同号. 在这情形,我们说点偶$(M_1, M_2)$和点偶$(M_3, M_4)$互相隔离(即在任一个点偶的两点之间,插入其他一个点偶的一点),因此,$\lambda > 0$ 如两个点偶$(M_1, M_2)$和$(M_3, M_4)$不相隔离;$\lambda < 0$ 如它们互相隔离.



直至现在,我们默认 $M_1, M_2, M_3, M_4$ 是不相同的点,但以后也容许有两点叠合的情形,那时 $\lambda$ 也许可取数值$\infty$,例如,当 $M_4$ 和 $M_1$ 叠合的情形. 这必须了解为 $M_4$ 趋向 $M_1$ 时,$\lambda$ 趋向无穷大(我们对于 $+\infty$ 或 $-\infty$ 不加区别).

现在讨论 $\lambda$ 的变值. 设 $M_1, M_2, M_3$ 不动,而 $M_4$ 沿着 $\Delta$ 移动. 我们假定 $M_1, M_2, M_3$ 是不相同的点. 暂时用 $M$ 代表 $M_4$,由(4a)得

$$\lambda = k \cdot \frac{MM_2}{M_1M} \quad \left(\text{这里 } k = \frac{M_1M_3}{M_3M_2}\right) \tag{4b}$$

由此得①:当 $M$ 通过直线 $\Delta$ 时,$\lambda$ 通过一切实数,包括 $\lambda = \infty$ 在内;而且 $\lambda$ 的每个数值和 $M$ 的一个且只一个位置对应.

特例:当 $M$ 分别和点 $M_1, M_2, M_3$ 叠合,数量 $\lambda$ 分别取得数值$\infty$,0,1,这些

---

① 由公式(4b)得 $\lambda = \frac{k}{m}$,这里 $m = \frac{M_1M}{MM_2}$,这便证明了所述的命题.

特例,必须好好地记住.

现在引入直线上点的横坐标. 设 $x_1, x_2, x_3, x_4$ 是点 $M_1, M_2, M_3, M_4$ 的横坐标. 显然得

$$\lambda=(M_1, M_2, M_3, M_4)=\frac{x_1-x_3}{x_2-x_3}:\frac{x_1-x_4}{x_2-x_4} \tag{5}$$

这个数量也叫作四个数 $x_1, x_2, x_3, x_4$ 的交比,用符号$(x_1, x_2, x_3, x_4)$来表示. 这样,由定义得

$$(x_1, x_2, x_3, x_4)=\frac{x_1-x_3}{x_2-x_3}:\frac{x_1-x_4}{x_2-x_4}=\frac{x_1-x_3}{x_2-x_3}:\frac{x_2-x_4}{x_1-x_4} \tag{6}$$

当四个数 $x_1, x_2, x_3, x_4$ 里有一个是无穷大时,这个记号仍然有效. 例如当 $x_1=\infty$ 时,它化作①

$$(\infty, x_2, x_3, x_4)=\frac{x_2-x_4}{x_2-x_3} \tag{7}$$

注意两个以后将随时遇见的等式(它们由 $x_1=\infty, x_2=0, x_3=\alpha, x_4=\beta$ 或由 $x_1=\infty, x_2=0, x_3=1, x_4=k$ 分别得来)



$$(\infty, 0, \alpha, \beta)=\frac{\beta}{\alpha},(\infty, 0, 1, k)=k \tag{8}$$

直线上四点的交比,当然和它的排列次序有关. 在记号$(M_1, M_2, M_3, M_4)$里,按照各个元素 $M_1, M_2, M_3, M_4$ 所有可能的次序来排列,可得不同的数值,因为四个元素有 $1\times2\times3\times4=24$ 个排列存在,那么,表面一看,可能有 24 个不同的数值.

事实上,总共只有 6 个不同的数值,这可以由下面的简单命题推得:如果把任意两个元素互易位置,而同时把其他两个元素也互易位置,交比的数值不变. 例如

$$(M_1, M_2, M_3, M_4)=(M_3, M_4, M_1, M_2)$$

读者用公式(4a)直接验算,便可证明这条命题.

因此,要得记号$(M_1, M_2, M_3, M_4)$因元素的各种排列而可能引起的所有数

---

① 由(6)得

$$(x_1, x_2, x_3, x_4)=\frac{x_3-x_1}{x_4-x_1}\cdot\frac{x_2-x_4}{x_2-x_3}$$

当 $x_1\to\infty$,它趋近极限,便得(7),因为显然地

$$\lim_{x_1\to\infty}\frac{x_3-x_1}{x_4-x_1}=1$$

值,我们只需考虑 $M_2, M_3, M_4$ 的排列次序而把 $M_1$ 排在第一位不动. 事实上,对于任何排列,我们总可把 $M_1$ 改放在第一个位置,把原来在第一个位置的元素,改放在 $M_1$ 的原位,同时把其余两个元素,对调位置. 照这样办法,交比的数值,不会改变. 因此,这个记号仅有 $1\times2\times3=6$ 个不同的数值. 设

$$(M_1, M_2, M_3, M_4)=\lambda$$

我们容易证明(参看下面习题)经过元素的各种可能排列之后,共得下面六个数值

$$\lambda, \frac{1}{\lambda}, 1-\lambda, \frac{1}{1-\lambda}, \frac{\lambda-1}{\lambda}, \frac{\lambda}{\lambda-1}$$

特例,由(4)直接可得:如果把前面两个元素互易位置,或把后面两个元素互易位置,交比的数值变成它的倒数,即

$$(M_2, M_1, M_3, M_4)=(M_1, M_2, M_4, M_3)=\frac{1}{\lambda}$$

## 习题和补充



1. 求证恒等式

$$(x_1-x_3)(x_2-x_4)+(x_2-x_1)(x_3-x_4)=(x_2-x_3)(x_1-x_4)$$

证:可用直接计算验明. 这个结果也可用简法求得如下:取

$$\begin{vmatrix} x_1 & x_1 & x_1 \\ x_2 & x_3 & x_4 \\ 1 & 1 & 1 \end{vmatrix}=0$$

因为这行列式的第一行和第三行成比例. 由第一行减第二行得

$$\begin{vmatrix} x_1-x_2 & x_1-x_3 & x_1-x_4 \\ x_2 & x_3 & x_4 \\ 1 & 1 & 1 \end{vmatrix}=0$$

按着第一行各元展开行列式,便得所求的恒等式.

2. 应用上面的恒等式,求证把记号 $(M_1, M_2, M_3, M_4)$ 的中间两个元素互易,所得的结果,和原来的值相加成 1,即

$$(M_1, M_2, M_3, M_4)+(M_1, M_3, M_2, M_4)=1$$

证:由下面的公式,可直接推得本题的证明

$$(x_1, x_2, x_3, x_4)=\frac{(x_1-x_3)(x_2-x_4)}{(x_2-x_3)(x_1-x_4)}, (x_1, x_3, x_2, x_4)=\frac{(x_2-x_1)(x_3-x_4)}{(x_2-x_3)(x_1-x_4)}$$

3. 应用上面各项结果,且设

$$(M_1, M_2, M_3, M_4) = \lambda$$

求证

$$(M_1, M_2, M_4, M_3) = \frac{1}{\lambda}, (M_1, M_3, M_2, M_4) = 1 - \lambda, (M_1, M_3, M_4, M_2) = \frac{1}{1-\lambda}$$

$$(M_1, M_4, M_2, M_3) = 1 - \frac{1}{\lambda} = \frac{\lambda - 1}{\lambda}, (M_1, M_4, M_3, M_2) = \frac{\lambda}{\lambda - 1}$$

这样我们已得后面三个元素所有可能的一切排列,那么我们已得所给四点的交比所有可能的数值,无论它们在直线上的位置如何排列.

4. 如果用 $\lambda^*$ 代表下列六个数值中的任何一个(参看前题)

$$\lambda, \frac{1}{\lambda}, 1 - \lambda, \frac{1}{1-\lambda}, \frac{\lambda - 1}{\lambda}, \frac{\lambda}{\lambda - 1} \tag{A}$$

那么,各个数值

$$\lambda^*, \frac{1}{\lambda^*}, 1 - \lambda^*, \frac{1}{1-\lambda^*}, \frac{\lambda^* - 1}{\lambda^*}, \frac{\lambda^*}{\lambda^* - 1} \tag{A*}$$

和(A)里的数值完全一样,所差只在排列次序不同. 事实上,设 $\lambda^* = (M_i, M_j, M_k, M_l)$,这里 $i, j, k, l$ 代表指标 1,2,3,4 的任何一个次序. 改变这些指标的排列,可得($A^*$)内的各个数值. 同时,我们已知所得的数值便是(A)内的六个数值.



5. 假定四点 $M_1, M_2, M_3, M_4$ 各不相同. 问它们要取怎样的位置,才使上题(A)内的六个数值不是完全不同的数值?

(a)设 $\lambda = \frac{1}{\lambda}$,便有 $\lambda^2 = 1, \lambda = \pm 1$,如果 $\lambda = 1$,那么所论的点有两个要叠合①,但我们已拚除叠合的情形. 因此 $\lambda = -1$,(A)的六个数值化成下面的形式

$$-1, -1, 2, \frac{1}{2}, 2, \frac{1}{2}$$

这些数值,两两相等. 在 $\lambda = -1$ 的情形,我们说两个点偶($M_1, M_2$)和($M_3, M_4$)互相调和隔离(参看下节).

(b)设 $\lambda = 1 - \lambda$,得 $\lambda = \frac{1}{2}$,则(A)取下列各数值

$$\frac{1}{2}, 2, \frac{1}{2}, 2, -1, -1$$

这和情形(a)一样,只是次序不同. 所以把元素 $M_1, M_2, M_3, M_4$ 重新排列,便与

① 例如,如果 $M_1$ 和 $M_2$ 不相同,那么,由公式(3)便知:当 $\lambda = 1$ 时,点 $M_3$ 和 $M_4$ 叠合.

(a)种情形无别.

(c) $\lambda=\frac{1}{1-\lambda}$,即 $\lambda^2-\lambda+1=0$, $\lambda=\frac{1\pm i\sqrt{3}}{2}$. 如果仅以讨论实点为限,这个情形不可能发生.

(d) $\lambda=\frac{\lambda-1}{\lambda}$,即 $\lambda^2-\lambda+1=0$,这和情形(c)一样.

(e) $\lambda=\frac{\lambda}{\lambda-1}$,即 $\lambda=0$ 或 $\lambda=2$. 当 $\lambda=0$,显然有两点叠合. 当 $\lambda=2$,得(A)的数值如下

$$2,\frac{1}{2},-1,-1,\frac{1}{2},2$$

这也是和(a)种情形一样.

因此,如果仅以讨论不相叠合的实点为限,则每当且仅当这四点组成调和隔离的两个点偶时,数值(A)才不是完全个别的六值.

**§181. 调和隔离**　设

$$(M_1,M_2,M_3,M_4)=-1 \tag{1}$$

则我们说:点偶 $M_1,M_2$ 调和隔离点偶 $M_3,M_4$,或说点 $M_3,M_4$ 对于点 $M_1,M_2$ 成调和共轭的两点.

根据前节所述,把点偶 $(M_1,M_2)$ 和点偶 $(M_3,M_4)$ 互易位置,交比(1)的数值不变. 又把一个点偶内的两个元素对调,交比也不变①. 因此我们不必顾及每个点偶内元素的次序,可以简单地说,点偶 $(M_1,M_2)$ 和点偶 $(M_3,M_4)$ 互相调和隔离. 实际上,它们是互相隔离的,因为四点 $M_1,M_2,M_3,M_4$ 的交比为负数.

由调和隔离的定义,如果点偶 $M_3,M_4$ 调和隔离点偶 $M_1,M_2$,那么,两点 $M_3$ 和 $M_4$ 以同一的(依照绝对值来说)比值分割线段 $M_1M_2$,并且一点是线段的内分点,其他一点是外分点. 设 $M_1$ 和 $M_2$ 是不同的固定点. 如果点 $M_4$ 在它们的直线上趋于无穷远处,它的调和共轭点 $M_3$ 便达到线段 $M_1M_2$ 的中点. 事实上,根据前节公式(4a)显然可见,如果 $M_4$ 趋向无穷远,那么

$$(M_1,M_2,M_3,M_4)=-\frac{M_1M_3}{M_3M_2}$$

因此,根据(1),得

① 因为在这情形(参看前节), $\lambda$ 变成 $\frac{1}{\lambda}$,但因 $\lambda=-1$,我们有 $\lambda=\frac{1}{\lambda}$.

$$\frac{M_1M_3}{M_3M_2}=1$$

即 $M_3$ 为 $M_1M_2$ 的中点.

并且,如果 $M_3$ 趋近 $M_1$(或 $M_2$),那么,$M_4$ 也趋近 $M_1$(或 $M_2$),这可由前节公式(4a)求得. 事实上,如果在分子里 $M_1M_3$ 趋近于0,那么在分母里 $M_1M_4$ 也应趋近于0,否则 $\lambda$ 不能保持有限的数值(在我们所讨论的情形,$\lambda=-1$). 依同理,如果 $M_2M_3$ 趋近于0,那么 $M_2M_4$ 也要趋近于0.

因此(对于点偶 $M_1,M_2$ 来说),点 $M_1$ 和自身共轭,而同样地 $M_2$ 也和自身共轭,此外显然再没有其他的(对于点偶 $M_1,M_2$)"自相共轭"的点.

**§182. 交比在直射代换下的不变性** 交比的主要性质,使它在投影几何上能起基本作用的,就是因为它有对于直射代换(即分式平直代换)的不变性,这里证明如下:

设 $x,y$ 有非特殊的直射代换关系(§176)

$$y=\frac{\alpha x+\beta}{\gamma x+\delta} \tag{1}$$



我们所要证明的性质,概括如下:设 $x_1,x_2,x_3,x_4$ 是变数 $x$ 的任意四个数值,而 $y_1,y_2,y_3,y_4$ 是变数 $y$ 的对应数值,那么

$$(y_1,y_2,y_3,y_4)=(x_1,x_2,x_3,x_4) \tag{2}$$

**证** 首先讨论单比

$$(y_1,y_2,y)=\frac{y-y_1}{y_2-y}$$

由简单的计算,得

$$y-y_1=\frac{\alpha x+\beta}{\gamma x+\delta}-\frac{\alpha x_1+\beta}{\gamma x_1+\delta}=\frac{\alpha\delta-\beta\gamma}{(\gamma x+\delta)(\gamma x_1+\delta)}(x-x_1)$$

$$y_2-y=\frac{\alpha\delta-\beta\gamma}{(\gamma x+\delta)(\gamma x_2+\delta)}(x_2-x)$$

由此得

$$(y_1,y_2,y)=k(x_1,x_2,x) \tag{3}$$

这里数量 $k=\dfrac{\gamma x_2+\delta}{\gamma x_1+\delta}$ 只和 $x_1$ 与 $x_2$ 有关,我们并可推见三点的单比,对于一般的

直射变换①不是一个不变量．用 $x=x_3$，$x=x_4$ 依次代入(3)，分别得

$$(y_1,y_2,y_3)=k(x_1,x_2,x_3),(y_1,y_2,y_4)=k(x_1,x_2,x_4)$$

因此有

$$(y_1,y_2,y_3,y_4)=\frac{(y_1,y_2,y_3)}{(y_1,y_2,y_4)}=\frac{(x_1,x_2,x_3)}{(x_1,x_2,x_4)}=(x_1,x_2,x_3,x_4)$$

便得所求的证明．读者容易验算，当数目 $x_1,x_2,x_3,x_4$ 或 $y_1,y_2,y_3,y_4$ 有一个变成无穷大时，上面的结果，依然有效．

我们容易证明这命题的逆定理，即：设 $x$ 和 $y$ 是个两变数，它们相互的关系使交比 $(x_1,x_2,x_3,x)$ 等于交比 $(y_1,y_2,y_3,y)$，这里 $x_1,x_2,x_3$ 是 $x$ 的任意三个不同的特别数值，而 $y_1,y_2,y_3$ 是 $y$ 的对应数值．那么 $x$ 和 $y$ 间有分式平直代换的关系．事实上，由条件

$$\frac{x_1-x_3}{x_2-x_3}\cdot\frac{x_2-x}{x_1-x}=\frac{y_1-y_3}{y_2-y_3}\cdot\frac{y_2-y}{y_1-y}$$

即得

$$\frac{x_2-x}{x_1-x}=k\frac{y_2-y}{y_1-y}$$

式中 $k$ 是常数．解后一个方程求 $y$(或 $x$)便得 $x$(或 $y$)的分式平直函数．在特别情形这函数有时也可能分为整式的．

**§183．四直线的交比和四平面的交比**　我们会在§180规定了点列上四点的交比，现在推广这个概念于一元度的其他两个基本形(即用于线束和面束里的四个元素，参看§172)．

设给一个线束，即在同一平面上经过同一点的直线的集合，用一条不经过线束中心的直线 $\delta$ 截这个线束(图115)．线束内四条直线 $\Delta_1,\Delta_2,\Delta_3,\Delta_4$ 的交比 $(\Delta_1,\Delta_2,\Delta_3,\Delta_4)$ 就是指这些直线和 $\delta$ 的四个交点 $M_1,M_2,M_3,M_4$ 的交比 $(M_1,M_2,M_3,M_4)$．由这定义得

$$(\Delta_1,\Delta_2,\Delta_3,\Delta_4)=(M_1,M_2,M_3,M_4) \tag{1}$$

这个定义是有意义的，因为我们即将证明这四点 $M_1,M_2,M_3,M_4$ 的交比，和直线 $\delta$ 的选择无关．

最简单的证明如下．暂设所取线束的中心 $O$ 为真点(图116)，由 $O$ 作 $\delta$ 的垂线，取这条垂线的垂足 $A$ 来做直线 $\delta$ 上的横坐标原点，给坐标轴 $\delta$ 以一定的

① 但它对于整式平直代换，是不变的．即代换形如 $y=lx+a$ 的表示直线上点的仿射变换．这可从我们已知的仿射变换的性质推得，但也可由公式(3)推得，因为 $\gamma=0$(那时分式平直代换便化为整式的代换)，因而得 $k=1$．

正向(任何一个正向),并为简便计,取单位矢量做坐标矢量.

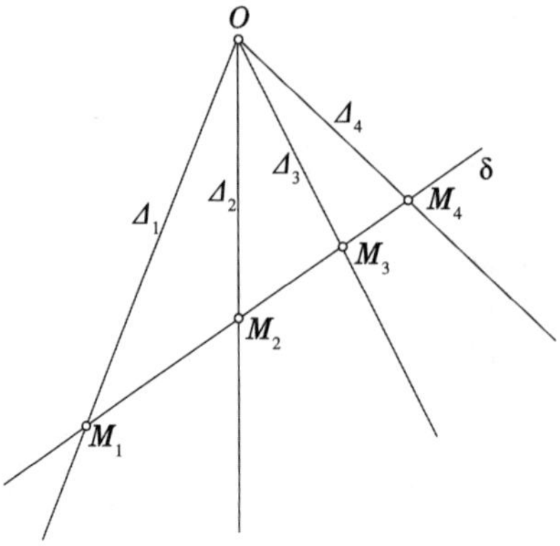


图 115

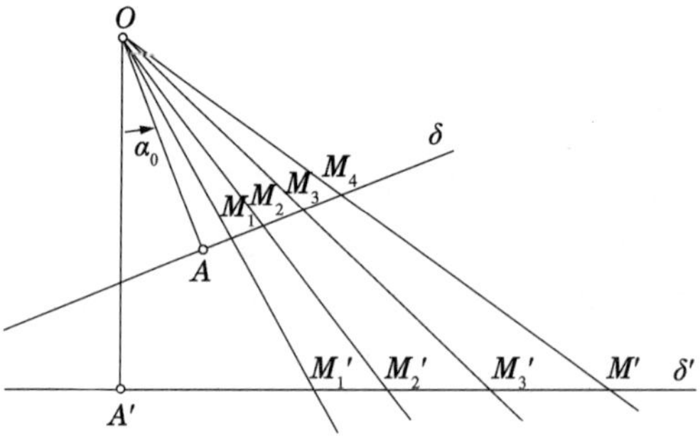


图 116



设 $x$ 为 $\delta$ 和束中直线 $\Delta$ 的交点的横坐标(这横坐标显然完全决定直线 $\Delta$,而且是可逆的),那么

$$x = h \cdot \tan\alpha$$

这里 $h = |OA|$,而 $\alpha$ 是直线 $\Delta$ 和 $\overrightarrow{OA}$ 的夹角,这个角按照所决定的正向来计算(即按照在 $\delta$ 上所选定的正向).

引入记号
$$\tan\alpha = m$$
便得 $x = h \cdot m$,因此,数量 $m$ 显然完全决定直线 $\Delta$ 的位置,而且是可逆的. 数量 $m$ 可以叫作线束内直线的正切坐标.

用明显的记号,得

$$(M_1, M_2, M_3, M_4) = (x_1, x_2, x_3, x_4) = (m_1, m_2, m_3, m_4)$$

由此得

$$(\Delta_1,\Delta_2,\Delta_3,\Delta_4)=(m_1,m_2,m_3,m_4) \tag{2}$$

现在再用另一条直线 $\delta'$ 截这个线束，用 $m'$ 来代表线束里相应直线 $\Delta$ 的正切坐标，那么对于新的交点照样可得

$$(M_1',M_2',M_3',M_4')=(m_1',m_2',m_3',m_4')$$

而且 $m'=\tan\alpha'$，这里 $\alpha'$ 是直线 $\Delta$ 和 $\overrightarrow{OA'}$ 的夹角；$A'$ 是由 $O$ 到 $\delta'$ 的垂足（图 116）．显而易见，$\alpha'=\alpha_0+\alpha$，这里 $\alpha_0$ 是 $\overrightarrow{OA}$ 和 $\overrightarrow{OA'}$ 的夹角（我们计算所有的角，都选取同一的正向，而除去 $\pi$ 的倍数的增减，这对于正切的数值不发生影响）．因为有

$$\tan\alpha'=\tan(\alpha_0+\alpha)=\frac{\tan\alpha_0+\tan\alpha}{1-\tan\alpha_0\tan\alpha}$$

即得

$$m'=\frac{m_0+m}{1-m_0m} \tag{3}$$

这里 $m_0=\tan\alpha_0$．

因此，$m'$ 是 $m$ 的分式平直函数．根据前节所说，得

$$(m_1',m_2',m_3',m_4')=(m_1,m_2,m_3,m_4)$$

故 $$(M_1',M_2',M_3',M_4')=(M_1,M_2,M_3,M_4)$$

便是所求的证明．

最后，当线束中心为假点，即当束内直线互相平行时，这个结论依然有效．在这情形，等式

$$(M_1',M_2',M_3',M_4')=(M_1,M_2,M_3,M_4)$$

立刻成立，因为平行直线截两直线 $\delta,\delta'$，所得的线段成比例．

现在设给一个面束．用一个不属于束内的平面 $\pi$ 截这个面束，所得的是一个线束（线束的中心为平面 $\pi$ 和面束的轴的交点）．面束内四个平面 $\Pi_1,\Pi_2,\Pi_3,\Pi_4$ 的交比 $(\Pi_1,\Pi_2,\Pi_3,\Pi_4)$ 即是指平面 $\pi$ 和这些平面的四条交线的交比．

这个交比和平面 $\pi$ 的选择无关．事实上，设 $x'$ 为另一个平面和面束相截．设 $\delta$ 为平面 $\pi$ 和 $\pi'$ 的交线（图 117）．那么，平面 $\pi$ 或 $\pi'$ 分别截这个面束所得四条交线的交比，都是等于直线 $\delta$ 和平面 $\Pi_1,\Pi_2,\Pi_3,\Pi_4$ 的四个交点的交比．因此这交比对于平面 $\pi$ 和 $\pi'$ 毫无差别．我们默认这条直线 $\delta$ 不与束面的轴相交．如果在相反的情形，只要作第三个平面 $\pi''$ 使它和 $\pi$ 相交，也和 $\pi'$ 相交，并使这些交线不和面束的轴相交，这样便能证明我们的命题．又当面束的轴为假直线，即当束内各面互相平行时，我们的命题依然成立．

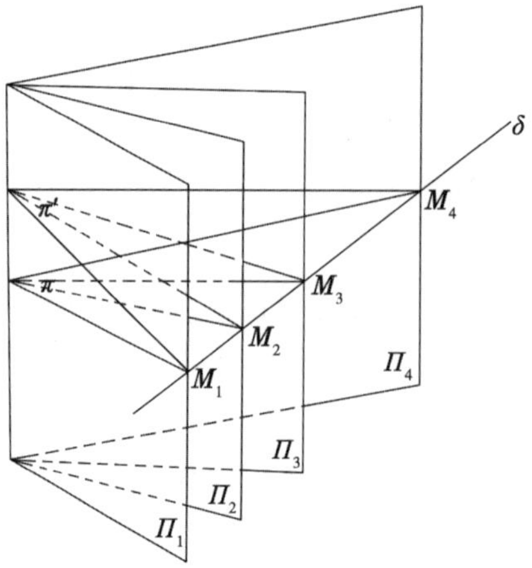


图 117

前面所述关于点列上点的调和隔离的概念,可以施用于其他两个一元度基本形的元素,丝毫无须改变.



**注** 在§180,给直线上四点的交比下定义时,我们假定这条直线是真线.现在我们把交比的概念推广,使可适用于这些点在假直线上的情形.设四点 $M_1,M_2,M_3,M_4$ 在已给的假直线上,它们的交比就是指四条直线 $OM_1,OM_2,OM_3,OM_4$ 的交比,这里 $O$ 是任意选定的真点.这四条直线所属的线束在通过点 $O$ 和所给假直线的平面上.

假平面上一个线束内四条直线的交比,也有类似的定义.

## 习题和补充

1. 设四条直线 $\Delta_1,\Delta_2,\Delta_3,\Delta_4$ 属于一个线束,它的中心是真点.求证下面交比公式

$$(\Delta_1,\Delta_2,\Delta_3,\Delta_4)=\frac{\sin(\Delta_1,\Delta_3)}{\sin(\Delta_3,\Delta_2)}:\frac{\sin(\Delta_1,\Delta_4)}{\sin(\Delta_4,\Delta_2)} \tag{4}$$

这里$(\Delta_i,\Delta_k)$代表由 $\Delta_i$ 到 $\Delta_k$ 的角.假定在线束的平面上已经选定一个正向(任何一个方向)来计算角的正值,并把直线 $\Delta_1,\Delta_2,\Delta_3,\Delta_4$ 都当作轴(在计算角时)来讨论(即给每条直线一个决定的正向,不论哪一方向).

证明:首先要明白,若把角的正向倒转(因为这时所有四个正弦同时变号)抑或把四直线 $\Delta_1,\Delta_2,\Delta_3,\Delta_4$ 中任何一条的正向倒转(因为这时两个正弦同时变号).式(4)右边的数值不变.

用 $\alpha_1,\alpha_2,\alpha_3,\alpha_4$ 代表与直线 $\Delta_1,\Delta_2,\Delta_3,\Delta_4$ 对应的 $\alpha$ 的值. 根据(2)得

$$(\Delta_1,\Delta_2,\Delta_3,\Delta_4)=(\tan\alpha_1,\tan\alpha_2,\tan\alpha_3,\tan\alpha_4)$$
$$=\frac{\tan\alpha_3-\tan\alpha_1}{\tan\alpha_2-\tan\alpha_3}:\frac{\tan\alpha_4-\tan\alpha_1}{\tan\alpha_2-\tan\alpha_4}$$

但 $\tan\alpha_3-\tan\alpha_1=\frac{\sin\alpha_3}{\cos\alpha_3}-\frac{\sin\alpha_1}{\cos\alpha_1}=\frac{\sin(\alpha_3-\alpha_1)}{\cos\alpha_3\cos\alpha_1}$. 其他正切的差,也有同样公式,把它们代入上式(因而消去各个余弦)得

$$(\Delta_1,\Delta_2,\Delta_3,\Delta_4)=\frac{\sin(\alpha_3-\alpha_1)}{\sin(\alpha_2-\alpha_3)}:\frac{\sin(\alpha_4-\alpha_1)}{\sin(\alpha_2-\alpha_4)}$$

由此立即推得所求的公式(4).

2. 求证在具有真轴的面束内,四个平面的交比,有和公式(4)相类似的公式.

证明时只需作一个和轴垂直的平面,截面束为线束便成.

**§184. 投影和截影**　现在引入一些在以后要用到的基本概念. 我们所指的是所谓投影几何的基本运算:投影和截影.

1°如果一个图形是由点和直线组成的,由给定的点作这图形的投影,是说由给定的点(“投影中心”)出发作直线和平面,经过这个图形里的点和直线.

例:由所给中心到已知点列的投影为线束. 又由所给中心到点场(或线场)的投影为线把(或面把).

2°如果一个图形是由点组成的,由给定的直线到这个图形的投影是说:由给定的直线出发作平面,经过这个图形里的各点.

例:由所给直线到已知点列的投影为面束.

上面两种运算的对偶如下:

3°如果一个图形是由直线和平面组成的,在给定的平面上作这个图形的截影是说在给定的平面上作它和图形中各直线和平面的相交元素(交点和交线).

4°如果一个图形是由平面组成的,在给定的直线上作这个图形的截影是说在给定的直线上作它和图形中各平面的交点.

两个基本形(§172)叫作透射的,或成透射对应,如果其中的一个是由其他一个投影或截影得来;或者两个基本形,都是由于第三个基本形的投影或截影得来.

例:点列和它的投影线束成透射(图 115). 又如点列和它的投影面束成透射. 又如(图 116)两个直线 $\delta$ 和 $\delta'$ 和同一个线束相截,所截得的两个点列也成

透射. 等等.

如果两个点列,是用两条直线 $\delta,\delta'$ 截同一个线束所得的截影,我们说:由中心 $O$ 把点列 $\delta$ 投到点列 $\delta'$ 上(或 $\delta'$ 投到 $\delta$ 上),那么第二个点列,是由第一个得来(或第一个点列是由第二个得来).

同样,我们说:由直线 $\Delta$,把一个点列投到第二个点列上,如果这两个点列同是一个以 $\Delta$ 为轴的面束的截影.

我们也说一个点场从中心 $O$ 投到另一个点场,如果两个点场是以 $O$ 为中心的线把与两个平面 $\Pi$ 和 $\Pi'$ 的截影.

**§185. 一元度基本形间的投影对应** 在 §179(第 1°点),我们已经引入两条直线上点的投影对应概念. 现在我们要把这个概念推广到一般的一元度基本形[①]. 根据 §183 所说,显然可见:两个一元度基本形,如果有单值可逆的透射对应(参看前节),那么,一个基本形里四个元素的交比,等于其他一个基本形里对应元素的交比.

透射对应是投影对应的特例,我们现在对于一元度基本形的投影对应有如下的定义:



两个一元度基本形间的投影对应是一个单值可逆对应,由于这种对应关系一个基本形内任意四个元素的交比等于其他一个基本形内对应元素的交比[②].

如果两个基本形有投影对应的关系,我们也说,其中一个基本形,通过投影变换变成第二个基本形.

两个一元度基本形的投影对应完全被决定,如果我们知道第二个基本形里三个元素 $A',B',C'$ 分别和第一个基本形里三个给定的不同元素 $A,B,C$ 相对应. 事实上说 $M$ 是第一个基本形里的元素,而 $M'$ 是第二个图形里的对应元素. 由投影对应的定义

$$(A',B',C',M')=(A,B,C,M)$$

如果已知元素 $M$,那么,元素 $M'$ 便完全决定,而且是可逆的. 这里的字母代表点,或直线,或平面,要看我们所讨论的一元度基本形是点列,或线束,或面束而决定.

投影变换的几何意义,表现在下面的命题里.

如果两个一元度基本形间有了投影对应的关系,那么,经过有限次的投影和截影,可把其中的一个基本形变为其他一个基本形. 逆定理也成立.

---

① 参看 §172.

② 在下面(§189)证明,施用这条定义于点列,和以前所用的定义(§179 第 1°点)是一致的.

逆定理的证明是显明的，因为每次经过投影和截影，对应元素的交比都相等.

原定理的证明，可以只就同平面上两个点列来考虑. 事实上，所有线束和面束，经过截影之后都化为点列. 又如两个点列不在同一平面上，那么通过任意点（不属于这两个点列的）作这两个点列的投影，再用平面截所得的线束，便得在同一平面上的两个点列. 最后，我们总可假定这两个点列不同在一直线上（因为用投影和截影，我们可把一个点列，投到另一条直线上）

现在先讨论特别情形：当已给的两个点列，有相对应的两点 $A,A'$，叠合在直线 $\delta$ 和 $\delta'$ 的交点上，这里 $\delta,\delta'$ 是这两点列的底线. 设 $B,C$ 为第一点列的其他两点，而 $B',C'$ 为第二点列的对应点. 作直线 $BB'$ 和 $CC'$，又设 $O$ 为它们的交点[①]（图 118（a））.

现在证明这两个点列，可从 $O$ 把 $\delta'$ 投影到 $\delta$ 上而得到. 事实上，令 $D$ 为第一点列的任意点，而 $D'$ 为第二点列的对应点. 由投影对应定义，得

$$(A',B',C',D')=(A,B,C,D) \tag{1}$$

我们要证明 $D$ 和 $D'$ 在通过 $O$ 的同一直线上，设 $D''$ 为直线 $OD$ 和直线 $\delta'$ 的交点，$\delta'$ 是第二点列的底线，根据交比性质：$(A',B',C',D'')=(A,B,C,D)$，再由（1）得 $(A',B',C',D'')=(A',B',C',D')$. 因此，$D''$ 和 $D'$ 叠合，因为直线上只有一点 $D'$ 存在，使交比 $(A',B',C',D)$ 在固定的 $A',B',C'$ 之下，取得给定的数值. 所以，在这特别情形下，我们的命题已经得到证明[②].

现在讨论在同一平面上两条直线 $\delta,\delta'$ 上的两个点列的一般情形（图 118（b））. 设 $A$ 和 $A'$ 是两个点列里的任意对应点. 过两点作直线 $AA'$，又在其上取和 $A,A'$ 不相同的任意点 $O$. 过 $A'$ 任意作不和 $\delta'$ 相叠合的直线 $\delta''$. 由 $O$ 把 $\delta$ 投影到 $\delta''$ 上. 所得的新点列 $\delta''$ 和点列 $\delta'$ 的相对位置正如上述的特别情形一样.

因此，这个命题的一般情形，都已得到证明.



---

① 点 $O$ 可能是假点.

② 特别是由此可以推得一条命题，在 § 179（第 1°点）已经提过而未加证明：如果直线 $\Delta$ 和 $\Delta'$ 上的点成立了投影关系，那么，我们可把它们的位置移动，使在 $\Delta'$ 和 $\Delta$ 上相对应的点可由某个中心 $O$ 用投影得来. 事实上，欲达到这样位置，只要移动直线 $\Delta$ 和 $\Delta'$，使它们不相叠合，但有一对任意的对应点 $A$ 和 $A'$ 相叠合，这样我们便有本文里所讨论的情形.

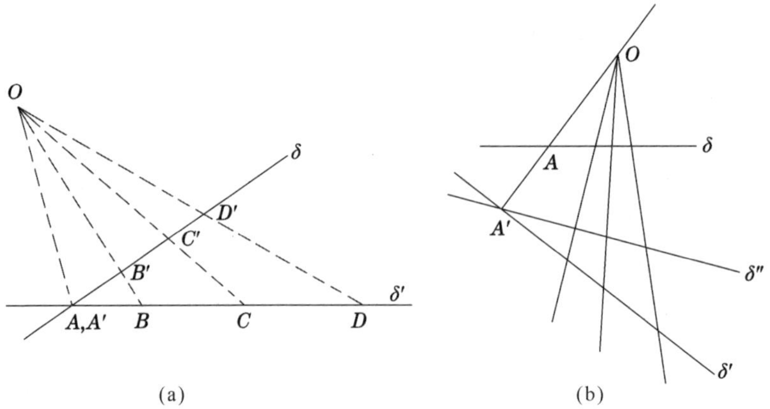


图 118

**§186. 直线上投影坐标的几何意义** 在 §177(第 1°点)我们已引入直线上投影坐标的概念. 现在很容易说明这些坐标的几何意义.



设 $x$ 代表在已知直线上点的(不齐次)笛氏坐标,那么,这点的(不齐次)投影坐标,用公式

$$y=\frac{\alpha x+\beta}{\gamma x+\delta} \tag{1}$$

来决定,这里 $\alpha,\beta,\gamma,\delta$ 是常数,而且 $\alpha\delta-\beta\gamma\neq0$.

齐次投影坐标,用两个不能同时等于零的数 $y_1,y_2$ 来表示,且 $\frac{y_1}{y_2}=y$. 为了说明坐标 $y$ 的几何意义,首先注意下面的事项:设 $M,M',M'',M'''$ 为直线上的四点,它们的(不齐次)笛氏坐标为 $x,x',x'',x'''$,投影坐标为 $y,y',y'',y'''$,那么

$$(M,M',M'',M''')=(x,x',x'',x''')=(y,y',y'',y''')$$

因为变数 $y$ 和 $x$ 有分式平直代换关系. 现在取直线上的三点 $A,B,E$ 和下列的 $y$ 值对应:$\infty$,0,1,即对应于下列齐次坐标 $y_1,y_2$ 的值:(1,0),(0,1),(1,1)或一切和它们成比例的值. 由此[参看 §180 公式(8)]

$$(A,B,E,M)=(\infty,0,1,y)=y$$

所以点 $M$ 的不齐次投影坐标表现为三个固定点 $A,B,E$ 和点 $M$ 的交比

$$y=\frac{y_1}{y_2}=(A,B,E,M) \tag{2}$$

反过来说,在直线上任意选定三点 $A,B,E$,而用等式(2)来决定 $y$,那么,所得的 $y$ 是 $x$ 的分式平直函数,即 $y$ 为(不齐次)投影坐标,这和投影坐标的原始定义一致.

点 $A$ 和点 $B$ 叫作这个投影坐标系的基点，而点 $E$ 叫作这系的单位点.

此后最需注意，对于基点 $A,B$ 调和共轭的两点 $M,M'$，它们的（不齐次）坐标 $y,y'$ 绝对值相等，符号相反. 事实上，由条件 $(A,B,M,M')=-1$，得

$$(\infty,0,y,y')=\frac{y'}{y}=-1$$

即

$$y'=-y \tag{*}$$

直线上投影坐标变换的问题，已经在 §177（第 1°点）讨论过，现在可用直觉的几何形式加以说明.

我们取新点 $A',B',E'$ 来代替 $A,B,E$，又设 $z$ 是点 $M$ 在新系的投影坐标

$$z=(A',B',E',M)$$

设 $y',y'',y'''$ 为点 $A',B',E'$ 对于旧系的投影坐标，那么

$$z=(y',y'',y''',y)$$

即 $z$ 为 $y$ 的分式平直函数

$$z=\frac{ay+b}{cy+d} \tag{3}$$



这里 $a,b,c,d$ 是常数. 反过来，把 $y$ 和 $z$ 互易地位，便得 $y$ 为 $z$ 的分式平直函数. 由此，可知代换(3)是非特殊的（这也容易直接证明）.

再说齐次坐标，设 $z=\frac{z_1}{z_2},y=\frac{y_1}{y_2}$ 得

$$\frac{z_1}{z_2}=\frac{ay_1+by_2}{cy_1+dy_2}$$

因为只是 $z_1$ 和 $z_2$ 的比值有关重要，我们可以假设

$$z_1=ay_1+by_2,z_2=cy_1+dy_2 \tag{4}$$

所以齐次投影坐标变换是一个非特殊的齐次平直代换. 正如以前所说的一样（§177）.

**注**　当然我们可取直线上的假点作为一个基点. 例如，设 $A$ 为假点，那么，当 $x=\infty$ 应得 $y=\infty$，即当 $x_2=0$ 应得 $y_2=0$.

所以，在公式(1)里，$\gamma=0$ 而得

$$y=\frac{\alpha}{\delta}x+\frac{\beta}{\delta}=lx+a\left(l=\frac{\alpha}{\delta},a=\frac{\beta}{\delta}\right)$$

即在这情形，$y$ 为通常直线上对于某个笛氏坐标系的横坐标.

**§187. 直线上四点的交比，用参数来表示**　设平面上的直线 $\Delta$ 为已给的

两个不同点 $M'(y_1',y_2',y_3')$ 和 $M''(y_1'',y_2'',y_3'')$ 所决定. 它的各点的齐次投影坐标可表示如下式(§178a)

$$y_1=\lambda y_1'+\mu y_1'',y_2=\lambda y_2'+\mu y_2'',y_3=\lambda y_3'+\mu y_3'' \tag{1}$$

这里 $\lambda$ 和 $\mu$ 是参数,它们的比值

$$h=\frac{\lambda}{\mu} \tag{2}$$

决定点 $M(y_1,y_2,y_3)$ 在直线上的位置,现在求证这直线上四点 $M_1,M_2,M_3,M_4$ 的交比等于 $h$ 的四个对应数值的交比. 即

$$(M_1,M_2,M_3,M_4)=(h_1,h_2,h_3,h_4) \tag{3}$$

这里 $h_1,h_2,h_3,h_4$ 代表 $h$ 和各点 $M_1,M_2,M_3,M_4$ 相对应的各个数值.

当证明时,我们根据§178a 公式(2)后面的说明,可用下式

$$x_1=\lambda x_1'+\mu x_1'',x_2=\lambda x_2'+\mu x_2'',x_3=\lambda x_3'+\mu x_3'' \tag{1a}$$

来代替公式(1). 公式(1a)所表示的,是点的齐次笛氏坐标. 暂设所讨论的直线是真的,引入不齐次笛氏坐标 $x=\frac{x_1}{x_3},y=\frac{x_2}{x_3}$,那么(1a)化为



$$x=\frac{hx_1'+x_1''}{hx_3'+x_3''},y=\frac{hx_2'+x_2''}{hx_3'+x_3''} \tag{1b}$$

我们可设直线 $\Delta$ 不平行于轴 $Oy$,而不妨碍普遍性(如遇相反的情形,在讨论时,可把轴 $Ox$ 和轴 $Oy$ 互易地位便得). 在这情形,交比 $(M_1,M_2,M_3,M_4)=(N_1,N_2,N_3,N_4)$,这里 $N_1,N_2,N_3,N_4$ 是各点 $M_1,M_2,M_3,M_4$ 用平行于轴 $Oy$ 的投影,投到轴 $Ox$ 上的各点. 但 $(N_1,N_2,N_3,N_4)=(x^{(1)},x^{(2)},x^{(3)},x^{(4)})$,这里 $x^{(1)},x^{(2)},x^{(3)},x^{(4)}$ 是用 $h_1,h_2,h_3,h_4$ 依次代入公式(1b)的第一个等式,所得 $x$ 的各个值. 但因为 $x$ 是 $h$ 的分式平直函数,那么 $(x^{(1)},x^{(2)},x^{(3)},x^{(4)})=(h_1,h_2,h_3,h_4)$,由此得证命题.

由(3)推得:如果取 $M'$ 和 $M''$ 做基点,取 $E$ 做单位点,即令 $E$ 和 $h=1$(即 $\lambda=\mu$)对应,那么,我们用来决下 $\Delta$ 上点 $M$ 的位置的参数 $h=\frac{\lambda}{\mu}$,就是投影坐标. 事实上,点 $M'$ 和 $M''$ 与数值 $h=\infty$ 和 $h=0$ 对应. 因此

$$(M',M'',E,M)=(\infty,0,1,h)=h$$

以上的结果,在直线 $\Delta$ 为假线的情形,即当 $x_3'=x_3''=0$ 时,仍然有效,这时参数表示如

$$x_1=\lambda x_1'+\mu x_1'',x_2=\lambda x_2'+\mu x_2'',x_3=0 \tag{4}$$

把假直线(4)和真直线(1a)同时并论. 在(1a)里,$x_1',x_1'',x_2',x_2''$ 所表示的

和(4)相同,但(1a)里的 $x_3{}'$, $x_3{}''$除不为零外尚可取任意的数值. 我们容易见到,联结坐标原点至直线(4)上某一点的直线 $\delta$,通过直线(1a)上对应于同一个数值$\frac{\lambda}{\mu}=h$ 的点. 事实上,联结原点和直线(4)上对应于给定值 $h$ 的点的直线,具有角系数$\frac{hx_2{}'+x_2{}''}{hx_1{}'+x_1{}''}$. 但联结原点和直线(1a)上对应于所给的值 $h$ 的点的直线,也具有同一的角系数. 故以 $O$ 为中心的线束内,经过假直线 $\Delta$ 上四个已给点的四条直线的交比(而且这个交比即是这四个已给点的交比)等于在直线(1a)上,和相同的值 $h$ 对应的四点的交比. 由此得证命题.

对于空间点列,如已给定参数表示式(§178a),有完全类似的结果.

**注**　因为对于基点 $M'$, $M''$,所得的 $h$ 表现为投影坐标,由此,并根据前节所说,我们推得:如果 $h_1$, $h_2$ 表示对于 $M'$, $M''$调和共轭的两点 $A$, $B$ 的参数值,那么

$$h_1+h_2=0$$

**§188. 线束(面束)内四条直线(四个平面)的交比,用参数来表示. 束内的投影坐标**　点列的对偶为线束,我们因可引入线束内直线的投影坐标的意义.



所设线束,用它的两条直线 $\Delta'(b_1{}', b_2{}', b_3{}')$ 和 $\Delta''(b_1{}'', b_2{}'', b_3{}'')$ 来决定,这里括号内的字母代表这两条直线的齐次投影坐标. 束内每条直线 $\Delta(b_1, b_2, b_3)$ 可表如下式(参看§178a)

$$b_1=\lambda b_1{}'+\mu b_1{}'', b_2=\lambda b_2{}'+\mu b_2{}'', b_3=\lambda b_3{}'+\mu b_3{}'' \tag{1}$$

直线 $\Delta$ 的位置完全取决于比值

$$h=\frac{\lambda}{\mu} \tag{2}$$

特别是,当 $h=\infty$,直线 $\Delta$ 和 $\Delta'$叠合,又当 $h=0$,直线 $\Delta$ 和 $\Delta''$叠合.

我们容易证明,束内四条直线 $\Delta_1$, $\Delta_2$, $\Delta_3$, $\Delta_4$ 的交比,等于参数 $h$ 对应于这些直线的四个数值 $h_1$, $h_2$, $h_3$, $h_4$ 的交比. 即

$$(\Delta_1, \Delta_2, \Delta_3, \Delta_4)=(h_1, h_2, h_3, h_4) \tag{3}$$

此处证法,照前节一样,仍用在齐次笛氏直线坐标线束的参数表示式,即(参看§178a)

$$a_1=\lambda a_1{}'+\mu a_1{}'', a_2=\lambda a_2{}'+\mu a_2{}'', a_3=\lambda a_3{}'+\mu a_3{}'' \tag{1a}$$

直线 $\Delta(a_1, a_2, a_3)$ 的方程为(用齐次笛氏点坐标)

$$a_1x_1+a_2x_2+a_3x_3=0$$

由(1a)得

$$(\lambda a_1' + \mu a_1'')x_1 + (\lambda a_2' + \mu a_2'')x_2 + (\lambda a_3' + \mu a_3'')x_3 = 0$$

再化为不齐次坐标 $x = \frac{x_1}{x_3}, y = \frac{x_2}{x_3}$,得

$$(\lambda a_1' + \mu a_1'')x + (\lambda a_2' + \mu a_2'')y + (\lambda a_3' + \mu a_3'') = 0$$

在上面方程里,令 $y=0$,便得这些直线和轴 $Ox$ 的交点的横坐标①

$$x = -\frac{\lambda a_3' + \mu a_3''}{\lambda a_1' + \mu a_1''} = -\frac{ha_3' + a_3''}{ha_1' + a_1''}$$

四条直线 $\Delta_1, \Delta_2, \Delta_3, \Delta_4$ 的交比等于这些直线和轴 $Ox$ 的四个交点的交比,即 $(x^{(1)}, x^{(2)}, x^{(3)}, x^{(4)})$,这里 $x^{(1)}, x^{(2)}, x^{(3)}, x^{(4)}$ 所表示的 $x$ 值是用 $h_1, h_2, h_3, h_4$ 代入上式的 $h$ 而得来的. 但因为 $x$ 是 $h$ 的分式平直函数,如上式所表示,故得

$$(x^{(1)}, x^{(2)}, x^{(3)}, x^{(4)}) = (h_1, h_2, h_3, h_4)$$

由此推得公式(3).

特别是把公式(3)应用于 $\Delta', \Delta'', E, \Delta$,这里 $E$ 代表束内和 $\lambda = 1$(即 $\lambda = \mu$)对应的直线,而 $\Delta$ 是任意直线,我们有

$$(\Delta', \Delta'', E, \Delta) = (\infty, 0, 1, h) = h$$



因此

$$h = \frac{\lambda}{\mu} = (\Delta', \Delta'', E, \Delta) \tag{4}$$

数量 $h = \frac{\lambda}{\mu}$ 叫作线束内直线 $\Delta$ 的(不齐次)投影坐标,而 $\lambda, \mu$ 叫作这条直线的齐次投影坐标.

直线 $\Delta', \Delta''$ 分别和数值 $h = \infty, h = 0$ 对应,它们是这个坐标系的"基线",而和 $h = 1$ 对应的 $E$ 是"单位线". 直线 $\Delta', \Delta'', E$ 可以完全任意选定,只要它们不相叠合便成.

完全照样,我们可引入面束内平面的投影坐标 $h$,或齐次投影坐标 $\lambda, \mu$,即

$$h = \frac{\lambda}{\mu} = (\Pi', \Pi'', E, \Pi) \tag{5}$$

这里 $\Pi', \Pi''$ 是固定的"基面",$E$ 是"单位面"对应于 $h = 1$,而 $\Pi$ 是对应于 $h$ 的平面.

**注** 设 $\alpha$ 代表束内直线 $\Delta$ 和某个一定方向所成的角,那么数量 $m = \tan \alpha$

① 我们假定轴 $Ox$ 不属于这个线束. 否则先把轴 $Ox, Oy$ 交换位置,再作类似的讨论. 最后,如 $O$ 为束心,我们可用和一条轴平行的任何直线截这个线束而讨论它们的交点. 例如它们和直线 $y = c$ 的交点,这里 $c \neq 0$. 最后所得的结果仍是一样.

（正切坐标）可作为直线的投影坐标. 事实上设 $\Delta',\Delta'',E$ 是束内的三条直线，和数值 $m=\infty,m=0,m=1\left(即\ \alpha=\frac{\pi}{2},\alpha=0,\alpha=\frac{\pi}{4}\right)$对应. 由此①

$$(\Delta',\Delta'',E,\Delta)=(\infty,0,1,m)=m$$

因此，如果取 $\Delta',\Delta''$做基线，取 $E$ 做单位线，那么 $m$ 便是投影坐标.

**§189. 两个一元度基本形投影对应的分析表示法**　设已给两个一元度基本形，它们的元素间有投影对应关系.

为明确起见，讨论两个点列，分别在直线 $\Delta$ 和 $\Delta'$上. 设 $h,h'$分别代表在 $\Delta$，$\Delta'$上两个互相对应点 $M,M'$的投影坐标，由投影关系得

$$(M_1,M_2,M_3,M)=(M_1',M_2',M_3',M') \tag{1}$$

这里 $M_1,M_2,M_3$ 为在直线 $\Delta$ 上任意三个不同点，而 $M_1',M_2',M_3'$为它们在直线 $\Delta'$上的对应点，由(1)得(§187)

$$(h_1,h_2,h_3,h)=(h_1',h_2',h_3',h')$$

由此推得：$h'$为 $h$ 的分式平直函数，反转来也如此

$$h'=\frac{\alpha h+\beta}{\gamma h+\delta},h=\frac{\alpha'h'+\beta'}{\gamma'h'+\delta'} \tag{2}$$



把不齐次坐标 $h$ 和 $h'$，改为齐次的$(\lambda,\mu)$和$(\lambda',\mu')$

$$h=\frac{\lambda}{\mu},h'=\frac{\lambda'}{\mu'}$$

代入上式，并且记得，齐次坐标可以用和它们成比例的数量来代替，所以我们可得

$$\begin{cases}\lambda'=\alpha\lambda+\beta\mu,\lambda=\alpha'\lambda'+\beta'\mu'\\ \mu'=\gamma\lambda+\delta\mu,\mu=\gamma'\lambda'+\delta'\mu'\end{cases} \tag{3}$$

即在投影对应下，对应点的齐次投影坐标有齐次平直非特殊代换的关系②.

反过来说，如果(2)或(3)成立，那么，这个对应是投影对应. 因为那时一个点列的任意四点和另一个点列的对应点，有(1)的关系.

以上所说，显然可以直接推及其他的一元度基本形（线束和面束）. 因得命题如下：

如果两个一元度基本形间有投影关系，那么对应元素的不齐次投影坐标，有（非特殊）分式平直代换关系，而且是可逆的. 它们的齐次投影坐标也有（非

① 根据§183 公式(2)，束内四条直线的交比等于 $m$ 的对应值的交比.

② 在§179（第1°点）我们用这个性质做两点列投影对应的定义；现在我们用§185 所述的另一（几何性的）定义，也推得这个性质. 所以两个定义是同价的.

特殊的)齐次平直代换关系.

现在再说到点列的情形,设 $A,B,E$ 为第一条直线上坐标系的基点和单位点,而 $A',B',E'$为第二条直线上同样的点.那么,由投影坐标的定义

$$h=(A,B,E,M),h'=(A',B',E',M')$$

设所论的两个点列间有投影对应,又设 $A',B',E'$为 $A,B,E$ 的对应点.如果 $M,M'$是对应点,那么,$(A,B,E,M)=(A',B',E',M')$,因此

$$h=h' \tag{4}$$

所以在这情形,公式(2)化简为:对应点的投影坐标相等.

这个结果可以直接推广到另一个一元度基本形.

**例** 设已给的点列和线束成立了投影对应,那么两个对应元素(列上的点和束内的线)的坐标 $h$ 和 $h'$相等,如果在两个基本形里用对应的元素做基元素和单位元素的话.

**§190. 叠置的一元度基本形. 对合** 为明确起见,我们首先讨论两个点列.这些点列可能在两条不同的直线 $\Delta$ 和 $\Delta'$上,也可能在同一直线上.



在同一直线上的情形,我们可说这些点列互相叠置.我们最好设想有两条互相叠置的直线 $\Delta$ 和 $\Delta'$,在它们上面放着两个点列(正如我们以前在相类似的情形下所做的一样).事实是这样的:假设所给两个点列的点 $M$ 和 $M'$,有单值可逆的对应关系,有如

$$x'=\varphi(x),x=\psi(x') \tag{1}$$

这里 $x$ 和 $x'$是点 $M$ 和 $M'$的横坐标,而 $\varphi,\psi$ 是单值函数.现设 $N$ 为两个点列的公共底线上的任意一点.如果不说明这点属于哪一个点列,我们就无从知道应由公式(1)两个式中的哪一个来计算对应点的横坐标.因此要权宜地把叠置点列看作放在两条互相叠合的直线上:当我们指明点 $N$ 在其中哪一条直线上,那就是指出点 $N$ 属于哪一个点列.

但有一个很重要的情形,在那时就无需有这样的区别.那就是当这两点列间有这样的对应,使已给点 $M$ 的对应点 $M'$取得同一的位置,不论把 $M$ 作为第一个点列抑或第二个点列的点.用分析术语来表达,就是说函数 $\varphi$ 和 $\psi$ 是同一函数(如果两个点列的点是用同一的坐标系来定位).在这情形,直线 $\Delta$ 和 $\Delta'$就无须加以区别,而第一和第二点列也无须加以区别.我们可以简单地说,在同一个点列上的点,一对一对互相对应,即点 $M$ 对应于点 $M'$,反过来说,点 $M'$也对应于点 $M$.

这样的对应叫作对合的,以后我们把这种对合的投影对应叫作对合.

现在来求对合的一般分析表示,设 $h$ 是所论点列上点 $M$ 的投影坐标,又设

$M'$是对应点,而 $h'$是点 $M'$对于同一坐标系的坐标,那么

$$h'=\frac{\alpha h+\beta}{\gamma h+\delta}\quad(\alpha\delta-\beta\gamma\neq 0)$$

因为,由条件,这个对应是投影的.

这个关系可以写成

$$\gamma hh'-\alpha h+\delta h'-\beta=0$$

因为 $M$ 和 $M'$的对应是对合的,那么这个关系与下面的关系同价

$$\gamma h'h-\alpha h'+\delta h-\beta=0$$

这是把 $h$ 和 $h'$互易得来的. 用第一式减第二式,得

$$(\alpha+\delta)(h'-h)=0$$

如果 $\alpha+\delta\neq 0$,那么

$$h'=h$$

这个对应只表示每点和自身对应. 放弃这个简单的情形,我们只需讨论

$$\alpha+\delta=0$$

于是 $h$ 和 $h'$间的对合关系可表示如下式

$$\gamma hh'+\delta(h+h')-\beta=0$$

为了对称起见,设 $\gamma=a,\delta=-\alpha=b,-\beta=c$,得

$$ahh'+b(h+h')+c=0\qquad(2)$$

这里 $a,b,c$ 是常数,而且

$$ac-b^2\neq 0$$

这个条件是由条件 $\alpha\delta-\beta\gamma\neq 0$ 得来的.

现在求对合的重点,即它和自身对应的点. 设点 $M$ 和它的对应点 $M'$叠合,那么 $h'=h$. 由(2)得

$$ah^2+2bh+c=0\qquad(3)$$

由此求得 $h$ 的两个数值

$$h=\frac{-b\pm\sqrt{b^2-ac}}{a}\qquad(4)$$

因此我们总有两个重点 $A$ 和 $B$. 它们可为实点,如 $b^2-ac>0$,或共轭复点,如 $b^2-ac<0$.

如果这两个重点和坐标系的基点 $A(h=\infty)$,$B(h=0)$叠合,那么,方程(3)应当有根 $h=0$ 和 $h=\infty$,由此得 $a=c=0$,而关系(2)化成下形

$$h+h'=0$$

即对应点的投影坐标数值相等,符号相反. 由此推得(参看在 §187 后面的附

记),点 $M$ 和 $M'$对于点 $A$ 和 $B$ 成调和共轭. 因此,所有的对合点,对于两个实点或虚点,成调和共轭. 显然可以反转来说,一对一对的对应点,如果对于某两个已给点成调和共轭,那么这样对应便是以 $A$ 和 $B$ 为重点的对合.

所有以上所选,可以完全应用于其他一元度的基本形,即应用于线束和面束.

两个线束(或面束)叫作互相叠置,如果它们的中心(或轴)是相叠合的. 在这些束内,可以完全用上面所述,只要随处改用"直线"(或"平面")来代替"点"字.

作为一例,我们讨论线束内直线的正交对合,即每条直线和它的垂线对应. 这个对合分析表示法,可用正切坐标 $m=\tan\alpha$ 来做投影坐标,这里 $\alpha$ 是束内的直线和某定直线所成的角(参看 §188 附记). 由此,束内两条直线 $\Delta$ 和 $\Delta'$互相垂直的条件,便是它们的对应数值 $m$ 和 $m'$有关系如 $m=-\dfrac{1}{m'}$,亦即

$$mm'+1=0$$



这是关系式(2)的特例. 因此,我们证实它是一个对合.

这个对合的重线,要有斜率适合方程 $m^2+1=0$,由此得 $m=\pm\mathrm{i}$. 我们得知这两条重线是虚线,正如我们所预料. 它们是这个线束所在的平面上的迷向直线(参看 §162).

反过来说,用线束的迷向直线来决定的对合就是正交对合.

因此,在平面上与迷向直线成调和共轭的方向可作为在这平面上互相垂直的方向的定义.

**注** 我们容易想到,在两个叠合的一元度基本形里,如果第一个基本形有任意三个不同元素 $A,B,C$ 和另一个基本形的三个对应元素 $A',B',C'$叠合①,那么它们所有一切对应元素都叠合.

事实上,设 $M$ 和 $M'$是两个图形里的任意对应元素,那么,由投影对应定义

$$(A,B,C,M)=(A',B',C',M')$$

由此$(A,B,C,M)=(A,B,C,M')$,因为$A',B',C'$和$A,B,C$ 叠合,由此推得 $M'$和 $M$ 叠合.

**§191. 平面上和空间的投影坐标的几何意义** 1°在 §177(第 2°点)我们引入了平面上点的投影坐标的概念. 我们要记得点的齐次投影坐标 $y_1,y_2,y_3$ 和这点的齐次笛氏坐标,有齐次平直非特殊代换关系

① 如果一个基本形的元素 $A$ 和另一个基本形的对应元素 $A'$叠合,我们说:$A$ 与自身对应.

$$\begin{cases} y_1=\beta_{11}x_1+\beta_{12}x_2+\beta_{13}x_3=f_1(x_1,x_2,x_3) \\ y_2=\beta_{21}x_1+\beta_{22}x_2+\beta_{23}x_3=f_2(x_1,x_2,x_3) \\ y_3=\beta_{31}x_1+\beta_{32}x_2+\beta_{33}x_3=f_3(x_1,x_2,x_3) \end{cases} \quad (1)$$

式中$\beta_{ij}$是常数,它们的行列式不是0.

有了前节的结果,就容易说明平面上投影坐标的几何意义.事实上,讨论三条直线①

$$f_1(x_1,x_2,x_3)=0, f_2(x_1,x_2,x_3)=0, f_3(x_1,x_2,x_3)=0 \quad (2)$$

它们的方程,就坐标$y_1,y_2,y_3$来说,得相当的形式

$$y_1=0, y_2=0, y_3=0$$

这三条直线不相交于同一点(因为系数$\beta_{ik}$所组成的行列式不是0).因此它们组成一个三角形,叫作这个投影坐标系的坐标三角形.

用$A_1,A_2,A_3$来表示这三角形的顶点,即用$A_1$表示两边$y_2=0$和$y_3=0$的交点,$A_2$表示两边$y_3=0,y_1=0$的交点,$A_3$表示两边$y_1=0,y_2=0$的交点.因此,这些点的投影坐标②为$(1,0,0)$,$(0,1,0)$,$(0,0,1)$.再引入一个单位点,即点$E$,坐标为$(1,1,1)$③.

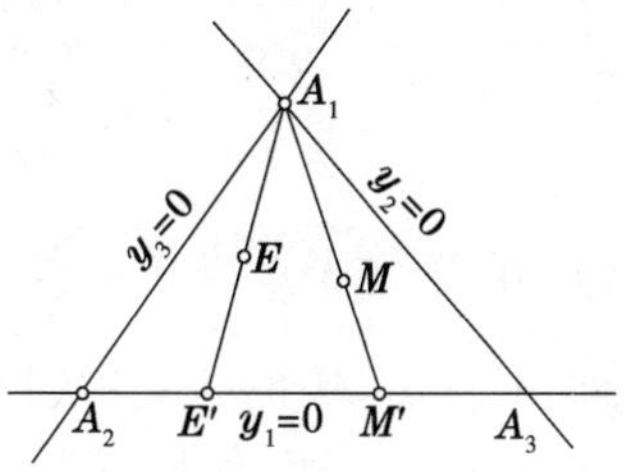


图119

现在计算由顶点$A_1$出发,通过四点$A_2,A_3,E,M$的四条直线的交比(图119).经过直线$y_2=0$和$y_3=0$的交点$A_1$的每一条直线,都有方程如$\lambda y_2+\mu y_3=0$的形式,或设$h=\dfrac{\mu}{\lambda}$,得

$$y_2+hy_3=0 \quad (3)$$

这里参数$h$决定所论的直线的位置.当$h=\infty$得直线$A_1A_2$,(即直线$y_3=0$),当$h=0$,得直线$A_1A_3$(即$y_2=0$),当$h=-1$,得$A_1E$.为简便起见我们用记号

$$A_1(A_2,A_3,E,M)$$

代表四条直线$A_1A_2,A_1A_3,A_1E,A_1M$的交比,因此得

$$A_1(A_2,A_3,E,M)=(\infty,0,-1,h)=-h$$

① 这里$f_1,f_2,f_3$所代表的式,和公式(1)相同.

② 例如就点$A_1$而论,$y_1\neq0,y_2=0,y_3=0$.因为我们可用和它们成比例的数量,来做坐标,所以可取$y_1=1$.

③ 或一样可以写作坐标$(k,k,k)$,这里$k$是不等于0的任意数.

这里用 $h$ 来代表(3)的参数值,和直线 $A_1M$ 对应. 设 $y_1,y_2,y_3$ 代表点 $M$ 的坐标,又根据(3)得 $h=-\frac{y_2}{y_3}$. 而上面的公式化为下列公式的第一个

$$\begin{cases}\frac{y_2}{y_3}=A_1(A_2,A_3,E,M)\\ \frac{y_3}{y_1}=A_2(A_3,A_1,E,M)\\ \frac{y_1}{y_2}=A_3(A_1,A_2,E,M)\end{cases}\tag{4}$$

后面两式方程系由第一式经过数字 1,2,3 的循环排列得来.

由此我们可见齐次坐标 $y_1,y_2,y_3$ 的比值的几何意义.

如把公式(4)写作下面的形式,它们的意义也许更为明白.

$$\frac{y_2}{y_3}=(A_2,A_3,E',M')\text{(其余二式和此同样)}\tag{4a}$$



这里 $E'$和 $M'$代表直线 $A_1E$ 和 $A_1M$ 与直线 $A_2A_3$ 的交点. 这个公式表达:$\frac{y_2}{y_3}$是在直线 $A_2A_3$ 上点 $M'$的(不齐次)投影坐标,以 $A_2,A_3$ 为基点,以 $E'$为单位点.

我们容易证明,任何三个不共线的点 $A_1,A_2,A_3$ 可以采用做坐标三角形的三顶点,而单位点 $E$ 也可以任意选择(只要它不在坐标三角形的一边上①).

事实上,设 $f_1(x_1,x_2,x_3)=0,f_2(x_1,x_2,x_3)=0,f_3(x_1,x_2,x_3)=0$ 代表三条边 $A_2A_3,A_2A_1,A_1A_2$ 的方程,这里 $f_1,f_2,f_3$ 是变数 $x_1,x_2,x_3$ 的三个独立的一次齐次方式,因为就坐标 $y_1,y_2,y_3$ 而论,这些直线要取得 $y_1=0,y_2=0,y_3=0$ 的形式,故我们可令

$$y_1=\lambda_1f_1(x_1,x_2,x_3),y_2=\lambda_2f_2(x_1,x_2,x_3),y_3=\lambda_3f_3(x_1,x_2,x_3)\tag{5}$$

这里 $\lambda_1,\lambda_2,\lambda_3$ 是常数. 此外还要选择这些常数,适合条件:$y_1=y_2=y_3=1$ 当 $x_1=x_1^0,x_2=x_2^0,x_3=x_3^0$. 这里 $x_1^0,x_2^0,x_3^0$ 是已给点 $E$ 的坐标. 这总是可能做到的,因为 $E$ 不在直线 $A_2A_3$ 上,$f_1(x_1^0,x_2^0,x_3^0)\neq0$,同样 $f_2$ 和 $f_3$ 也不等于 0[如果以 $y_1=y_2=y_3=k$ 来代替条件 $y_1=y_2=y_3=1$,$k$ 为不等于 0 的任意数,那么,我们用 $k\lambda_1,k\lambda_2,k\lambda_3$ 来代替以前的 $\lambda_1,\lambda_2,\lambda_3$. 即把(5)的右边,乘以同一个数. 这是没有影响的].

关系式(5)与(1)同形式,因此 $y_1,y_2,y_3$ 是适合于一切所举条件的投影

① 所指的边是全条直线,不只是顶点间的线段.

坐标.

坐标三角形有一边可能是假线,那时便回到笛氏坐标系. 事实上,如果 $A_1$ 和 $A_2$ 是假点,因而 $A_1A_2$ 是假直线. 那么,它的方程是 $x_3=0$,因此在公式(5)里 $f_3(x_1,x_2,x_3)=x_3$. 我们可取 $\lambda_3=1$(这只需用同一个数来乘 $y_1,y_2,y_3$),故关系式(5)化为

$$y_1=k_{11}x_1+k_{12}x_2+k_{13}x_3,y_2=k_{21}x_1+k_{22}x_2+k_{23}x_3,y_3=x_3$$

这里 $k_{ij}$ 是常数. 上式是笛氏坐标的变换公式(§173),而命题得到证明. 由公式(4)也容易直接推证这件事实,参看下面习题.

直线的投影坐标,也有极简单的几何意义,正如公式(4)所表达的点坐标一样. 要弄清这个意义,只需应用对偶原则,把点坐标改为直线坐标便成(参看下面习题).

2°在§177(第2°点)里,曾经引入空间点坐标的概念,即某点的齐次投影坐标 $y_1,y_2,y_3,y_4$ 和这点的齐次笛氏坐标有齐次平直非特殊代换的关系

$$\begin{cases}y_1=\beta_{11}x_1+\beta_{12}x_2+\beta_{13}x_3+\beta_{14}x_4\equiv f_1(x_1,x_2,x_3,x_4)\\y_2=\beta_{21}x_1+\beta_{22}x_2+\beta_{23}x_3+\beta_{24}x_4\equiv f_2(x_1,x_2,x_3,x_4)\\y_3=\beta_{31}x_1+\beta_{32}x_2+\beta_{33}x_3+\beta_{34}x_4\equiv f_3(x_1,x_2,x_3,x_4)\\y_4=\beta_{41}x_1+\beta_{42}x_2+\beta_{43}x_3+\beta_{44}x_4\equiv f_4(x_1,x_2,x_3,x_4)\end{cases}\qquad(6)$$



式中 $\beta_{ij}$ 是常数,它们的行列式不是0.

现在说明空间投影坐标的几何意义. 这完全和上文一样,我们只需作概括的叙述.

平面 $f_1=0,f_2=0,f_3=0,f_4=0$,或 $y_1=0,y_2=0,y_3=0,y_4=0$ 代表坐标四面形,这个四面形的各个平面 $y_1=0,y_2=0,y_3=0,y_4=0$ 的对顶,是四点 $A_1(1,0,0,0)$,$A_2(0,1,0,0)$,$A_3(0,0,1,0)$,$A_4(0,0,0,1)$,这里在括号内的数表示坐标 $y_1,y_2,y_3,y_4$ 的数值①(图120).

引入"单位点"$E(1,1,1,1)$. 通过任一条棱 $A_iA_j$($i,j$ 是在1,2,3,4里所取两个不相等的数)作四个平面分别通过 $A_k,A_l,E,M$,这里 $A_k,A_l$ 代表和 $A_i,A_j$ 不相同的两个顶点,即 $A_iA_j$ 和 $A_kA_l$ 是对棱(例如在图120里对棱 $A_2A_4$ 和 $A_1A_3$).

这四个平面的交比,用记号 $A_iA_j(A_k,A_l,E,M)$ 来表示. 由此易得

$$\frac{y_k}{y_l}=A_iA_j(A_k,A_l,E,M)\qquad(7)$$

① 就点 $A_1$ 而论,可用 $(k,0,0,0)$ 来代替 $(1,0,0,0)$. 这里 $k$ 是不等于零的任意数. 其余各个顶点类推.

事实上[①]凡是经过两个平面 $y_k=0, y_l=0$ 相交的棱 $A_iA_j$ 的平面,它的一般方程可写成下式

$$y_k+hy_l=0 \tag{8}$$

平面 $y_l=0$(经过 $A_k$)和 $h=\infty$ 对应;平面 $y_k=0$(经过 $A_l$)和 $h=0$ 对应;最后,经过 $E$ 的平面,和 $h=-1$ 对应,由此得

$$A_iA_j(A_k,A_l,E,M)=(\infty,0,-1,h)=-h$$

这里 $h$ 代表(8)里的参数的值. 每个值和经过每点 $M(y_1,y_2,y_3,y_4)$ 的平面对应,根据公式(8),$h=-\dfrac{y_k}{y_l}$,由此得公式(7).

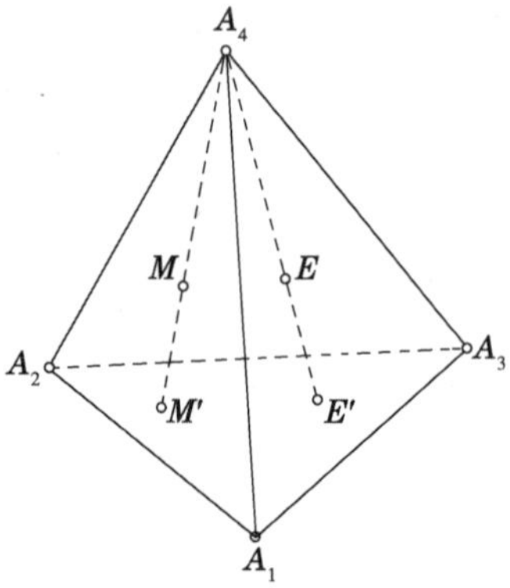


图 120

下面命题,留等读者自行证明:设经过顶点 $A_4$,作直线 $A_4E$ 和 $A_4M$. 又设 $E'$,$M'$为这些直线和平面 $A_1A_2A_3$ 的交点. 那么,$y_1,y_2,y_3$ 是平面 $A_1A_2A_3$ 上点 $M'$ 的投影坐标,用 $A_1A_2A_3$ 来做坐标三角形,$E'$做单位点. 其他各面,都可照样讨论.



依照上面方法,同样可规定平面的投影坐标,并说明它们的几何意义.

并且我们容易知道(与上一点比较),任何四面形都可用做坐标四面形,而任何点都可选为单位点(只要它不在这个四面形的一个面上).

## 习题和补充

1. 设坐标三角形的边 $A_1A_2$ 是假直线,应用公式(4),说明在平面上点的投影坐标的几何意义.

解:用 $O$ 来表示 $A_3$,用 $Ox$ 和 $Oy$ 来表点 $A_1$ 和 $A_2$ 在无穷远处的方向. 设 $E$ 为任意选定的单位点. 点 $E$ 必是真点(不在边 $A_1A_2$ 上)而且不在 $Ox$ 和 $Oy$ 上. 设 $E'$,$E''$是 $E$ 在轴 $Ox$ 和 $Oy$ 上的投影(取与 $Oy$ 和 $Ox$ 平行的投影). 而 $M'$,$M''$是任意点 $M$ 在这两条轴上的投影(图 121).

根据公式(4)的第二个式,$\dfrac{y_3}{y_1}$等于以 $A_2$ 为中心的线束内四条直线(即四条与 $Oy$ 平行的直线)的交比,这四条直线是经过四点 $O,A_1,E,M$ 的. 而这交比等

---

① 建议读者自行分别来讨论. 给 $i,j,k,l$ 四个确定的数值,例如 $i=2,j=4,k=1,l=3$.

于在直线 $Ox$ 上四点 $O,A_1,E',M'$ 的交比．因此①

$$\frac{y_3}{y_1}=(O,A_1,E',M')=\frac{OE'}{OM'}$$

由此得 $$\frac{y_1}{y_3}=\frac{OM'}{OE'}$$

依同理得 $$\frac{y_2}{y_3}=\frac{OM''}{OE''}$$

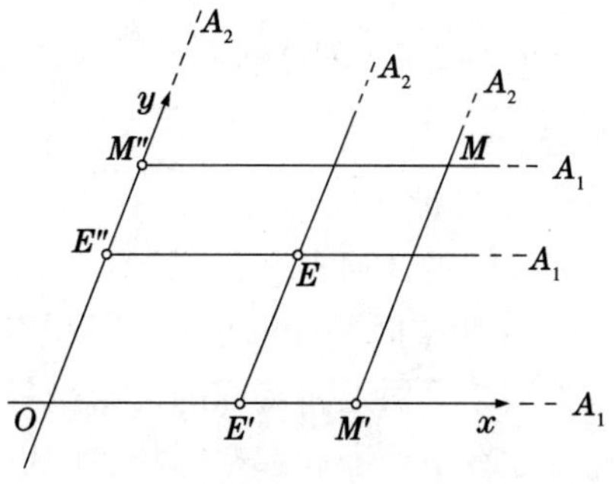

图 121

所以 $y_1,y_2,y_3$ 是齐次笛氏坐标．这坐标系以 $O$ 为原点，以 $\boldsymbol{u}=\overrightarrow{OE'}$，$\boldsymbol{v}=\overrightarrow{OE''}$ 为坐标矢量．

2．设 $b_1,b_2,b_3$ 是平面上直线 $\Delta$ 的投影坐标，用 $\Delta_1,\Delta_2,\Delta_3$ 代表坐标三角形的三条边，对顶点为 $A_1,A_2,A_3$．又用 $E$ 代表单位线，使 $b_1=b_2=b_3=1$（或只令 $b_1=b_2=b_3\neq0$）．用符号 $\Delta_1(\Delta_2,\Delta_3,E,\Delta)$ 代表直线 $\Delta_2,\Delta_3,E,\Delta$ 和直线 $\Delta_1$ 的交点的交比．求证下列各个公式成立

$$\frac{b_2}{b_3}=\Delta_1(\Delta_2,\Delta_3,E,\Delta)\text{（和其他两个式，由循环排列求得）}\qquad(9)$$

这三个公式说明了直线的投影坐标的几何意义．

证：现在欲决定在直线 $\Delta_1(y_1=0)$ 上，用 $y=\dfrac{y_2}{y_3}$ 为不齐次投影坐标的点的位置．点 $A_3$ 和 $A_2$（这是 $\Delta_2,\Delta_3$ 和 $\Delta_1$ 的交点）和数值 $y=0,y=\infty$ 对应．数值 $y$ 和 $\Delta,\Delta_1$ 的交点对应．在直线方程 $b_1y_1+b_2y_2+b_3y_3=0$ 里，令 $y_1=0$，求得 $y$ 值

$$y=\frac{y_2}{y_3}=-\frac{b_3}{b_2}$$

最后，和 $E,\Delta_1$ 的交点对应的数值 $y$，可在上面的公式令 $b_2=b_3=1$，便得 $y=-1$．因此②

---

① 假如点 $A_1$ 是真点，那么

$$(O,A_1,E',M')=\frac{OE'}{E'A_1}:\frac{OM'}{M'A_1}=\frac{OE'}{OM'}\cdot\frac{M'A_1}{E'A_1}$$

但因 $A_1$ 是假点，我们应得 $\dfrac{M'A_1}{E'A_1}=1$（因为当假点 $A$ 趋向无穷远时，比值 $\dfrac{M'A_1}{E'A}$ 趋向于 1）．

② 我们有 $(0,\infty,\alpha,\beta)=\dfrac{1}{(\infty,0,\alpha,\beta)}=\dfrac{\alpha}{\beta}$．

$$\Delta_1(\Delta_2,\Delta_3,E,\Delta)=\left(0,\infty,-1,-\frac{b_3}{b_2}\right)=\frac{b_2}{b_3}$$

这便是所要证明的①.

3. 设坐标四面形的平面 $A_1A_2A_3$ 是假平面,试应用公式(7)来说明空间点的投影坐标的几何意义(比较习题1).

4. 说明空间平面的投影坐标的几何意义(比较习题2).

**§192. 平面上和空间的投影坐标变换的几何意义** 在§177(第2°点)曾经讨论过在平面上和在空间的点的投影坐标变换的问题. 现在我们很容易说明投影坐标变换的几何意义.

恰当地说,根据前节(第1°点)所述,平面上投影坐标系的改变,显然即是坐标三角形和单位点的改变.

设新坐标三角形的三条边,对于旧投影坐标系的方程为 $f_1(y_1,y_2,y_3)=0$, $f_2(y_1,y_2,y_3)=0$, $f_3(y_1,y_2,y_3)=0$,而且已给新的单位点坐标 $y_1^0,y_2^0,y_3^0$,那么,我们不难把旧系变为新系:我们只需把前节(第1°点)复述一番,追忆如何用已给坐标三角形的顶点 $A_1,A_2,A_3$ 和单位点 $E$ 去决定投影坐标. 事实上,上文所说的一切无须更动,只要把笛氏坐标 $x_1,x_2,x_3$ 换为旧的投影坐标 $y_1,y_2,y_3$,把 $A_1$, $A_2,A_3$ 和 $E$ 换为新坐标三角形的顶点 $A_1',A_2',A_3'$和新单位点 $E'$,把 $y_1,y_2,y_3$ 换为新的投影坐标 $y_1',y_2',y_3'$.



由此推广到三元度空间的情形是很显明的,我们不再对此加以讨论.

**§193. 平面上和空间的投影点变换的基本性质** 在§179(第2°点)曾引入平面上和空间的投影点变换或直射变换的概念,并已说过这种变换的一些性质. 我们现在作几点补充:

1°在§179说过,在两个平面 $\Pi$ 和 $\Pi'$成直射对应的条件下,一个平面上的点列就和另一个平面上的点列对应,即直线和直线对应. 因此,两个平面上对应直线的齐次投影坐标间,有齐次平直非特殊代换的关系. 由此推得,在 $\Pi,\Pi'$中的一个平面上的线束,和在其他一个上的线束对应. 证法和点列对应命题的证法,完全类似(它们是对偶的命题).

2°平面 $\Pi$ 和 $\Pi'$的直射对应,引起在这两个平面上的一元度基本形的投影对应②.

① 这里的证法,和在点坐标时对应命题的证法(在表面上看来)有少许差别. 读者可自行改用别的证法,只需应用对偶原则,便可由点坐标的证法,直接推得.

② 在§179,曾经提过这个命题关于点列的部分(未给证明).

事实上，设在 $\Pi$ 上有一个点列，它的参数表示为

$$x_1=\lambda y_1+\mu z_1, x_2=\lambda y_2+\mu z_2, x_3=\lambda y_3+\mu z_3 \tag{1}$$

这里 $(y_1, y_2, y_3)$ 和 $(z_1, z_2, z_3)$ 是这个点列的任意两点. 把(1)代入 §179 的公式(4)，便得和(1)同一形状的公式

$$x_1'=\lambda y_1'+\mu z_1', x_2'=\lambda y_2'+\mu z_2', x_3'=\lambda y_3'+\mu z_3' \tag{1a}$$

这里 $(x_1', x_2', x_3')$，$(y_1', y_2', y_3')$，$(z_1', z_2', z_3')$ 代表平面上 $\Pi'$ 的点，和平面 $\Pi$ 上各点 $(x_1, x_2, x_3)$，$(y_1, y_2, y_3)$，$(z_1, z_2, z_3)$ 分别对应. 由(1)和(1a)再得以前的结论，即 $\Pi$ 上的点列和 $\Pi'$ 上的点列对应. 由(1)和(1a)再得以前的结论，即 $\Pi$ 上的点列和 $\Pi'$ 上的点列对应. 此外，我们尚可看到这两个点列间有投影关系，因为每个点列内四点的交比，用四个数值 $h=\dfrac{\lambda}{\mu}$ 的交比来决定，而由(1)和(1a)，我们知道在这两个点列内的对应点有同一的值 $h$.

同样我们得证关于 $\Pi$ 和 $\Pi'$ 上两个对应线束的命题.

上面所说的性质，和我们即将证明的性质（在下面第 3°点）说明“投影性质”命名的意义.



3°在平面 $\Pi$ 和 $\Pi'$ 上所有直射变换都是有限多次投影和截影的结果.

证：我们总可假设平面 $\Pi$ 和 $\Pi'$ 不是叠合的. 因为，如果它们是叠合的，我们用一次投影和截影可以把平面 $\Pi'$ 变为另一个不与 $\Pi$ 叠合的平面.

现在分别讨论三种情形. (a)设平面 $\Pi$ 和 $\Pi'$ 的交线 $\Delta$①上各点自身对应. 设 $A, B$ 为平面 $\Pi$ 上任意两点，$A', B'$ 为平面 $\Pi'$ 上的对应点. 设 $M$ 是直线 $AB$ 和 $\Delta$ 的交点，$M'$ 是 $A'B'$ 和 $\Delta$ 的交点. $M'$ 和 $M$ 对应（因为 $M$ 和 $M'$ 是对应线的交点）. 因此，$M$ 和 $M'$ 叠合（因为由假定，直线 $\Delta$ 上的点自身对应），故四点 $A, B, A', B'$ 同在一平面上（通过直线 $MAB$ 和 $MA'B'$ 的平面），由此推知直线 $AA'$ 和 $BB'$ 共面，它们相交于某点 $O$（真点或假点）.

现在在 $\Pi$ 和 $\Pi'$ 上，任意取另一对对应点 $C$ 和 $C'$. 根据同样的讨论，直线 $CC'$ 必须和两条直线 $AA'$，$BB'$ 相交. 如果直线 $CC'$ 不在 $AA'$ 和 $BB'$ 的平面上，那么，它显然必须经过 $O$. 如果 $CC'$ 在 $AA'$ 和 $BB'$ 的平面上，它也必须经过 $O$. 事实上，不在 $AA'$ 和 $BB'$ 的平面上，另取一条直线 $DD'$（这里 $D$ 和 $D'$ 是在 $\Pi$ 和 $\Pi'$ 上的对应点），由此 $DD'$ 经过 $O$. 但直线 $CC'$ 和三条直线 $AA'$，$BB'$，$DD'$ 都相交. 故 $CC'$ 必要经过 $O$.

由此推得，这两个平面 $\Pi$ 和 $\Pi'$ 成透射（透射中心为 $O$），故以 $O$ 为中心，把

① 这条直线 $\Delta$ 可以是假线.

$\Pi$ 投影在 $\Pi'$ 上,便是我们所需要的投影和截影.

(b)设直线 $\Delta$ 含有一点 $M$,它的对应点 $M'$ 和 $M$ 叠合.

在 $\Pi$ 上由 $M$ 作一条直线,并在其上任意取两点 $A$ 和 $B$. 设 $A'$,$B'$ 是在 $\Pi'$ 上和 $A$,$B$ 对应的点. 照上面所述,直线 $AA'$ 和 $BB'$ 相交于某点 $O$. 又经过 $ABM$ 任意作辅助平面 $\Pi_1$. 由 $O$ 把平面 $\Pi'$ 投影在 $\Pi_1$ 上.

两上平面 $\Pi$ 和 $\Pi_1$ 间显然有投影的关系:在它们的公共直线 $ABM$ 上有三点 $A$,$B$,$M$ 是自身对应点. 因此,这条线上的点都自身对应①,因而我们回到(a)的情形.

(c)讨论一般的情形. 设 $A$ 和 $A'$ 为在平面 $\Pi$ 和 $\Pi'$ 上任意的对应点. 在直线 $AA'$ 上任意取一点 $O$. 由 $O$ 把平面 $\Pi'$ 投影到过 $A$ 的任意平面 $\Pi_1$ 上,那时,点 $A$ 为平面 $\Pi$ 和 $\Pi_1$ 的交线上一个自身对应点,我们恢复到(b)的情形.

4°在 § 179 曾经所遇,空间的直射变换,把直线变为直线,平面变为平面. 我们容易推知,面束变为面束,线把和面把分别变为线把和面把.

留待读者自行推证,如此互相对应的两个一元度或二元度基本形,它们两方的元素间亦存有投影对应的关系.



## 习题和补充

1. 设平面 $\Pi'$ 上坐标三角形的顶点 $A'$,$B'$,$C'$ 和单位点 $E'$ 与平面 $\Pi$ 上坐标三角形的顶点 $A$,$B$,$C$ 和单位点 $E$ 分别互相对应,求证 § 179 公式(4)和(4a)化为

$$x_1 = x_1',x_2 = x_2',x_3 = x_3'$$

(或同样地化为 $x_1 = \rho x_1'$,$x_2 = \rho x_2'$,$x_3 = \rho x_3'$,这里 $\rho$ 是不等于零的任何比例因子).

证:用投影坐标的几何性质及用交比在投影变换下的不变性,直接推证.

2. 设已给平面 $\Pi'$ 上四点 $A'$,$B'$,$C'$,$D'$ 和平面 $\Pi$ 上四点 $A$,$B$,$C$,$D$ 对应,而且假定 $A$,$B$,$C$,$D$ 之中,没有三点共线. 求证平面 $\Pi$ 和 $\Pi'$ 的投影对应,因此完全决定.

证:在 $\Pi$ 上采取 $A$,$B$,$C$ 来做坐标三角形的顶点,$D$ 做单位点. 又在 $\Pi'$ 上取 $A'$,$B'$,$C'$ 来做坐标三角形的顶点,$D'$ 做单位点.

由此,$\Pi$ 和 $\Pi'$ 的对应如下

---

① 参看 § 190 附记.

$$x_1 = x_1', x_2 = x_2', x_3 = x_3'$$

即是完全决定了它们的投影对应.

3. 求证和上面两题相类似的命题在空间的情形(在第二条命题,四点改为五点,并且在五点中没有四点共面).

**§194. 对射(对偶)**　在上面我们所讨论的两个平面的投影对应方式是点和点对应,直线和直线对应. 现在再讨论平面间的另一种对应方式,这也叫作投影对应,它把点和直线对应,直线和点对应,这种方式的投影对应,叫作对射和对偶,我们作明确的规定如下:

所谓对射或对偶,是指下列公式所表示的对应关系

$$\begin{cases} a_1 = l_{11}x_1' + l_{12}x_2' + l_{13}x_3' \\ a_2 = l_{21}x_1' + l_{22}x_2' + l_{23}x_3' \\ a_3 = l_{31}x_1' + l_{32}x_2' + l_{33}x_3' \end{cases} \quad (1)$$

这里 $a_1, a_2, a_3$ 是平面 $\Pi$ 上的直线坐标,而 $x_1', x_2', x_3'$ 是 $\Pi'$ 上的点坐标,而且假定代换(1)是非特殊的. 解(1)求 $x_1', x_2', x_3'$ 得

$$\begin{cases} x_1' = m_{11}a_1 + m_{12}a_2 + m_{13}a_3 \\ x_2' = m_{21}a_1 + m_{22}a_2 + m_{23}a_3 \\ x_3' = m_{31}a_1 + m_{32}a_2 + m_{33}a_3 \end{cases} \quad (1a)$$



代换(1)是单值可逆代换,平面 $\Pi'$ 上每点 $M'(x_1', x_2', x_3')$ 决定了平面 $\Pi$ 上一条直线 $\Delta(a_1, a_2, a_3)$.

我们易知,设在平面 $\Pi'$ 上,各点 $M'$ 都在一条直线 $\Delta'$ 上,则在平面 $\Pi$ 上和它们对应的各条直线 $\Delta$ 都经过一点 $M$. 事实上,设

$$a_1'x_1' + a_2'x_2' + a_3'x_3' = 0 \quad (2)$$

是直线 $\Delta'$ 的方程,这里 $a'_1, a'_2, a'_3$ 是常数,用(1a)代入(2),得一次方程如下

$$a_1x_1 + a_2x_2 + a_3x_3 = 0$$

在这个方程里 $a_1, a_2, a_3$ 是变数,而 $x_1, x_2, x_3$ 是常数,它们的表示式如下

$$\begin{cases} x_1 = m_{11}a_1' + m_{21}a_2' + m_{31}a_3' \\ x_2 = m_{12}a_1' + m_{22}a_2' + m_{32}a_3' \\ x_3 = m_{13}a_1' + m_{23}a_2' + m_{33}a_3' \end{cases} \quad (3)$$

因此,所有直线 $(a_1, a_2, a_3)$ 都经过一点 $M(x_1, x_2, x_3)$.

因此在 $\Pi'$ 上每个点列 $\Delta'$ 和在 $\Pi'$ 上一个线束对应,这个线束的中心 $M(x_1, x_2, x_3)$,由公式(3)来决定. 简括地说,$\Pi'$ 上每一条直线和 $\Pi$ 上一个完全确定的点 $M$ 对应.

我们容易推知,这些点列和线束的对应是投影对应,留待读者自行证明.

对射不能组成群.事实上,两个对射继续举行,显然得到一个直射.相反的,一切直射和对射所组成的集合,组成一个群,叫作投影群.

在空间的对射(对偶)也依照类似方法来规定.只要把平面来代替直线的地位,因此,空间的对射,是点和平面的可逆对应.

# 刘培杰数学工作室
# 已出版(即将出版)图书目录——初等数学

| 书　　名 | 出版时间 | 定　价 | 编号 |
|---|---|---|---|
| 新编中学数学解题方法全书(高中版)上卷(第2版) | 2018－08 | 58.00 | 951 |
| 新编中学数学解题方法全书(高中版)中卷(第2版) | 2018－08 | 68.00 | 952 |
| 新编中学数学解题方法全书(高中版)下卷(一)(第2版) | 2018－08 | 58.00 | 953 |
| 新编中学数学解题方法全书(高中版)下卷(二)(第2版) | 2018－08 | 58.00 | 954 |
| 新编中学数学解题方法全书(高中版)下卷(三)(第2版) | 2018－08 | 68.00 | 955 |
| 新编中学数学解题方法全书(初中版)上卷 | 2008－01 | 28.00 | 29 |
| 新编中学数学解题方法全书(初中版)中卷 | 2010－07 | 38.00 | 75 |
| 新编中学数学解题方法全书(高考复习卷) | 2010－01 | 48.00 | 67 |
| 新编中学数学解题方法全书(高考真题卷) | 2010－01 | 38.00 | 62 |
| 新编中学数学解题方法全书(高考精华卷) | 2011－03 | 68.00 | 118 |
| 新编平面解析几何解题方法全书(专题讲座卷) | 2010－01 | 18.00 | 61 |
| 新编中学数学解题方法全书(自主招生卷) | 2013－08 | 88.00 | 261 |
| 数学奥林匹克与数学文化(第一辑) | 2006－05 | 48.00 | 4 |
| 数学奥林匹克与数学文化(第二辑)(竞赛卷) | 2008－01 | 48.00 | 19 |
| 数学奥林匹克与数学文化(第二辑)(文化卷) | 2008－07 | 58.00 | 36′ |
| 数学奥林匹克与数学文化(第三辑)(竞赛卷) | 2010－01 | 48.00 | 59 |
| 数学奥林匹克与数学文化(第四辑)(竞赛卷) | 2011－08 | 58.00 | 87 |
| 数学奥林匹克与数学文化(第五辑) | 2015－06 | 98.00 | 370 |
| 世界著名平面几何经典著作钩沉——几何作图专题卷(共3卷) | 2022－01 | 198.00 | 1460 |
| 世界著名平面几何经典著作钩沉(民国平面几何老课本) | 2011－03 | 38.00 | 113 |
| 世界著名平面几何经典著作钩沉(建国初期平面三角老课本) | 2015－08 | 38.00 | 507 |
| 世界著名解析几何经典著作钩沉——平面解析几何卷 | 2014－01 | 38.00 | 264 |
| 世界著名数论经典著作钩沉(算术卷) | 2012－01 | 28.00 | 125 |
| 世界著名数学经典著作钩沉——立体几何卷 | 2011－02 | 28.00 | 88 |
| 世界著名三角学经典著作钩沉(平面三角卷Ⅰ) | 2010－06 | 28.00 | 69 |
| 世界著名三角学经典著作钩沉(平面三角卷Ⅱ) | 2011－01 | 38.00 | 78 |
| 世界著名初等数论经典著作钩沉(理论和实用算术卷) | 2011－07 | 38.00 | 126 |
| 世界著名几何经典著作钩沉(解析几何卷) | 2022－10 | 68.00 | 1564 |
| 发展你的空间想象力(第3版) | 2021－01 | 98.00 | 1464 |
| 空间想象力进阶 | 2019－05 | 68.00 | 1062 |
| 走向国际数学奥林匹克的平面几何试题诠释.第1卷 | 2019－07 | 88.00 | 1043 |
| 走向国际数学奥林匹克的平面几何试题诠释.第2卷 | 2019－09 | 78.00 | 1044 |
| 走向国际数学奥林匹克的平面几何试题诠释.第3卷 | 2019－03 | 78.00 | 1045 |
| 走向国际数学奥林匹克的平面几何试题诠释.第4卷 | 2019－09 | 98.00 | 1046 |
| 平面几何证明方法全书 | 2007－08 | 35.00 | 1 |
| 平面几何证明方法全书习题解答(第2版) | 2006－12 | 18.00 | 10 |
| 平面几何天天练上卷·基础篇(直线型) | 2013－01 | 58.00 | 208 |
| 平面几何天天练中卷·基础篇(涉及圆) | 2013－01 | 28.00 | 234 |
| 平面几何天天练下卷·提高篇 | 2013－01 | 58.00 | 237 |
| 平面几何专题研究 | 2013－07 | 98.00 | 258 |
| 平面几何解题之道.第1卷 | 2022－05 | 38.00 | 1494 |
| 几何学习题集 | 2020－10 | 48.00 | 1217 |
| 通过解题学习代数几何 | 2021－04 | 88.00 | 1301 |
| 圆锥曲线的奥秘 | 2022－06 | 88.00 | 1541 |

# 刘培杰数学工作室
# 已出版(即将出版)图书目录——初等数学

| 书　　名 | 出版时间 | 定　价 | 编号 |
|---|---|---|---|
| 最新世界各国数学奥林匹克中的平面几何试题 | 2007—09 | 38.00 | 14 |
| 数学竞赛平面几何典型题及新颖解 | 2010—07 | 48.00 | 74 |
| 初等数学复习及研究(平面几何) | 2008—09 | 68.00 | 38 |
| 初等数学复习及研究(立体几何) | 2010—06 | 38.00 | 71 |
| 初等数学复习及研究(平面几何)习题解答 | 2009—01 | 58.00 | 42 |
| 几何学教程(平面几何卷) | 2011—03 | 68.00 | 90 |
| 几何学教程(立体几何卷) | 2011—07 | 68.00 | 130 |
| 几何变换与几何证题 | 2010—06 | 88.00 | 70 |
| 计算方法与几何证题 | 2011—06 | 28.00 | 129 |
| 立体几何技巧与方法(第 2 版) | 2022—10 | 168.00 | 1572 |
| 几何瑰宝——平面几何 500 名题暨 1500 条定理(上、下) | 2021—07 | 168.00 | 1358 |
| 三角形的解法与应用 | 2012—07 | 18.00 | 183 |
| 近代的三角形几何学 | 2012—07 | 48.00 | 184 |
| 一般折线几何学 | 2015—08 | 48.00 | 503 |
| 三角形的五心 | 2009—06 | 28.00 | 51 |
| 三角形的六心及其应用 | 2015—10 | 68.00 | 542 |
| 三角形趣谈 | 2012—08 | 28.00 | 212 |
| 解三角形 | 2014—01 | 28.00 | 265 |
| 探秘三角形:一次数学旅行 | 2021—10 | 68.00 | 1387 |
| 三角学专门教程 | 2014—09 | 28.00 | 387 |
| 图天下几何新题试卷.初中(第 2 版) | 2017—11 | 58.00 | 855 |
| 圆锥曲线习题集(上册) | 2013—06 | 68.00 | 255 |
| 圆锥曲线习题集(中册) | 2015—01 | 78.00 | 434 |
| 圆锥曲线习题集(下册·第 1 卷) | 2016—10 | 78.00 | 683 |
| 圆锥曲线习题集(下册·第 2 卷) | 2018—01 | 98.00 | 853 |
| 圆锥曲线习题集(下册·第 3 卷) | 2019—10 | 128.00 | 1113 |
| 圆锥曲线的思想方法 | 2021—08 | 48.00 | 1379 |
| 圆锥曲线的八个主要问题 | 2021—10 | 48.00 | 1415 |
| 论九点圆 | 2015—05 | 88.00 | 645 |
| 近代欧氏几何学 | 2012—03 | 48.00 | 162 |
| 罗巴切夫斯基几何学及几何基础概要 | 2012—07 | 28.00 | 188 |
| 罗巴切夫斯基几何学初步 | 2015—06 | 28.00 | 474 |
| 用三角、解析几何、复数、向量计算解数学竞赛几何题 | 2015—03 | 48.00 | 455 |
| 用解析法研究圆锥曲线的几何理论 | 2022—05 | 48.00 | 1495 |
| 美国中学几何教程 | 2015—04 | 88.00 | 458 |
| 三线坐标与三角形特征点 | 2015—04 | 98.00 | 460 |
| 坐标几何学基础.第 1 卷,笛卡儿坐标 | 2021—08 | 48.00 | 1398 |
| 坐标几何学基础.第 2 卷,三线坐标 | 2021—09 | 28.00 | 1399 |
| 平面解析几何方法与研究(第 1 卷) | 2015—05 | 18.00 | 471 |
| 平面解析几何方法与研究(第 2 卷) | 2015—06 | 18.00 | 472 |
| 平面解析几何方法与研究(第 3 卷) | 2015—07 | 18.00 | 473 |
| 解析几何研究 | 2015—01 | 38.00 | 425 |
| 解析几何学教程.上 | 2016—01 | 38.00 | 574 |
| 解析几何学教程.下 | 2016—01 | 38.00 | 575 |
| 几何学基础 | 2016—01 | 58.00 | 581 |
| 初等几何研究 | 2015—02 | 58.00 | 444 |
| 十九和二十世纪欧氏几何学中的片段 | 2017—01 | 58.00 | 696 |
| 平面几何中考.高考.奥数一本通 | 2017—07 | 28.00 | 820 |
| 几何学简史 | 2017—08 | 28.00 | 833 |
| 四面体 | 2018—01 | 48.00 | 880 |
| 平面几何证明方法思路 | 2018—12 | 68.00 | 913 |
| 折纸中的几何练习 | 2022—09 | 48.00 | 1559 |
| 中学新几何学(英文) | 2022—10 | 98.00 | 1562 |

# 刘培杰数学工作室
# 已出版(即将出版)图书目录——初等数学

| 书　名 | 出版时间 | 定　价 | 编号 |
|---|---|---|---|
| 平面几何图形特性新析.上篇 | 2019－01 | 68.00 | 911 |
| 平面几何图形特性新析.下篇 | 2018－06 | 88.00 | 912 |
| 平面几何范例多解探究.上篇 | 2018－04 | 48.00 | 910 |
| 平面几何范例多解探究.下篇 | 2018－12 | 68.00 | 914 |
| 从分析解题过程学解题:竞赛中的几何问题研究 | 2018－07 | 68.00 | 946 |
| 从分析解题过程学解题:竞赛中的向量几何与不等式研究(全2册) | 2019－06 | 138.00 | 1090 |
| 从分析解题过程学解题:竞赛中的不等式问题 | 2021－01 | 48.00 | 1249 |
| 二维、三维欧氏几何的对偶原理 | 2018－12 | 38.00 | 990 |
| 星形大观及闭折线论 | 2019－03 | 68.00 | 1020 |
| 立体几何的问题和方法 | 2019－11 | 58.00 | 1127 |
| 三角代换论 | 2021－05 | 58.00 | 1313 |
| 俄罗斯平面几何问题集 | 2009－08 | 88.00 | 55 |
| 俄罗斯立体几何问题集 | 2014－03 | 58.00 | 283 |
| 俄罗斯几何大师——沙雷金论数学及其他 | 2014－01 | 48.00 | 271 |
| 来自俄罗斯的5000道几何习题及解答 | 2011－03 | 58.00 | 89 |
| 俄罗斯初等数学问题集 | 2012－05 | 38.00 | 177 |
| 俄罗斯函数问题集 | 2011－03 | 38.00 | 103 |
| 俄罗斯组合分析问题集 | 2011－01 | 48.00 | 79 |
| 俄罗斯初等数学万题选——三角卷 | 2012－11 | 38.00 | 222 |
| 俄罗斯初等数学万题选——代数卷 | 2013－08 | 68.00 | 225 |
| 俄罗斯初等数学万题选——几何卷 | 2014－01 | 68.00 | 226 |
| 俄罗斯《量子》杂志数学征解问题100题选 | 2018－08 | 48.00 | 969 |
| 俄罗斯《量子》杂志数学征解问题又100题选 | 2018－08 | 48.00 | 970 |
| 俄罗斯《量子》杂志数学征解问题 | 2020－05 | 48.00 | 1138 |
| 463个俄罗斯几何老问题 | 2012－01 | 28.00 | 152 |
| 《量子》数学短文精粹 | 2018－09 | 38.00 | 972 |
| 用三角、解析几何等计算解来自俄罗斯的几何题 | 2019－11 | 88.00 | 1119 |
| 基谢廖夫平面几何 | 2022－01 | 48.00 | 1461 |
| 数学:代数、数学分析和几何(10－11年级) | 2021－01 | 48.00 | 1250 |
| 立体几何.10—11年级 | 2022－01 | 58.00 | 1472 |
| 直观几何学:5—6年级 | 2022－04 | 58.00 | 1508 |
| 平面几何:9—11年级 | 2022－10 | 48.00 | 1571 |

| | | | |
|---|---|---|---|
| 谈谈素数 | 2011－03 | 18.00 | 91 |
| 平方和 | 2011－03 | 18.00 | 92 |
| 整数论 | 2011－05 | 38.00 | 120 |
| 从整数谈起 | 2015－10 | 28.00 | 538 |
| 数与多项式 | 2016－01 | 38.00 | 558 |
| 谈谈不定方程 | 2011－05 | 28.00 | 119 |
| 质数漫谈 | 2022－07 | 68.00 | 1529 |

| | | | |
|---|---|---|---|
| 解析不等式新论 | 2009－06 | 68.00 | 48 |
| 建立不等式的方法 | 2011－03 | 98.00 | 104 |
| 数学奥林匹克不等式研究(第2版) | 2020－07 | 68.00 | 1181 |
| 不等式研究(第二辑) | 2012－02 | 68.00 | 153 |
| 不等式的秘密(第一卷)(第2版) | 2014－02 | 38.00 | 286 |
| 不等式的秘密(第二卷) | 2014－01 | 38.00 | 268 |
| 初等不等式的证明方法 | 2010－06 | 38.00 | 123 |
| 初等不等式的证明方法(第二版) | 2014－11 | 38.00 | 407 |
| 不等式·理论·方法(基础卷) | 2015－07 | 38.00 | 496 |
| 不等式·理论·方法(经典不等式卷) | 2015－07 | 38.00 | 497 |
| 不等式·理论·方法(特殊类型不等式卷) | 2015－07 | 48.00 | 498 |
| 不等式探究 | 2016－03 | 38.00 | 582 |
| 不等式探秘 | 2017－01 | 88.00 | 689 |
| 四面体不等式 | 2017－01 | 68.00 | 715 |
| 数学奥林匹克中常见重要不等式 | 2017－09 | 38.00 | 845 |

# 刘培杰数学工作室
# 已出版(即将出版)图书目录——初等数学

| 书　　名 | 出版时间 | 定　价 | 编号 |
|---|---|---|---|
| 三正弦不等式 | 2018－09 | 98.00 | 974 |
| 函数方程与不等式:解法与稳定性结果 | 2019－04 | 68.00 | 1058 |
| 数学不等式.第1卷,对称多项式不等式 | 2022－05 | 78.00 | 1455 |
| 数学不等式.第2卷,对称有理不等式与对称无理不等式 | 2022－05 | 88.00 | 1456 |
| 数学不等式.第3卷,循环不等式与非循环不等式 | 2022－05 | 88.00 | 1457 |
| 数学不等式.第4卷,Jensen 不等式的扩展与加细 | 2022－05 | 88.00 | 1458 |
| 数学不等式.第5卷,创建不等式与解不等式的其他方法 | 2022－05 | 88.00 | 1459 |
| 同余理论 | 2012－05 | 38.00 | 163 |
| [x]与{x} | 2015－04 | 48.00 | 476 |
| 极值与最值.上卷 | 2015－06 | 28.00 | 486 |
| 极值与最值.中卷 | 2015－06 | 38.00 | 487 |
| 极值与最值.下卷 | 2015－06 | 28.00 | 488 |
| 整数的性质 | 2012－11 | 38.00 | 192 |
| 完全平方数及其应用 | 2015－08 | 78.00 | 506 |
| 多项式理论 | 2015－10 | 88.00 | 541 |
| 奇数、偶数、奇偶分析法 | 2018－01 | 98.00 | 876 |
| 不定方程及其应用.上 | 2018－12 | 58.00 | 992 |
| 不定方程及其应用.中 | 2019－01 | 78.00 | 993 |
| 不定方程及其应用.下 | 2019－02 | 98.00 | 994 |
| Nesbitt 不等式加强式的研究 | 2022－06 | 128.00 | 1527 |
| 最值定理与分析不等式 | 2023－02 | 78.00 | 1567 |
| 一类积分不等式 | 2023－02 | 88.00 | 1579 |

| | | | |
|---|---|---|---|
| 历届美国中学生数学竞赛试题及解答(第一卷)1950－1954 | 2014－07 | 18.00 | 277 |
| 历届美国中学生数学竞赛试题及解答(第二卷)1955－1959 | 2014－04 | 18.00 | 278 |
| 历届美国中学生数学竞赛试题及解答(第三卷)1960－1964 | 2014－06 | 18.00 | 279 |
| 历届美国中学生数学竞赛试题及解答(第四卷)1965－1969 | 2014－04 | 28.00 | 280 |
| 历届美国中学生数学竞赛试题及解答(第五卷)1970－1972 | 2014－06 | 18.00 | 281 |
| 历届美国中学生数学竞赛试题及解答(第六卷)1973－1980 | 2017－07 | 18.00 | 768 |
| 历届美国中学生数学竞赛试题及解答(第七卷)1981－1986 | 2015－01 | 18.00 | 424 |
| 历届美国中学生数学竞赛试题及解答(第八卷)1987－1990 | 2017－05 | 18.00 | 769 |

| | | | |
|---|---|---|---|
| 历届中国数学奥林匹克试题集(第3版) | 2021－10 | 58.00 | 1440 |
| 历届加拿大数学奥林匹克试题集 | 2012－08 | 38.00 | 215 |
| 历届美国数学奥林匹克试题集:1972～2019 | 2020－04 | 88.00 | 1135 |
| 历届波兰数学竞赛试题集.第1卷,1949～1963 | 2015－03 | 18.00 | 453 |
| 历届波兰数学竞赛试题集.第2卷,1964～1976 | 2015－03 | 18.00 | 454 |
| 历届巴尔干数学奥林匹克试题集 | 2015－05 | 38.00 | 466 |
| 保加利亚数学奥林匹克 | 2014－10 | 38.00 | 393 |
| 圣彼得堡数学奥林匹克试题集 | 2015－01 | 38.00 | 429 |
| 匈牙利奥林匹克数学竞赛题解.第1卷 | 2016－05 | 28.00 | 593 |
| 匈牙利奥林匹克数学竞赛题解.第2卷 | 2016－05 | 28.00 | 594 |
| 历届美国数学邀请赛试题集(第2版) | 2017－10 | 78.00 | 851 |
| 普林斯顿大学数学竞赛 | 2016－06 | 38.00 | 669 |
| 亚太地区数学奥林匹克竞赛题 | 2015－07 | 18.00 | 492 |
| 日本历届(初级)广中杯数学竞赛试题及解答.第1卷(2000～2007) | 2016－05 | 28.00 | 641 |
| 日本历届(初级)广中杯数学竞赛试题及解答.第2卷(2008～2015) | 2016－05 | 38.00 | 642 |
| 越南数学奥林匹克题选:1962－2009 | 2021－07 | 48.00 | 1370 |
| 360个数学竞赛问题 | 2016－08 | 58.00 | 677 |
| 奥数最佳实战题.上卷 | 2017－06 | 38.00 | 760 |
| 奥数最佳实战题.下卷 | 2017－05 | 58.00 | 761 |
| 哈尔滨市早期中学数学竞赛试题汇编 | 2016－07 | 28.00 | 672 |
| 全国高中数学联赛试题及解答:1981—2019(第4版) | 2020－07 | 138.00 | 1176 |
| 2022年全国高中数学联合竞赛模拟题集 | 2022－06 | 30.00 | 1521 |

# 刘培杰数学工作室
# 已出版(即将出版)图书目录——初等数学

| 书 名 | 出版时间 | 定 价 | 编号 |
|---|---|---|---|
| 20世纪50年代全国部分城市数学竞赛试题汇编 | 2017－07 | 28.00 | 797 |
| 国内外数学竞赛题及精解:2018～2019 | 2020－08 | 45.00 | 1192 |
| 国内外数学竞赛题及精解:2019～2020 | 2021－11 | 58.00 | 1439 |
| 许康华竞赛优学精选集.第一辑 | 2018－08 | 68.00 | 949 |
| 天问叶班数学问题征解100题.Ⅰ,2016－2018 | 2019－05 | 88.00 | 1075 |
| 天问叶班数学问题征解100题.Ⅱ,2017－2019 | 2020－07 | 98.00 | 1177 |
| 美国初中数学竞赛:AMC8准备(共6卷) | 2019－07 | 138.00 | 1089 |
| 美国高中数学竞赛:AMC10准备(共6卷) | 2019－08 | 158.00 | 1105 |
| 王连笑教你怎样学数学:高考选择题解题策略与客观题实用训练 | 2014－01 | 48.00 | 262 |
| 王连笑教你怎样学数学:高考数学高层次讲座 | 2015－02 | 48.00 | 432 |
| 高考数学的理论与实践 | 2009－08 | 38.00 | 53 |
| 高考数学核心题型解题方法与技巧 | 2010－01 | 28.00 | 86 |
| 高考思维新平台 | 2014－03 | 38.00 | 259 |
| 高考数学压轴题解题诀窍(上)(第2版) | 2018－01 | 58.00 | 874 |
| 高考数学压轴题解题诀窍(下)(第2版) | 2018－01 | 48.00 | 875 |
| 北京市五区文科数学三年高考模拟题详解:2013～2015 | 2015－08 | 48.00 | 500 |
| 北京市五区理科数学三年高考模拟题详解:2013～2015 | 2015－09 | 68.00 | 505 |
| 向量法巧解数学高考题 | 2009－08 | 28.00 | 54 |
| 高中数学课堂教学的实践与反思 | 2021－11 | 48.00 | 791 |
| 数学高考参考 | 2016－01 | 78.00 | 589 |
| 新课程标准高考数学解答题各种题型解法指导 | 2020－08 | 78.00 | 1196 |
| 全国及各省市高考数学试题审题要津与解法研究 | 2015－02 | 48.00 | 450 |
| 高中数学章节起始课的教学研究与案例设计 | 2019－05 | 28.00 | 1064 |
| 新课标高考数学——五年试题分章详解(2007～2011)(上、下) | 2011－10 | 78.00 | 140,141 |
| 全国中考数学压轴题审题要津与解法研究 | 2013－04 | 78.00 | 248 |
| 新编全国及各省市中考数学压轴题审题要津与解法研究 | 2014－05 | 58.00 | 342 |
| 全国及各省市5年中考数学压轴题审题要津与解法研究(2015版) | 2015－04 | 58.00 | 462 |
| 中考数学专题总复习 | 2007－04 | 28.00 | 6 |
| 中考数学较难题常考题型解题方法与技巧 | 2016－09 | 48.00 | 681 |
| 中考数学难题常考题型解题方法与技巧 | 2016－09 | 48.00 | 682 |
| 中考数学中档题常考题型解题方法与技巧 | 2017－08 | 68.00 | 835 |
| 中考数学选择填空压轴好题妙解365 | 2017－05 | 38.00 | 759 |
| 中考数学:三类重点考题的解法例析与习题 | 2020－04 | 48.00 | 1140 |
| 中小学数学的历史文化 | 2019－11 | 48.00 | 1124 |
| 初中平面几何百题多思创新解 | 2020－01 | 58.00 | 1125 |
| 初中数学中考备考 | 2020－01 | 58.00 | 1126 |
| 高考数学之九章演义 | 2019－08 | 68.00 | 1044 |
| 高考数学之难题谈笑间 | 2022－06 | 68.00 | 1519 |
| 化学可以这样学:高中化学知识方法智慧感悟疑难辨析 | 2019－07 | 58.00 | 1103 |
| 如何成为学习高手 | 2019－09 | 58.00 | 1107 |
| 高考数学:经典真题分类解析 | 2020－04 | 78.00 | 1134 |
| 高考数学解答题破解策略 | 2020－11 | 58.00 | 1221 |
| 从分析解题过程学解题:高考压轴题与竞赛题之关系探究 | 2020－08 | 88.00 | 1179 |
| 教学新思考:单元整体视角下的初中数学教学设计 | 2021－03 | 58.00 | 1278 |
| 思维再拓展:2020年经典几何题的多解探究与思考 | 即将出版 | | 1279 |
| 中考数学小压轴汇编初讲 | 2017－07 | 48.00 | 788 |
| 中考数学大压轴专题微言 | 2017－09 | 48.00 | 846 |
| 怎么解中考平面几何探索题 | 2019－06 | 48.00 | 1093 |
| 北京中考数学压轴题解题方法突破(第8版) | 2022－11 | 78.00 | 1577 |
| 助你高考成功的数学解题智慧:知识是智慧的基础 | 2016－01 | 58.00 | 596 |
| 助你高考成功的数学解题智慧:错误是智慧的试金石 | 2016－04 | 58.00 | 643 |
| 助你高考成功的数学解题智慧:方法是智慧的推手 | 2016－04 | 68.00 | 657 |
| 高考数学奇思妙解 | 2016－04 | 38.00 | 610 |
| 高考数学解题策略 | 2016－05 | 48.00 | 670 |

# 刘培杰数学工作室
# 已出版(即将出版)图书目录——初等数学

| 书　　名 | 出版时间 | 定　价 | 编号 |
|---|---|---|---|
| 数学解题泄天机(第2版) | 2017—10 | 48.00 | 850 |
| 高考物理压轴题全解 | 2017—04 | 58.00 | 746 |
| 高中物理经典问题25讲 | 2017—05 | 28.00 | 764 |
| 高中物理教学讲义 | 2018—01 | 48.00 | 871 |
| 高中物理教学讲义:全模块 | 2022—03 | 98.00 | 1492 |
| 高中物理答疑解惑65篇 | 2021—11 | 48.00 | 1462 |
| 中学物理基础问题解析 | 2020—08 | 48.00 | 1183 |
| 2017年高考理科数学真题研究 | 2018—01 | 58.00 | 867 |
| 2017年高考文科数学真题研究 | 2018—01 | 48.00 | 868 |
| 初中数学、高中数学脱节知识补缺教材 | 2017—06 | 48.00 | 766 |
| 高考数学小题抢分必练 | 2017—10 | 48.00 | 834 |
| 高考数学核心素养解读 | 2017—09 | 38.00 | 839 |
| 高考数学客观题解题方法和技巧 | 2017—10 | 38.00 | 847 |
| 十年高考数学精品试题审题要津与解法研究 | 2021—10 | 98.00 | 1427 |
| 中国历届高考数学试题及解答.1949—1979 | 2018—01 | 38.00 | 877 |
| 历届中国高考数学试题及解答.第二卷,1980—1989 | 2018—10 | 28.00 | 975 |
| 历届中国高考数学试题及解答.第三卷,1990—1999 | 2018—10 | 48.00 | 976 |
| 数学文化与高考研究 | 2018—03 | 48.00 | 882 |
| 跟我学解高中数学题 | 2018—07 | 58.00 | 926 |
| 中学数学研究的方法及案例 | 2018—05 | 58.00 | 869 |
| 高考数学抢分技能 | 2018—07 | 68.00 | 934 |
| 高一新生常用数学方法和重要数学思想提升教材 | 2018—06 | 38.00 | 921 |
| 2018年高考数学真题研究 | 2019—01 | 68.00 | 1000 |
| 2019年高考数学真题研究 | 2020—05 | 88.00 | 1137 |
| 高考数学全国卷六道解答题常考题型解题诀窍:理科(全2册) | 2019—07 | 78.00 | 1101 |
| 高考数学全国卷16道选择、填空题常考题型解题诀窍.理科 | 2018—09 | 88.00 | 971 |
| 高考数学全国卷16道选择、填空题常考题型解题诀窍.文科 | 2020—01 | 88.00 | 1123 |
| 高中数学一题多解 | 2019—06 | 58.00 | 1087 |
| 历届中国高考数学试题及解答:1917—1999 | 2021—08 | 98.00 | 1371 |
| 2000~2003年全国及各省市高考数学试题及解答 | 2022—05 | 88.00 | 1499 |
| 2004年全国及各省市高考数学试题及解答 | 2022—07 | 78.00 | 1500 |
| 突破高原:高中数学解题思维探究 | 2021—08 | 48.00 | 1375 |
| 高考数学中的"取值范围" | 2021—10 | 48.00 | 1429 |
| 新课程标准高中数学各种题型解法大全.必修一分册 | 2021—06 | 58.00 | 1315 |
| 新课程标准高中数学各种题型解法大全.必修二分册 | 2022—01 | 68.00 | 1471 |
| 高中数学各种题型解法大全.选择性必修一分册 | 2022—06 | 68.00 | 1525 |
| 高中数学各种题型解法大全.选择性必修二分册 | 2023—01 | 58.00 | 1600 |
| 新编640个世界著名数学智力趣题 | 2014—01 | 88.00 | 242 |
| 500个最新世界著名数学智力趣题 | 2008—06 | 48.00 | 3 |
| 400个最新世界著名数学最值问题 | 2008—09 | 48.00 | 36 |
| 500个世界著名数学征解问题 | 2009—06 | 48.00 | 52 |
| 400个中国最佳初等数学征解老问题 | 2010—01 | 48.00 | 60 |
| 500个俄罗斯数学经典老题 | 2011—01 | 28.00 | 81 |
| 1000个国外中学物理好题 | 2012—04 | 48.00 | 174 |
| 300个日本高考数学题 | 2012—05 | 38.00 | 142 |
| 700个早期日本高考数学试题 | 2017—02 | 88.00 | 752 |
| 500个前苏联早期高考数学试题及解答 | 2012—05 | 28.00 | 185 |
| 546个早期俄罗斯大学生数学竞赛题 | 2014—03 | 38.00 | 285 |
| 548个来自美苏的数学好问题 | 2014—11 | 28.00 | 396 |
| 20所苏联著名大学早期入学试题 | 2015—02 | 18.00 | 452 |
| 161道德国工科大学生必做的微分方程习题 | 2015—05 | 28.00 | 469 |
| 500个德国工科大学生必做的高数习题 | 2015—06 | 28.00 | 478 |
| 360个数学竞赛问题 | 2016—08 | 58.00 | 677 |
| 200个趣味数学故事 | 2018—02 | 48.00 | 857 |
| 470个数学奥林匹克中的最值问题 | 2018—10 | 88.00 | 985 |
| 德国讲义日本考题.微积分卷 | 2015—04 | 48.00 | 456 |
| 德国讲义日本考题.微分方程卷 | 2015—04 | 38.00 | 457 |
| 二十世纪中叶中、英、美、日、法、俄高考数学试题精选 | 2017—06 | 38.00 | 783 |

# 刘培杰数学工作室
# 已出版(即将出版)图书目录——初等数学

| 书　名 | 出版时间 | 定　价 | 编号 |
|---|---|---|---|
| 中国初等数学研究　2009卷(第1辑) | 2009—05 | 20.00 | 45 |
| 中国初等数学研究　2010卷(第2辑) | 2010—05 | 30.00 | 68 |
| 中国初等数学研究　2011卷(第3辑) | 2011—07 | 60.00 | 127 |
| 中国初等数学研究　2012卷(第4辑) | 2012—07 | 48.00 | 190 |
| 中国初等数学研究　2014卷(第5辑) | 2014—02 | 48.00 | 288 |
| 中国初等数学研究　2015卷(第6辑) | 2015—06 | 68.00 | 493 |
| 中国初等数学研究　2016卷(第7辑) | 2016—04 | 68.00 | 609 |
| 中国初等数学研究　2017卷(第8辑) | 2017—01 | 98.00 | 712 |
| 初等数学研究在中国.第1辑 | 2019—03 | 158.00 | 1024 |
| 初等数学研究在中国.第2辑 | 2019—10 | 158.00 | 1116 |
| 初等数学研究在中国.第3辑 | 2021—05 | 158.00 | 1306 |
| 初等数学研究在中国.第4辑 | 2022—06 | 158.00 | 1520 |
| 几何变换(Ⅰ) | 2014—07 | 28.00 | 353 |
| 几何变换(Ⅱ) | 2015—06 | 28.00 | 354 |
| 几何变换(Ⅲ) | 2015—01 | 38.00 | 355 |
| 几何变换(Ⅳ) | 2015—12 | 38.00 | 356 |
| 初等数论难题集(第一卷) | 2009—05 | 68.00 | 44 |
| 初等数论难题集(第二卷)(上、下) | 2011—02 | 128.00 | 82,83 |
| 数论概貌 | 2011—03 | 18.00 | 93 |
| 代数数论(第二版) | 2013—08 | 58.00 | 94 |
| 代数多项式 | 2014—06 | 38.00 | 289 |
| 初等数论的知识与问题 | 2011—02 | 28.00 | 95 |
| 超越数论基础 | 2011—03 | 28.00 | 96 |
| 数论初等教程 | 2011—03 | 28.00 | 97 |
| 数论基础 | 2011—03 | 18.00 | 98 |
| 数论基础与维诺格拉多夫 | 2014—03 | 18.00 | 292 |
| 解析数论基础 | 2012—08 | 28.00 | 216 |
| 解析数论基础(第二版) | 2014—01 | 48.00 | 287 |
| 解析数论问题集(第二版)(原版引进) | 2014—05 | 88.00 | 343 |
| 解析数论问题集(第二版)(中译本) | 2016—04 | 88.00 | 607 |
| 解析数论基础(潘承洞,潘承彪著) | 2016—07 | 98.00 | 673 |
| 解析数论导引 | 2016—07 | 58.00 | 674 |
| 数论入门 | 2011—03 | 38.00 | 99 |
| 代数数论入门 | 2015—03 | 38.00 | 448 |
| 数论开篇 | 2012—07 | 28.00 | 194 |
| 解析数论引论 | 2011—03 | 48.00 | 100 |
| Barban Davenport Halberstam 均值和 | 2009—01 | 40.00 | 33 |
| 基础数论 | 2011—03 | 28.00 | 101 |
| 初等数论100例 | 2011—05 | 18.00 | 122 |
| 初等数论经典例题 | 2012—07 | 18.00 | 204 |
| 最新世界各国数学奥林匹克中的初等数论试题(上、下) | 2012—01 | 138.00 | 144,145 |
| 初等数论(Ⅰ) | 2012—01 | 18.00 | 156 |
| 初等数论(Ⅱ) | 2012—01 | 18.00 | 157 |
| 初等数论(Ⅲ) | 2012—01 | 28.00 | 158 |

# 刘培杰数学工作室
# 已出版(即将出版)图书目录——初等数学

| 书　　名 | 出版时间 | 定　价 | 编号 |
|---|---|---|---|
| 平面几何与数论中未解决的新老问题 | 2013－01 | 68.00 | 229 |
| 代数数论简史 | 2014－11 | 28.00 | 408 |
| 代数数论 | 2015－09 | 88.00 | 532 |
| 代数、数论及分析习题集 | 2016－11 | 98.00 | 695 |
| 数论导引提要及习题解答 | 2016－01 | 48.00 | 559 |
| 素数定理的初等证明.第2版 | 2016－09 | 48.00 | 686 |
| 数论中的模函数与狄利克雷级数(第二版) | 2017－11 | 78.00 | 837 |
| 数论:数学导引 | 2018－01 | 68.00 | 849 |
| 范氏大代数 | 2019－02 | 98.00 | 1016 |
| 解析数学讲义.第一卷,导来式及微分、积分、级数 | 2019－04 | 88.00 | 1021 |
| 解析数学讲义.第二卷,关于几何的应用 | 2019－04 | 68.00 | 1022 |
| 解析数学讲义.第三卷,解析函数论 | 2019－04 | 78.00 | 1023 |
| 分析・组合・数论纵横谈 | 2019－04 | 58.00 | 1039 |
| Hall 代数:民国时期的中学数学课本:英文 | 2019－08 | 88.00 | 1106 |
| 基谢廖夫初等代数 | 2022－07 | 38.00 | 1531 |

| | | | |
|---|---|---|---|
| 数学精神巡礼 | 2019－01 | 58.00 | 731 |
| 数学眼光透视(第2版) | 2017－06 | 78.00 | 732 |
| 数学思想领悟(第2版) | 2018－01 | 68.00 | 733 |
| 数学方法溯源(第2版) | 2018－08 | 68.00 | 734 |
| 数学解题引论 | 2017－05 | 58.00 | 735 |
| 数学史话览胜(第2版) | 2017－01 | 48.00 | 736 |
| 数学应用展观(第2版) | 2017－08 | 68.00 | 737 |
| 数学建模尝试 | 2018－04 | 48.00 | 738 |
| 数学竞赛采风 | 2018－01 | 68.00 | 739 |
| 数学测评探营 | 2019－05 | 58.00 | 740 |
| 数学技能操握 | 2018－03 | 48.00 | 741 |
| 数学欣赏拾趣 | 2018－02 | 48.00 | 742 |

| | | | |
|---|---|---|---|
| 从毕达哥拉斯到怀尔斯 | 2007－10 | 48.00 | 9 |
| 从迪利克雷到维斯卡尔迪 | 2008－01 | 48.00 | 21 |
| 从哥德巴赫到陈景润 | 2008－05 | 98.00 | 35 |
| 从庞加莱到佩雷尔曼 | 2011－08 | 138.00 | 136 |

| | | | |
|---|---|---|---|
| 博弈论精粹 | 2008－03 | 58.00 | 30 |
| 博弈论精粹.第二版(精装) | 2015－01 | 88.00 | 461 |
| 数学 我爱你 | 2008－01 | 28.00 | 20 |
| 精神的圣徒　别样的人生——60位中国数学家成长的历程 | 2008－09 | 48.00 | 39 |
| 数学史概论 | 2009－06 | 78.00 | 50 |
| 数学史概论(精装) | 2013－03 | 158.00 | 272 |
| 数学史选讲 | 2016－01 | 48.00 | 544 |
| 斐波那契数列 | 2010－02 | 28.00 | 65 |
| 数学拼盘和斐波那契魔方 | 2010－07 | 38.00 | 72 |
| 斐波那契数列欣赏(第2版) | 2018－08 | 58.00 | 948 |
| Fibonacci 数列中的明珠 | 2018－06 | 58.00 | 928 |
| 数学的创造 | 2011－02 | 48.00 | 85 |
| 数学美与创造力 | 2016－01 | 48.00 | 595 |
| 数海拾贝 | 2016－01 | 48.00 | 590 |
| 数学中的美(第2版) | 2019－04 | 68.00 | 1057 |
| 数论中的美学 | 2014－12 | 38.00 | 351 |

# 刘培杰数学工作室
# 已出版(即将出版)图书目录——初等数学

| 书　名 | 出版时间 | 定　价 | 编号 |
|---|---|---|---|
| 数学王者　科学巨人——高斯 | 2015－01 | 28.00 | 428 |
| 振兴祖国数学的圆梦之旅:中国初等数学研究史话 | 2015－06 | 98.00 | 490 |
| 二十世纪中国数学史料研究 | 2015－10 | 48.00 | 536 |
| 数字谜、数阵图与棋盘覆盖 | 2016－01 | 58.00 | 298 |
| 时间的形状 | 2016－01 | 38.00 | 556 |
| 数学发现的艺术:数学探索中的合情推理 | 2016－07 | 58.00 | 671 |
| 活跃在数学中的参数 | 2016－07 | 48.00 | 675 |
| 数海趣史 | 2021－05 | 98.00 | 1314 |
| 数学解题——靠数学思想给力(上) | 2011－07 | 38.00 | 131 |
| 数学解题——靠数学思想给力(中) | 2011－07 | 48.00 | 132 |
| 数学解题——靠数学思想给力(下) | 2011－07 | 38.00 | 133 |
| 我怎样解题 | 2013－01 | 48.00 | 227 |
| 数学解题中的物理方法 | 2011－06 | 28.00 | 114 |
| 数学解题的特殊方法 | 2011－06 | 48.00 | 115 |
| 中学数学计算技巧(第2版) | 2020－10 | 48.00 | 1220 |
| 中学数学证明方法 | 2012－01 | 58.00 | 117 |
| 数学趣题巧解 | 2012－03 | 28.00 | 128 |
| 高中数学教学通鉴 | 2015－05 | 58.00 | 479 |
| 和高中生漫谈:数学与哲学的故事 | 2014－08 | 28.00 | 369 |
| 算术问题集 | 2017－03 | 38.00 | 789 |
| 张教授讲数学 | 2018－07 | 38.00 | 933 |
| 陈永明实话实说数学教学 | 2020－04 | 68.00 | 1132 |
| 中学数学学科知识与教学能力 | 2020－06 | 58.00 | 1155 |
| 怎样把课讲好:大罕数学教学随笔 | 2022－03 | 58.00 | 1484 |
| 中国高考评价体系下高考数学探秘 | 2022－03 | 48.00 | 1487 |
| 自主招生考试中的参数方程问题 | 2015－01 | 28.00 | 435 |
| 自主招生考试中的极坐标问题 | 2015－04 | 28.00 | 463 |
| 近年全国重点大学自主招生数学试题全解及研究.华约卷 | 2015－02 | 38.00 | 441 |
| 近年全国重点大学自主招生数学试题全解及研究.北约卷 | 2016－05 | 38.00 | 619 |
| 自主招生数学解证宝典 | 2015－09 | 48.00 | 535 |
| 中国科学技术大学创新班数学真题解析 | 2022－03 | 48.00 | 1488 |
| 中国科学技术大学创新班物理真题解析 | 2022－03 | 58.00 | 1489 |
| 格点和面积 | 2012－07 | 18.00 | 191 |
| 射影几何趣谈 | 2012－04 | 28.00 | 175 |
| 斯潘纳尔引理——从一道加拿大数学奥林匹克试题谈起 | 2014－01 | 28.00 | 228 |
| 李普希兹条件——从几道近年高考数学试题谈起 | 2012－10 | 18.00 | 221 |
| 拉格朗日中值定理——从一道北京高考试题的解法谈起 | 2015－10 | 18.00 | 197 |
| 闵科夫斯基定理——从一道清华大学自主招生试题谈起 | 2014－01 | 28.00 | 198 |
| 哈尔测度——从一道冬令营试题的背景谈起 | 2012－08 | 28.00 | 202 |
| 切比雪夫逼近问题——从一道中国台北数学奥林匹克试题谈起 | 2013－04 | 38.00 | 238 |
| 伯恩斯坦多项式与贝齐尔曲面——从一道全国高中数学联赛试题谈起 | 2013－03 | 38.00 | 236 |
| 卡塔兰猜想——从一道普特南竞赛试题谈起 | 2013－06 | 18.00 | 256 |
| 麦卡锡函数和阿克曼函数——从一道前南斯拉夫数学奥林匹克试题谈起 | 2012－08 | 18.00 | 201 |
| 贝蒂定理与拉姆贝克莫斯尔定理——从一个拣石子游戏谈起 | 2012－08 | 18.00 | 217 |
| 皮亚诺曲线和豪斯道夫分球定理——从无限集谈起 | 2012－08 | 18.00 | 211 |
| 平面凸图形与凸多面体 | 2012－10 | 28.00 | 218 |
| 斯坦因豪斯问题——从一道二十五省市自治区中学数学竞赛试题谈起 | 2012－07 | 18.00 | 196 |

# 刘培杰数学工作室
# 已出版(即将出版)图书目录——初等数学

| 书　　名 | 出版时间 | 定　价 | 编号 |
|---|---|---|---|
| 纽结理论中的亚历山大多项式与琼斯多项式——从一道北京市高一数学竞赛试题谈起 | 2012－07 | 28.00 | 195 |
| 原则与策略——从波利亚"解题表"谈起 | 2013－04 | 38.00 | 244 |
| 转化与化归——从三大尺规作图不能问题谈起 | 2012－08 | 28.00 | 214 |
| 代数几何中的贝祖定理(第一版)——从一道IMO试题的解法谈起 | 2013－08 | 18.00 | 193 |
| 成功连贯理论与约当块理论——从一道比利时数学竞赛试题谈起 | 2012－04 | 18.00 | 180 |
| 素数判定与大数分解 | 2014－08 | 18.00 | 199 |
| 置换多项式及其应用 | 2012－10 | 18.00 | 220 |
| 椭圆函数与模函数——从一道美国加州大学洛杉矶分校(UCLA)博士资格考题谈起 | 2012－10 | 28.00 | 219 |
| 差分方程的拉格朗日方法——从一道2011年全国高考理科试题的解法谈起 | 2012－08 | 28.00 | 200 |
| 力学在几何中的一些应用 | 2013－01 | 38.00 | 240 |
| 从根式解到伽罗华理论 | 2020－01 | 48.00 | 1121 |
| 康托洛维奇不等式——从一道全国高中联赛试题谈起 | 2013－03 | 28.00 | 337 |
| 西格尔引理——从一道第18届IMO试题的解法谈起 | 即将出版 | | |
| 罗斯定理——从一道前苏联数学竞赛试题谈起 | 即将出版 | | |
| 拉克斯定理和阿廷定理——从一道IMO试题的解法谈起 | 2014－01 | 58.00 | 246 |
| 毕卡大定理——从一道美国大学数学竞赛试题谈起 | 2014－07 | 18.00 | 350 |
| 贝齐尔曲线——从一道全国高中联赛试题谈起 | 即将出版 | | |
| 拉格朗日乘子定理——从一道2005年全国高中联赛试题的高等数学解法谈起 | 2015－05 | 28.00 | 480 |
| 雅可比定理——从一道日本数学奥林匹克试题谈起 | 2013－04 | 48.00 | 249 |
| 李天岩－约克定理——从一道波兰数学竞赛试题谈起 | 2014－06 | 28.00 | 349 |
| 整系数多项式因式分解的一般方法——从克朗耐克算法谈起 | 即将出版 | | |
| 布劳维不动点定理——从一道前苏联数学奥林匹克试题谈起 | 2014－01 | 38.00 | 273 |
| 伯恩赛德定理——从一道英国数学奥林匹克试题谈起 | 即将出版 | | |
| 布查特－莫斯特定理——从一道上海市初中竞赛试题谈起 | 即将出版 | | |
| 数论中的同余数问题——从一道普特南竞赛试题谈起 | 即将出版 | | |
| 范·德蒙行列式——从一道美国数学奥林匹克试题谈起 | 即将出版 | | |
| 中国剩余定理:总数法构建中国历史年表 | 2015－01 | 28.00 | 430 |
| 牛顿程序与方程求根——从一道全国高考试题解法谈起 | 即将出版 | | |
| 库默尔定理——从一道IMO预选试题谈起 | 即将出版 | | |
| 卢丁定理——从一道冬令营试题的解法谈起 | 即将出版 | | |
| 沃斯滕霍姆定理——从一道IMO预选试题谈起 | 即将出版 | | |
| 卡尔松不等式——从一道莫斯科数学奥林匹克试题谈起 | 即将出版 | | |
| 信息论中的香农熵——从一道近年高考压轴题谈起 | 即将出版 | | |
| 约当不等式——从一道希望杯竞赛试题谈起 | 即将出版 | | |
| 拉比诺维奇定理 | 即将出版 | | |
| 刘维尔定理——从一道《美国数学月刊》征解问题的解法谈起 | 即将出版 | | |
| 卡塔兰恒等式与级数求和——从一道IMO试题的解法谈起 | 即将出版 | | |
| 勒让德猜想与素数分布——从一道爱尔兰竞赛试题谈起 | 即将出版 | | |
| 天平称重与信息论——从一道基辅市数学奥林匹克试题谈起 | 即将出版 | | |
| 哈密尔顿－凯莱定理:从一道高中数学联赛试题的解法谈起 | 2014－09 | 18.00 | 376 |
| 艾思特曼定理——从一道CMO试题的解法谈起 | 即将出版 | | |

# 刘培杰数学工作室
# 已出版(即将出版)图书目录——初等数学

| 书　　名 | 出版时间 | 定　价 | 编号 |
|---|---|---|---|
| 阿贝尔恒等式与经典不等式及应用 | 2018－06 | 98.00 | 923 |
| 迪利克雷除数问题 | 2018－07 | 48.00 | 930 |
| 幻方、幻立方与拉丁方 | 2019－08 | 48.00 | 1092 |
| 帕斯卡三角形 | 2014－03 | 18.00 | 294 |
| 蒲丰投针问题——从 2009 年清华大学的一道自主招生试题谈起 | 2014－01 | 38.00 | 295 |
| 斯图姆定理——从一道"华约"自主招生试题的解法谈起 | 2014－01 | 18.00 | 296 |
| 许瓦兹引理——从一道加利福尼亚大学伯克利分校数学系博士生试题谈起 | 2014－08 | 18.00 | 297 |
| 拉姆塞定理——从王诗宬院士的一个问题谈起 | 2016－04 | 48.00 | 299 |
| 坐标法 | 2013－12 | 28.00 | 332 |
| 数论三角形 | 2014－04 | 38.00 | 341 |
| 毕克定理 | 2014－07 | 18.00 | 352 |
| 数林掠影 | 2014－09 | 48.00 | 389 |
| 我们周围的概率 | 2014－10 | 38.00 | 390 |
| 凸函数最值定理:从一道华约自主招生题的解法谈起 | 2014－10 | 28.00 | 391 |
| 易学与数学奥林匹克 | 2014－10 | 38.00 | 392 |
| 生物数学趣谈 | 2015－01 | 18.00 | 409 |
| 反演 | 2015－01 | 28.00 | 420 |
| 因式分解与圆锥曲线 | 2015－01 | 18.00 | 426 |
| 轨迹 | 2015－01 | 28.00 | 427 |
| 面积原理:从常庚哲命的一道 CMO 试题的积分解法谈起 | 2015－01 | 48.00 | 431 |
| 形形色色的不动点定理:从一道 28 届 IMO 试题谈起 | 2015－01 | 38.00 | 439 |
| 柯西函数方程:从一道上海交大自主招生的试题谈起 | 2015－02 | 28.00 | 440 |
| 三角恒等式 | 2015－02 | 28.00 | 442 |
| 无理性判定:从一道 2014 年"北约"自主招生试题谈起 | 2015－01 | 38.00 | 443 |
| 数学归纳法 | 2015－03 | 18.00 | 451 |
| 极端原理与解题 | 2015－04 | 28.00 | 464 |
| 法雷级数 | 2014－08 | 18.00 | 367 |
| 摆线族 | 2015－01 | 38.00 | 438 |
| 函数方程及其解法 | 2015－05 | 38.00 | 470 |
| 含参数的方程和不等式 | 2012－09 | 28.00 | 213 |
| 希尔伯特第十问题 | 2016－01 | 38.00 | 543 |
| 无穷小量的求和 | 2016－01 | 28.00 | 545 |
| 切比雪夫多项式:从一道清华大学金秋营试题谈起 | 2016－01 | 38.00 | 583 |
| 泽肯多夫定理 | 2016－03 | 38.00 | 599 |
| 代数等式证题法 | 2016－01 | 28.00 | 600 |
| 三角等式证题法 | 2016－01 | 28.00 | 601 |
| 吴大任教授藏书中的一个因式分解公式:从一道美国数学邀请赛试题的解法谈起 | 2016－06 | 28.00 | 656 |
| 易卦——类万物的数学模型 | 2017－08 | 68.00 | 838 |
| "不可思议"的数与数系可持续发展 | 2018－01 | 38.00 | 878 |
| 最短线 | 2018－01 | 38.00 | 879 |
| 数学在天文、地理、光学、机械力学中的一些应用 | 2023－03 | 88.00 | 1576 |
| 从阿基米德三角形谈起 | 2023－01 | 28.00 | 1578 |

| | | | |
|---|---|---|---|
| 幻方和魔方(第一卷) | 2012－05 | 68.00 | 173 |
| 尘封的经典——初等数学经典文献选读(第一卷) | 2012－07 | 48.00 | 205 |
| 尘封的经典——初等数学经典文献选读(第二卷) | 2012－07 | 38.00 | 206 |

| | | | |
|---|---|---|---|
| 初级方程式论 | 2011－03 | 28.00 | 106 |
| 初等数学研究(Ⅰ) | 2008－09 | 68.00 | 37 |
| 初等数学研究(Ⅱ)(上、下) | 2009－05 | 118.00 | 46,47 |
| 初等数学专题研究 | 2022－10 | 68.00 | 1568 |

# 刘培杰数学工作室
# 已出版(即将出版)图书目录——初等数学

| 书　　名 | 出版时间 | 定　价 | 编号 |
| --- | --- | --- | --- |
| 趣味初等方程妙题集锦 | 2014—09 | 48.00 | 388 |
| 趣味初等数论选美与欣赏 | 2015—02 | 48.00 | 445 |
| 耕读笔记(上卷):一位农民数学爱好者的初数探索 | 2015—04 | 28.00 | 459 |
| 耕读笔记(中卷):一位农民数学爱好者的初数探索 | 2015—05 | 28.00 | 483 |
| 耕读笔记(下卷):一位农民数学爱好者的初数探索 | 2015—05 | 28.00 | 484 |
| 几何不等式研究与欣赏.上卷 | 2016—01 | 88.00 | 547 |
| 几何不等式研究与欣赏.下卷 | 2016—01 | 48.00 | 552 |
| 初等数列研究与欣赏·上 | 2016—01 | 48.00 | 570 |
| 初等数列研究与欣赏·下 | 2016—01 | 48.00 | 571 |
| 趣味初等函数研究与欣赏.上 | 2016—09 | 48.00 | 684 |
| 趣味初等函数研究与欣赏.下 | 2018—09 | 48.00 | 685 |
| 三角不等式研究与欣赏 | 2020—10 | 68.00 | 1197 |
| 新编平面解析几何解题方法研究与欣赏 | 2021—10 | 78.00 | 1426 |
| 火柴游戏(第2版) | 2022—05 | 38.00 | 1493 |
| 智力解谜.第1卷 | 2017—07 | 38.00 | 613 |
| 智力解谜.第2卷 | 2017—07 | 38.00 | 614 |
| 故事智力 | 2016—07 | 48.00 | 615 |
| 名人们喜欢的智力问题 | 2020—01 | 48.00 | 616 |
| 数学大师的发现、创造与失误 | 2018—01 | 48.00 | 617 |
| 异曲同工 | 2018—09 | 48.00 | 618 |
| 数学的味道 | 2018—01 | 58.00 | 798 |
| 数学千字文 | 2018—10 | 68.00 | 977 |
| 数贝偶拾——高考数学题研究 | 2014—04 | 28.00 | 274 |
| 数贝偶拾——初等数学研究 | 2014—04 | 38.00 | 275 |
| 数贝偶拾——奥数题研究 | 2014—04 | 48.00 | 276 |
| 钱昌本教你快乐学数学(上) | 2011—12 | 48.00 | 155 |
| 钱昌本教你快乐学数学(下) | 2012—03 | 58.00 | 171 |
| 集合、函数与方程 | 2014—01 | 28.00 | 300 |
| 数列与不等式 | 2014—01 | 38.00 | 301 |
| 三角与平面向量 | 2014—01 | 28.00 | 302 |
| 平面解析几何 | 2014—01 | 38.00 | 303 |
| 立体几何与组合 | 2014—01 | 28.00 | 304 |
| 极限与导数、数学归纳法 | 2014—01 | 38.00 | 305 |
| 趣味数学 | 2014—03 | 28.00 | 306 |
| 教材教法 | 2014—04 | 68.00 | 307 |
| 自主招生 | 2014—05 | 58.00 | 308 |
| 高考压轴题(上) | 2015—01 | 48.00 | 309 |
| 高考压轴题(下) | 2014—10 | 68.00 | 310 |
| 从费马到怀尔斯——费马大定理的历史 | 2013—10 | 198.00 | Ⅰ |
| 从庞加莱到佩雷尔曼——庞加莱猜想的历史 | 2013—10 | 298.00 | Ⅱ |
| 从切比雪夫到爱尔特希(上)——素数定理的初等证明 | 2013—07 | 48.00 | Ⅲ |
| 从切比雪夫到爱尔特希(下)——素数定理100年 | 2012—12 | 98.00 | Ⅲ |
| 从高斯到盖尔方特——二次域的高斯猜想 | 2013—10 | 198.00 | Ⅳ |
| 从库默尔到朗兰兹——朗兰兹猜想的历史 | 2014—01 | 98.00 | Ⅴ |
| 从比勃巴赫到德布朗斯——比勃巴赫猜想的历史 | 2014—02 | 298.00 | Ⅵ |
| 从麦比乌斯到陈省身——麦比乌斯变换与麦比乌斯带 | 2014—02 | 298.00 | Ⅶ |
| 从布尔到豪斯道夫——布尔方程与格论漫谈 | 2013—10 | 198.00 | Ⅷ |
| 从开普勒到阿诺德——三体问题的历史 | 2014—05 | 298.00 | Ⅸ |
| 从华林到华罗庚——华林问题的历史 | 2013—10 | 298.00 | Ⅹ |

# 刘培杰数学工作室
# 已出版(即将出版)图书目录——初等数学

| 书 名 | 出版时间 | 定 价 | 编号 |
|---|---|---|---|
| 美国高中数学竞赛五十讲.第1卷(英文) | 2014—08 | 28.00 | 357 |
| 美国高中数学竞赛五十讲.第2卷(英文) | 2014—08 | 28.00 | 358 |
| 美国高中数学竞赛五十讲.第3卷(英文) | 2014—09 | 28.00 | 359 |
| 美国高中数学竞赛五十讲.第4卷(英文) | 2014—09 | 28.00 | 360 |
| 美国高中数学竞赛五十讲.第5卷(英文) | 2014—10 | 28.00 | 361 |
| 美国高中数学竞赛五十讲.第6卷(英文) | 2014—11 | 28.00 | 362 |
| 美国高中数学竞赛五十讲.第7卷(英文) | 2014—12 | 28.00 | 363 |
| 美国高中数学竞赛五十讲.第8卷(英文) | 2015—01 | 28.00 | 364 |
| 美国高中数学竞赛五十讲.第9卷(英文) | 2015—01 | 28.00 | 365 |
| 美国高中数学竞赛五十讲.第10卷(英文) | 2015—02 | 38.00 | 366 |
| 三角函数(第2版) | 2017—04 | 38.00 | 626 |
| 不等式 | 2014—01 | 38.00 | 312 |
| 数列 | 2014—01 | 38.00 | 313 |
| 方程(第2版) | 2017—04 | 38.00 | 624 |
| 排列和组合 | 2014—01 | 28.00 | 315 |
| 极限与导数(第2版) | 2016—04 | 38.00 | 635 |
| 向量(第2版) | 2018—08 | 58.00 | 627 |
| 复数及其应用 | 2014—08 | 28.00 | 318 |
| 函数 | 2014—01 | 38.00 | 319 |
| 集合 | 2020—01 | 48.00 | 320 |
| 直线与平面 | 2014—01 | 28.00 | 321 |
| 立体几何(第2版) | 2016—04 | 38.00 | 629 |
| 解三角形 | 即将出版 | | 323 |
| 直线与圆(第2版) | 2016—11 | 38.00 | 631 |
| 圆锥曲线(第2版) | 2016—09 | 48.00 | 632 |
| 解题通法(一) | 2014—07 | 38.00 | 326 |
| 解题通法(二) | 2014—07 | 38.00 | 327 |
| 解题通法(三) | 2014—05 | 38.00 | 328 |
| 概率与统计 | 2014—01 | 28.00 | 329 |
| 信息迁移与算法 | 即将出版 | | 330 |
| IMO 50年.第1卷(1959—1963) | 2014—11 | 28.00 | 377 |
| IMO 50年.第2卷(1964—1968) | 2014—11 | 28.00 | 378 |
| IMO 50年.第3卷(1969—1973) | 2014—09 | 28.00 | 379 |
| IMO 50年.第4卷(1974—1978) | 2016—04 | 38.00 | 380 |
| IMO 50年.第5卷(1979—1984) | 2015—04 | 38.00 | 381 |
| IMO 50年.第6卷(1985—1989) | 2015—04 | 58.00 | 382 |
| IMO 50年.第7卷(1990—1994) | 2016—01 | 48.00 | 383 |
| IMO 50年.第8卷(1995—1999) | 2016—06 | 38.00 | 384 |
| IMO 50年.第9卷(2000—2004) | 2015—04 | 58.00 | 385 |
| IMO 50年.第10卷(2005—2009) | 2016—01 | 48.00 | 386 |
| IMO 50年.第11卷(2010—2015) | 2017—03 | 48.00 | 646 |

# 刘培杰数学工作室
# 已出版(即将出版)图书目录——初等数学

| 书　　名 | 出版时间 | 定　价 | 编号 |
|---|---|---|---|
| 数学反思(2006—2007) | 2020—09 | 88.00 | 915 |
| 数学反思(2008—2009) | 2019—01 | 68.00 | 917 |
| 数学反思(2010—2011) | 2018—05 | 58.00 | 916 |
| 数学反思(2012—2013) | 2019—01 | 58.00 | 918 |
| 数学反思(2014—2015) | 2019—03 | 78.00 | 919 |
| 数学反思(2016—2017) | 2021—03 | 58.00 | 1286 |
| 数学反思(2018—2019) | 2023—01 | 88.00 | 1593 |
| 历届美国大学生数学竞赛试题集.第一卷(1938—1949) | 2015—01 | 28.00 | 397 |
| 历届美国大学生数学竞赛试题集.第二卷(1950—1959) | 2015—01 | 28.00 | 398 |
| 历届美国大学生数学竞赛试题集.第三卷(1960—1969) | 2015—01 | 28.00 | 399 |
| 历届美国大学生数学竞赛试题集.第四卷(1970—1979) | 2015—01 | 18.00 | 400 |
| 历届美国大学生数学竞赛试题集.第五卷(1980—1989) | 2015—01 | 28.00 | 401 |
| 历届美国大学生数学竞赛试题集.第六卷(1990—1999) | 2015—01 | 28.00 | 402 |
| 历届美国大学生数学竞赛试题集.第七卷(2000—2009) | 2015—08 | 18.00 | 403 |
| 历届美国大学生数学竞赛试题集.第八卷(2010—2012) | 2015—01 | 18.00 | 404 |
| 新课标高考数学创新题解题诀窍:总论 | 2014—09 | 28.00 | 372 |
| 新课标高考数学创新题解题诀窍:必修 1～5 分册 | 2014—08 | 38.00 | 373 |
| 新课标高考数学创新题解题诀窍:选修 2—1,2—2,1—1,1—2分册 | 2014—09 | 38.00 | 374 |
| 新课标高考数学创新题解题诀窍:选修 2—3,4—4,4—5 分册 | 2014—09 | 18.00 | 375 |
| 全国重点大学自主招生英文数学试题全攻略:词汇卷 | 2015—07 | 48.00 | 410 |
| 全国重点大学自主招生英文数学试题全攻略:概念卷 | 2015—01 | 28.00 | 411 |
| 全国重点大学自主招生英文数学试题全攻略:文章选读卷(上) | 2016—09 | 38.00 | 412 |
| 全国重点大学自主招生英文数学试题全攻略:文章选读卷(下) | 2017—01 | 58.00 | 413 |
| 全国重点大学自主招生英文数学试题全攻略:试题卷 | 2015—07 | 38.00 | 414 |
| 全国重点大学自主招生英文数学试题全攻略:名著欣赏卷 | 2017—03 | 48.00 | 415 |
| 劳埃德数学趣题大全.题目卷.1:英文 | 2016—01 | 18.00 | 516 |
| 劳埃德数学趣题大全.题目卷.2:英文 | 2016—01 | 18.00 | 517 |
| 劳埃德数学趣题大全.题目卷.3:英文 | 2016—01 | 18.00 | 518 |
| 劳埃德数学趣题大全.题目卷.4:英文 | 2016—01 | 18.00 | 519 |
| 劳埃德数学趣题大全.题目卷.5:英文 | 2016—01 | 18.00 | 520 |
| 劳埃德数学趣题大全.答案卷:英文 | 2016—01 | 18.00 | 521 |
| 李成章教练奥数笔记.第 1 卷 | 2016—01 | 48.00 | 522 |
| 李成章教练奥数笔记.第 2 卷 | 2016—01 | 48.00 | 523 |
| 李成章教练奥数笔记.第 3 卷 | 2016—01 | 38.00 | 524 |
| 李成章教练奥数笔记.第 4 卷 | 2016—01 | 38.00 | 525 |
| 李成章教练奥数笔记.第 5 卷 | 2016—01 | 38.00 | 526 |
| 李成章教练奥数笔记.第 6 卷 | 2016—01 | 38.00 | 527 |
| 李成章教练奥数笔记.第 7 卷 | 2016—01 | 38.00 | 528 |
| 李成章教练奥数笔记.第 8 卷 | 2016—01 | 48.00 | 529 |
| 李成章教练奥数笔记.第 9 卷 | 2016—01 | 28.00 | 530 |

# 刘培杰数学工作室
# 已出版(即将出版)图书目录——初等数学

| 书名 | 出版时间 | 定价 | 编号 |
|---|---|---|---|
| 第19～23届"希望杯"全国数学邀请赛试题审题要津详细评注(初一版) | 2014－03 | 28.00 | 333 |
| 第19～23届"希望杯"全国数学邀请赛试题审题要津详细评注(初二、初三版) | 2014－03 | 38.00 | 334 |
| 第19～23届"希望杯"全国数学邀请赛试题审题要津详细评注(高一版) | 2014－03 | 28.00 | 335 |
| 第19～23届"希望杯"全国数学邀请赛试题审题要津详细评注(高二版) | 2014－03 | 38.00 | 336 |
| 第19～25届"希望杯"全国数学邀请赛试题审题要津详细评注(初一版) | 2015－01 | 38.00 | 416 |
| 第19～25届"希望杯"全国数学邀请赛试题审题要津详细评注(初二、初三版) | 2015－01 | 58.00 | 417 |
| 第19～25届"希望杯"全国数学邀请赛试题审题要津详细评注(高一版) | 2015－01 | 48.00 | 418 |
| 第19～25届"希望杯"全国数学邀请赛试题审题要津详细评注(高二版) | 2015－01 | 48.00 | 419 |
| 物理奥林匹克竞赛大题典——力学卷 | 2014－11 | 48.00 | 405 |
| 物理奥林匹克竞赛大题典——热学卷 | 2014－04 | 28.00 | 339 |
| 物理奥林匹克竞赛大题典——电磁学卷 | 2015－07 | 48.00 | 406 |
| 物理奥林匹克竞赛大题典——光学与近代物理卷 | 2014－06 | 28.00 | 345 |
| 历届中国东南地区数学奥林匹克试题集(2004～2012) | 2014－06 | 18.00 | 346 |
| 历届中国西部地区数学奥林匹克试题集(2001～2012) | 2014－07 | 18.00 | 347 |
| 历届中国女子数学奥林匹克试题集(2002～2012) | 2014－08 | 18.00 | 348 |
| 数学奥林匹克在中国 | 2014－06 | 98.00 | 344 |
| 数学奥林匹克问题集 | 2014－01 | 38.00 | 267 |
| 数学奥林匹克不等式散论 | 2010－06 | 38.00 | 124 |
| 数学奥林匹克不等式欣赏 | 2011－09 | 38.00 | 138 |
| 数学奥林匹克超级题库(初中卷上) | 2010－01 | 58.00 | 66 |
| 数学奥林匹克不等式证明方法和技巧(上、下) | 2011－08 | 158.00 | 134,135 |
| 他们学什么:原民主德国中学数学课本 | 2016－09 | 38.00 | 658 |
| 他们学什么:英国中学数学课本 | 2016－09 | 38.00 | 659 |
| 他们学什么:法国中学数学课本.1 | 2016－09 | 38.00 | 660 |
| 他们学什么:法国中学数学课本.2 | 2016－09 | 28.00 | 661 |
| 他们学什么:法国中学数学课本.3 | 2016－09 | 38.00 | 662 |
| 他们学什么:苏联中学数学课本 | 2016－09 | 28.00 | 679 |
| 高中数学题典——集合与简易逻辑・函数 | 2016－07 | 48.00 | 647 |
| 高中数学题典——导数 | 2016－07 | 48.00 | 648 |
| 高中数学题典——三角函数・平面向量 | 2016－07 | 48.00 | 649 |
| 高中数学题典——数列 | 2016－07 | 58.00 | 650 |
| 高中数学题典——不等式・推理与证明 | 2016－07 | 38.00 | 651 |
| 高中数学题典——立体几何 | 2016－07 | 48.00 | 652 |
| 高中数学题典——平面解析几何 | 2016－07 | 78.00 | 653 |
| 高中数学题典——计数原理・统计・概率・复数 | 2016－07 | 48.00 | 654 |
| 高中数学题典——算法・平面几何・初等数论・组合数学・其他 | 2016－07 | 68.00 | 655 |

# 刘培杰数学工作室
# 已出版(即将出版)图书目录——初等数学

| 书　　名 | 出版时间 | 定　价 | 编号 |
|---|---|---|---|
| 台湾地区奥林匹克数学竞赛试题．小学一年级 | 2017－03 | 38.00 | 722 |
| 台湾地区奥林匹克数学竞赛试题．小学二年级 | 2017－03 | 38.00 | 723 |
| 台湾地区奥林匹克数学竞赛试题．小学三年级 | 2017－03 | 38.00 | 724 |
| 台湾地区奥林匹克数学竞赛试题．小学四年级 | 2017－03 | 38.00 | 725 |
| 台湾地区奥林匹克数学竞赛试题．小学五年级 | 2017－03 | 38.00 | 726 |
| 台湾地区奥林匹克数学竞赛试题．小学六年级 | 2017－03 | 38.00 | 727 |
| 台湾地区奥林匹克数学竞赛试题．初中一年级 | 2017－03 | 38.00 | 728 |
| 台湾地区奥林匹克数学竞赛试题．初中二年级 | 2017－03 | 38.00 | 729 |
| 台湾地区奥林匹克数学竞赛试题．初中三年级 | 2017－03 | 28.00 | 730 |
| 不等式证题法 | 2017－04 | 28.00 | 747 |
| 平面几何培优教程 | 2019－08 | 88.00 | 748 |
| 奥数鼎级培优教程．高一分册 | 2018－09 | 88.00 | 749 |
| 奥数鼎级培优教程．高二分册．上 | 2018－04 | 68.00 | 750 |
| 奥数鼎级培优教程．高二分册．下 | 2018－04 | 68.00 | 751 |
| 高中数学竞赛冲刺宝典 | 2019－04 | 68.00 | 883 |
| 初中尖子生数学超级题典．实数 | 2017－07 | 58.00 | 792 |
| 初中尖子生数学超级题典．式、方程与不等式 | 2017－08 | 58.00 | 793 |
| 初中尖子生数学超级题典．圆、面积 | 2017－08 | 38.00 | 794 |
| 初中尖子生数学超级题典．函数、逻辑推理 | 2017－08 | 48.00 | 795 |
| 初中尖子生数学超级题典．角、线段、三角形与多边形 | 2017－07 | 58.00 | 796 |
| 数学王子——高斯 | 2018－01 | 48.00 | 858 |
| 坎坷奇星——阿贝尔 | 2018－01 | 48.00 | 859 |
| 闪烁奇星——伽罗瓦 | 2018－01 | 58.00 | 860 |
| 无穷统帅——康托尔 | 2018－01 | 48.00 | 861 |
| 科学公主——柯瓦列夫斯卡娅 | 2018－01 | 48.00 | 862 |
| 抽象代数之母——埃米·诺特 | 2018－01 | 48.00 | 863 |
| 电脑先驱——图灵 | 2018－01 | 58.00 | 864 |
| 昔日神童——维纳 | 2018－01 | 48.00 | 865 |
| 数坛怪侠——爱尔特希 | 2018－01 | 68.00 | 866 |
| 传奇数学家徐利治 | 2019－09 | 88.00 | 1110 |
| 当代世界中的数学．数学思想与数学基础 | 2019－01 | 38.00 | 892 |
| 当代世界中的数学．数学问题 | 2019－01 | 38.00 | 893 |
| 当代世界中的数学．应用数学与数学应用 | 2019－01 | 38.00 | 894 |
| 当代世界中的数学．数学王国的新疆域(一) | 2019－01 | 38.00 | 895 |
| 当代世界中的数学．数学王国的新疆域(二) | 2019－01 | 38.00 | 896 |
| 当代世界中的数学．数林撷英(一) | 2019－01 | 38.00 | 897 |
| 当代世界中的数学．数林撷英(二) | 2019－01 | 48.00 | 898 |
| 当代世界中的数学．数学之路 | 2019－01 | 38.00 | 899 |

# 刘培杰数学工作室
# 已出版(即将出版)图书目录——初等数学

| 书　　名 | 出版时间 | 定　价 | 编号 |
|---|---|---|---|
| 105 个代数问题:来自 AwesomeMath 夏季课程 | 2019－02 | 58.00 | 956 |
| 106 个几何问题:来自 AwesomeMath 夏季课程 | 2020－07 | 58.00 | 957 |
| 107 个几何问题:来自 AwesomeMath 全年课程 | 2020－07 | 58.00 | 958 |
| 108 个代数问题:来自 AwesomeMath 全年课程 | 2019－01 | 68.00 | 959 |
| 109 个不等式:来自 AwesomeMath 夏季课程 | 2019－04 | 58.00 | 960 |
| 国际数学奥林匹克中的 110 个几何问题 | 即将出版 |  | 961 |
| 111 个代数和数论问题 | 2019－05 | 58.00 | 962 |
| 112 个组合问题:来自 AwesomeMath 夏季课程 | 2019－05 | 58.00 | 963 |
| 113 个几何不等式:来自 AwesomeMath 夏季课程 | 2020－08 | 58.00 | 964 |
| 114 个指数和对数问题:来自 AwesomeMath 夏季课程 | 2019－09 | 48.00 | 965 |
| 115 个三角问题:来自 AwesomeMath 夏季课程 | 2019－09 | 58.00 | 966 |
| 116 个代数不等式:来自 AwesomeMath 全年课程 | 2019－04 | 58.00 | 967 |
| 117 个多项式问题:来自 AwesomeMath 夏季课程 | 2021－09 | 58.00 | 1409 |
| 118 个数学竞赛不等式 | 2022－08 | 78.00 | 1526 |

| | | | |
|---|---|---|---|
| 紫色彗星国际数学竞赛试题 | 2019－02 | 58.00 | 999 |
| 数学竞赛中的数学:为数学爱好者、父母、教师和教练准备的丰富资源.第一部 | 2020－04 | 58.00 | 1141 |
| 数学竞赛中的数学:为数学爱好者、父母、教师和教练准备的丰富资源.第二部 | 2020－07 | 48.00 | 1142 |
| 和与积 | 2020－10 | 38.00 | 1219 |
| 数论:概念和问题 | 2020－12 | 68.00 | 1257 |
| 初等数学问题研究 | 2021－03 | 48.00 | 1270 |
| 数学奥林匹克中的欧几里得几何 | 2021－10 | 68.00 | 1413 |
| 数学奥林匹克题解新编 | 2022－01 | 58.00 | 1430 |
| 图论入门 | 2022－09 | 58.00 | 1554 |

| | | | |
|---|---|---|---|
| 澳大利亚中学数学竞赛试题及解答(初级卷)1978～1984 | 2019－02 | 28.00 | 1002 |
| 澳大利亚中学数学竞赛试题及解答(初级卷)1985～1991 | 2019－02 | 28.00 | 1003 |
| 澳大利亚中学数学竞赛试题及解答(初级卷)1992～1998 | 2019－02 | 28.00 | 1004 |
| 澳大利亚中学数学竞赛试题及解答(初级卷)1999～2005 | 2019－02 | 28.00 | 1005 |
| 澳大利亚中学数学竞赛试题及解答(中级卷)1978～1984 | 2019－03 | 28.00 | 1006 |
| 澳大利亚中学数学竞赛试题及解答(中级卷)1985～1991 | 2019－03 | 28.00 | 1007 |
| 澳大利亚中学数学竞赛试题及解答(中级卷)1992～1998 | 2019－03 | 28.00 | 1008 |
| 澳大利亚中学数学竞赛试题及解答(中级卷)1999～2005 | 2019－03 | 28.00 | 1009 |
| 澳大利亚中学数学竞赛试题及解答(高级卷)1978～1984 | 2019－05 | 28.00 | 1010 |
| 澳大利亚中学数学竞赛试题及解答(高级卷)1985～1991 | 2019－05 | 28.00 | 1011 |
| 澳大利亚中学数学竞赛试题及解答(高级卷)1992～1998 | 2019－05 | 28.00 | 1012 |
| 澳大利亚中学数学竞赛试题及解答(高级卷)1999～2005 | 2019－05 | 28.00 | 1013 |

| | | | |
|---|---|---|---|
| 天才中小学生智力测验题.第一卷 | 2019－03 | 38.00 | 1026 |
| 天才中小学生智力测验题.第二卷 | 2019－03 | 38.00 | 1027 |
| 天才中小学生智力测验题.第三卷 | 2019－03 | 38.00 | 1028 |
| 天才中小学生智力测验题.第四卷 | 2019－03 | 38.00 | 1029 |
| 天才中小学生智力测验题.第五卷 | 2019－03 | 38.00 | 1030 |
| 天才中小学生智力测验题.第六卷 | 2019－03 | 38.00 | 1031 |
| 天才中小学生智力测验题.第七卷 | 2019－03 | 38.00 | 1032 |
| 天才中小学生智力测验题.第八卷 | 2019－03 | 38.00 | 1033 |
| 天才中小学生智力测验题.第九卷 | 2019－03 | 38.00 | 1034 |
| 天才中小学生智力测验题.第十卷 | 2019－03 | 38.00 | 1035 |
| 天才中小学生智力测验题.第十一卷 | 2019－03 | 38.00 | 1036 |
| 天才中小学生智力测验题.第十二卷 | 2019－03 | 38.00 | 1037 |
| 天才中小学生智力测验题.第十三卷 | 2019－03 | 38.00 | 1038 |

# 刘培杰数学工作室
# 已出版(即将出版)图书目录——初等数学

| 书名 | 出版时间 | 定价 | 编号 |
|---|---|---|---|
| 重点大学自主招生数学备考全书:函数 | 2020-05 | 48.00 | 1047 |
| 重点大学自主招生数学备考全书:导数 | 2020-08 | 48.00 | 1048 |
| 重点大学自主招生数学备考全书:数列与不等式 | 2019-10 | 78.00 | 1049 |
| 重点大学自主招生数学备考全书:三角函数与平面向量 | 2020-08 | 68.00 | 1050 |
| 重点大学自主招生数学备考全书:平面解析几何 | 2020-07 | 58.00 | 1051 |
| 重点大学自主招生数学备考全书:立体几何与平面几何 | 2019-08 | 48.00 | 1052 |
| 重点大学自主招生数学备考全书:排列组合·概率统计·复数 | 2019-09 | 48.00 | 1053 |
| 重点大学自主招生数学备考全书:初等数论与组合数学 | 2019-08 | 48.00 | 1054 |
| 重点大学自主招生数学备考全书:重点大学自主招生真题.上 | 2019-04 | 68.00 | 1055 |
| 重点大学自主招生数学备考全书:重点大学自主招生真题.下 | 2019-04 | 58.00 | 1056 |
| 高中数学竞赛培训教程:平面几何问题的求解方法与策略.上 | 2018-05 | 68.00 | 906 |
| 高中数学竞赛培训教程:平面几何问题的求解方法与策略.下 | 2018-06 | 78.00 | 907 |
| 高中数学竞赛培训教程:整除与同余以及不定方程 | 2018-01 | 88.00 | 908 |
| 高中数学竞赛培训教程:组合计数与组合极值 | 2018-04 | 48.00 | 909 |
| 高中数学竞赛培训教程:初等代数 | 2019-04 | 78.00 | 1042 |
| 高中数学讲座:数学竞赛基础教程(第一册) | 2019-06 | 48.00 | 1094 |
| 高中数学讲座:数学竞赛基础教程(第二册) | 即将出版 | | 1095 |
| 高中数学讲座:数学竞赛基础教程(第三册) | 即将出版 | | 1096 |
| 高中数学讲座:数学竞赛基础教程(第四册) | 即将出版 | | 1097 |
| 新编中学数学解题方法 1000 招丛书.实数(初中版) | 2022-05 | 58.00 | 1291 |
| 新编中学数学解题方法 1000 招丛书.式(初中版) | 2022-05 | 48.00 | 1292 |
| 新编中学数学解题方法 1000 招丛书.方程与不等式(初中版) | 2021-04 | 58.00 | 1293 |
| 新编中学数学解题方法 1000 招丛书.函数(初中版) | 2022-05 | 38.00 | 1294 |
| 新编中学数学解题方法 1000 招丛书.角(初中版) | 2022-05 | 48.00 | 1295 |
| 新编中学数学解题方法 1000 招丛书.线段(初中版) | 2022-05 | 48.00 | 1296 |
| 新编中学数学解题方法 1000 招丛书.三角形与多边形(初中版) | 2021-04 | 48.00 | 1297 |
| 新编中学数学解题方法 1000 招丛书.圆(初中版) | 2022-05 | 48.00 | 1298 |
| 新编中学数学解题方法 1000 招丛书.面积(初中版) | 2021-07 | 28.00 | 1299 |
| 新编中学数学解题方法 1000 招丛书.逻辑推理(初中版) | 2022-06 | 48.00 | 1300 |
| 高中数学题典精编.第一辑.函数 | 2022-01 | 58.00 | 1444 |
| 高中数学题典精编.第一辑.导数 | 2022-01 | 68.00 | 1445 |
| 高中数学题典精编.第一辑.三角函数·平面向量 | 2022-01 | 68.00 | 1446 |
| 高中数学题典精编.第一辑.数列 | 2022-01 | 58.00 | 1447 |
| 高中数学题典精编.第一辑.不等式·推理与证明 | 2022-01 | 58.00 | 1448 |
| 高中数学题典精编.第一辑.立体几何 | 2022-01 | 58.00 | 1449 |
| 高中数学题典精编.第一辑.平面解析几何 | 2022-01 | 68.00 | 1450 |
| 高中数学题典精编.第一辑.统计·概率·平面几何 | 2022-01 | 58.00 | 1451 |
| 高中数学题典精编.第一辑.初等数论·组合数学·数学文化·解题方法 | 2022-01 | 58.00 | 1452 |
| 历届全国初中数学竞赛试题分类解析.初等代数 | 2022-09 | 98.00 | 1555 |
| 历届全国初中数学竞赛试题分类解析.初等数论 | 2022-09 | 48.00 | 1556 |
| 历届全国初中数学竞赛试题分类解析.平面几何 | 2022-09 | 38.00 | 1557 |
| 历届全国初中数学竞赛试题分类解析.组合 | 2022-09 | 38.00 | 1558 |


**联系地址:**哈尔滨市南岗区复华四道街 10 号　**哈尔滨工业大学出版社刘培杰数学工作室**

**网　　址:**http://lpj.hit.edu.cn/

**邮　　编:**150006

**联系电话:**0451-86281378　　13904613167

E-mail:lpj1378@163.com